2005 黄河河情咨询报告

黄河水利科学研究院

黄 河 水 利 出 版 社

图书在版编目(CIP)数据

2005 黄河河情咨询报告 / 黄河水利科学研究院编著.
郑州：黄河水利出版社，2009.5
ISBN 978-7-80734-382-0

Ⅰ.2… Ⅱ.黄… Ⅲ.黄河-含沙水流-泥沙运动-影响-河道演变-研究报告-2005 Ⅳ.TV152

中国版本图书馆 CIP 数据核字(2008)第 206956 号

组稿编辑：王路平 ☎0371-66022212 E-mail：hhslwlp@126.com

出 版 社：黄河水利出版社

地址：河南省郑州市顺河路黄委会综合楼 14 层 邮政编码：450003

发行单位：黄河水利出版社

发行部电话：0371-66026940、66020550、66028024、66022620(传真)

E-mail:hhslcbs@126.com

承印单位：河南省瑞光印务股份有限公司

开本：787 mm×1 092 mm 1 / 16

印张：18.25

字数：420 千字 印数：1—1 000

版次：2009 年 5 月第 1 版 印次：2009 年 5 月第 1 次印刷

定价：50.00 元

《2005黄河河情咨询报告》编委会

主 任 委 员：时明立

副主任委员：高　航

委　　　员：康望周　姜乃迁　江恩惠　姚文艺

　　　　　　张俊华　李　勇　史学建

《2005黄河河情咨询报告》编写组

主　　编：时明立

副 主 编：姚文艺　李　勇

编写人员：张晓华　冉大川　林秀芝　尚红霞

　　　　　王　平　李书霞　李小平　陈书奎

　　　　　侯素珍　郑艳爽　左仲国

技术顾问：潘贤娣　赵业安　张胜利

2005咨询专题设置及主要完成人员

序号	专题名称	负责人	主要完成人
1	2005年黄河流域水沙特性分析	尚红霞 郑艳爽	尚红霞　郑艳爽　李小平　陈永奇 彭　红　汪　峰　王卫红　茹玉英 苏　青　邢　芳　李　萍　张　玮
2	河龙区间水土保持措施的减沙效益分析	冉大川	冉大川　左仲国　郭宝群　董飞飞 史学建　康玲玲　张晓华　尚红霞 王昌高　王金花
3	渭河下游冲淤变化与水沙条件关系及输沙用水量初步分析	林秀芝 侯素珍	林秀芝　侯素珍　王　平　楚卫斌 张翠萍　伊晓燕　李　勇　常温华 姜乃迁　田　勇
4	2005 年三门峡库区冲淤变化分析	侯素珍 王　平	侯素珍　王　平　楚卫斌　伊晓燕 姜乃迁　张翠萍　田　勇　常温花
5	2005 年小浪底水库运用及库区水沙运动特性分析	李书霞 陈书奎	李书霞　张俊华　陈书奎　蒋思奇 马怀宝　胡　恬　王　婷　李昆鹏 王　岩　李　涛　陈孝田
6	2005年黄河下游水沙变化及河床演变特性	李小平 张晓华 尚红霞	李小平　张晓华　李　勇　尚红霞 孙赞盈　曲少军　汪　峰　王卫红 郑艳爽　彭　红　李　萍　左卫广

前　言

2005 年黄河调水调沙正式转入生产运行阶段。自 2002 年起，黄河调水调沙连续进行了 3 年的原型试验，实现了黄河下游河道全线冲刷，冲刷量达到 1.48 亿 t，河槽过流能力从试验前的不足 2 000 m^3/s 提高到 3 000 m^3/s；同时也进一步深化了对黄河水沙规律的认识。2005 年调水调沙生产运行期间，黄河下游河道共冲刷了 0.66 亿 t 泥沙，使黄河下游河道过流能力进一步增大。

2005 年黄河流域汛期降雨较多，在中下游少沙区降雨量与多年同期均值相比增加 10%~50%，但是干流仍属于枯水少沙年。除唐乃亥年水量较多年均值增加 22%外，龙华河洑(指龙门、华县、河津、洑头四站，下同)、进入下游、花园口等年水量则偏少 34%~45%；龙华河洑、进入下游的年沙量较多年均值偏少 78%以上。不过，2005 年汛期洪水较大，但大流量过程少，如龙门的最大流量仅 1 570 m^3/s。相对而言，秋汛洪水洪峰流量较大。

2005 年黄河流域主要 8 座大型水库的蓄水量较 2004 年增加 114.4 亿 m^3。2005 年小浪底水库仍属于拦沙初期运用阶段，库区淤积量为 2.91 亿 m^3，淤积主要集中于汛期。自 1997 年截流至 2005 年 11 月，小浪底水库库区总淤积量为 18.19 亿 m^3，库区淤积部位主要在汛限水位 225 m 以下，库区泥沙主要以异重流的形式排出；自运用以来，年均排沙比为 16.38%。

自 2003 年，三门峡水库实施了非汛期最高水位不超过 318 m 的运用方式。3 年来，潼关以下库区共冲刷泥沙 1.65 亿 m^3；淤积重心逐渐下移，非汛期 90%以上的淤积量集中在黄淤 30 断面以下。2005 年潼关高程下降 0.23 m。

结合新时期黄河治理开发与管理的新要求，2005 年咨询的重点内容主要为：①河龙区间淤地坝拦沙作用分析；②渭河下游冲淤规律及输沙用水量分析；③2003~2005 年三门峡水库运用效果总结分析；④小浪底水库运用 6 年的效果总结分析；⑤黄河下游洪水期排沙比与来水来沙关系；⑥黄河下游洪水期分组泥沙冲淤规律；⑦黄河下游输沙用水量分析；⑧宁蒙河段河床演变规律分析。

黄河的水沙输移及河床演变规律极为复杂，所开展的上述专题咨询研究仍是初步的，对于诸如河龙区间的淤地坝拦沙作用、宁蒙河段河床演变规律、黄河输沙用水量及分组泥沙造床作用等都需要进一步研究。

在研究工作中，参考了大量文献，但由于多种原因未能一一列出，在此对所有被引用成果的作者致以衷心感谢，并对未列出文献目录的作者表示歉意。

本报告研究成果主要由时明立、姚文艺、李勇、张晓华、冉大川、林秀芝、尚红霞、王平、李书霞、李小平、陈书奎、侯素珍、郑艳爽、左仲国等完成。其他还有不少科研人员参加了此项工作，在此不一一列出。报告统稿工作由姚文艺完成。

报告编写得到了黄委内外单位及相关专家的支持和帮助，特此致谢。

黄河水利科学研究院
黄河河情咨询项目组
2007 年 10 月

目　录

第一部分　综合咨询研究报告

第一章　流域水沙特性的变化

一、2005年流域水沙特性

(一)少沙区发生秋汛，多沙区无大降雨过程

2005年降雨最主要的特点是继2003年以来又发生了较大范围的秋汛期降雨。秋汛期主要有两场较大降雨，分别发生在2005年9月19～21日和9月24日～10月2日。第一场主要在中下游晋陕区间、泾渭洛汾河大部地区、三花区间(三门峡—花园口，下同)和黄河下游干支流；第二场范围更大，在兰州以上、渭河中下游、汾河、泾河、北洛河、三花区间出现一次明显的连阴雨过程。因此，少沙区9～10月降雨偏多程度较大，其中兰州以上、渭河流域咸张华区间(咸阳、张家山、华县，下同)、三小区间(三门峡—小浪底，下同)、伊洛河、沁河分别较多年均值偏多70%、31%、41%、77%、66%(图1-1)，9月份三门峡以下除小花区间(小浪底—花园口，下同)外，黄河干支流偏多1倍以上。

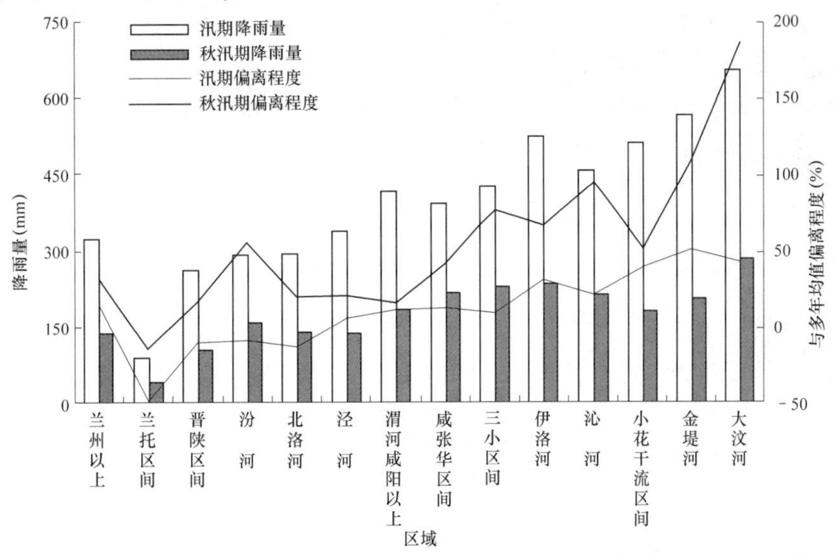

图1-1　2005年黄河流域各区间汛期降雨情况

由于2005年秋汛期降雨较多，因此2005年成为近年降雨较多的年份，与历年同期均值相比，大部分区域(主要是少沙区)汛期降雨量偏多10%～50%。

不过，多沙粗沙区晋陕区间仍无大降雨过程，特别是未发生大范围强降雨，汛期降雨量仍然偏少10%。

(二)干流仍然枯水枯沙

1. *唐乃亥以上和下游支流来水较多*

2005年流域来水仍以偏枯为主(见图1-2)，与多年平均值相比，主要水量控制站头道拐、龙华河洑(龙门、华县、河津、洑头，下同)、进入下游、花园口和利津年水量分别为148.33亿、240.84亿、236.03亿、240.12亿、184.25亿m^3，与多年均值相比偏少34%～45%。

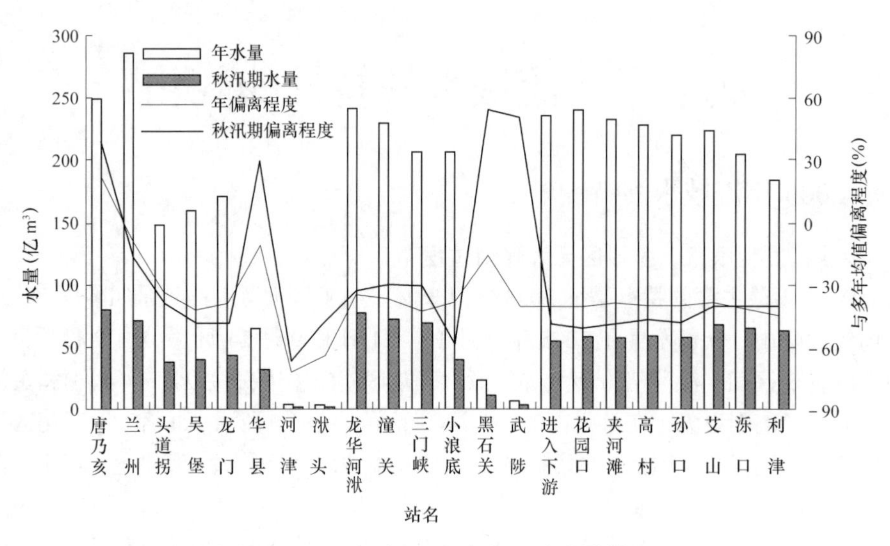

图 1-2　2005 年干支流主要站水量情况

但唐乃亥以上水量为 249.03 亿 m^3，偏多 22%。下游支流金堤河和大汶河水量较大，戴村坝和范县实测水量分别达 16.44 亿 m^3 和 5.19 亿 m^3。

2005 年沙量减少较多(见图 1-3)，主要来沙控制站龙华河洑和进入下游的年沙量分别仅为 2.857 亿 t 和 0.468 亿 t，分别较多年均值偏少达 78%和 96%。

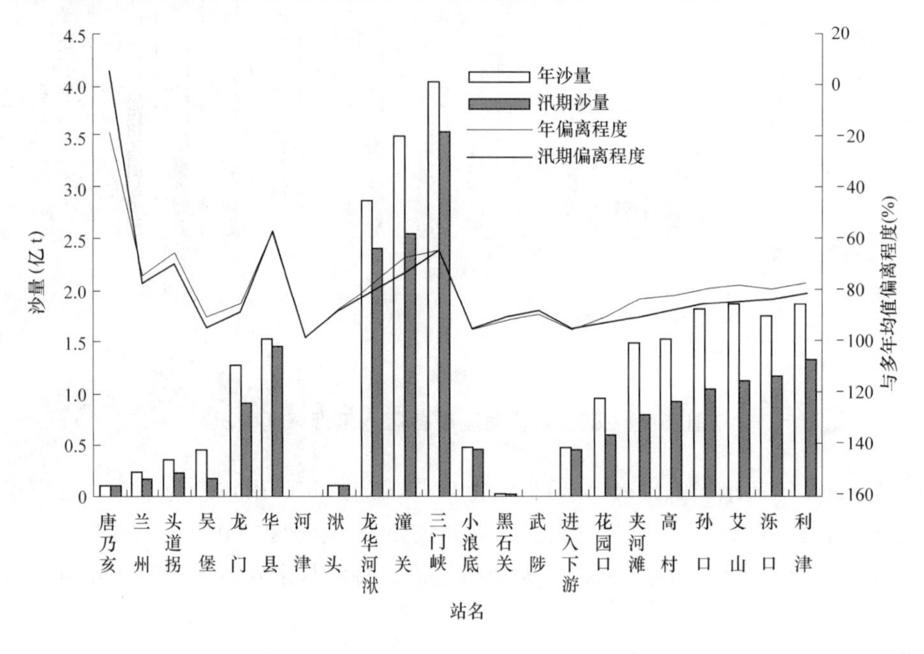

图 1-3　2005 年干支流主要站沙量情况

2. 年内水量分布不均

黄河主要控制站头道拐、龙华河洑、进入下游和利津 2005 年非汛期水量分别为 88.08 亿、116.34 亿、149.69 亿、70.77 亿 m^3，较多年均值偏少 24%～54%；汛期水量分别为

60.25 亿、124.5 亿、86.34 亿、113.48 亿 m^3，较多年均值偏少 45%～61%，偏少程度大于非汛期，因此汛期水量占年水量的比例较低，在 37%～62%。

2005 年秋汛洪水的发生形成部分地区秋汛期水量偏大，唐乃亥、华县、黑石关、武陟 9～10 月水量分别偏多 38%、30%、54%和 51%。

干流水量年内分布的一个重要特点是秋汛期 9～10 月占汛期水量的比例较大，基本上在 50%以上。

3. 干流大流量仍较少

2005 年干流主要站 3 000 m^3/s 以上的大流量级仍较少，仅潼关出现 5 d。与近期 1997～2004 年相比，2005 年汛期唐乃亥、潼关、花园口、利津站 1 000～3 000 m^3/s 中级流量历时有所增加，分别达到 121、60、33、47 d，但与 1986 年以前相比仍然偏少(见表 1-1)。干流其他站汛期仍以 1 000 m^3/s 以下的小流量为主。

表 1-1　中下游主要站汛期各流量级出现天数　(单位：d)

水文站	时段	不同流量级			
		<1 000 m^3/s	1 000～2 000 m^3/s	2 000～3 000 m^3/s	>3 000 m^3/s
唐乃亥	2005	2.0	95.0	26.0	
	1997～2004	87.9	31.9	3.3	
	1956～1996	59.3	50.0	12.1	1.6
兰州	2005	13.0	110.0		
	1997～2004	85.9	37.1		
	1967～1996	39.4	57.3	17.4	8.8
头道拐	2005	115.0	8.0		
	1997～2004	118.4	4.6		
	1952～1996	60.2	41.5	16.6	4.7
龙门	2005	101.0	22.0		
	1997～2004	110.0	12.3	0.5	0.3
	1950～1996	44.0	46.4	23.0	9.6
潼关	2005	58.0	54.0	6.0	5.0
	1997～2004	94.9	21.1	5.3	1.8
	1950～1996	27.4	42.6	28.2	24.9
花园口	2005	90.0	18.0	15.0	
	1997～2004	98.0	13.4	10.9	0.8
	1950～1996	25.1	39.7	27.3	30.8
利津	2005	76.0	28.0	19.0	
	1997～2004	100.8	12.1	10.1	
	1950～1996	34.5	34.9	24.4	29.2

(三)出现秋汛洪水，河龙区间无大洪水过程

2005 年汛期洪水多，主要集中在上游和下游及渭河流域，中游河龙区间没有较大的洪水，龙门汛期最大流量仅 1 570 m^3/s，居历史同期倒数第一位。

1. 上游洪水

黄河上游唐乃亥出现两场洪峰流量大于2 500 m^3/s的洪水，其中最大洪峰流量2 750 m^3/s(10月6日8时)，为1999年以来的最大流量，并出现1989年以来最高水位。这两次洪水历时比较长，均被龙羊峡水库拦蓄，削峰率分别为77%和58%，中下游没有形成洪水(见图1-4)。

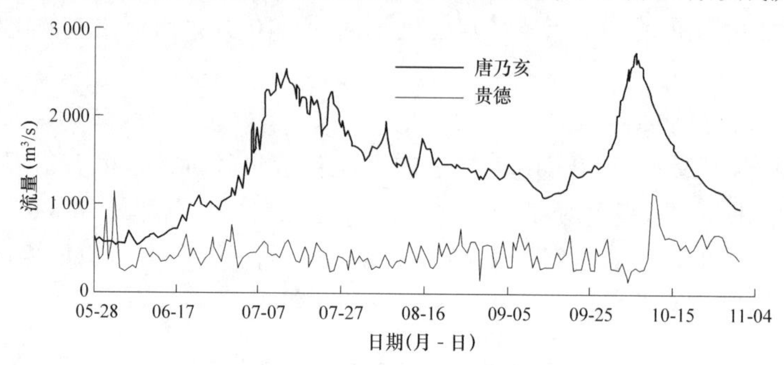

图1-4 上游洪水过程

2. 渭河洪水

渭河流域发生两次中常洪水过程，华县洪峰流量分别为2 070 m^3/s(7月4日15.7时)和4 820 m^3/s(10月4日9.5时)，分别称渭河“05·7”洪水和渭河“05·10”洪水，其中渭河“05·10”洪水为自1981年以来的最大洪水过程。

1)渭河“05·7”洪水

渭河“05·7”洪水含沙量比较高。其中支流泾河张家山站洪峰流量987 m^3/s，最大含沙量480 kg/m^3；渭河干流咸阳站洪峰流量1 830 m^3/s，最大含沙量101 kg/m^3。支流洪水与干流洪水遭遇后向下游推进，华县站7月4日15.6时洪峰流量2 070 m^3/s，最大含沙量177 kg/m^3，来沙系数达到0.086 kg·s/m^6。

与往年相比，洪水传播正常。洪水过后，渭河下游河道略淤，同流量水位普遍抬高，华县同流量水位抬高达 0.85 m。三门峡水库利用本次洪水排沙，最大流量 2 970 m^3/s，最大含沙量301 kg/m^3，小浪底水库适时进行防洪运用。

2)渭河“05·10”洪水

渭河“05·10”洪水是1981年以来最大洪水过程。华县历时7 d，洪峰流量4 820 m^3/s，洪量15.89亿m^3，最高水位达342.32 m，为历史第二高洪水位，比2003年最高水位低0.44 m。临潼最高水位358.58 m，超过2003年历史最高水位0.24 m，为该站设站以来的最高水位。咸阳以下普遍漫滩，特别是临潼以下河段大堤偎水，部分河段发生险情。

三门峡水库在洪水前敞泄运用，提前泄洪拉沙，其下泄洪峰流量4 420 m^3/s(9月30日15.3时)，最大含沙量111 kg/m^3。小浪底水库进行防洪运用。

3. 大汶河洪水

2005年汛期大汶河降雨较多年同期偏多47%。受降雨影响，戴村坝出现两次大于1 000 m^3/s洪水。戴村坝站洪峰流量分别为1 480 m^3/s(7月3日6时)和1 360 m^3/s(9月22日8时)，洪水进入东平湖水库，9月25日6时库水位最高升至43.07 m，超过警戒水位0.07 m。

4. 下游洪水

2005年黄河花园口共有5次洪水过程(见图1-5)，一次洪水属于黄河首次调水调沙生产运行，一次是相应渭河“05·7”洪水的下游“05·7”洪水，其余三次是小浪底水库防洪运用泄水。

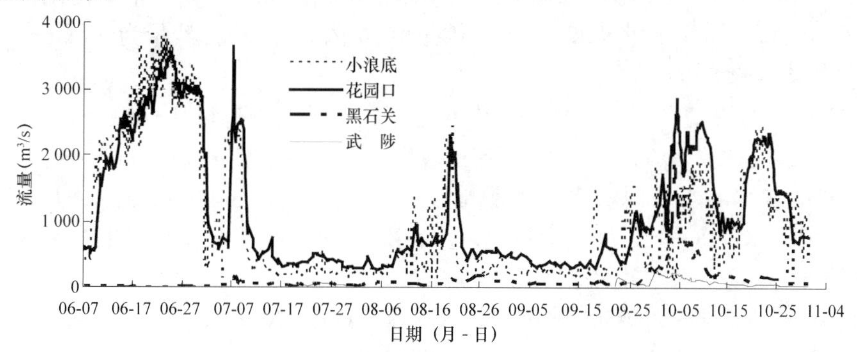

图 1-5　2005 年下游洪水过程

1)首次调水调沙生产运行

从 6 月 9 日到 7 月 1 日，黄河进行了基于人工扰动方式和大空间的首次调水调沙生产运行。通过调控万家寨水库、三门峡水库、小浪底水库的泄水时间和流量，在小浪底库区塑造人工异重流，并在下游“二级悬河”最严重和平滩流量最小的河段进行人工扰动。调水调沙共分为两个阶段，第一阶段是在中游不发生洪水的情况下，利用小浪底水库下泄一定流量的清水，冲刷下游河槽，同时逐步加大小浪底水库的泄放能量，确保调水调沙生产运行的安全，同时通过逐步加大流量，提高冲刷效率；第二阶段是在小浪底水库水位降至 230 m 时，利用万家寨、三门峡水库蓄水及三门峡库区非汛期拦截的泥沙，通过水库联合调度，塑造有利于在小浪底库区形成异重流排沙的水沙过程。

6 月 27 日 15 时，异重流在距离小浪底大坝 48 km 处潜入库底并向坝前推进。经过 2 d 的行程，6 月 29 日 16 时，人工塑造异重流到达小浪底坝前，并通过排沙洞顺利排出库外。洪水沿程传播正常，同流量水位表现较前三次调水调沙洪水水位明显偏低。

调水调沙期间三门峡水库泄水 8.09 亿 m^3，排沙 0.42 亿 t；小浪底水库泄水 52.31 亿 m^3，排沙 0.018 亿 t；进入下游水量 52.62 亿 m^3；花园口水量 51.02 亿 m^3，沙量 0.266 亿 t；利津水量 41.2 亿 m^3，沙量 0.617 亿 t。三门峡最大流量 4 430 m^3/s，最大含沙量 352 kg/m^3；小浪底最大流量 4 010 m^3/s，最大含沙量 9.72 kg/m^3；花园口最大流量 3 530 m^3/s，最大含沙量 9.2 kg/m^3；利津最大流量 2 950 m^3/s，最大含沙量 24.6 kg/m^3。

2)下游“05·7”洪水

受渭河“05·7”洪水影响，小浪底水库出库最大流量 2 630 m^3/s，最大含沙量 139 kg/m^3，在下游河道形成 2005 年的第二场洪水，简称下游“05·7”洪水。花园口洪峰流量 3 510 m^3/s，最大含沙量 88 kg/m^3，小浪底—花园口河段传播时间虽然正常，但花园口洪峰流量比小浪底、黑石关和武陟三站最大流量之和偏大 696 m^3/s，比小浪底最大流量偏大 53%，与 2004 年 8 月高含沙洪水情况相似(花园口站洪峰流量偏大 38%)，但本次洪水小浪底最大含沙量仅 152 kg/m^3，远小于“04·8”洪水的 346 kg/m^3。花园口以下演进正常，利津洪峰流量 2 850 m^3/s，最大含沙量 58.3 kg/m^3。

小浪底水库泄水历时只有 6 d，排沙只有 4 d，由于洪水在下游河道演进过程中沙峰出现了坦化现象，到利津站沙峰过程为 8 d。小浪底站的水量为 8.41 亿 m^3，排沙 0.314

亿 t，平均含沙量为 37.36 kg/m^3；进入下游水量 8.8 亿 m^3；花园口水量 9.24 亿 m^3，沙量 0.306 亿 t；洪水期间由于东平湖水库超过汛限水位，由陈山口闸和清河门闸向黄河退水大约 1.69 亿 m^3；利津水量 9.22 亿 m^3，沙量 0.26 亿 t，平均含沙量为 28 kg/m^3。

3)下游第三场洪水

2005 年 8 月下旬，渭河出现一次洪水过程，华县洪峰流量 1 500 m^3/s(8 月 20 日 15 时)，最大含沙量 30.1 kg/m^3，与黄河干流汇合后，潼关洪峰流量 2 280 m^3/s，最大含沙量 43 kg/m^3。利用这次洪水三门峡水库敞泄排沙，最大泄流量 3 470 m^3/s，最大含沙量 319 kg/m^3。小浪底水库 8 月 18 日开始敞泄运用，到 8 月 21 日逐步向后汛期 248 m 的汛限水位过渡，期间小浪底水库最大泄流量 2 430 m^3/s，最大含沙量 1.95 kg/m^3；花园口洪峰流量 2 300 m^3/s，最大含沙量 5.930 kg/m^3；利津洪峰流量 2 170 m^3/s，最大含沙量 13.5 kg/m^3。

本次洪水小浪底水库泄水 3.58 亿 m^3，排沙 0.003 亿 t，进入下游水量 3.9 亿 m^3；花园口水量 4.2 亿 m^3，沙量 0.019 亿 t；期间由陈山口闸和清河门闸向黄河退水 0.94 亿 m^3；利津水量 4.12 亿 m^3，沙量 0.043 亿 t。

4)下游第四场洪水

受渭河秋汛洪水影响，小浪底水库于 10 月 5 日转入防洪运用，期间为配合王庵工程抢险，小浪底水库曾经按进出库平衡运用。花园口流量保持 2 500 m^3/s 左右，水库最大下泄流量 2 570 m^3/s，最大含沙量 62.8 kg/m^3；花园口站最大流量 2 780 m^3/s，最大含沙量 25.8 kg/m^3；利津站最大流量 2 930 m^3/s，最大含沙量 20.8 kg/m^3。

第四次洪水花园口历时 20 d。进入下游水量 24.49 亿 m^3；花园口水量 26.83 亿 m^3，沙量 0.211 亿 t；期间由陈山口闸和清河门闸向黄河退水大约 4.14 亿 m^3；利津水量 33.45 亿 m^3，沙量 0.509 亿 t。

5)下游第五场洪水

2005 年 10 月 17 ~ 26 日为小浪底水库第三次防洪运用的第二个阶段，在下游河道形成第五次洪水过程。该阶段小浪底出库下泄的是清水，最大日均流量为 1 940 m^3/s，花园口站的最大日均流量为 2 290 m^3/s，最大日均含沙量为 3.7 kg/m^3，由于沿程有支流汇入，到利津站的最大日均流量为 2 480 m^3/s，最大日均含沙量增加到 11.9 kg/m^3。

本次洪水小浪底水库泄水 12.29 亿 m^3，期间伊洛河加水 1.18 亿 m^3，沁河加水仅 0.38 亿 m^3，花园口的水量为 13.85 亿 m^3，由于沿程大汶河加水 1.37 亿 m^3，到利津站的水量为 15.22 亿 m^3，平均含沙量增加到 11 kg/m^3。

8 月份利用兰托区间和晋陕区间的洪水，在小北干流进行了历时 62 h 的放淤试验。

(四)水库运用及对干流水沙的调节

1. 主要水库运用情况

2005 年黄河流域主要八座水库较 2004 年多蓄水 114.4 亿 m^3(见表 1-2)，其中龙羊峡水库占 78%；小浪底水库占 22%。汛期多蓄水 176.65 亿 m^3，其中龙羊峡水库占 62%；小浪底水库占 26%。龙羊峡水库最高水位 2 596.84 m，较 1999 年以来的最高水位高出 15.76 m。

2005 年非汛期共补水 62.25 亿 m^3，与 2004 年同期相比补水总量减少 40.3 亿 m^3，非汛期补水总量中，龙羊峡水库、刘家峡水库、小浪底水库分别占 32%、19%和 35%。汛期增加蓄水 176.65 亿 m^3，与 2004 年同期相比蓄水增加 117.45 亿 m^3，汛期蓄水量中，龙羊峡水库、刘家峡水库、小浪底水库分别占 62%、7%和 26%。

表 1-2　2005 年主要水库蓄水情况

水库	2004 年 11 月 1 日		2005 年 7 月 1 日		2005 年 11 月 1 日		非汛期变量 2–1 (亿 m^3)	汛期变量 4–2 (亿 m^3)	秋汛期变量 (亿 m^3)	年蓄水变量 4–1 (亿 m^3)
	水位 (m)	蓄水量 1 (亿 m^3)	水位 (m)	蓄水量 2 (亿 m^3)	水位 (m)	蓄水量 4 (亿 m^3)				
龙羊峡	2 570.36	146.00	2 563.05	126	2 596.84	235	– 20	109	46	89
刘家峡	1 728.95	32.80	1 717.5	20.7	1 728.54	32.3	– 12.1	11.6	4.6	– 0.5
万家寨	965.87	3.99	964.96	3.7	970.62	4.64	– 0.29	0.94	1.37	0.65
三门峡	314.19	2.18	300.65	0.07	316.46	2.73	– 2.11	2.66	2.51	0.55
小浪底	242.01	43.90	224.74	22.1	255.54	68.5	– 21.8	46.4	34.7	24.6
陆浑	316.51	5.50	307.01	2.7	317.92	6.03	– 2.8	3.33	0.42	0.53
故县	529.91	5.57	516.83	3.72	533.49	6.24	– 1.85	2.52	1.53	0.67
东平湖	42.35	4.38	41.5	3.08	41.64	3.28	– 1.3	0.2	– 0.08	– 1.1
合计		244.32		182.07		358.72	– 62.25	176.65	91.05	114.4

注：“–”为水库补水。

2. 水库运用对干流水量的影响

水库调蓄对干流水量影响比较大。头道拐实测年水量仅 148.33 亿 m^3，如果没有龙羊峡、刘家峡两水库调节，将两库蓄水简单还原，年水量达 236.83 亿 m^3，汛期占全年比例由实测的 41%提高到 76%(见表 1-3)，增加 35 个百分点。花园口实测年水量仅 240.12 亿 m^3，如果没有龙羊峡、刘家峡和小浪底水库调节，花园口年水量达 353.22 亿 m^3，还原后的年水量较实测增加 47%。其中汛期水量为 261.76 亿 m^3，汛期占全年比例为 74%，较实测比例增加 35 个百分点。

表 1-3　2005 年水库运用对干流水量的调节

项目	非汛期	汛期	全年	说明
龙羊峡水库蓄泄水量(亿 m^3)	–20	109	89	
刘家峡水库蓄泄水量(亿 m^3)	–12.1	11.6	–0.5	
龙刘两库合计(亿 m^3)	–32.1	120.6	88.5	
头道拐实测水量(亿 m^3)	88.08	60.25	148.33	汛期占全年 41%
龙刘两库蓄补占头道拐(%)	–36	200	60	
还原龙刘两库后头道拐水量(亿 m^3)	55.98	180.85	236.83	汛期占全年 76%
头道拐还原与实测水量比值	0.64	3.00	1.60	
小浪底水库蓄泄水量(亿 m^3)	–21.8	46.4	24.6	
花园口实测水量(亿 m^3)	145.36	94.76	240.12	汛期占全年 39%
小浪底水库蓄补占花园口(%)	–15	49	10	
还原小浪底水库后花园口水量(亿 m^3)	123.56	141.16	264.72	汛期占全年 53%
还原龙刘小三库后花园口水量(亿 m^3)	91.46	261.76	353.22	汛期占全年 74%
还原龙刘小三库花园口水量与实测水量比值	0.63	2.76	1.47	

注：龙刘两库指龙羊峡、刘家峡水库；龙刘小三库指龙羊峡、刘家峡、小浪底水库。

3. 水库运用对洪峰的影响

还原龙羊峡水库和小浪底水库日流量过程可知，如果没有龙羊峡水库调蓄，花园口最大日流量 4 556 m^3/s，较实测 2 280 m^3/s(10 月 23 日)增加 99.8%；如果没有龙羊峡和小浪底水库共同调蓄，花园口最大日流量 6 235 m^3/s，是实测 2 600 m^3/s(10 月 4 日)的 2.4 倍(见图 1-6)。

(五)干流引水情况

2005 年黄河干流全河引水 220.46 亿 m^3，其中非汛期引水 140.06 亿 m^3，占全年的 64%。除石嘴山—头道拐河段非汛期占年 41%外，其余河段非汛期占年均超过 60%，特别是三门峡以下河段非汛期占年超过 80%。全年引水比较多的是 4～7 月，占全年引水量的 59%。从沿程分布看，下河沿—石嘴山、石嘴山—头道拐和高村—利津河段引水比较多，分别占全河引水量的 28%、31%和 22%(见表 1-4)。

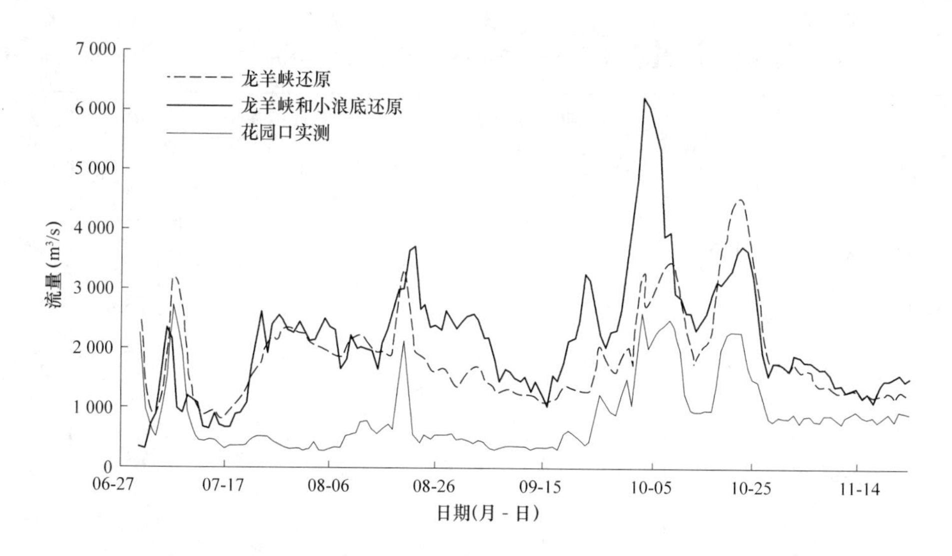

图 1-6　龙羊峡和小浪底水库调蓄对花园口日流量过程影响

表 1-4　2005 年黄河流域干流各区间引水情况

项目	龙羊峡—下河沿	下河沿—石嘴山	石嘴山—头道拐	头道拐—三门峡	三门峡—高村	高村—利津	利津以下	合计
非汛期(亿 m^3)	10.49	37.82	27.87	5.16	13.23	43.04	2.45	140.06
汛期(亿 m^3)	4.47	24.43	40.83	2.75	2.58	4.92	0.42	80.40
全年(亿 m^3)	14.96	62.25	68.70	7.91	15.81	47.96	2.87	220.46
非汛期占全年(%)	70	61	41	65	84	90	85	64
河段占全河(%)	7	28	31	4	7	22	1	100

头道拐以上、花园口以上和利津以上引水量分别为 145.91 亿、157.45 亿、217.59 亿 m^3，分别是各站实测水量的 97%、66%和 116%，由此可见引水对干流水量影响较大。

(六)泥沙沿程分布情况

2005 年中下游 6 个站(龙门、华县、河津、洑头、黑石关、武陟)水量 270.72 亿 m^3，其中 68%进入河口地区(利津)，25%由黄河下游引出(见表 1-5(1))；6 个站沙量 2.88 亿 t，利津站沙量 1.82 亿 t，下游引沙 0.29 亿 t，小浪底水库淤积 3.2 亿 t，下游河道冲刷 2.03 亿 t(见表 1-5(2))。

二、近年来流域降雨及干流水沙变化的基本特点

2000～2004 年，流域降雨偏少，但偏少幅度不大，除兰州—头道拐和龙门—三门峡区间分别较长系列偏少 17%和 5%外，其他各区域变化不大。多沙粗沙区年降雨量与多年均值持平(见表 1-6)。

表 1-5(1)　2005 年黄河中下游年平均水量时空分布　(单位：亿 m^3)

时段(年-月)	6 站水量	区间耗水量		水库蓄水量		下游引水量	利津水量
		潼关以上	潼关—三门峡	龙羊峡、刘家峡	小浪底		
1950-11 ~ 1960-10	480.9	– 4.5	2.9			27.8	463.9
1960-11 ~ 1964-10	594.5	– 0.1	4.6			38.4	627.6
1964-11 ~ 1973-10	429.2	12.0	– 8.2	5.5		39.7	397.2
1973-11 ~ 1980-10	398.4	1.1	2.5	– 0.2		87.1	306.5
1980-11 ~ 1985-10	484.9	– 3.3	6.6	– 0.1		95.2	388.2
1985-11 ~ 1999-10	284.9	0.7	5.3	11.2		100.7	154.4
1950-11 ~ 1999-10	413.3	1.3	2.0	4.2		67.0	346.4
1999-11 ~ 2004-10	230.98	12.67	22.06	5.22	7.55	68.27	104.49
2004-11 ~ 2005-10	270.72	10.1	23.27	88.5	24.6	66.38	185.25

表 1-5(2)　黄河中下游年平均泥沙时空分布　(单位：亿 t)

时段(年-月)	6 站沙量	冲淤量				下游引沙量	利津沙量
		潼关以上	潼关—三门峡	小浪底水库	下游河道		
1950-11 ~ 1960-10	18.24	0.74	0.00	0.00	3.61	1.07	13.21
1960-11 ~ 1964-10	17.43	2.77	11.62	0.00	– 5.78	0.79	11.23
1964-11 ~ 1973-10	17.14	3.05	– 1.33	0.00	4.44	1.10	10.73
1973-11 ~ 1980-10	12.01	– 0.05	0.27	0.00	1.47	1.85	8.23
1980-11 ~ 1985-10	8.31	– 0.05	– 0.27	0.00	– 0.96	1.23	8.76
1985-11 ~ 1999-10	7.99	1.12	0.16	0.00	2.24	1.30	4.01
1950-11 ~ 1999-10	13.14	1.24	0.76	0.00	1.83	1.25	8.80
1999-11 ~ 2004-10	4.69	0.06	– 0.10	3.6	– 1.82	0.45	1.5
2004-11 ~ 2005-10	2.88	– 0.64	– 0.85	3.2	– 2.03	0.29	1.82

干流主要控制站的径流、输沙量却大幅度减少，头道拐年径流、输沙量分别只有 123.9 亿 m^3 和 0.26 亿 t(见表 1-7)，分别偏少 51%和 75%；龙门年径流、输沙量分别只有 154.9 亿 m^3 和 2.4 亿 t，分别偏少 51%和 67%；花园口年径流、输沙量分别只有 208 亿 m^3 和 1.33 亿 t，分别较多年均值偏少 55%和 86%。

表 1-6　黄河流域各地区各时期平均降雨量

时期	兰州以上		兰州—头道拐		头道拐—龙门	
	量值(mm)	较多年均值(%)	量值(mm)	较多年均值(%)	量值(mm)	较多年均值(%)
1950～1959	426.7	0	279.9	－1	470.0	8
1960～1969	437.5	2	306.6	8	464.4	7
1970～1979	432.6	1	301.1	6	433.3	－1
1980～1989	428.2	0	274.3	－3	412.1	－5
1990～1999	414.8	－3	282.0	－1	400.9	－8
2000～2004	433.2	1	236.8	－17	431.0	－1
1950～2004	428.7		284.1		435.7	

时期	龙门—三门峡		三门峡—花园口		花园口以上	
	量值(mm)	较多年均值(%)	量值(mm)	较多年均值(%)	量值(mm)	较多年均值(%)
1950～1959	597.5	7	699.6	4	460.8	3
1960～1969	595.8	7	694.8	3	472.3	6
1970～1979	547.5	－2	650.5	－4	449.0	0
1980～1989	556.1	0	703.8	4	443.8	－1
1990～1999	495.9	－11	622.1	－8	421.3	－6
2000～2004	530.4	－5	683.4	1	428.6	－4
1950～2004	558.3		674.5		447.5	

2000～2004 年头道拐、龙门、三门峡和花园口天然径流减少 26%～32%，实测水量减少达 50%～55%，实测沙量减少 60%～86%，降雨减少 5%～17%。沙量减少幅度远大于实测水量，而实测水量减少幅度大于天然径流量减幅，天然径流减少幅度大于降雨量减幅。

表 1-7　黄河流域各时期径流量和沙量

水文站	项目	时期						
		1956～1959	1960～1969	1970～1979	1980～1989	1990～1999	2000～2004	1956～2004
兰州	天然径流量	294.5	370.9	334.3	367	283.6	259.1	327.2
	较均值	－10	13	2	12	－13	－21	
	实测径流量	294.3	353.2	317.2	332.4	259.2	237.4	335.3
	较均值	－12	5	－5	－1	－23	－29	
	沙量	1.6	1	0.57	0.45	0.51	0.22	0.67
	较均值	139	49	－14	－33	－24	－68	
头道拐	天然径流量	299	370.3	336.9	374.1	286.2	244.2	328.4
	较均值	－9	13	3	14	－13	－26	

续表 1-7

水文站	项目	时期						
		1956 ~ 1959	1960 ~ 1969	1970 ~ 1979	1980 ~ 1989	1990 ~ 1999	2000 ~ 2004	1956 ~ 2004
头道拐	实测径流量	217.4	266.4	229.6	237.4	158.8	123.9	251.6
	较均值	– 14	6	– 9	– 6	– 37	– 51	
	沙量	1.49	1.79	1.13	0.97	0.42	0.26	1.03
	较均值	44	74	10	– 6	– 59	– 75	
龙门	天然径流量	378.5	437.4	390.9	414.4	331.9	283.2	381.1
	较均值	– 1	15	3	9	– 13	– 26	
	实测径流量	299.1	336.8	283.1	274.8	200.1	154.9	313.4
	较均值	– 5	7	– 10	– 12	– 36	– 51	
	沙量	13.7	11.3	8.7	4.7	5.1	2.4	7.4
	较均值	84	52	17	– 37	– 31	– 67	
三门峡	天然径流量	526.2	574.9	498.5	542.3	411.2	333.2	490.6
	较均值	7	17	2	11	– 16	– 32	
	实测径流量	427.5	455.1	356.7	362.8	243.8	208	414.5
	较均值	3	10	– 14	– 12	– 41	– 50	
	沙量	21.58	11.56	14.01	8.5	7.59	4.29	10.7
	较均值	102	8	31	– 21	– 29	– 60	
花园口	天然径流量	605.4	652.1	547	609	451.8	390.1	550.4
	较均值	10	18	– 1	11	– 18	– 29	
	实测径流量	470.6	507.7	380.5	410.9	261.2	208	460.4
	较均值	2	10	– 17	– 11	– 43	– 55	
	沙量	18.54	11.14	12.35	7.77	6.9	1.33	9.44
	较均值	96	18	31	– 18	– 27	– 86	

注：径流量单位为亿 m^3，沙量单位为亿 t，较均值以%计；均值指 1950 ~ 1985 年。

三、降雨—径流—泥沙关系

(一)河龙区间

由图 1-7 可见，河龙区间(河口镇—龙门，下同)年降雨量从 20 世纪 70 年代开始呈逐渐减少的态势，2000 ~ 2005 年年均降雨量只有 416 mm，较长系列(1955 ~ 2005 年)均值减少 4%；水量、沙量也基本呈减少的趋势，分别减少 43%和 68%，其减幅远大于降雨量的减幅。

进一步分析 7 ~ 8 月份降雨量—径流量关系可以看出(见图 1-8)，大致以 1973 年为界，相同降雨条件的径流量，1973 年以后有所减少。同时可以看出，1973 年前出现大降雨量的年份较多，1973 年后大降雨量的年份减少了。20 世纪 90 年代的降雨—径流关系与 1973 ~ 1989 年相比变化不明显。

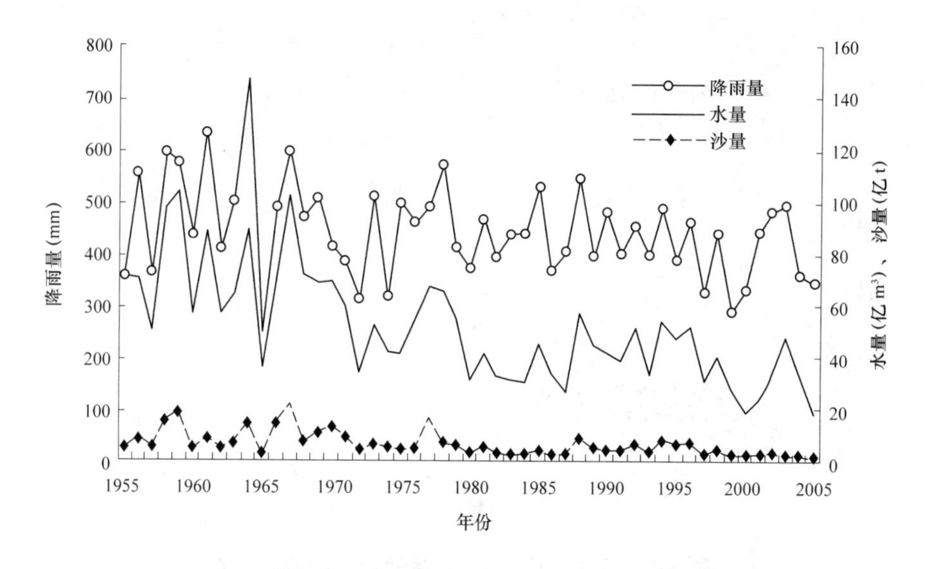

图 1-7　河龙区间年降雨量、实测水量、沙量过程

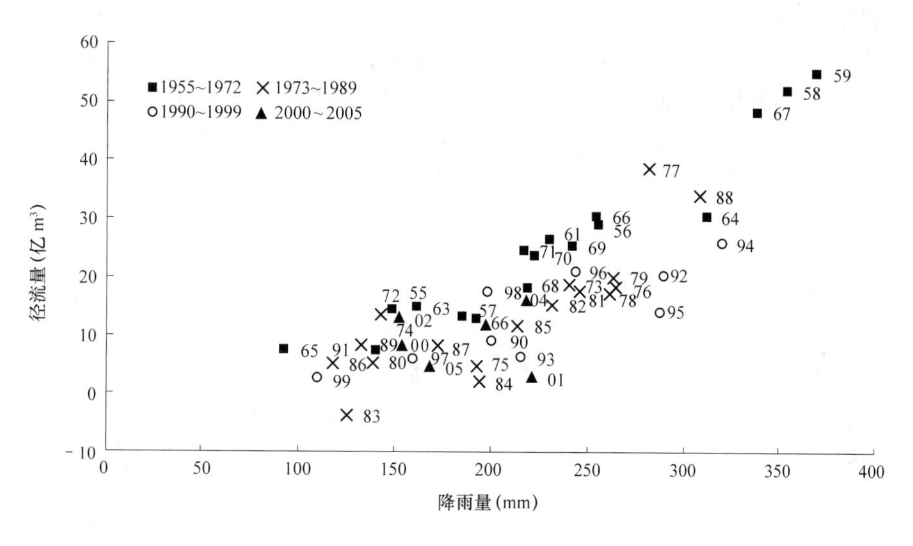

注：点旁数字为年份，如 77 代表 1977 年，00 代表 2000 年，下同。

图 1-8　河龙区间 7～8 月径流量—降雨量关系

河龙区间 7～8 月份径流量—输沙量相关关系较为稳定，1999 年以前各时期变化均不明显(见图 1-9)。但进入 21 世纪后，7～8 月水沙关系又有较大的改变，同样水量条件下的输沙量显著减少。例如，同样 15 亿 m^3 的水量，在 1999 年前可输送 3 亿～4 亿 t 泥沙，现在只能输送 1 亿～2 亿 t，减少一半。

河龙区间 7～8 月份径流量—输沙量关系的变化可能与大暴雨较少、高含沙小洪水较多有关；与近年来退耕还林还草政策的落实和实施也可能具有一定的关系。由于近期水量一直较小，没有大水量的实测数据，还不能对未来水量增大时的水沙关系做出预估。这些问题还有待进行深入的研究。

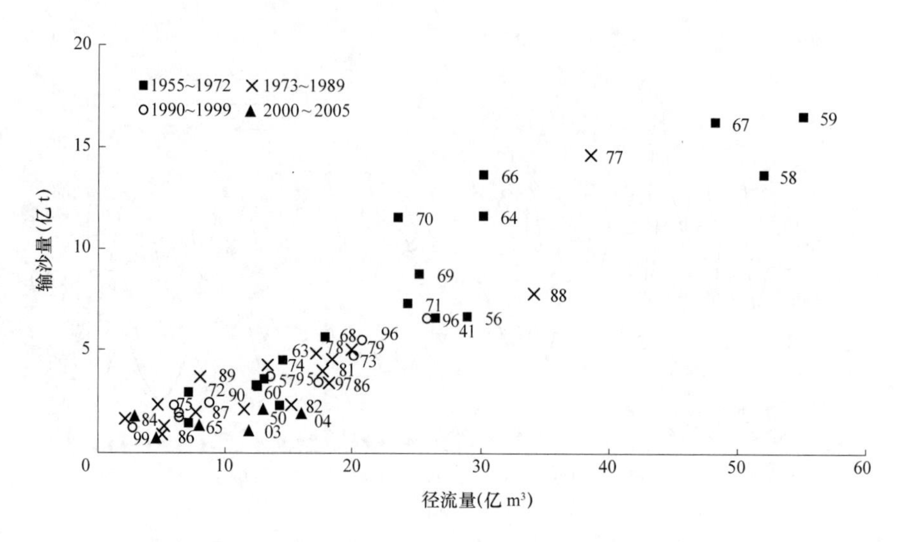

图 1-9 河龙区间 7～8 月输沙量—径流量关系

(二)滑河流域

20 世纪 90 年代以后，渭河流域降雨量、水量、沙量有所减小(见图 1-10)，但水量、沙量减少幅度明显大于降雨量的减幅。从年代平均看(见表 1-8)，2000～2005 年年均降雨量减少 8%，但水量、沙量的减幅分别达 31%和 47%。其中，汛期降雨量基本与多年平均持平，水量、沙量的偏少程度分别为 23%和 50%(见表 1-9)。

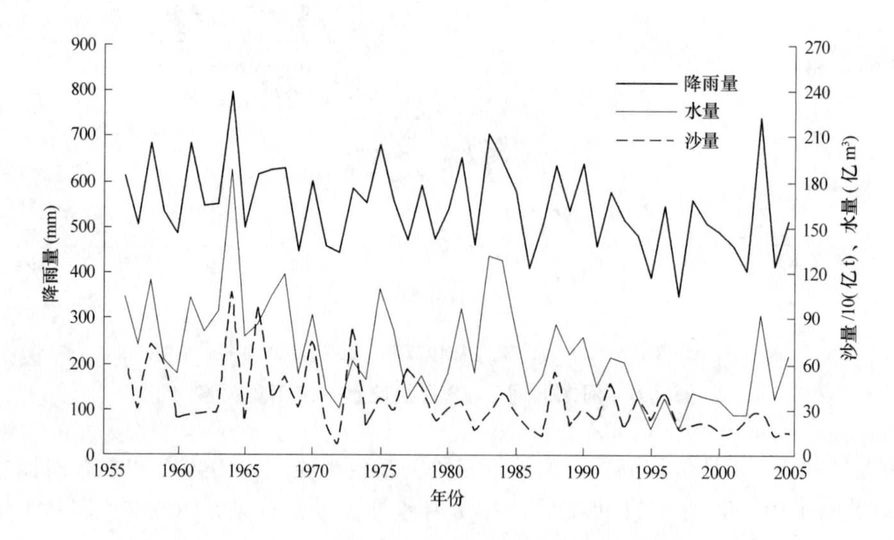

图 1-10 渭河华县年降雨量及实测水量、沙量过程

渭河流域来沙量变化较降雨量和径流量减少幅度偏大，除与人类活动的影响密切相关外，与近年来 9～10 月降雨增多、7～8 月未增多，以及降雨落区有关。如 2003 年出现“华西秋雨”天气，汛期降雨量达 534 mm，为 1956 年以来最大的一年，年降雨量达 740 mm，仅次于 1964 年(799 mm)。

表 1-8　渭河华县各时期年降雨量、水量、沙量

时期	降雨量(mm)	较多年均值(%)	水量(亿 m³)	较多年均值(%)	沙量(亿 t)	较多年均值(%)
1956 ~ 1959	585	7	88.3	29	5.6	64
1960 ~ 1969	588	8	96.2	40	4.4	29
1970 ~ 1979	543	− 1	59.4	− 13	3.8	12
1980 ~ 1989	568	4	79.1	16	2.8	− 18
1990 ~ 1999	503	− 8	43.8	− 36	2.8	− 18
2000 ~ 2005	503	− 8	47.4	− 31	1.8	− 47
1956 ~ 2005	547		68.5		3.4	

表 1-9　渭河华县各时期汛期降雨量、水量、沙量

时期	降雨量(mm)	较多年均值(%)	水量(亿 m³)	较多年均值(%)	沙量(亿 t)	较多年均值(%)
1956 ~ 1959	323	− 3	53.3	28	5.0	67
1960 ~ 1969	364	9	53.7	29	3.9	30
1970 ~ 1979	337	1	37.9	− 9	3.6	20
1980 ~ 1989	344	4	51.2	23	2.4	− 20
1990 ~ 1999	292	− 12	24.2	− 42	2.4	− 20
2000 ~ 2005	327	− 2	32.0	− 23	1.5	− 50
1956 ~ 2005	332		41.5		3.0	

分析渭河流域汛期降雨量与控制站(华县)径流量相关关系(图 1-11)可见，水土保持综合治理前后，渭河的降雨量—径流量关系发生了一定变化，与治理前 1956 ~ 1969 年相比，治理后在汛期降雨量约小于 350 mm 时，同样降雨量条件下的径流量明显偏少，21 世纪 90 年代以后仍保持这一特点。如降雨量 300 mm，治理前平均情况径流量约 30 亿 m³，治理后只有 20 亿 m³ 左右；而当汛期降雨量超过 350 mm 后，治理前后的径流量相差不大。

需要说明的是，2003 年情况比较特殊，由图 1-11 可见，2003 年水量明显偏少、较相同降雨的平均情况偏少 20 亿 ~ 30 亿 m³，点子偏离点群较远。分析认为，水土保持工程起到了较大的减水作用，2003 年 8 月份洪水的暴雨中心主要在马莲河流域世界银行贷款项目区内，该场洪水水保措施蓄水量约 1 772 万 m³。详细原因有待进一步分析。

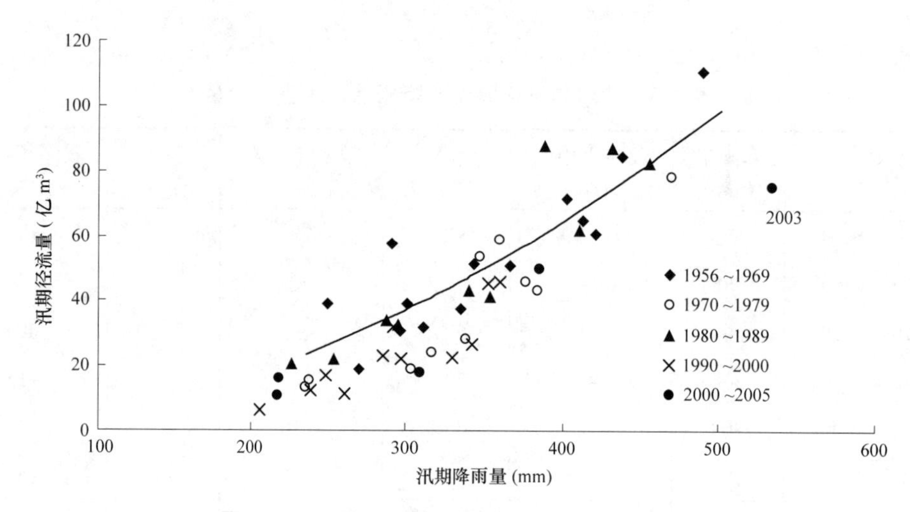

图 1-11　渭河华县汛期径流量—降雨量关系

四、认识

(1)2005 年汛期流域降雨较多，汛期降雨量与历年同期均值相比，大部分区域均偏多 10%～50%，但强降雨过程少。时空分布极不均匀，9 月份降雨占汛期 30%～40%；降雨区域主要集中在渭河区域、三花区间和黄河下游，特别是金堤河和大汶河较多年偏多 42%～50%。

(2)2005 年黄河干流仍属枯水枯沙年。主要水量控制站唐乃亥、头道拐、龙华河洑、进入下游、花园口和利津站年水量分别为 249.03 亿、148.33 亿、240.84 亿、236.03 亿、240.12 亿、184.25 亿 m^3，除唐乃亥与多年均值相比偏多 22%外，其余偏少 34%～45%。

主要来沙控制站龙华河洑和进入下游的年沙量分别仅 2.857 亿 t 和 0.468 亿 t，较多年偏少 78%和 96%。

汛期水量占年的比例大部分站在 60%以下，特别是吴堡、小浪底和花园口不足 40%。

(3)2005 洪水比较多，秋汛期洪峰流量比较大，上游唐乃亥和渭河洪水比较突出，中游河龙区间没有较大的洪水，龙门汛期最大流量仅 1 570 m^3/s，居历史同期倒数第一位。

(4)2005 年黄河流域主要 8 座水库较 2004 年多蓄水 114.4 亿 m^3，其中龙羊峡水库占 78%；小浪底水库占 22%。汛期多蓄水 176.65 亿 m^3，其中龙羊峡水库占 62%；小浪底水库占 26%。龙羊峡水库最高水位 2 596.84 m，较 1999 年以来的最高水位高出 15.76 m。

水库调蓄对干流水流影响比较大。如果没有龙羊峡、刘家峡两库调节，头道拐水量年将达 236.83 亿 m^3，较实测水量 148.33 亿 m^3 增加 60%，同时汛期占全年比例由实测的 41%提高到 76%。如果没有龙刘两库和小浪底水库调节，花园口水量将达 353.22 亿 m^3，较实测 240.12 亿 m^3 增加 47%，同时汛期占全年比例由实测的 39%提高到 74%。

(5)2005 年黄河干流引水 220.46 亿 m^3，非汛期引水占年引水 64%，主要集中在 4～7 月，占全年引水量的 59%。下河沿—石嘴山、石嘴山—头道拐和高村—利津河段引水比较多，分别占全河引水量的 28%、31%和 22%。头道拐以上、花园口以上引水量分别为 145.91 亿、157.45 亿 m^3，分别是实测水量的 97%、66%。

(6)2005 年中下游泥沙 6 站(龙、华、河、洑、黑、武)水量 270.72 亿 m^3，其中 68%进入河口地区(利津)，25%由黄河下游引出；6 站沙量 2.88 亿 t，利津站沙量 1.82 亿 t，下游引沙 0.29 亿 t，小浪底水库淤积 3.2 亿 t，下游河道冲刷 2.03 亿 t。

(7)2000～2004 年头道拐、龙门、三门峡和花园口天然径流减少 26%～32%，实测水量减少幅度达 50%～55%，实测沙量减少幅度 60～86%，降雨减少 5%～17%。沙量减少幅度远大于实测水量减幅，而实测水量减少幅度大于天然径流量减幅，天然径流减少幅度大于降雨量减幅。

(8)进入 21 世纪后河龙区间水沙关系在发生明显变化，同样水量条件下沙量减少近一半。

第二章　河龙区间水土保持措施的减沙效益分析

一、河龙区间坝库控制参数与减沙效益的关系

(一)晋西北片坝库控制参数与减沙效益的关系

1. 坝库控制面积比与减沙效益的关系

所谓“坝库控制面积比”系指坝库控制面积占流域面积的百分比。黄河中游河龙区间晋西北片的浑河、偏关河、县川河、朱家川、岚漪河、蔚汾河、湫水河和三川河等 8 条支流坝库控制面积比与水利水保措施年均减沙效益关系见图 2-1，二者为指数函数关系，即

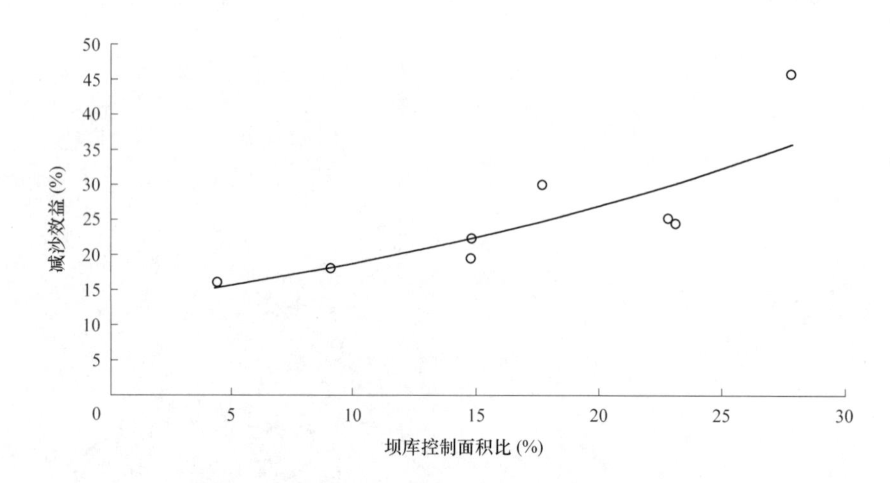

图 2-1　晋西北片坝库控制面积比与减沙效益关系

$$y=13.049e^{0.0362x} \quad (2\text{-}1)$$

式中：y 为水利水保措施年均减沙效益(%)；x 为坝库控制面积比(%)。

水利水保措施年均减沙效益 y 值计算公式为

$$y=\Delta W_S/(W_S+\Delta W_S)\times 100\% \quad (2\text{-}2)$$

式中：W_S 为实测输沙量，万 t；ΔW_S 为水利水保措施减沙量，万 t，包括梯田、林地、草地、坝地和水库、灌溉等的减沙量。

式(2-1)相关系数 R=0.86，说明二者关系较好。随着坝库控制面积比的增大，减沙效益呈增大趋势。

2. 坝库单位面积库容与减沙效益的关系

晋西北片 8 条支流坝库单位面积库容与减沙效益关系见图 2-2。二者也为指数函数关系，其关系式为

$$y=15.662e^{0.3613x} \quad (2\text{-}3)$$

式中：y 为水利水保措施年均减沙效益(%)；x 为坝库单位面积库容，万 m^3/km^2。

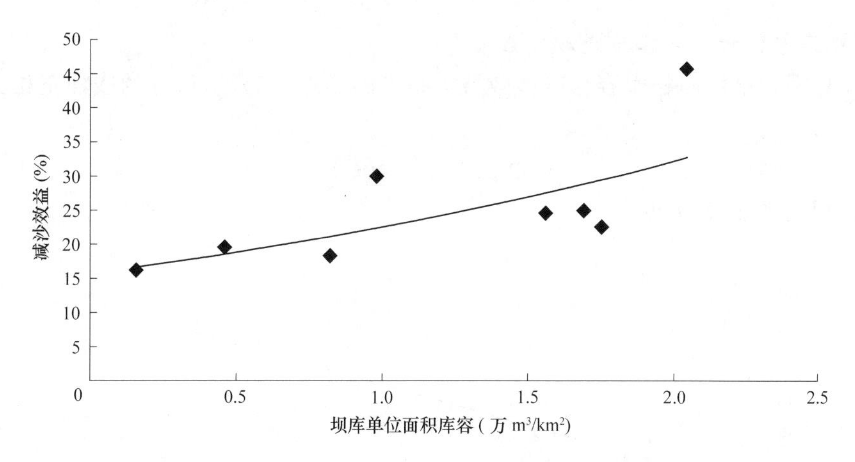

图 2-2　晋西北片坝库单位面积库容与减沙效益关系

上式相关系数 R=0.75。随着坝库单位面积库容的增大，减沙效益也呈增大趋势。坝库单位面积库容每提高 1 万 m^3/km^2，减沙效益即可提高约 10%。

(二)陕北片坝库控制参数与减沙效益关系

1. 坝库控制面积比与减沙效益关系

黄河中游河龙区间陕北片的皇甫川、孤山川、窟野河、秃尾河、佳芦河、无定河、清涧河等 7 条支流坝库控制面积比与年水利水保措施年均减沙效益关系见图 2-3。由此看出，陕北片 7 条支流坝库控制面积比与减沙效益关系同晋西北片一样，也为指数函数关系，具有地区相似性，其关系式为

$$y=10.303e^{0.0187x} \tag{2-4}$$

上式相关系数 R=0.98。

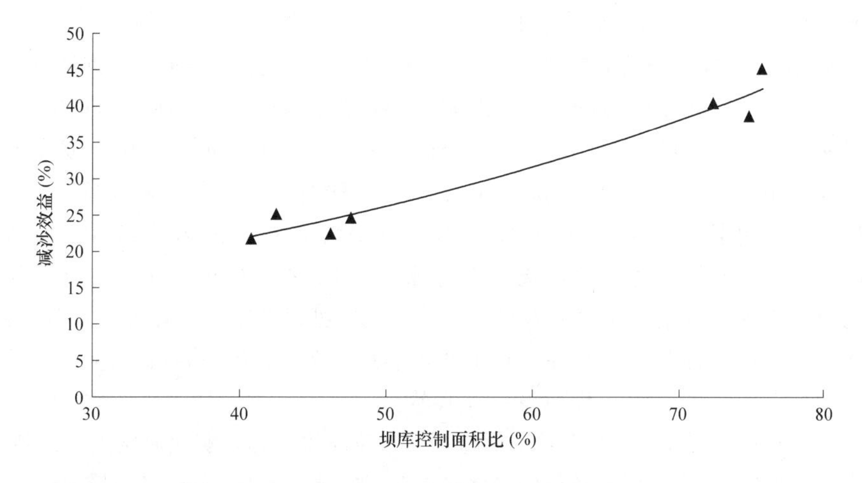

图 2-3　陕北片坝库控制面积比与减沙效益关系

显然，陕北片各支流的坝库控制面积比与减沙效益关系要比晋西北片好得多。随着坝库控制面积比的增大，减沙效益也明显增大。减沙效益的增幅基本上与坝库控制面积比的增幅同步，说明只要提高坝库控制面积比，各支流减沙效益将迅速增大。

2. 坝库单位面积库容与减沙效益关系

陕北片坝库单位面积库容与减沙效益关系见图 2-4。二者呈很好的线性正相关关系，其关系式为

$$y = 2.027\,5x + 7.406\,1 \tag{2-5}$$

上式相关系数 R=0.99。

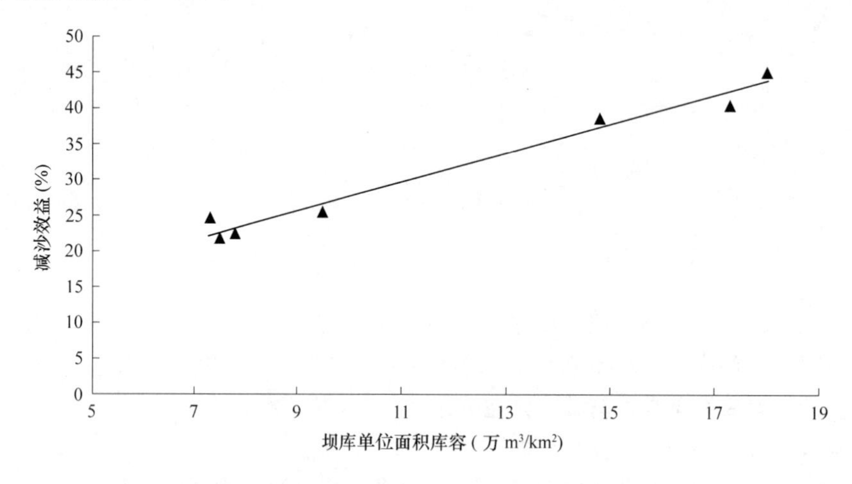

图 2-4 陕北片坝库单位面积库容与减沙效益关系

由上式可以推出：①减沙效益提高 10%，坝库单位面积库容需要提高 5 万 m^3/km^2。②当减沙效益为 20%时，对应的坝库单位面积库容为 6.2 万 m^3/km^2；当减沙效益为 40%时，对应的坝库单位面积库容为 16 万 m^3/km^2。因此，在水土流失特别严重的陕北片，要使流域水土保持综合治理减沙效益达到 20%以上，除了配置相应的坡面治理措施，坝库单位面积库容应在 6 万 m^3/km^2 以上。

图 2-3、图 2-4 有一个共同特点，点据均分布在相关曲线的两头。根据统计，陕北片由北向南，坝库单位面积库容增大，水利水土保持措施减沙效益也随之明显提高。北部的“两川两河”(即皇甫川、孤山川、窟野河、秃尾河)，由于坝库单位面积库容只有 7 万 ~ 10 万 m^3/km^2，减沙效益为 21% ~ 25%；南部的佳芦河、无定河和清涧河，由于坝库单位面积库容达到了 15 万 ~ 18 万 m^3/km^2，比北部增大了 8 万 m^3/km^2，减沙效益高达 40%左右。由此形成“两川两河”等 4 条支流点据集中分布在两图的左下方，佳芦河、无定河和清涧河等 3 支流点据集中分布在两图的右上方。可以推断，在黄河中游多沙粗沙区，要实现 40%左右的减沙效益，坝库单位面积库容应达到 16 万 m^3/km^2 以上。因此，加强陕北片“两川两河”的坝库工程建设势在必然。

根据张胜利等的研究，长期有效地保持坝库单位面积库容是实现流域洪水控制的关键。对于河龙区间陕北片，这一控制条件的具体指标为：控制一次 100 mm 降雨量对应的洪水(洪水频率为 2%，相当于 50 年一遇)，吴堡以南支流所需坝库单位面积库容至少为 7 万 m^3/km^2，吴堡以北支流所需坝库单位面积库容至少为 15 万 m^3/km^2；流域治理度在 20%左右。

根据上述研究成果，结合本次研究的结论可以推断：在水土流失特别严重的陕北片，要使流域水土保持综合治理减沙效益达到 20%(佳芦河以南支流) ~ 40%(佳芦河以

北支流)，同时控制一次 100 mm 降雨量对应的洪水，除了配置相应的坡面治理措施，坝库单位面积库容应达到 6 万(佳芦河以南支流)～16 万 m^3/km^2(佳芦河以北支流)。这对陕北片合理进行流域坝系规划以及实现坝库蓄洪拦沙效益的可持续性，具有一定的指导意义。

二、水土流失治理度与减沙效益的关系

根据水利部黄河水沙变化研究基金第二期项目“河龙区间水土保持措施减水减沙作用分析”中“水保法”年均减沙效益(1970～1996 年)研究成果，点绘河龙区间各支流水土流失治理度与减沙效益关系如图 2-5。

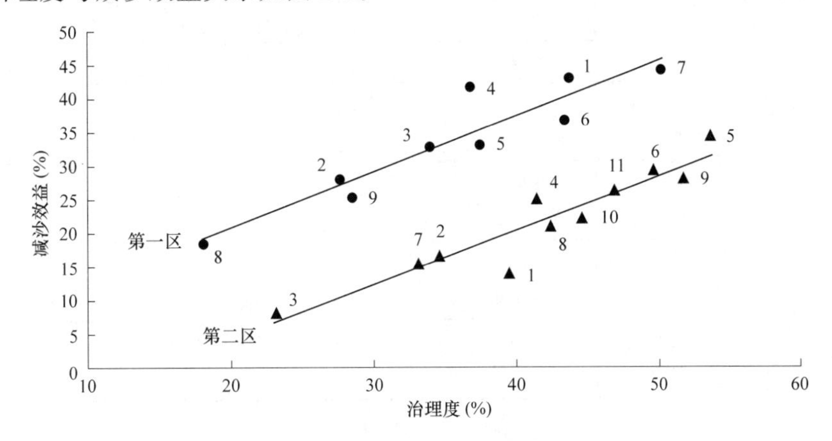

图 2-5　河龙区间各支流水土流失治理度与减沙效益关系

可以看出，河龙区间各支流水土流失治理度与减沙效益关系明显分为两个区。

第一区：包括无定河(1)、清涧河(2)、延河(3)、浑河(4)、朱家川(5)、湫水河(6)、三川河(7)、屈产河(8)和昕水河(9)等 9 条支流，其线性关系式为

$$y = 0.830\,2x + 4.219\,3 \tag{2-6}$$

式中：y 为年均减沙效益(%)；x 为水土流失治理度(%)。

式(2-6)的相关系数 R=0.93，说明这一区水土流失治理度与减沙效益关系十分密切。

第二区：包括皇甫川(1)、孤山川(2)、窟野河(3)、秃尾河(4)、佳芦河(5)、汾川河(6)、仕望川(7)、偏关河(8)、县川河(9)、岚漪河(10)、蔚汾河(11)等 11 条支流，其线性关系式为

$$y = 0.807\,3x - 11.854 \tag{2-7}$$

上式相关系数 R=0.94。由式(2-6)、式(2-7)可知，河龙区间水土流失治理度与减沙效益二者呈正相关关系，治理度越高，减沙效益越大。图 2-5 中的两条直线近似平行(斜率基本相等)，说明两个区单位治理度的减沙效益基本相等。在相同的治理度下，第一区的减沙效益平均高出第二区 16 个百分点，说明第二区的治理难度大于第一区。

此外，由式(2-7)可知，当第二区的治理度小于 15%时，基本没有减沙效益。第二区大部分支流位于陕北片和晋西北片中部，基本为黄土丘陵沟壑区，水土流失极为严重，治理难度相当大。尤其是“两川两河”，要想取得 10%以上的减沙效益，治理度至少应在 30%以上。因此，该区水土流失综合治理任重道远。

三、淤地坝面积比与减沙比关系分析

(一)河龙区间

水土保持措施面积比是指某一单项水土保持措施保存面积占四大水土保持措施(梯田、林地、草地、坝地)总体保存面积的百分比。水土保持措施减沙比是指某一单项水土保持措施减沙量占四大水土保持措施减沙总量的百分比。河龙区间水土保持措施面积比及减沙比计算成果见表 2-1；不同年代水土保持措施面积比及减沙比柱状图分别见图 2-6、图 2-7。

表 2-1 河龙区间水土保持措施面积比(%)及减沙比(%)计算成果

年代		水土保持措施			
		梯田	林地	草地	坝地
1969 年以前	面积比	20.3	67.2	10.1	2.4
	减沙比	9.0	15.8	3.0	72.2
1970 ~ 1979	面积比	19.6	69.2	8.1	3.1
	减沙比	6.4	12.2	1.4	80.0
1980 ~ 1989	面积比	14.9	74.4	8.2	2.5
	减沙比	7.7	26.8	2.2	63.3
1990 ~ 1996	面积比	14.0	76.3	7.6	2.1
	减沙比	10.0	38.8	3.6	47.6

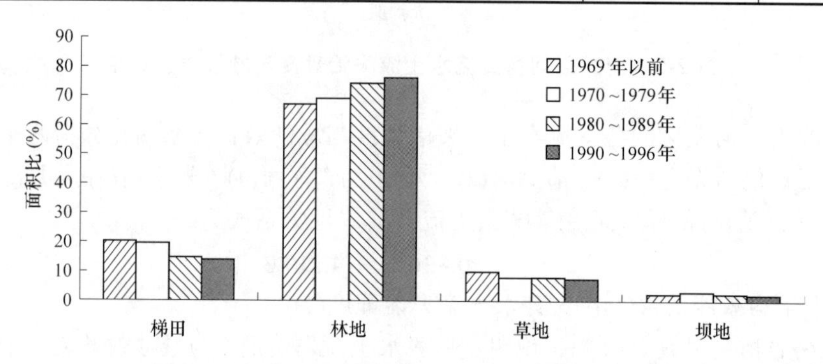

图 2-6 河龙区间不同年代水土保持措施面积比

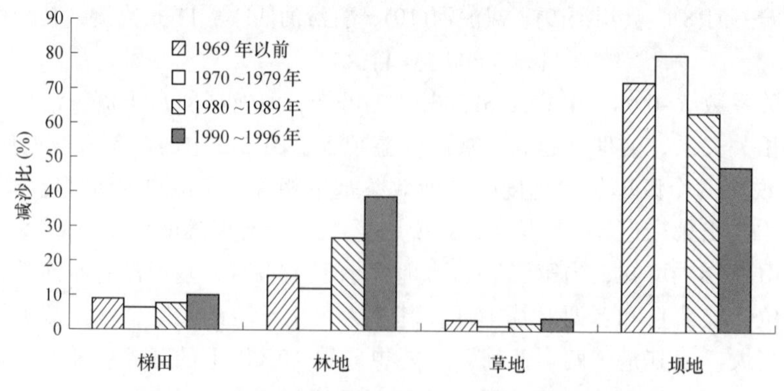

图 2-7 河龙区间不同年代水土保持措施减沙比

由此可以看出，自 20 世纪 70 年代开始，河龙区间水土保持措施的面积比从大到小依次是林地、梯田、草地及坝地；减沙比从大到小依次是坝地、林地、梯田和草地。其中梯田和坝地的面积比依时序下降，林地的面积比依时序逐步上升，草地的面积比依时序波动下降。其原因与河龙区间水保治理长期投入不足，忽视基本农田建设、片面造林有关。

表 2-1 的计算成果表明，只要河龙区间坝地的面积比保持在 2%左右，其减沙比即可保持在 45%以上。因此，为有效、快速地减少入黄泥沙，河龙区间水土保持措施应采用以淤地坝为主的工程措施与坡面措施相结合的综合配置模式；淤地坝的面积比应保持在 2%以上。

(二)典型支流

河龙区间四大典型支流淤地坝面积比及减沙比计算成果见表 2-2。从各支流淤地坝面积比与减沙比的关系看，对于皇甫川流域，只要淤地坝面积比达到 2%以上，减沙比即可达到 40%以上，减沙效益明显；对于窟野河流域，当淤地坝面积比达到 1%以上时，减沙比可以达到 40%以上，减沙效益也十分明显；对于无定河流域，当淤地坝面积比达到 1.5%以上时，减沙比可以达到 30%以上；三川河流域的淤地坝面积比达到 4%左右时，减沙比可以达到 75%左右。显然，窟野河流域达到同样减沙比所需要的淤地坝面积比最低，三川河最高，皇甫川和无定河基本相当。1970 ~ 1996 年 27 年平均，当四大典型支流淤地坝面积比平均达到 2.5%时，淤地坝减沙比平均可以达到 60%。因此，淤地坝依然是四大典型支流减沙首选的水土保持工程措施。

表 2-2　河龙区间四大典型支流淤地坝面积比(%)及减沙比(%)计算成果

年代		典型支流				
		皇甫川	窟野河	无定河	三川河	平均
1969 年以前	面积比	1.8	1.3	1.8	4.6	2.38
	减沙比	40.7	55.8	76.7	68.8	60.5
1970 ~ 1979	面积比	2.6	1.5	2.4	4.4	2.73
	减沙比	43.3	52.9	84.1	85.1	66.4
1980 ~ 1989	面积比	2.6	1.2	1.9	3.9	2.40
	减沙比	57.2	42.1	62.5	74.9	59.2
1990 ~ 1996	面积比	3.5	1.1	1.6	3.3	2.38
	减沙比	64.2	42.9	32.9	67.2	51.8

河龙区间四大典型支流不同年代水土保持措施面积比及减沙比柱状图分别见图 2-8、图 2-9。

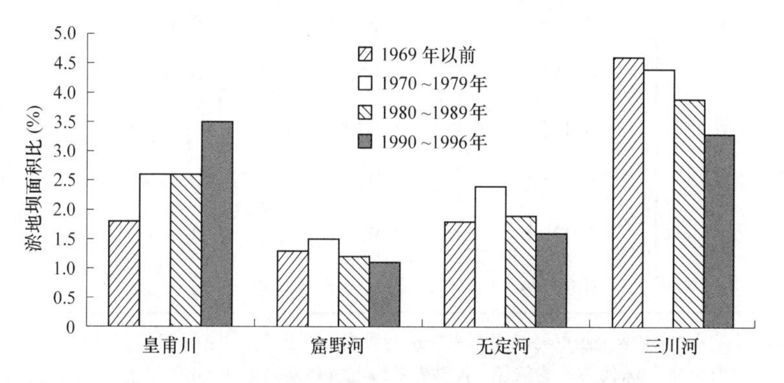

图 2-8　河龙区间四大典型支流不同年代淤地坝面积比

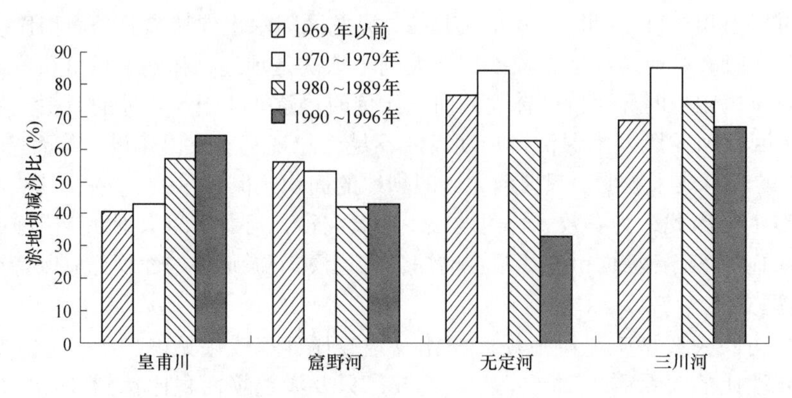

图 2-9　河龙区间四大典型支流不同年代淤地坝减沙比

四、水土保持措施对泥沙粒径的影响分析

从黄河中游粗泥沙集中来源区支流及干流水文站的泥沙粒径变化情况看(见表 2-3)，实施水土保持综合治理后(一般以 1970 年为界)，绝大部分流域实施水土保持综合治理后的泥沙中值粒径和平均粒径同时变细。泥沙粒径变化以皇甫川、窟野河、秃尾河等三条支流最为明显。窟野河温家川水文站泥沙平均粒径变粗，引起毗邻的黄河干流府谷水文站实测泥沙平均粒径也相应变粗；佳芦河申家湾水文站进入 20 世纪 90 年代后，中值粒径和平均粒径也急剧变粗。

表 2-3　粗泥沙集中来源区支流及干流水文站的泥沙粒径变化情况

河流	水文站	水保前 d_{50}(mm)	水保后 d_{50}(mm)	水保前 d_{cp}(mm)	水保后 d_{cp}(mm)
皇甫川	皇甫	0.066 0	0.053 8	0.156 0	0.137 3
孤山川	高石崖	0.045 3	0.035 4	0.066 6	0.056 4
窟野河	温家川	0.078 3	0.049 0	0.089 7	0.108 5
秃尾河	高家川	0.094 8	0.064 5	0.158 1	0.126 3
佳芦河	申家湾	0.042 2	0.041 0(0.034 4)	0.060 8	0.091 9(0.059 5)
无定河	白家川	0.035 8	0.031 8	0.052 0	0.046 5
清涧河	延川	0.031 7	0.026 8	0.041 6	0.035 2
延河	甘谷驿	0.032 4	0.028 1	0.057 5	0.048 3
黄河	府谷	0.025 9	0.022 9	0.039 9	0.042 5
黄河	吴堡	0.028 8	0.029 0	0.047 2	0.044 6
黄河	龙门	0.032 4	0.026 5	0.053 6	0.038 0

注：(1)资料系列截至 2004 年。佳芦河申家湾水文站括号内数据为截至 1989 年的资料。
(2)d_{50}代表中值粒径，d_{cp}代表平均粒径。泥沙颗粒级配资料系列中 1980 年以前的“粒径计法”资料已全部改正为“吸管法”资料。

五、主要结论

(1)在晋西北片现状治理条件下，坝库单位面积库容每提高 1 万 m^3/km^2，减沙效益即可提高约 10%。

(2)在陕北片现状治理条件下，减沙效益提高 10%，坝库单位面积库容需要提高 5 万 m^3/km^2。

(3)在陕北片现状治理条件下，要使流域水土保持综合治理减沙效益达到 20%以上，坝库单位面积库容应在 6 万 m^3/km^2 以上。在黄河中游粗泥沙集中来源区现状治理条件下，要实现 40%左右的减沙效益，坝库单位面积库容应达到 16 万 m^3/km^2 以上。

(4)陕北片取得相同减沙效益所需要的坝库控制面积比、坝库单位面积库容均明显大于晋西北片。只有保证较大的坝库控制面积比和坝库单位面积库容，才能取得较大的减沙效益。但陕北片减沙效益的增幅基本上与坝库控制面积比的增幅同步，只要提高坝库控制面积比，各支流减沙效益将明显增大。

(5)河龙区间减沙效益与水土流失治理度呈正相关关系，治理度越高，减沙效益越大。对于“两川两河”，要取得 10%以上的减沙效益，治理度至少应在 30%以上。

(6)当河龙区间坝地面积比保持在 2%左右时，其减沙比可以达到 45%以上。当皇甫川、窟野河、无定河、三川河等四大典型支流淤地坝面积比平均达到 2.5%时，淤地坝减沙比平均可以达到 60%。

(7)实施水土保持综合治理后，粗泥沙集中来源区绝大部分支流及干流水文站的泥沙中值粒径和平均粒径同时变细。

六、建议

(1)在粗泥沙集中来源区各支流的水土保持综合治理中，为了在短期内快速减少入黄泥沙尤其是粗泥沙，应大力开展淤地坝(系)建设，集中力量建设水土保持治沟骨干工程、大型拦泥库和中型淤地坝等快速拦泥工程，以保证有较大的坝库控制面积比和坝库单位面积库容，从而取得较大的减沙效益。

(2)为有效、快速地减少入黄粗泥沙，河龙区间水土保持措施中淤地坝的面积比应保持在 2%以上。

(3)应进一步开展水土保持治理措施配置体系优化组合研究，确定取得最大减沙效益对应的水土保持治理措施面积比和配置部位。

第三章　宁蒙河段河床演变分析

一、河道及水沙概况

黄河自黑山峡进入宁夏、内蒙古河段，穿过黑山峡、青铜峡和石嘴山峡，流经卫宁盆地、银川平原和河套平原，至头道拐水文站，全长 1 048 km，是黄河上游段的下端，河道形态为峡谷与盆地(或平原)相间连接(见图 3-1)。

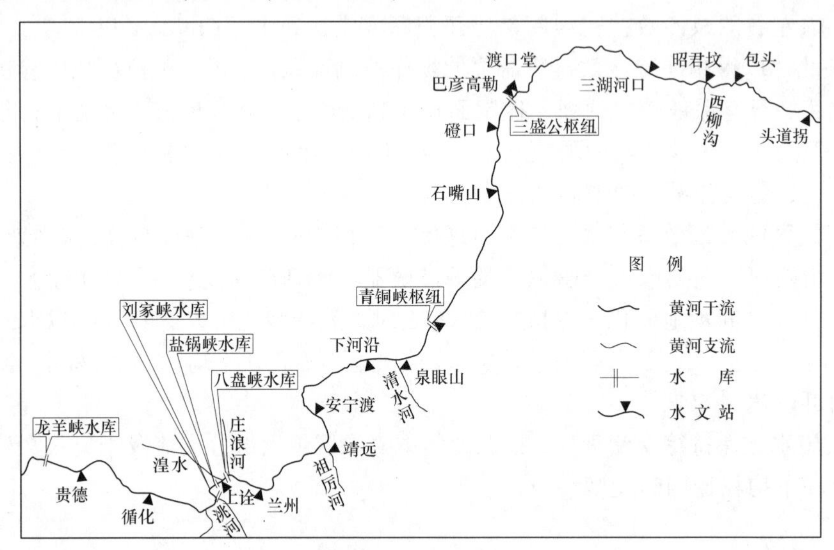

图 3-1　宁蒙河段河道示意图

下河沿水文站为进入宁蒙河段的控制站。刘家峡水库投入运用至龙羊峡水库运用前(1969 ~ 1986 年)，下河沿实测年均水量为 324.0 亿 m^3，较多年平均偏大 10 亿 m^3，约占 3.2%，而汛期水量 171.7 亿 m^3，偏小 21.3 亿 m^3，约占 11%；年均输沙量为 1.089 亿 t，较多年平均偏少 41%，汛期沙量 0.630 亿 t，偏少 43.2%。1986 年龙羊峡水库投入运用后，1987 ~ 2002 年年均水量 247.6 亿 m^3，较多年均值减少 21%，汛期水量 103.7 亿 m^3，较多年均值减少 46.3%；输沙量进一步减少，年均沙量只有 0.809 亿 t，较多年平均值减少 56.3%，汛期沙量偏少 60.7%(见表 3-1)。

表 3-1　刘家峡、龙羊峡水库运用后下河沿站年内水沙分配

项目	时段	非汛期	汛期	全年
水量(亿 m^3)	1969 ~ 1986	152.3	171.7	324.0
	1987 ~ 2002	143.9	103.7	247.6
沙量(亿 t)	1969 ~ 1986	0.179	0.910	1.089
	1987 ~ 2002	0.179	0.630	0.809

刘家峡水库单库运用期间平均削减洪峰 20%，主要削减流量为 1 500 ~ 2 500 m^3/s 的洪峰。龙羊峡水库运用后削峰作用明显增大，1 000 m^3/s 以上的洪峰都得到削减。有些年份削峰率达到 80%以上，例如，在统计的 34 场洪峰中有 13 场削峰率在 70%以上，平均削峰率为 58.8%。1989 年 6 月 13 日龙羊峡入库流量 4 140 m^3/s，出库流量仅为 771 m^3/s，削减流量 3 369 m^3/s，削峰率为 81.4%，流量过程发生变化。龙刘水库投入运用后，宁蒙河段的洪峰流量显著降低。1986 年以前宁蒙河段各控制断面最大日均流量多为 2 000 ~ 4 000 m^3/s，1986 年以后尤其 1990 年以来，最大日均流量约 1 500 m^3/s 甚至更低(见图 3-2)。

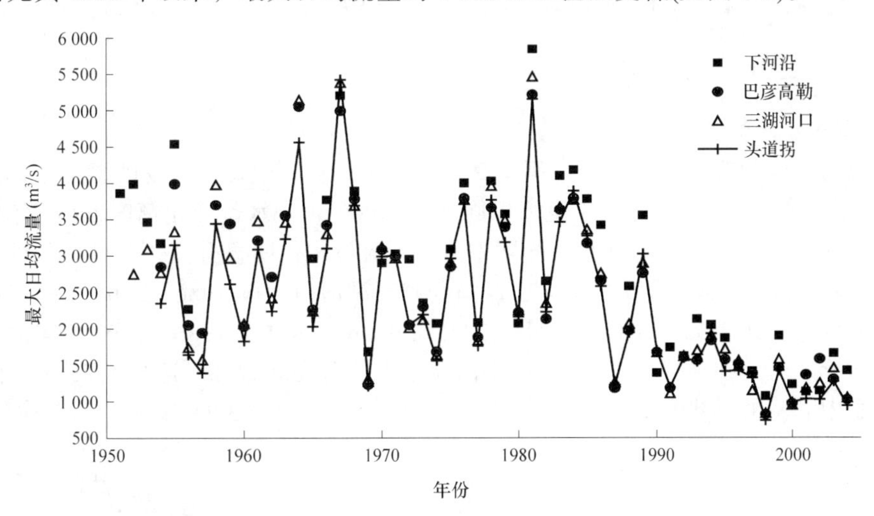

图 3-2 宁蒙河段各控制站历年最大日均流量变化

二、河道冲淤概况

(一)宁夏河段

天然情况下宁夏河段是淤积的，其中下青(下河沿至青铜峡)段微淤、青石(青铜峡至石嘴山)段淤积。随着上游各水利枢纽的开发建设，宁夏段来水量年内分配趋于均匀化，河道冲淤发生变化。例如，根据 1979 ~ 1993 年资料，下青段淤积 0.193 亿 t，青石段冲刷 0.288 5 亿 t；1993 ~ 2001 年下青段年均冲刷 0.001 亿 t，青石段淤积 0.113 亿 t，淤积量集中在下段。

(二)内蒙古河段

内蒙古河段有 5 次断面资料，即 1962 年、1982 年、1991 年、2000 年和 2004 年，但断面位置和每次测验的断面数不同，对计算精度有一定影响。

三盛公—河口镇河段 1962 ~ 1982 年累计冲刷 0.608 亿 t，年均冲刷 0.030 4 亿 t，上段以冲为主、下段以淤为主；1982 ~ 1991 年全河段以淤为主，累计淤积量为 3.52 亿 t，年均淤积 0.391 亿 t，其中 1982 ~ 1986 年为冲刷，如果考虑前时段的冲刷量则 1986 ~ 1991 年淤积得更多；1991 ~ 2000 年巴彦高勒—蒲滩拐(头道拐下 18 km)年均淤积量为 0.593 亿 t；根据 2000 ~ 2004 年部分断面资料估算，巴彦高勒—蒲滩拐年均淤积量为 0.567 亿 t。

20 世纪 90 年代以后，来沙量是减少的，但河段淤积量却是增加的(见表 3-2)。

表 3-2　内蒙古河段不同时期断面法冲淤量　(单位：亿 t)

时段	1962 ~ 1982	1982 ~ 1991	1991 ~ 2000	2000 ~ 2004
总量	– 0.608	3.52	5.34	2.268
年均	– 0.030 4	0.391	0.593	0.567

内蒙古河段滩槽冲淤分布有所不同。实测断面资料表明，1982 ~ 1991 年内蒙古河段淤积量的 60%集中在河槽，滩地淤积量约占 40%；1991 ~ 2004 年，内蒙古河段淤积量的 85%以上集中在河槽，滩地淤积量明显减少，仅约为 15%。

三、河道排洪输沙能力

(一)同流量水位变化

同流量水位的升降反映了河底平均高程的变化，从一定程度上反映了河床的冲淤调整。虽然水沙条件变化较大，但宁夏河段同流量(1 000 m^3/s)水位变化幅度较小。随着 1986 年以后汛期流量尤其洪水的减小，内蒙古河段同流量水位明显升高，并且抬升幅度具有明显的“上段大、下段小”的特性。巴彦高勒和三湖河口河段 1986 ~ 2004 年同流量水位抬升幅度分别高达 1.8 m 和 1.7 m，年均抬升约 0.1 m。昭君坟 1986 ~ 1995 年同流量水位抬升 0.99 m，头道拐河段 1986 ~ 2004 年同流量水位升高 0.24 m。这与 1985 年以前同流量水位稳中有降的基本特点形成了鲜明的对比(见图 3-3、表 3-3)。

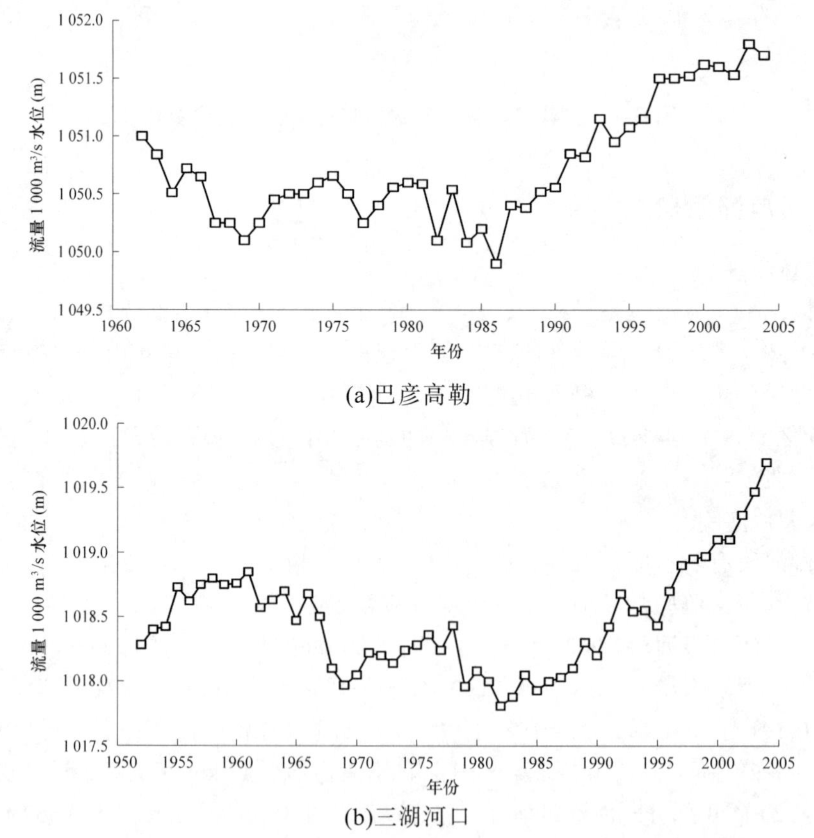

(a)巴彦高勒

(b)三湖河口

图 3-3　巴彦高勒、三湖河口、昭君坟、头道拐同流量(1 000 m^3/s)水位变化

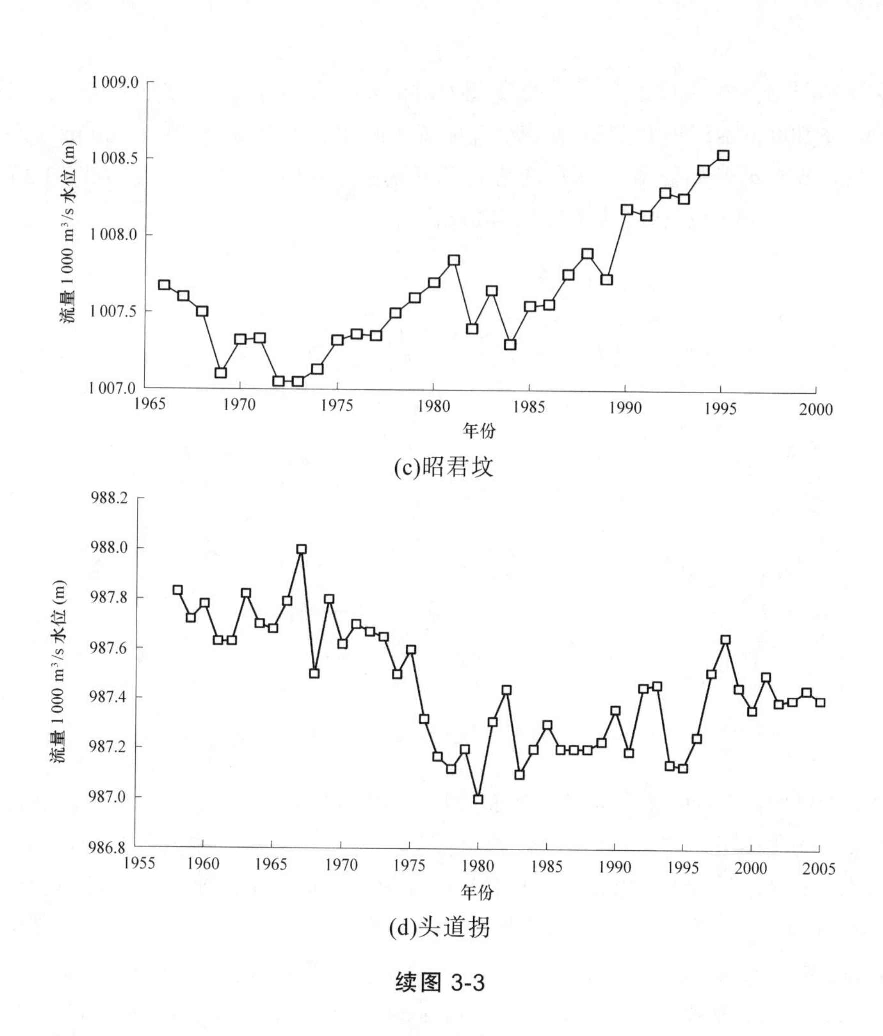

(c)昭君坟

(d)头道拐

续图 3-3

表 3-3　水库运用后不同时期汛前同流量(1 000 m^3/s)水位升降值　　(单位：m)

站名	不同时期					
	1960 ~ 1966	1966 ~ 1971	1971 ~ 1980	1980 ~ 1986	1968 ~ 1986	1986 ~ 2004
下河沿		– 0.11	+0.12	0	– 0.01	+0.16
青铜峡	+0.13	– 0.41	– 0.24	– 0.39	– 0.69	– 0.08
石嘴山	– 0.14	– 0.04	+0.03	– 0.03	– 0.05	+0.05
磴口	+0.19	– 0.17	+0.22	– 0.24		
渡口堂(巴彦高勒)	– 0.58	– 0.20	+0.15	– 0.70	– 0.35	+1.80
三湖河口	– 0.08	– 0.46	– 0.14	– 0.08	– 0.10	+1.70
昭君坟	– 0.28	– 0.34	+0.37	– 0.14	0.06	+0.99*
头道拐	– 0.01	– 0.09	– 0.70	+0.204	– 0.30	+0.24

注：*指 1986 ~ 1995 年。

(二)平滩流量的变化

根据内蒙古河段水文站实测资料，通过水位流量关系及断面形态分析，历年平滩流量的变化见图 3-4。1986 年以来，由于龙羊峡水库的蓄水调节、以及气候条件和人为因素的影响，进入宁蒙河段的水量持续偏少，排洪输沙能力降低，河槽淤积萎缩，平滩流量减少。20 世纪 90 年代以前，巴彦高勒平滩流量变化在 4 000 ~ 5 000 m^3/s，三湖河口在 3 000 ~ 5 000 m^3/s；90 年代以来平滩流量持续减少，到 2004 年在 1 000 m^3/s 左右，部分河段 700 m^3/s 即开始漫滩。昭君坟站的平滩流量 1974 ~ 1988 年在 2 200 ~ 3 200 m^3/s，1989 年以后持续减少，1995 年约为 1 400 m^3/s。

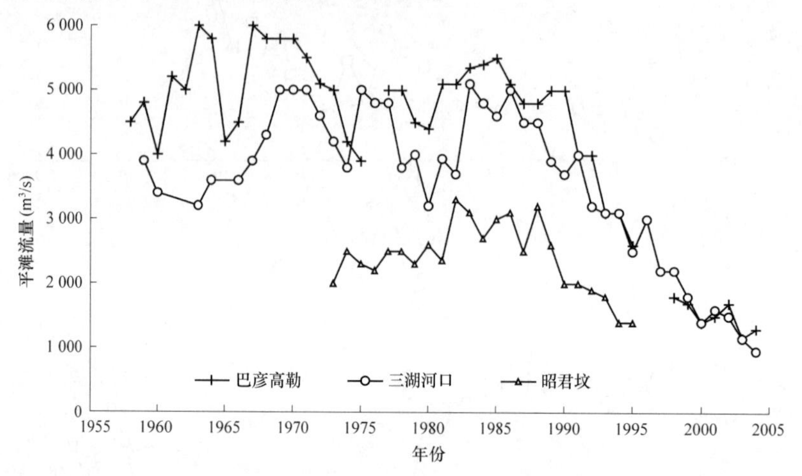

图 3-4 内蒙古河段控制断面平滩流量变化

根据 2004 年 7 月内蒙古河段大断面资料，运用水力学方法分析计算了内蒙古河段沿程平滩流量变化(见图 3-5)。从图看出，巴彦高勒—昭君坟河段平滩流量在 950 ~ 1 500 m^3/s 变化，平均平滩流量为 1 150 m^3/s；昭君坟—头道拐河段，上段平滩流量较小，变化范围为 950 ~ 1 350 m^3/s，平均为 1 140 m^3/s，与巴彦高勒—昭君坟河段较接近，下段头道拐附近平滩流量相对较大，变化范围为 1 600 ~ 1 950 m^3/s，平均为 1 780 m^3/s。全河段平均平滩流量为 1 230 m^3/s，平滩流量为 950 ~ 1 350 m^3/s 的占 78.4%，大于 1 350 m^3/s 的只占 21.6%。

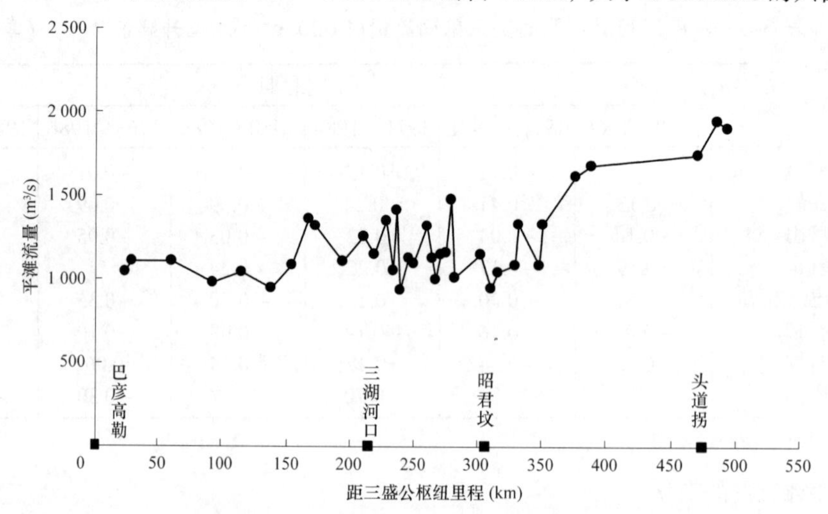

图 3-5 内蒙古河段沿程平滩流量变化图

由此可见，基于缓解宁蒙河段淤积萎缩状况的调水调沙试验，若保证昭君坟以上河段不漫滩，控制流量应在 1 500 m^3/s 左右。

(三)河道输沙能力的变化

从含沙量与流量的关系看，流量在 2 500 ~ 3 000 m^3/s 以下时，内蒙古河段随流量增大含沙量也增大，流量减小时含沙量减小，水流的输沙能力与流量的高次方成正比。无论是天然情况，还是刘家峡、龙羊峡水库运用后，这种变化关系基本一致。这说明相同流量下河道的挟沙能力并没有发生变化。但是图 3-6 中汛期沙量和水量的关系表明，水库运用以后，相同水量的条件下，沙量明显减少，也就是说，随着流量过程的调平，小流量持续时间增长，必然导致输沙总量的减少。

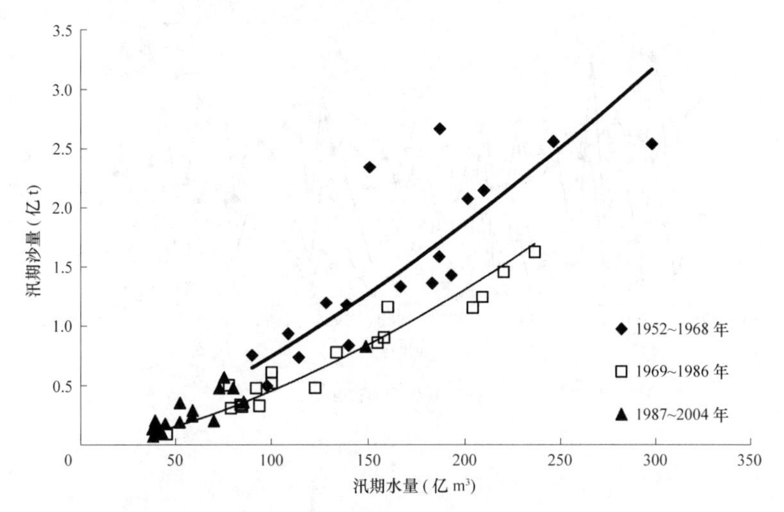

图 3-6　三湖河口汛期水量和汛期沙量的关系

四、洪水期冲淤特性及调水调沙指标分析

(一)冲淤平衡水沙指标

宁蒙河段洪水期河道冲淤调整与水沙关系十分密切。根据实测资料，考虑主要支流来水来沙和引水引沙建立宁蒙河道洪水期冲淤与水沙条件的关系(见图 3-7)，由图

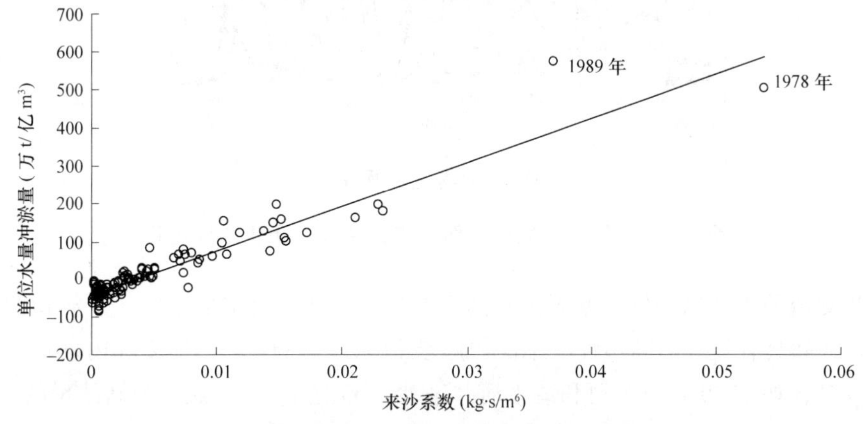

图 3-7　宁蒙河道洪水期冲淤与水沙条件的关系

可见，来沙系数 s/q 约为 0.003 8 $kg·s/m^6$ 时河道基本冲淤平衡，即洪水期平均流量 2 500 m^3/s、含沙量约 9.5 kg/m^3 左右时长河段冲淤基本平衡。

(二)主要来沙时段及调水调沙时机

宁蒙河段来水来沙也具有水沙异源的特点。水量主要来自兰州以上，而沙量则主要来自兰州以下的多沙支流。其中较为主要的多沙支流有祖厉河、清水河及内蒙古河段的西柳沟、毛不浪沟、罕台川等十大孔兑。祖厉河和西柳沟最大年沙量分别为 1.8 亿 t 和 0.5 亿 t(见图 3-8)。

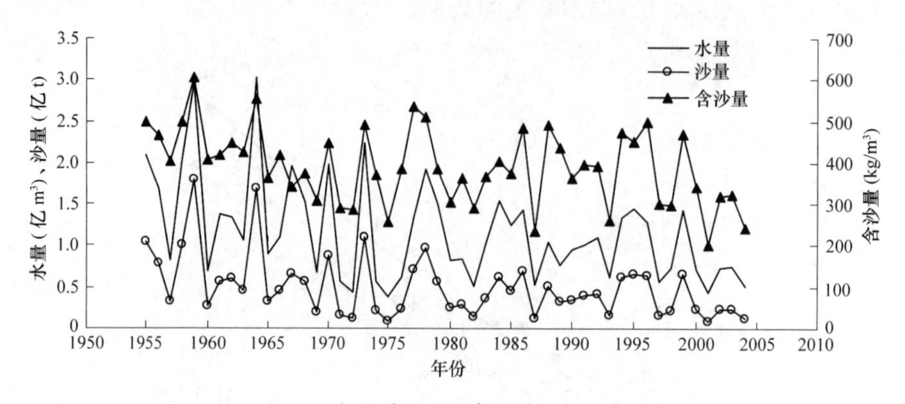

(a)祖厉河靖远站

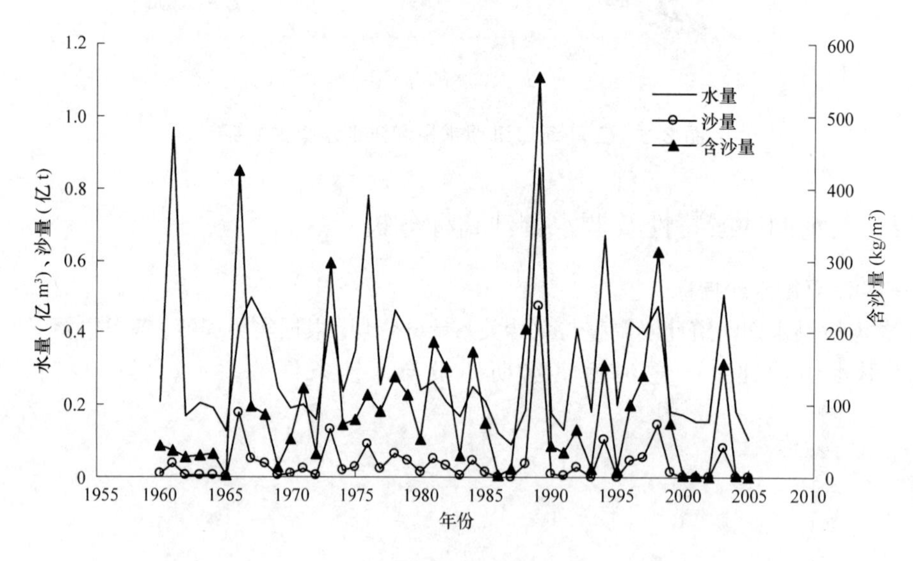

(b)西柳沟龙头拐站

图 3-8　祖厉河靖远站、西柳沟龙头拐站历年水沙过程

这些支流的水沙以多发性暴雨洪水的方式进入干流，是造成宁蒙河段淤积的主要原因，两者之间具有较好的同步性(见图 3-9)。支流来沙大的年份，宁夏和内蒙古河道的淤积量都较多，如 1970 年祖厉河和清水河共来沙 1.63 亿 t，是干流兰州站沙量的 2.1 倍，宁夏河段淤积 1.77 亿 t；1989 年三大孔兑(西柳沟、毛不浪沟、罕台川)来沙量 1.26 亿 t，是干流三湖河口站沙量的 1.1 倍，内蒙古三湖河口—头道拐河段淤积 1.21 亿 t。同时，支流突发性洪水泥沙造成干流河道淤堵严重，水位明显升高，影响河道排洪，1989 年西柳沟洪水堵塞昭君坟河段，造成水位偏高约 3 m(见图 3-10)。

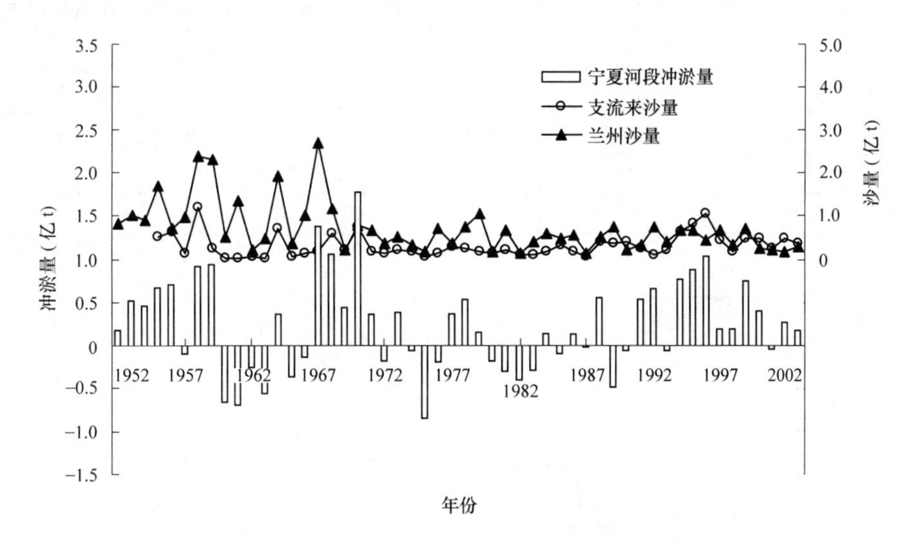

图 3-9 宁夏河段冲淤量与支流来沙量情况

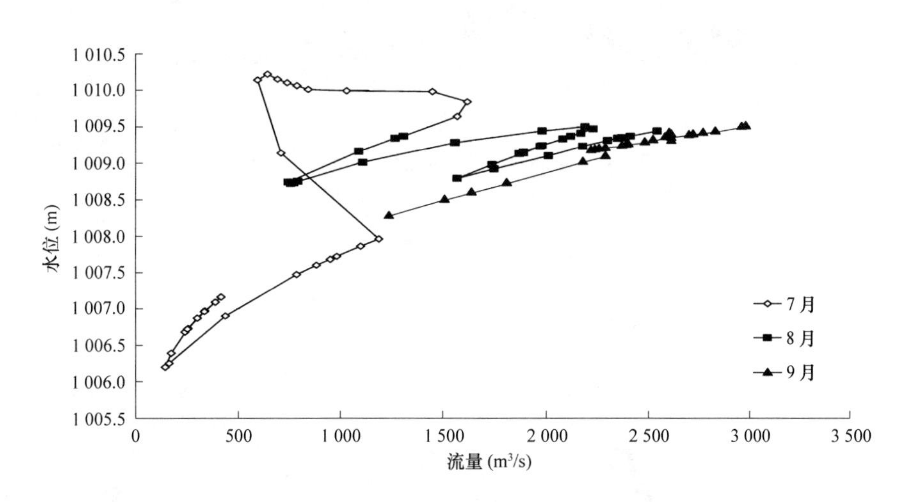

图 3-10 1989 年昭君坟站水位流量关系

从今后调水调沙过程的控制考虑，统计了多沙支流和头道拐站的主要来沙时间。判别来沙时间的标准为多年日平均滑动累计 10 d、15 d 和 20 d 的最大沙量。图 3-11~图 3-13 为干流头道拐站、支流祖厉河、清水河、西柳沟、毛不浪孔兑、罕台川的入黄多年平均日平均滑动累积沙量图，由图可得到各站最大累积沙量的出现时间，并按水流传播时间换算为龙羊峡出库站贵德时间(见表 3-4)。

表 3-4　各站滑动累积沙量最大出现时段(贵德站时间)

项目	至贵德时间 (d)	累计 10 天 (月-日)	累计 15 天 (月-日)	累计 20 天 (月-日)
祖厉河	2	07-10 ~ 07-19	07-10 ~ 07-24	07-08 ~ 07-27
清水河	3	08-19 ~ 08-28	08-17 ~ 08-31	08-12 ~ 08-31
十大孔兑	9	07-12 ~ 07-21	07-12 ~ 07-26	07-12 ~ 07-31
头道拐 1956~1986 年	10	07-28 ~ 08-06 09-04 ~ 09-13	07-24 ~ 08-07 09-01 ~ 09-15	07-30 ~ 08-18 09-01 ~ 09-20
头道拐 1986 年以后	10	08-02 ~ 08-11	08-02 ~ 08-16	07-31 ~ 08-19

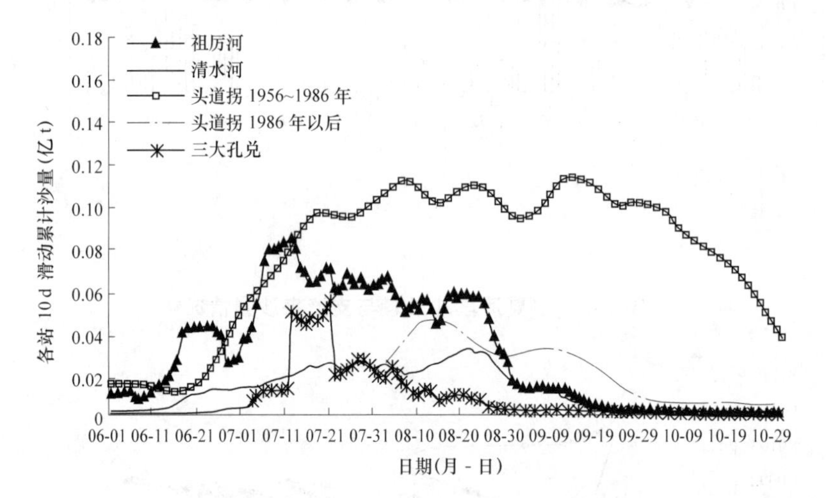

图 3-11　各站 10 d 滑动累积沙量过程图

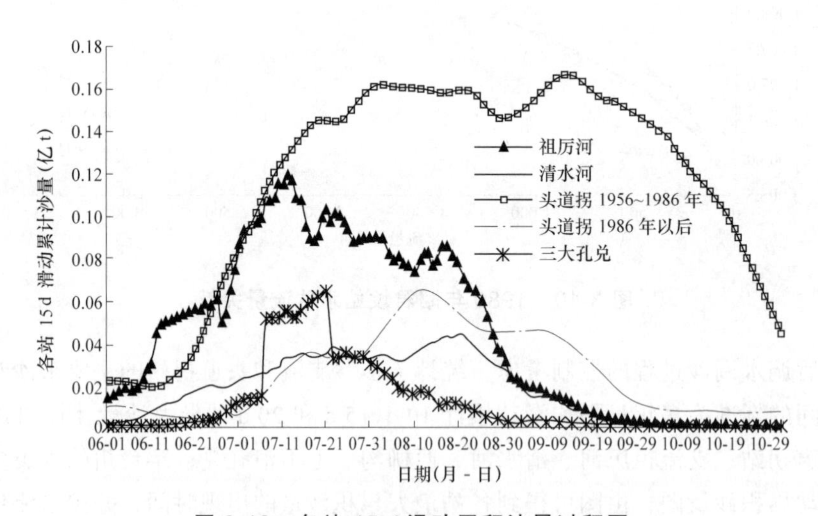

图 3-12　各站 15 d 滑动累积沙量过程图

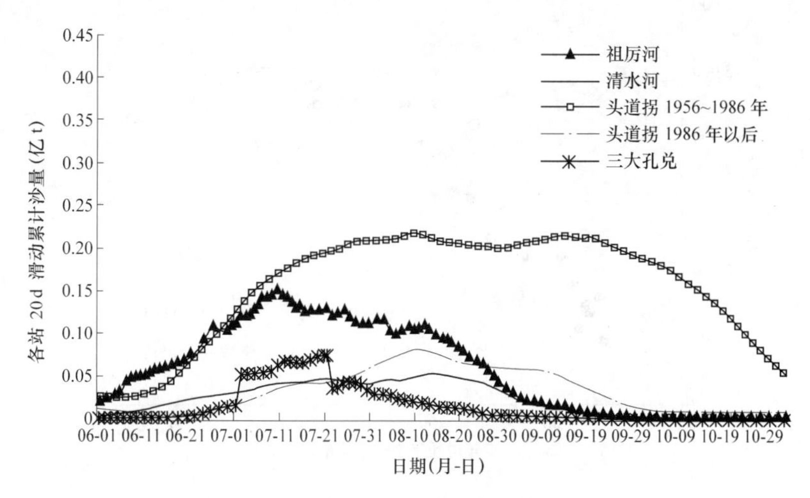

图 3-13　各站 20 d 滑动累积沙量过程图

五、平滩流量变化对水沙条件的响应关系

根据敏感性分析，平滩流量的变化与径流量的 5 年滑动平均值相关程度比较高，以三湖河口为例(见图 3-14、图 3-15)，1986 年以后基本为平水年或枯水年，平滩流量与径流量有较好的正相关关系，当年径流量大于 250 亿 m^3 或汛期径流量大于 140 亿 m^3 时，平滩流量不再继续增大。

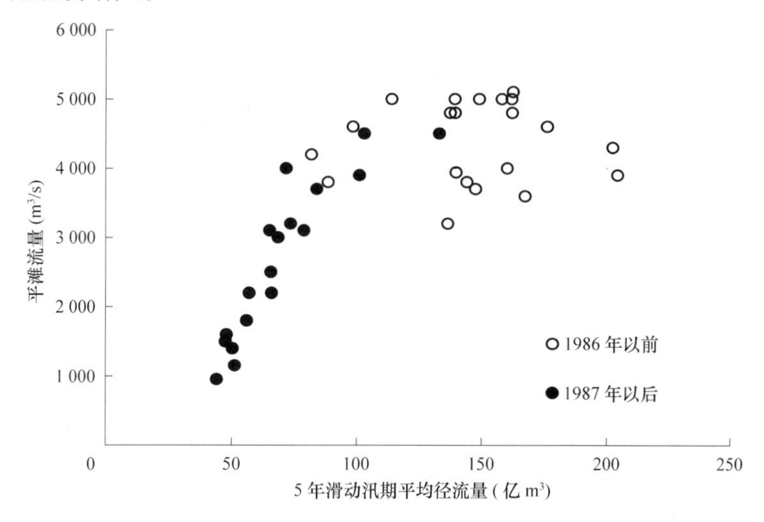

图 3-14　三湖河口平滩流量与汛期径流量的关系

1996 年以来，巴彦高勒除 1999 年的年径流量外，其余年份均小于 160 亿 m^3，最小只有 97.8 亿 m^3，汛期径流量有 5 年小于 40 亿 m^3，年均为 42 亿 m^3；三湖河口站全年和汛期平均水量分别为 133 亿 m^3 和 48 亿 m^3，严重偏枯的径流条件致使该河段的平滩流量减小到 1 000 m^3/s 以下。

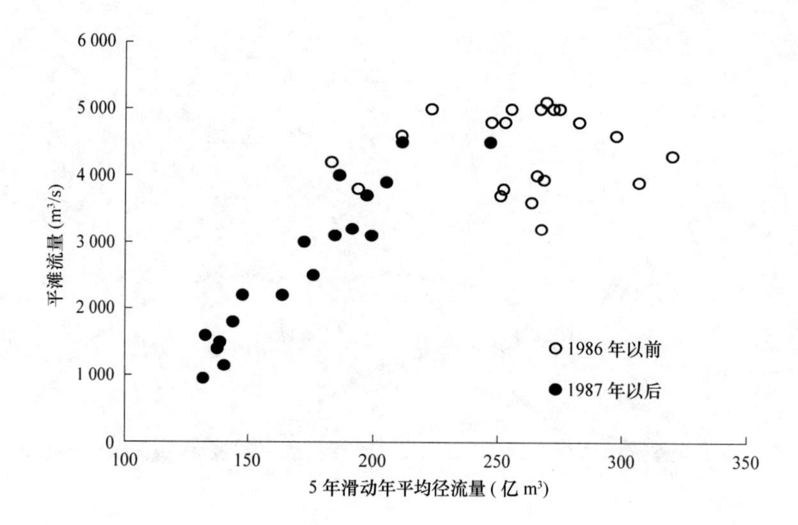

图 3-15　三湖河口平滩流量与年径流量的关系

第四章　渭河下游平滩流量变化及其对水沙条件的响应

一、近期水沙概况

1974～1990 年渭河下游华县站年均水量 72.5 亿 m^3，沙量 3.0 亿 t，与长系列相比水量增加 0.9%，沙量减少 18.9%。1991～2002 年华县年均水量 37.7 亿 m^3，沙量 2.5 亿 t，与长系列相比水量减少 47.6%，沙量减少 32.5%(见表 4-1)。

2005 年来水偏平，来沙偏枯，水量、沙量分别为 64.1 亿 m^3、1.5 亿 t。其中汛期水量、沙量分别为 50.2 亿 m^3、1.5 亿 t。

表 4-1　渭河华县站水沙变化

时段	汛期平均			年平均		
	水量(亿 m^3)	沙量(亿 t)	含沙量(kg/m^3)	水量(亿 m^3)	沙量(亿 t)	含沙量(kg/m^3)
1974～1990	47.2	2.7	57.4	72.5	3.0	41.3
1991～2002	20.5	2.1	102.8	37.7	2.5	66.1
2003	74.8	2.9	39.3	83.9	3.0	35.4
2004	18.2	1.1	59.4	43.0	1.1	25.8
2005	50.2	1.5	28.8	64.1	1.5	23.7

从渭河下游 1974 年以来历年全年及汛期水量变化过程(见图 4-1)可以看出，渭河下游

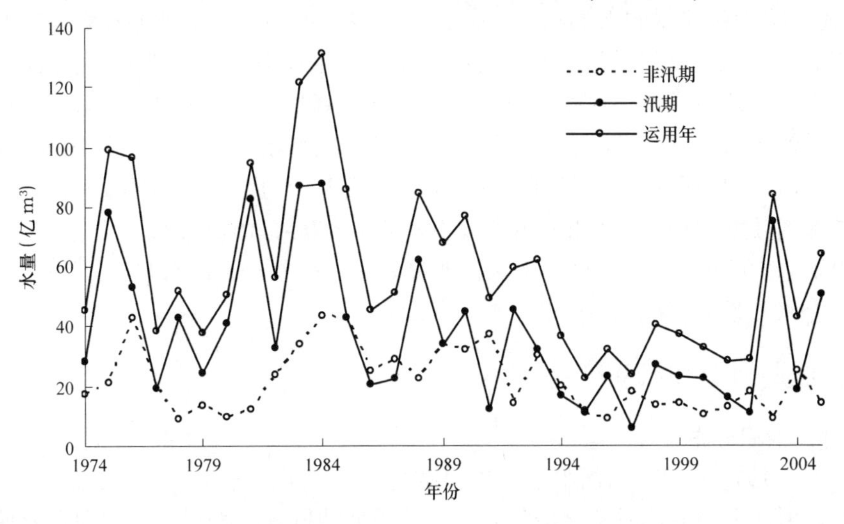

图 4-1　渭河下游华县站历年水量变化过程

来水量从 20 世纪 80 年代到 2002 年有明显的减少趋势。其中 1994 ~ 2002 年渭河华县站年均水量不足 40 亿 m^3，年均汛期水量不足 20 亿 m^3。到 2003 年水量较多，属于平偏丰的年份；2004 年又出现枯水年，2005 年来水量相对属于平偏枯的年份。

从渭河下游 1974 年以来历年沙量变化过程(图 4-2)可以看出，渭河下游来沙量的减少幅度没有来水量的减少幅度大；同时还可以看出，来沙量明显减少发生在 1997 年。1997 ~ 2005 年除 2003 年来沙量为 3 亿 t 左右，其他年份的来沙量基本少于 3 亿 t。说明渭河下游来水量的减少与来沙量减少不同步。

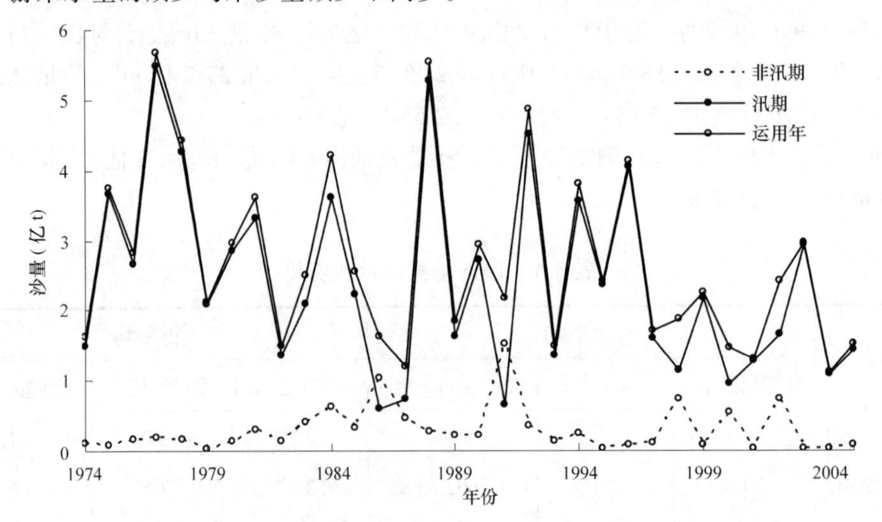

图 4-2　渭河下游华县站历年沙量变化过程

渭河下游各站水量均有减少趋势，其中渭河干流咸阳以上来水减少幅度最大，明显减少发生在 1994 年以后；张家山来水减少幅度较小。据统计分析，1991 ~ 2002 年与 1974 ~ 1990 年均相比，渭河干流咸阳以上来水减少量占华县减少量的 71%；渭河支流泾河张家山站来水减少量仅占华县减少量的 13%左右，咸阳+张家山至华县区间来水减少量占华县减少量的 16%左右。因此，渭河下游来水量的减少主要发生在渭河干流咸阳以上河段。

渭河下游各站沙量增减幅度不同，沙量的减少幅度明显小于水量的减少幅度。其中渭河支流泾河张家山站 20 世纪 90 年代初期，虽然来水量有所减少，而来沙量非但没有减少反而有所增加，同期，在渭河干流来水大幅度减少的情况下，导致渭河下游出现高含沙小洪水的几率增加。泾河张家山来沙明显减少发生在 1997 年以后，主要是由于该时段张家山来水大幅度减少。咸阳以上来沙明显减少发生在 1993 年以后，同样是由于该时段咸阳以上来水量大幅度减少。

二、近期河道冲淤演变特点

(一)冲淤时间分布

表 4-2 为 1974 年以来渭河下游历年冲淤变化，可以看出，三门峡水库采用蓄清排浑运用以来，渭河下游的冲淤变化历年表现为非汛期冲刷、汛期淤积。渭河下游的冲淤变化主要决定于汛期的冲淤变化，非汛期的冲淤变化量值均较小。1974 ~ 1990 年渭河下游

非汛期共淤积 0.166 亿 m^3，汛期共淤积 0.216 亿 m^3，运用年共淤积 0.382 亿 m^3，年均淤积 0.022 亿 m^3。该时段渭河下游基本是微淤或冲淤平衡。1991 ~ 2002 年渭河下游非汛期共冲刷 0.534 亿 m^3，汛期共淤积 3.310 亿 m^3，运用年共淤积 2.776 亿 m^3，年均淤积 0.231 亿 m^3。该时段渭河下游年均淤积量几乎是上时段年均淤积量的 10 倍。渭河下游的淤积萎缩主要发生在这个时段。2003 年渭河下游非汛期冲刷 0.005 亿 m^3，汛期由于来水较多，也发生冲刷，冲刷量为 0.169 亿 m^3，全年共冲刷 0.174 亿 m^3；2004 年渭河下游非汛期冲刷 0.111 亿 m^3，汛期由于来水较少，发生了淤积，淤积量为 0.169 亿 m^3，全年共淤积 0.058 亿 m^3；2005 年渭河下游共冲刷 0.177 亿 m^3 ，其中非汛期和汛期均表现为冲刷，非汛期冲刷 0.134 亿 m^3，汛期冲刷 0.043 亿 m^3。

表 4-2　渭河下游不同时段冲淤量变化　　(单位：亿 m^3)

时段	非汛期冲淤量	汛期冲淤量	年冲淤量	年平均冲淤量
1974 ~ 1990	0.166	0.216	0.382	0.022
1991 ~ 2002	– 0.534	3.310	2.776	0.231
2003	– 0.005	– 0.169	– 0.174	– 0.174
2004	– 0.111	0.169	0.058	0.058
2005	– 0.134	– 0.043	– 0.177	– 0.177

注：“–”表示冲刷。

(二)冲淤纵向分布

渭河下游各河段不同时段淤积量不同(见表 4-3)。1974 ~ 1990 年华县以下河段淤积 0.416 亿 m^3，临潼—华县河段冲刷 0.209 亿 m^3，咸阳—临潼河段淤积 0.175 亿 m^3，表现为上段和下段淤积、中间冲刷。1991 ~ 2002 年华县以下河段淤积 1.753 亿 m^3，占河段总淤积量的 63%；临潼—华县河段淤积 0.906 亿 m^3，占河段总淤积量的 33%；咸阳—临潼河段淤积 0.117 亿 m^3，占河段总淤积量的 4%。2003 年华县以下河段冲刷了 0.515 亿 m^3，临潼—华县河段淤积了 0.403 亿 m^3，咸阳—临潼河段冲刷 0.062 亿 m^3，表现为上段和下段冲刷、中间淤积。2004 年华县以下河段淤积 0.103 亿 m^3；临潼—华县河段淤积了 0.008 亿 m^3；咸阳—临潼河段冲刷了 0.053 亿 m^3，表现为上段微冲、中下段淤积。

表 4-3　渭河下游各河段不同时段累计淤积量统计

时段		华县以下	临潼—华县	咸阳—临潼	合计
1974 ~ 1990	冲淤量(亿 m^3)	0.416	– 0.209	0.175	0.382
	各河段占(%)	109	– 55	46	100
1991 ~ 2002	冲淤量(亿 m^3)	1.753	0.906	0.117	2.776
	各河段占(%)	63	33	4	100
2003	冲淤量(亿 m^3)	– 0.515	0.403	– 0.062	– 0.174
	各河段占(%)	296	– 232	36	100
2004	冲淤量(亿 m^3)	0.103	0.008	– 0.053	0.058
	各河段占(%)	177	14	– 91	100
2005	冲淤量(亿 m^3)	– 0.096	– 0.012	– 0.069	– 0.177
	各河段占(%)	54	7	39	100

2005 年渭河下游不同河段冲淤分布见图 4-3，由图可以看出，非汛期除渭拦河段外，其他河段表现为冲刷，但冲淤幅度均不大；汛期中段渭淤 10—渭淤 26 河段表现为微淤，上段渭淤 26—渭淤 37 河段表现为淤积。全年各河段均发生不同程度的冲刷。

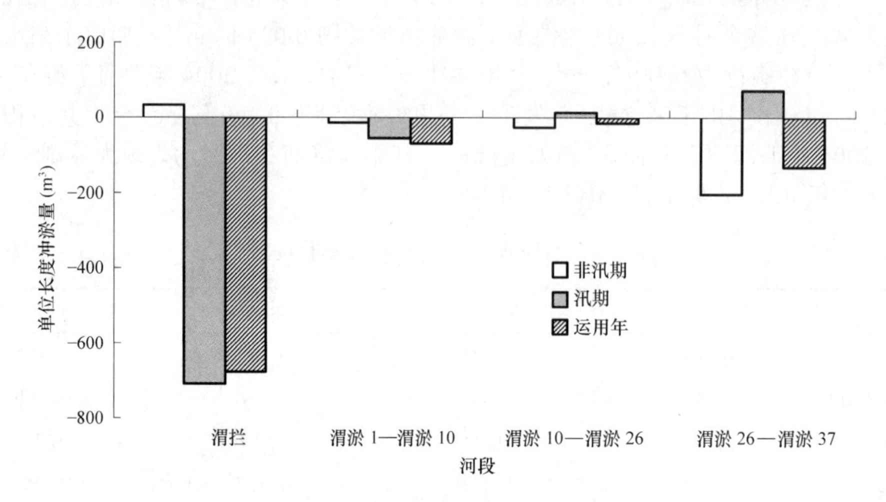

图 4-3　2005 年渭河下游河道不同河段冲淤量分布

(三)冲淤横向分布

1991~2002 年时段汛期累计滩地淤积 1.32 亿 m^3，主槽淤积 1.99 亿 m^3，占汛期全断面淤积量的 60%(见表 4-4)，促使该时段主槽迅速萎缩。该时段主槽严重萎缩主要发生在多次出现高含沙小洪水的 1994 年和 1995 年，这两年汛期主槽淤积量分别为 0.84 亿 m^3 和 0.82 亿 m^3，占 1991~2002 年河槽总淤积量的 83%。2003 年渭河下游连续发生多次秋汛洪水，由于洪水前主槽平滩流量很小，渭河下游发生大漫滩，滩地大量淤积。2003 年渭河下游汛期滩地淤积 0.84 亿 m^3，汛期共冲刷 0.17 亿 m^3，相当于主槽冲刷 1.01 亿 m^3(见表 4-4)。

表 4-4　渭河下游不同时段汛期滩、槽累计冲淤分布　　(单位：亿 m^3)

时段	主槽冲淤量	滩地冲淤量	全断面冲淤量
1974~1990	– 0.72	0.94	0.22
1991~2002	1.99	1.32	3.31
1974~2002	1.27	2.25	3.52
2003	– 1.01	0.84	– 0.17
2005	– 0.57	0.53	– 0.04

2005 年汛期渭河下游出现了 1982 年以来的最大洪水，临潼水文站洪峰流量 5 270 m^3/s，华县水文站洪峰流量 4 880 m^3/s。虽然在 2003 年大洪水过后，塑造出平滩流量 2 300 m^3/s(华县断面)的主槽，经过 2004 年的少量淤积，到 2005 年汛前渭河下游华县断面的平滩流量

减少到 2 000 m³/s 左右，但是 2005 年汛期渭河下游发生大漫滩洪水时，由于漫滩洪水含沙量较低，滩地淤积不多，仅为 0.527 亿 m^3，主槽发生冲刷，冲刷量 0.570 亿 m^3。

(四)渭河下游主槽断面形态及平滩流量变化

1. 横断面形态变化

20 世纪 90 年代以后，渭河下游来水较枯，含沙量大幅度增加，洪水出现场次及洪峰流量大幅度减少，高含沙小洪水大幅度增加，致使主槽严重萎缩(见图 4-4)。尤其 1994 年和 1995 年，汛期主槽淤积量分别为 0.84 亿 m^3 和 0.82 亿 m^3，占 1991~2002 年河槽总淤积量的 83%。

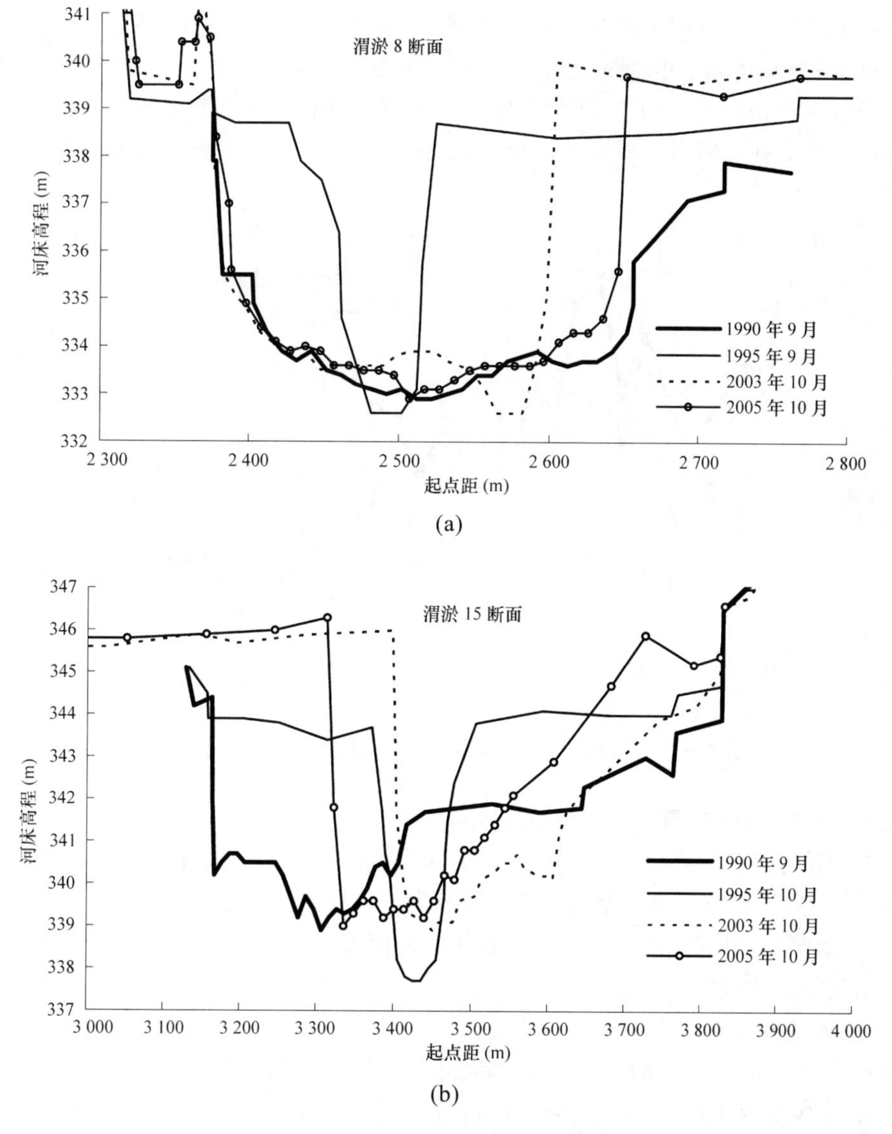

图 4-4　渭河下游典型断面主槽断面图

2003 年和 2005 年，水量较大，洪水较多，主槽断面又逐步扩大，过洪能力增加，反映出渭河下游河道淤积萎缩的可逆转性。

2. 平滩流量的变化

渭河下游河槽断面形态的调整主要取决于来水来沙条件，1993 年以前华县站的平滩流量多在 2 500 m^3/s 以上，1994 年减小到 1 000 m^3/s 以下，2003 年以后又恢复到 2 000 m^3/s 以上。

平滩流量变化是与一定来水来沙条件相适应的，不同的水沙条件塑造不同河槽，因此对应不同的平滩流量。图 4-5 为渭河下游华县站 1974 年以来历年平滩流量与年水量变化过程，可以看出，渭河下游平滩流量与年来水过程基本对应，年水量较丰的 1980~1985 年，华县平滩流量为 3 000~4 500 m^3/s；年水量相对较平的 1986~1993 年，华县平滩流量为 2 000~3 500 m^3/s；年水量较枯的 1994~2002 年，华县平滩流量减小为 1 000 m^3/s 左右；经过来水相对较丰的 2003 年，华县平滩流量又扩大到 2 300 m^3/s 左右。2004 年来水较枯，主槽有所回淤，平滩流量减少到 2 000 m^3/s，2005 年来水平偏丰，平滩流量又扩大到 2 300 m^3/s。

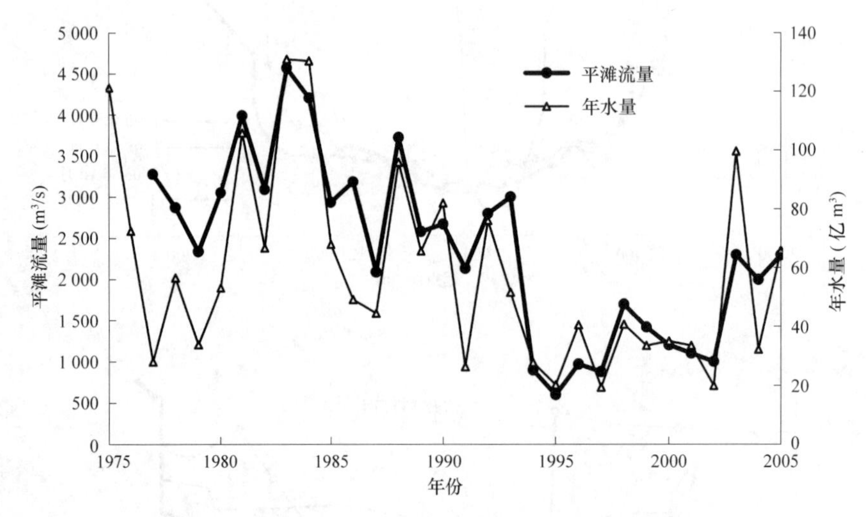

图 4-5 华县站 1974 年以来历年平滩流量与年水量变化

(五)渭河下游平滩流量变化与水沙条件响应关系

不同水沙条件塑造不同的河槽，不同的河槽对应不同平滩流量，平滩流量的变化与水沙条件密切相关。实测资料表明，渭河下游决定河槽平滩流量大小的主要因素是水量、洪量和洪峰流量，沙量和含沙量起次要作用，同时前期河床条件也对次年平滩流量影响较大。这里仅对主要影响因素做初步分析。

1. 平滩流量变化对来水量的响应关系

分析表明，渭河下游的平滩流量与水流条件和前期河床条件密切相关，而河床条件是往年水沙过程作用的累计结果。经过分析渭河下游华县平滩流量与多年(1 年、2 年、3 年、4 年和 5 年等)水量滑动平均值的关系，发现华县平滩流量与年水量和汛期水量的 2 年滑动平均值相关关系较好，相关系数均在 0.86 以上。同时，考虑到当年水量和往年水量对当年平滩流量的影响度不应该相同，于是又分析了两年水量的作用各占不同权重(当年和往年各占 0.5；当年占 0.7，往年占 0.3；当年占 0.8，往年占 0.2 等)的平均水量与平滩流量的相关关系，发现华县平滩流量与当年水量的 0.7 倍和往年水量的 0.3 倍加权平均水量相关关系较好，相关系数均在 0.88 以上(见图 4-6、图 4-7)。说明统计的系列年中总体情况下当年水量对当年平滩流量的塑造起主要作用，往年的水量起次要作用。由图还可以看出，若要维持渭河下游华县断面 2 500 m^3/s 的平滩流量，华县年水量不少于 40 亿 m^3，平均约 55 亿 m^3，其中汛期需要水量不少于 25 亿 m^3，平均约 35 亿 m^3。

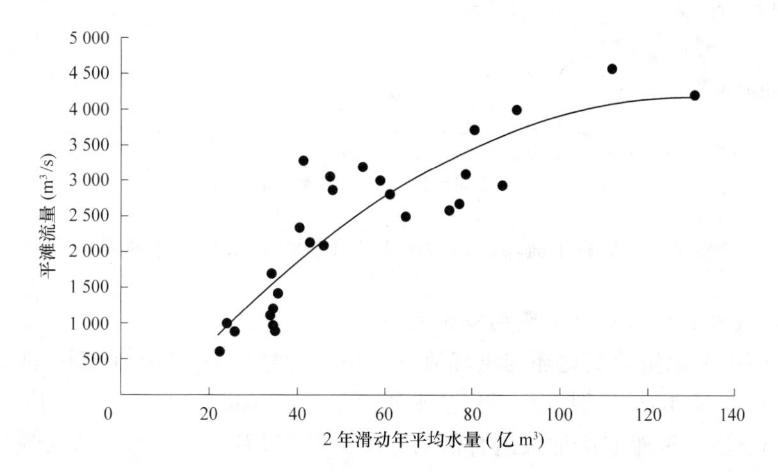

图 4-6　华县平滩流量与 2 年滑动年平均水量关系

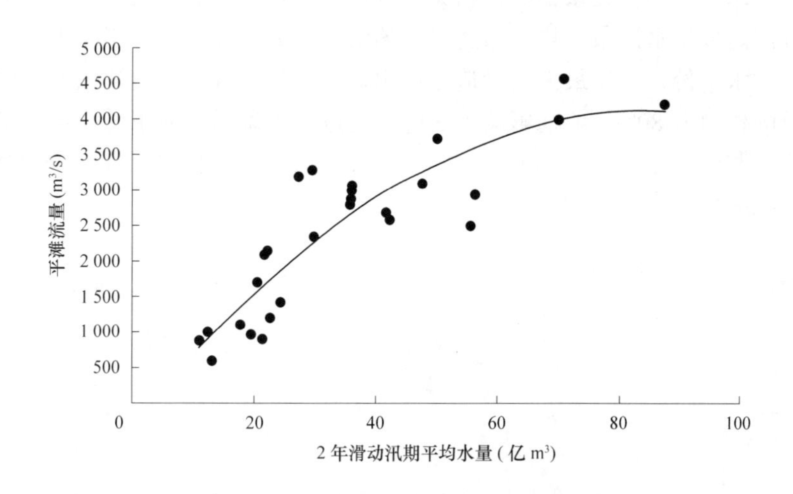

图 4-7　华县平滩流量与 2 年滑动汛期平均水量关系

图 4-8 为华县平滩流量与流量大于 1 000 m^3/s 洪水水量的关系图，除个别年份外，大部分点据比较集中。由图可以看出，要保持 2 500 m^3/s 的平滩流量，流量大于 1 000 m^3/s 的洪水水量平均约为 10 亿 m^3。水量的多少取决于流量的大小，在不漫滩情况下，流量大时需要的水量相对少；反之，需要的水量相对多。

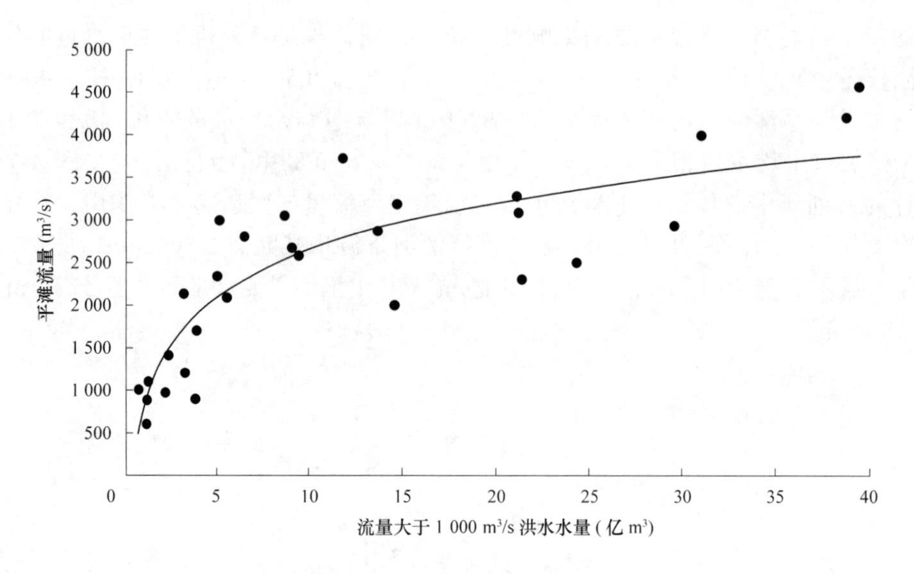

图 4-8　华县平滩流量与流量大于 1 000 m³/s 洪水水量关系

2. 平滩流量变化与最大流量的响应关系

渭河下游平滩流量的变化还与洪峰流量大小和历时有关，并受前期平滩流量的持续影响。图 4-9 和图 4-10 分别点绘了华县平滩流量与当年最大 3 天流量平均值(代表洪峰大小和历时)及往年平滩流量加权组合值的相关关系，以及与当年最大 5 天流量平均值及往年平滩流量加权组合值的相关关系。由图可以看出，华县平滩流量与当年最大流量和前期河床条件综合值相关关系很好，相关系数均达到 0.9 以上。刘月兰曾分析认为，平滩流量一方面是多年水沙条件累计塑造河床的结果，另一方面又与当年来水过程直接相关，特别是大水年份，当年最大流量造床作用显著。综合分析平滩流量的形成，当年最大 3 天流量的作用占 80%，前期影响占 20%。这进一步说明渭河下游河槽形态及平滩流量的变化不仅与年水量有关，同时与当年最大流量及持续时间的关系也非常密切。

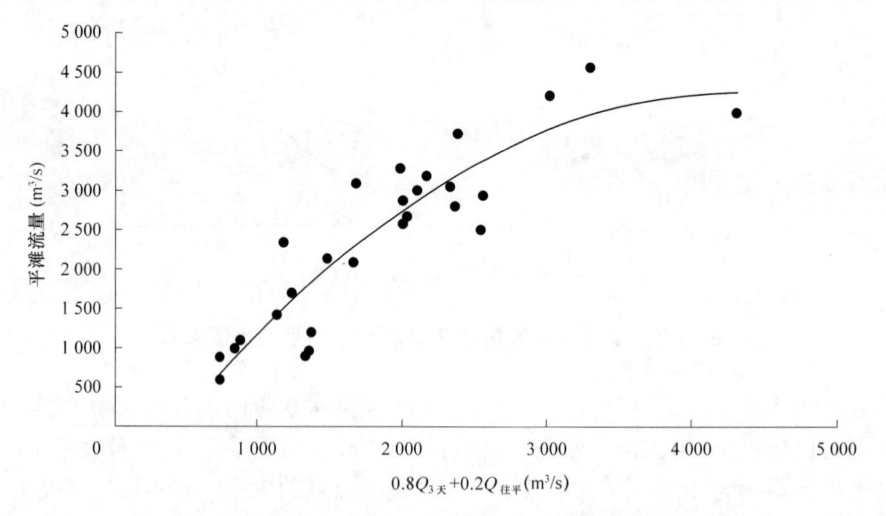

图 4-9　华县平滩流量与当年最大 3 天流量及往年平滩流量加权组合值的相关关系

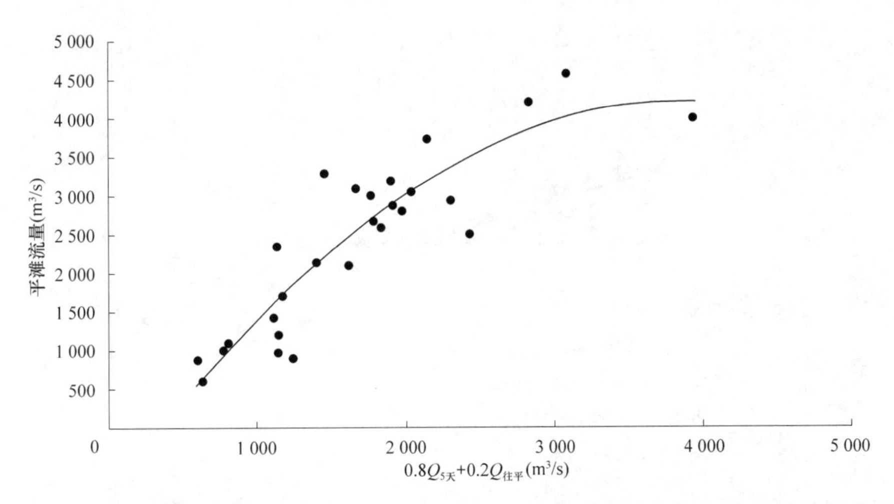

图 4-10　华县平滩流量与当年最大 5 天流量及往年平滩流量加权组合值的相关关系

三、渭河下游洪水期输沙及冲淤临界水沙条件分析

(一)洪水期输沙特性分析

利用日均资料，将 1961～2005 年渭河下游的洪水进行划分，其中由于华阴水文站于 1991 年被撤销，只能采用 1990 年以前的洪水资料，重点分析非漫滩洪水。通过分析得出渭河下游临潼—华阴河段排沙比与临潼站洪水平均流量和水沙搭配系数的关系(图 4-11 和图 4-12)。

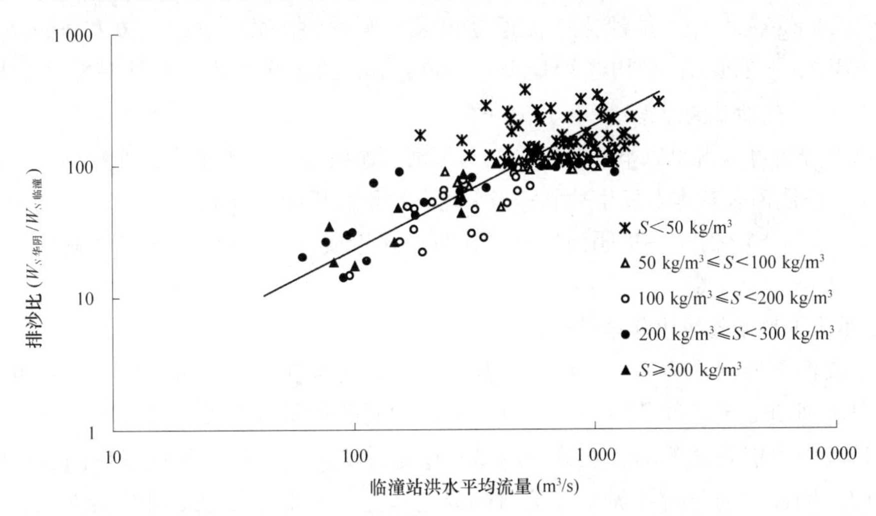

图 4-11　渭河下游临潼—华阴河段排沙比与临潼站洪水平均流量的关系

由图 4-11 可以看出，洪水平均含沙量小于 50 kg/m³ 的场次洪水排沙比均大于 100%；平均含沙量大于 50 kg/m³ 的场次洪水，当洪水平均流量大于 500 m³/s 时，排沙比亦可接近 100%，当洪水平均流量小于 500 m³/s 时，排沙比小于 100%，特别是洪水平均流量为 100~300 m³/s、平均含沙量大于 100 kg/m³ 的高含沙小洪水，排沙比很低，只有 20%~50%，河槽淤积量占洪水来沙量的 50%以上，对河道产生不利影响。

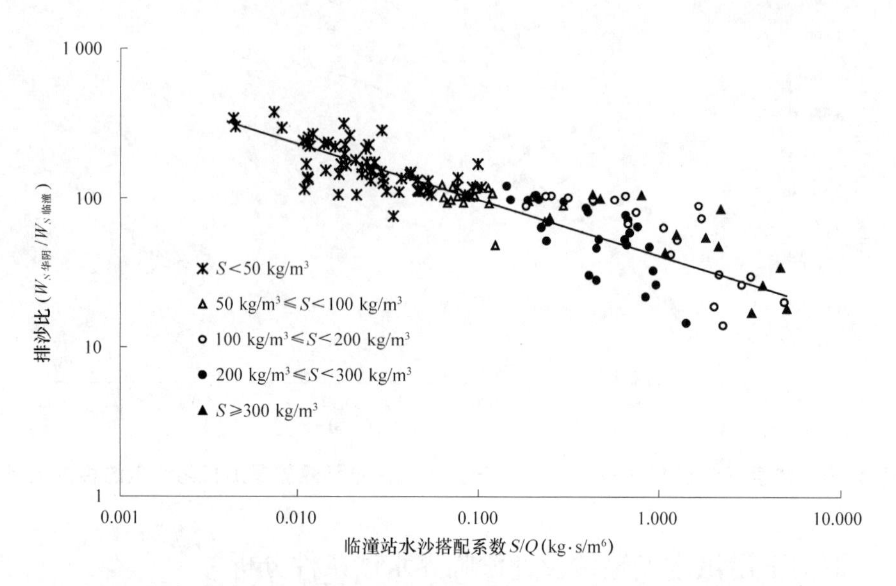

图 4-12　渭河下游临潼—华阴河段排沙比与水沙搭配系数的关系

图 4-12 反映了临潼站洪水期间水沙搭配系数与河道排沙比的关系，由图可以看出，洪水平均含沙量小于 50 kg/m^3 的场次洪水，其水沙搭配系数均小于 0.1 kg·s/m^6，排沙比也基本上大于 100%；平均含沙量在 50~100 kg/m^3 的场次洪水，当水沙搭配系数小于 0.11 kg·s/m^6 时，排沙比亦接近 100%，当水沙搭配系数大于 0.11 kg·s/m^6 时，排沙比多数小于 100%；平均含沙量大于 100 kg/m^3 的场次洪水，水沙搭配系数均大于 0.11 kg·s/m^6，排沙比绝大多数小于 100%。

由以上分析可以得出以下初步结论：当渭河下游临潼站洪水平均含沙量小于 50 kg/m^3 时，临潼—华阴河段基本上发生冲刷；当平均含沙量大于 100 kg/m^3 时，洪峰平均流量大于 500 m^3/s，渭河下游临潼—华阴河段排沙比可以接近或达到 100%，否则，临潼—华阴河段的排沙比小于 100%。

(二)洪水期冲淤临界水沙条件分析

由于渭河下游河道为冲积性河流，其冲淤调整与水沙过程非常密切。1974 年以来，多数情况下河道处于涨冲落淤的调整过程中，相同的流量级在涨水过程中是冲刷的，而在落水过程中可能是淤积的，在第一场洪水中是冲刷的，在第二场或以后的洪水中可能是淤积的，因此渭河下游冲淤临界流量的界定也是一个非常复杂、非常困难的问题。

通过对渭河下游实测断面冲淤资料分析，临潼—华阴河段的冲淤变化基本能反映渭河下游的冲淤情况。根据实测非漫滩洪水资料，分析了 1974 ~ 1990 年的历场洪水(平均流量大于 100 m^3/s，平均含沙量小于 200 kg/m^3)的冲淤变化与来水来沙的关系，点绘洪水期间水沙搭配系数 S/Q 与河道淤积比的关系(见图 4-13)可以看出，渭河下游洪水期间淤积比等于 0 时，水沙搭配系数应为 0.11 kg·s/m^6，即渭河下游洪水期冲淤临界条件为水沙搭配系数约等于 0.11 kg·s/m^6。

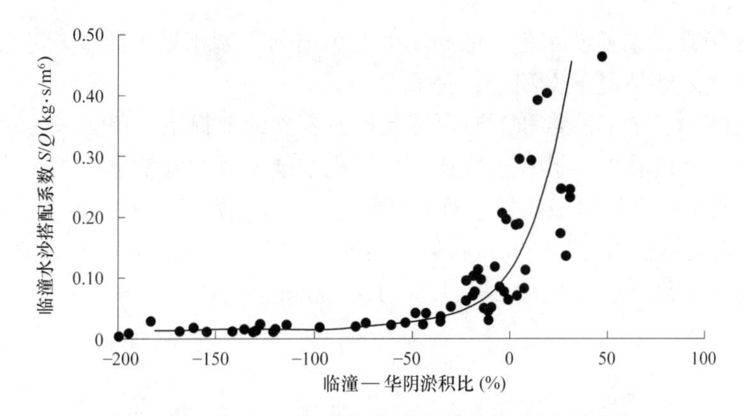

图 4-13　渭河下游水沙搭配系数与淤积比的关系

四、渭河下游汛期输沙用水量分析

(一)汛期输沙水量计算

渭河下游的水沙主要来自汛期，冲淤调整也主要发生在汛期。华县站汛期水量占年水量的 60%左右，汛期沙量占年沙量的 90%左右。因此，渭河下游的输沙水量也主要集中在汛期。

分析渭河下游历年汛期冲淤量与来水来沙量的关系(见图 4-14)可以看出，渭河下游随汛期来水量的增大有淤积减少或冲刷增大趋势，随来沙量的增大有淤积增多或冲刷减少的趋势。

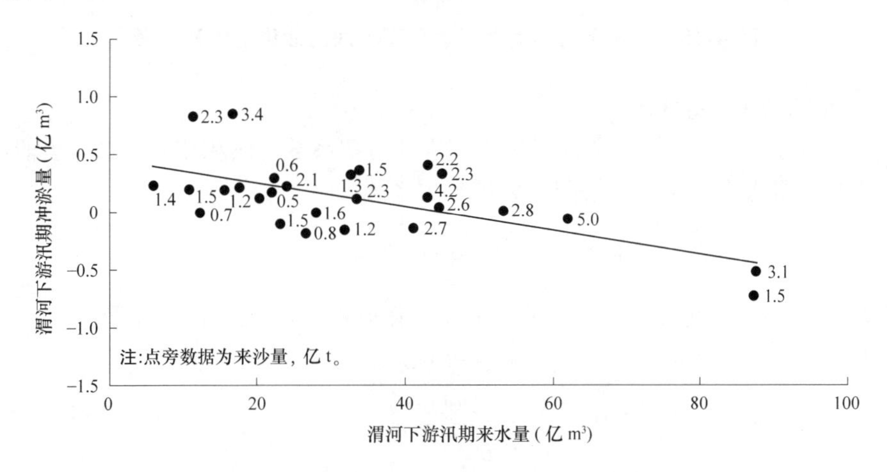

图 4-14　1974 年以来渭河下游汛期冲淤量与来水来沙量的关系

为了分析不同来水来沙条件和不同淤积水平条件下渭河下游汛期输沙水量，利用历年断面法冲淤量资料与汛期进入渭河下游的水沙量资料建立相关关系：

$$W_{华汛}=9.49W_{S汛}-72.89\Delta W_{S汛}+23.65 \tag{4-1}$$

式中：$W_{华汛}$为华县汛期输沙水量，亿 m³；$W_{S汛}$为渭河下游汛期来沙量，亿 t；$\Delta W_{S汛}$为渭河下游河道在该来沙情况下淤积量，亿 t。

根据公式(4-1)假定来沙量和下游河道允许淤积量的前提下，预测华县站汛期输沙水量(见图 4-15)。可以看出，输沙水量越多，淤积量越少或冲刷量越多。在淤积量相同的情况下，输沙水量与来沙量成正比，即来沙量越多，所需的输沙水量越多；来沙量越少，所需的输沙水量越少。20 世纪 90 年代以来渭河下游多年平均来沙量约 2 亿 t，因此要维持渭河下游河道不淤积，汛期输沙用水量约 43 亿 m³。

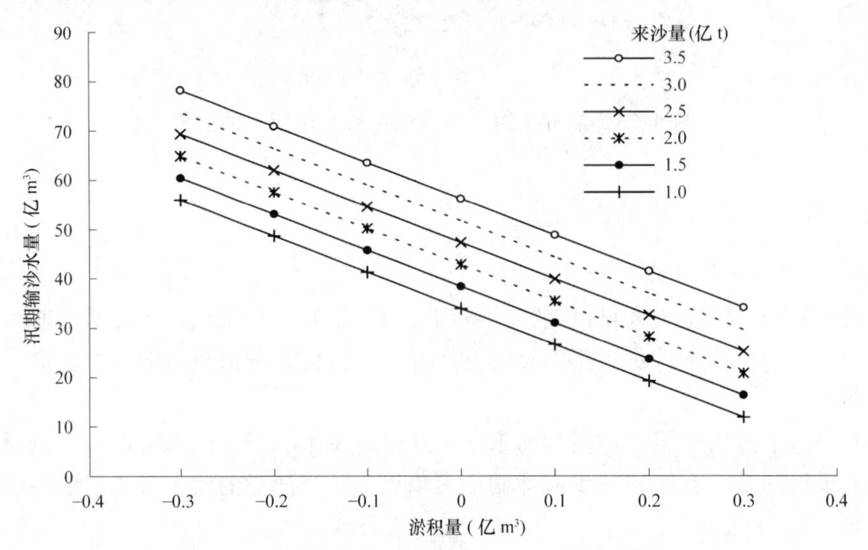

图 4-15　渭河下游不同淤积水平下不同来沙量的输沙水量

(二)洪水期输沙水量分析

利用上述分析的临潼—华阴河段洪水期水沙搭配系数与淤积比的关系，当渭河下游冲淤平衡即淤积比为零时水沙搭配系数满足关系式

$$\frac{S}{Q}=0.11 \tag{4-2}$$

式中：S 为洪水期平均含沙量，kg/m³；Q 为洪水期平均流量，m³/s。

洪水期的平均含沙量与来水量和来沙量的关系式

$$S=\frac{1\,000W_S}{W} \tag{4-3}$$

式中：W 为洪水期输沙水量，亿 m³；W_S 为洪水期来沙量，亿 t。

联解两式，可得输沙水量计算公式如下

$$W=\frac{1\,000W_S}{0.11Q} \tag{4-4}$$

其中，洪水持续天数 $T\geqslant\dfrac{W}{Q\times0.000\,864}$。

由式(4-4)可以看出，要保持渭河下游河道冲淤平衡时，在来沙量一定的情况下，洪水平均流量越大，所需输沙水量越小；反之，所需输沙水量越大。在场次洪水平均流量一定的情况下，来沙量越多，所需的输沙水量也越多；反之，所需输沙水量越少。表 4-5 给出了渭河下游冲淤平衡时不同流量和不同来沙量情况下洪水期输沙水量。

表 4-5　渭河下游冲淤平衡时不同流量和不同来沙量情况下洪水期输沙水量

不同流量	项目	不同来沙量			
		1 亿 t	2 亿 t	3 亿 t	4 亿 t
800 m^3/s	水量(亿 m^3)	11	23	34	45
	天数(d)	16	33	49	65
1 000 m^3/s	水量(亿 m^3)	9	18	27	36
	天数(d)	10	21	31	42
1 300 m^3/s	水量(亿 m^3)	7	14	21	28
	天数(d)	6	12	19	25
1 500 m^3/s	水量(亿 m^3)	6	12	18	24
	天数(d)	5	9	14	19

五、结论与建议

(一)结论

(1)渭河下游的冲淤调整主要取决于水沙条件，枯水多沙是河槽淤积萎缩的根本原因，有利的水沙条件可以有效改善河槽形态，增加平滩流量。

若要维持渭河下游华县断面 2 500 m^3/s 的平滩流量，华县站需要年水量平均约 55 亿 m^3。其中汛期需要水量平均约 35 亿 m^3；汛期流量大于 1 000 m^3/s 的洪水水量平均约 10 亿 m^3。

(2)根据场次洪水分析 (洪水平均流量大于 100 m^3/s，平均含沙量小于 200 kg/m^3)，渭河下游洪水期冲淤临界条件为水沙搭配系数约等于 0.11 $kg \cdot s/m^6$。

(3)根据以上初步分析，在渭河下游汛期来沙量 2 亿 t 的情况下，要保持渭河下游冲淤平衡，汛期需要输沙水量约 43 亿 m^3。

(二)建议

(1)由于渭河下游水沙异源，来自不同地区的洪水其泥沙组成不同，因此对渭河下游河道的冲淤作用不完全相同。建议对来自不同地区的场次洪水水沙特性进行分析，进而深入研究不同来源的洪水对渭河下游的冲淤调整作用。

(2)渭河是黄河的第一大支流，需要对渭河流域未来水沙变化趋势进行预测，分析其水沙变化对未来河道带来的影响。

(3)渭河下游河道的冲淤调整非常迅速，也相当复杂，应进一步深入研究渭河下游河床演变机理。如渭河下游河道水力要素(流量、流速、比降等)以及泥沙要素(如含沙量、级配组成、粗细沙含量等)与河道边界条件(如河道剖面形态、宽度、水深、宽深比等)的响应关系等，分析河道水力几何形态调整对河流输沙能力的影响。

(4)在加强黄河水沙调控体系建设的同时，应加强渭河流域水沙调控措施的研究，如东庄水库在渭河及在黄河水沙调控体系中的地位与作用，东庄水库配合引江济渭工程联合调水调沙运用对减轻渭河下游淤积、降低潼关河床高程的作用等，从而进一步完善黄河流域水沙调控体系。

第五章　三门峡水库冲淤变化分析

一、2005 年水库运用概况

(一)入库水沙条件

2005 年(运用年，指 2004 年 11 月～2005 年 10 月)入库站潼关来水量 228.8 亿 m^3，来沙量 3.33 亿 t(见表 5-1)，其中汛期来水量 113.3 亿 m^3，来沙量 2.50 亿 t，分别占全年的 49.5%和 75.0%。

表 5-1　潼关站时段平均水沙量

时段		非汛期		汛期		全年	
		水量(亿 m^3)	沙量(亿 t)	水量(亿 m^3)	沙量(亿 t)	水量(亿 m^3)	沙量(亿 t)
1974～1985 ①		164.6	1.61	236.3	8.88	400.9	10.49
1986～2004 ②		134.5	1.72	111.1	5.11	245.6	6.83
1974～2004 ③		146.2	1.68	159.5	6.57	305.7	8.25
2005 ④		115.5	0.83	113.3	2.50	228.8	3.33
2005 年较时段偏丰(+)、偏枯(-)百分数(%)	(④-①)/①	-30	-48	-52	-72	-43	-68
	(④-②)/②	-14	-52	2	-51	-7	-51
	(④-③)/③	-21	-50	-29	-62	-25	-60

与 1974 年以来各时段相比，2005 年潼关站水沙量均有不同程度的减少，沙量的减幅大于水量的减幅。

图 5-1 为 2005 年汛期龙门、华县、潼关站流量、含沙量过程。可以看出 7、8 月份

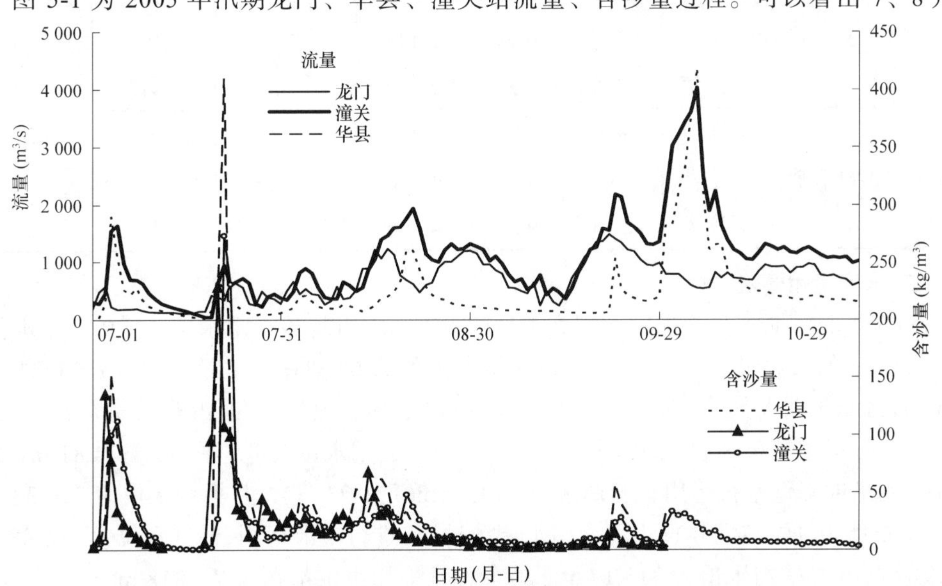

图 5-1　2005 年汛期龙门、华县、潼关站流量、含沙量过程

潼关流量较9、10月的为小,日平均流量多在1 000 m^3/s以下,最大日平均流量1 940 m^3/s;9、10月份日平均流量多在1 000 m^3/s以上，最大日平均流量4 030 m^3/s。

从不同流量级的持续时间看,汛期流量大于3 000 m^3/s的有5 d,流量大于2 000 m^3/s有10 d，流量大于1 500 m^3/s的有43 d，较大流量时间之长仅次于1990年以来的2003年，而流量小于1 000 m^3/s的有57 d。

汛期有5场较大洪水，其中潼关站洪峰流量大于2 500 m^3/s的洪水2场，渭河高含沙洪水1场(表5-2)。5场洪水潼关的总历时51 d,来水量65.6亿m^3,占汛期水量的57.9%,来沙量2.05亿t，占汛期沙量的82%。

表5-2　2005年汛期洪水特征值

时段(月-日)	洪水来源	站名	水量(亿m^3)	沙量(亿t)	洪峰流量(m^3/s)	最大含沙量(kg/m^3)	平均流量(m^3/s)	平均含沙量(kg/m^3)
07-03～07-10	渭河	龙门	1.9	0.10	1 480	192	275	53
		华县	4.5	0.40	2 070	168	657	88
		潼关	6.1	0.43	1 840	176	889	70
07-20～07-24	黄河、渭河	龙门	2.1	0.22	1 050	409	487	103
		华县	1.6	0.33	1 130	524	376	203
		潼关	2.5	0.39	1 420	408	579	156
08-13～08-24	黄河、渭河	龙门	8.8	0.23	1 480	93	852	26
		华县	5.8	0.17	1 370	78	562	29
		潼关	13.8	0.42	2 130	59	1 335	31
09-15～09-27	黄河	龙门	13.1	0.07	1 600	25	1 168	5
		华县	3.4	0.09	1 480	72	298	28
		潼关	15.9	0.22	2 810	36	1 415	14
09-29～10-11	渭河	龙门	8.5	0.24	1 220	3	754	29
		华县	20.0	0.32	4 450	123	1 779	16
		潼关	27.3	0.59	4 500	37	2 433	22

(二)水库运用情况

2005年非汛期三门峡水库平均蓄水位316.41 m，日均最高蓄水位317.94 m。水位居317～318 m的天数最多，为152 d，占非汛期天数的62.8%；水位在315～317 m的天数为61 d,占非汛期天数的25.2%;水位在315 m以下的天数为29 d,占非汛期天数的12%。

从各月运用情况来看,2004年11月蓄水初期运用水位较低,平均为314.81 m;2005年3月桃汛期降低水位运用，起调水位314.07 m(3月23日)，月平均水位为316.33 m;2005年6月26日～7月1日为配合调水调沙试验,进行敞泄运用,最低水位为286.03 m(6月29日)，6月平均水位为313.17 m；其余各月平均水位都在317～318 m。

汛期平均运用水位303.36 m，洪水期敞泄运用，平水期控制水位不超过305 m。从

6 月 28 日 ~ 10 月 10 日，水库共进行 6 次敞泄运用，共计历时 27 d。其中 6 月 28 日 ~ 7 月 1 日敞泄是配合小浪底水库调水调沙试验进行的汛期首次敞泄运用。

二、库区冲淤及潼关高程变化

(一)冲淤量及分布

根据库区实测断面资料，2005 年潼关以下库区共冲刷 0.712 亿 m^3，其中非汛期淤积 0.865 亿 m^3，汛期冲刷 1.577 亿 m^3(见表 5-3)。冲淤量沿程分布如图 5-2 所示，非汛期的冲刷与汛期的淤积在图形上呈倒影关系，即非汛期淤积量大的河段，汛期冲刷量也较大。

表 5-3　河段淤积量　　(单位：亿 m^3)

时段	大坝—黄淤 12	黄淤 12—黄淤 22	黄淤 22—黄淤 30	黄淤 30—黄淤 36	黄淤 36—黄淤 41	大坝—黄淤 41
2005 年非汛期	0.191	0.268	0.359	0.082	− 0.035	0.865
2005 年汛期	− 0.370	− 0.485	− 0.499	− 0.178	− 0.045	− 1.577
2005 年全年	− 0.179	− 0.217	− 0.140	− 0.096	− 0.080	− 0.712
2004 年全年	0.066	0.241	0.055	0.045	0.035	0.441

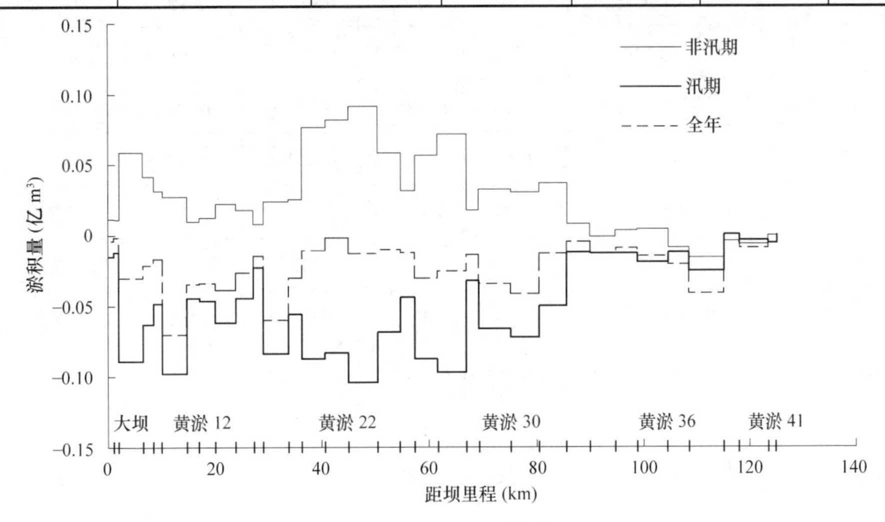

图 5-2　2005 年冲淤量沿程分布

非汛期的淤积量以黄淤 22—黄淤 30 河段最大，淤积量为 0.359 亿 m^3，占河段淤积量的 41.5%；黄淤 12—黄淤 22 和大坝—黄淤 12 河段淤积量分别占全河段淤积量的 30.9% 和 22.1%。黄淤 30—黄淤 36 河段微淤，黄淤 36—黄淤 41 河段略有冲刷。

汛期黄淤 22—黄淤 30 河段冲刷量也最大，共冲刷泥沙 0.499 亿 m^3，占汛期总冲刷量的 31.6%。大坝—黄淤 12 和黄淤 12—黄淤 22 河段冲刷量分别占总冲刷量的 23.5%和 30.8%。黄淤 36—黄淤 41 河段冲刷量最小。

2004 年潼关以下库区淤积泥沙 0.441 亿 m^3。2005 年不仅将 2004 年的淤积物冲走，还多冲了 0.271 亿 m^3。除黄淤 12—黄淤 22 河段外，其他河段冲刷量均大于 2004 年的淤积量。

(二)汛期排沙与冲刷特点

1. 汛期排沙特点

表 5-4 统计了 6 次按敞泄时段和非敞泄时段水库排沙情况。可以看出非敞泄时段排沙比都小于 1，敞泄时段水库排沙比都大于 1。敞泄期进库沙量 1.424 亿 t，出库沙量 3.397 亿 t，冲刷泥沙 1.973 亿 t，排沙比为 2.39。非敞泄期进库沙量共 1.079 亿 t，出库沙量共 0.474 亿 t，淤积泥沙 0.605 亿 t，排沙比为 0.44。

从冲刷效果来看，随着敞泄次数的增加，冲刷效率(单位水量冲淤量)是逐步减小的。前三次敞泄入库水量较小，但冲刷效率却较大；后三次敞泄入库水量逐步增大，但冲刷效率逐渐减小。可见，随着敞泄场次、历时的增加，库区比降变缓、河床粗化，水库冲刷越加困难。

表 5-4　汛期排沙统计

时段(月-日)	敞泄天数(d)	史家滩水位(m)	潼关		三门峡沙量(亿 t)	冲淤量(亿 t)	单位水量冲淤量(kg/m^3)	排沙比
			水量(亿 m^3)	沙量(亿 t)				
06-28 ~ 07-01	4	291.73(敞泄)	1.50	0.005 0	0.407 0	– 0.402 0	– 267.2	81.40
07-02 ~ 07-03		303.98	0.64	0.003 4	0.002 7	0.000 7	1.0	0.79
07-04 ~ 07-07	4	292.51(敞泄)	4.20	0.384 7	0.789 4	– 0.404 7	– 96.3	2.05
07-08 ~ 07-22		303.80	4.39	0.283 4	0.068 9	0.214 5	48.9	0.24
07-23 ~ 07-24	2	296.6(敞泄)	1.09	0.152 0	0.280 0	– 0.128 0	– 117.0	1.84
07-25 ~ 08-19		303.82	15.94	0.397 5	0.283 0	0.114 5	7.2	0.71
08-20 ~ 08-22	3	297.30(敞泄)	4.59	0.172 0	0.510 5	– 0.338 5	– 73.8	2.97
08-23 ~ 09-21		304.48	24.98	0.222 6	0.072 8	0.149 8	6.0	0.33
09-22 ~ 09-25	4	294.30(敞泄)	6.58	0.140 8	0.593 9	– 0.453 1	– 68.9	4.22
09-26 ~ 09-29		304.77	4.71	0.037 0	0.025 0	0.012 0	2.6	0.67
09-30 ~ 10-09	10	297.60(敞泄)	23.92	0.569 0	0.933 0	– 0.364 0	– 15.2	1.64
10-10 ~ 10-31		308.47	22.00	0.135 5	0.028 0	0.107 5	4.9	0.21
非敞泄期		304.89	72.66	1.079 4	0.480 4	0.599 0	8.2	0.45
敞泄期	27	295.01	41.89	1.423 6	3.513 8	– 2.090 2	– 49.9	2.47

2. 溯源冲刷和沿程冲刷特点

汛期库区以沿程冲刷和溯源冲刷两种方式进行。在敞泄运用初期以溯源冲刷为主，如 4 月 19 日 ~ 7 月 9 日溯源冲刷发展到黄淤 28 断面，以上冲淤交替，变化较小；后期以沿程冲刷为主，如 7 月 9 日 ~ 10 月 17 日溯源冲刷和沿程冲刷同时发展，冲刷的重点河段上移，冲刷强度逐渐减弱。

表 5-5　汛期各水位站 1 000 m^3/s 流量对应水位及变化值　(单位：m)

日期(月-日)	潼关(六)	鸡子岭	坫埼	盘西	礼教	大禹渡	北村
06-28							
	-0.15	-0.25	-0.25	-0.20	-0.45	-0.56	-3.30
07-04							
	0.15	0.29	0.25	-0.01	0.46	-0.09	-0.74
07-06							
	-0.07	-0.10	-0.23	-0.14	-0.04	-0.17	-1.81
07-22							
	0.21	0.20	0.32	0.30	0.04	-0.70	0.15
08-15							
	-0.07	-0.09	0.03	0.07	-0.24	-0.03	0.70
08-25							
	-0.05	-0.06	-0.20	0.01	-0.18	-0.23	-0.25
09-04							
	-0.03	-0.03	-0.01	0.03	0.02	0.25	-0.34
09-17							
	-0.18	-0.01	-0.29	-0.38	-0.18	-0.46	0.01
10-14							
	-0.21	-0.20	-0.07	-0.02	-0.04	0.10	—
10-31							
合计	-0.40	-0.25	-0.45	-0.34	-0.61	-1.89	-5.58

(三)潼关高程变化过程

2004 年汛后潼关高程为 327.98 m，2005 年桃汛前升至 328.31 m，受桃汛洪水冲刷作用，桃汛过后降至 328.25 m，下降 0.06 m。6 月份潼关高程逐步降低，汛前降至 328.15 m。进入汛期后潼关高程升降交替，洪水期冲刷下降，平水期或高含沙小洪水时淤积抬升。7 月 22 日～8 月 15 日因渭河的高含沙小洪水潼关高程升至 328.29 m，为汛期最大值，此后潼关高程逐步降低，特别是 9 月底以后受渭河洪水的作用，潼关高程显著降低，到汛末降至 327.75 m，潼关高程的升降与洪水过程相对应。非汛期潼关高程上升 0.17 m，汛期下降 0.40 m，全年下降 0.23 m。潼关高程变化过程见图 5-3。

三、2003～2005 年运用效果分析

2003～2005 年非汛期实施最高水位不超过 318 m 运用，最高运用水位的降低引起淤积分布的变化。

(一)冲淤情况

根据库区实测断面资料，2003～2005 年潼关以下(大坝—黄淤 41)库区冲刷 1.65 亿 m^3，其中非汛期淤积 2.54 亿 m^3，汛期冲刷 4.19 亿 m^3(见表 5-6)。

表 5-6　2003～2005 年潼关以下库区冲淤量分布　(单位：亿 m^3)

年份	河段分布						时段分布	
	大坝—黄淤 12	黄淤 12—黄淤 22	黄淤 22—黄淤 30	黄淤 30—黄淤 36	黄淤 36—黄淤 41	大坝—黄淤 41	非汛期	汛期
2003	-0.373 5	-0.402 5	-0.218 2	-0.246 4	-0.137 3	-1.377 9	0.825 3	-2.203 2
2004	0.065 9	0.240 9	0.054 5	0.045 4	0.034 5	0.441 2	0.850 1	-0.408 9
2005	-0.178 8	-0.216 6	-0.140 0	-0.096 6	-0.079 6	-0.711 6	0.865 5	-1.577 1
合计	-0.486 4	-0.378 2	-0.303 7	-0.297 6	-0.182 4	-1.648 3	2.540 9	-4.189 2

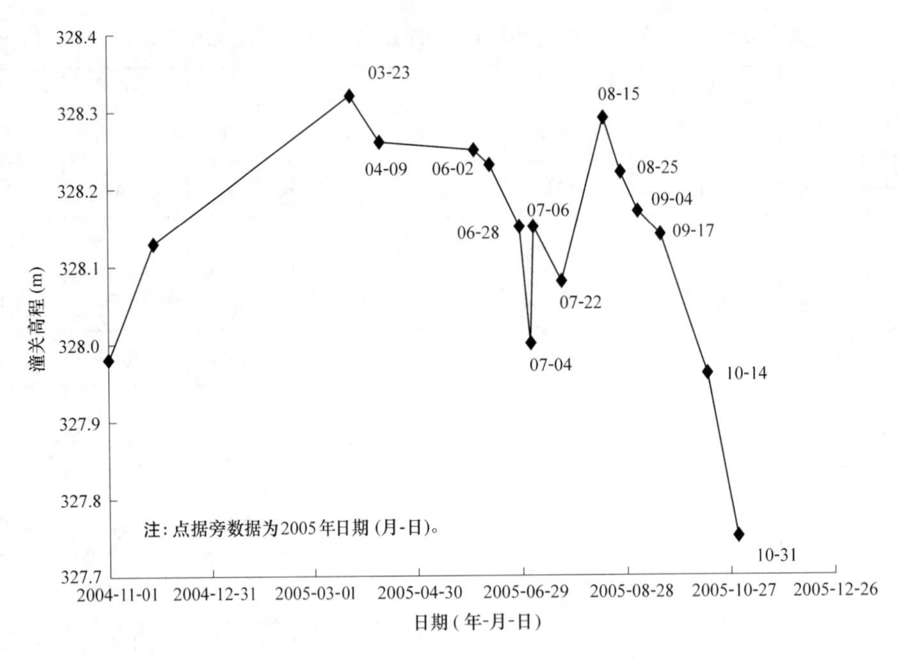

图 5-3　2005 年潼关高程变化过程

(二)非汛期 318 m 运用对淤积分布的作用

非汛期实施 318 m 运用后，随着高水位运用天数的减少，淤积重心逐渐下移。2003 ~ 2005 年 90%以上的淤积量集中在黄淤 30 断面以下(见表 5-7)。

表 5-7　不同时段非汛期各河段淤积量占潼关—大坝段总淤积量的百分数

时段	坝址—黄淤 12	黄淤 12—黄淤 22	黄淤 22—黄淤 30	黄淤 30—黄淤 36	黄淤 36—黄淤 41	坝址—黄淤 41
1974 ~ 1979	8	19	23	38	12	100
1980 ~ 1985	8	19	29	39	5	100
1986 ~ 1992	1	25	40	29	5	100
1993 ~ 2002	4	26	45	24	1	100
2003	4	35	52	9.2	– 0.2	100
2004	3	35	53	13	– 4	100
2005	22	31	41	9	– 3	100

图 5-4 直观反映了非汛期 318 m 运用以后淤积分布的变化。与 1986 ~ 1992 年和 1993 ~ 2002 年两个时段平均情况相比，318 m 运用后非汛期淤积末端明显向坝前移动，淤积更加集中。1986 ~ 1992 年平均而言淤积末端大约在黄淤 41 断面，距大坝约 125 km。1993 ~ 2002 年由于高水位运用天数有所减少，淤积末端下移至黄淤 38 断面附近，距大坝约 115 km。2003 年、2004 年淤积末端在黄淤 32 断面附近，距大坝约 86 km，与 1986 ~ 1992 年、1993 ~ 2002 年相比分别下移了约 39 km 和 29 km。2005 年淤积末端在黄淤 33

断面附近，比上两年略有上移。

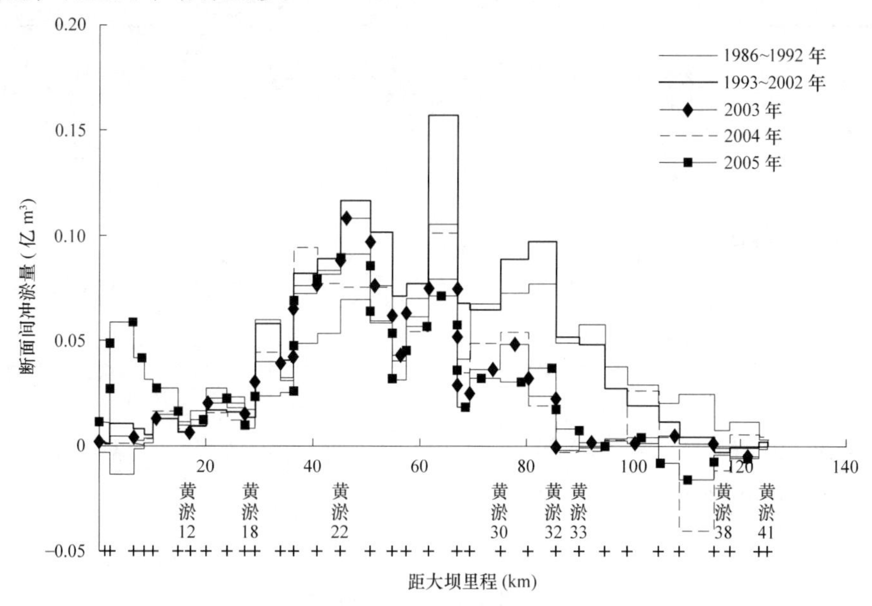

图 5-4　非汛期淤积分布图

(三)汛期敞泄运用和冲淤特点

1. 2003～2005 年汛期排沙量

按输沙率法计算 2003～2005 年汛期冲刷量分别为 2.38 亿、0.31 亿、1.49 亿 t，共计 4.18 亿 t。其中敞泄期分别冲刷了 3.06 亿、0.86 亿、2.09 亿 t，说明汛期水库冲刷排沙主要发生在敞泄期，平水控制运用期水库淤积。

2. 2003～2005 年场次洪水敞泄运用排沙特点

表 5-8 为不同场次洪水排沙情况，可以看出，一是汛初首次排沙冲刷效率(单位水量冲刷量)最大，但因来水量小，排沙量并不一定很大，如 2003 年 7 月 17～19 日单位水量冲刷量达 219 kg/m^3，2005 年 6 月 28 日～7 月 1 日单位水量冲刷量达 268 kg/m^3，均为各场次最大，但冲刷量分别为 0.41 亿 t 和 0.40 亿 t，并非各次最大。同时，随着敞泄次数的增加，冲刷效率逐渐减弱，但若来水量大、敞泄时间长，总的冲刷量会很大。

3. 溯源冲刷范围

2003 年汛期冲刷发展到黄淤 34 断面，2004 年和 2005 年溯源冲刷发展到黄淤 32 断面，潼关河段受沿程冲刷作用。

4. 汛期冲刷与来水量的关系

图 5-5 为汛期冲刷量与来水量的关系。虚线上方点据水量大，但敞泄时间短或不敞泄。虚线下方点据虽然水量小，但敞泄时间长，弥补了水量小的不足。相比而言，在同一冲刷量水平的用水量，下方趋势带要比上方趋势带小很多。

2004 年和 2005 年敞泄时间相当，但 2005 年水量大，故冲刷量大，2003 年敞泄时间和水量都大于后两年，故冲刷量最大。

表 5-8　不同场次敞泄运用排沙情况

年份	日期 (月-日)	天数 (d)	坝前平均 水位(m)	潼关		三门峡 沙量 (亿 t)	冲刷量 (亿 t)	单位水量 冲刷量 (kg/m³)
				水量 (亿 m³)	沙量 (亿 t)			
2003	07-17 ~ 07-19	3	300.17	1.9	0.07	0.48	– 0.41	– 219
	08-01 ~ 08-03	3	295.98	3.2	0.19	0.65	– 0.46	– 144
	08-27 ~ 09-10	15	294.82	35.1	2.18	3.47	– 1.29	– 37
	10-03 ~ 10-13	11	297.86	30.1	0.87	1.76	– 0.89	– 30
2004	07-07 ~ 07-12	6	295.07	3.34	0.03	0.38	– 0.35	– 102
	08-21 ~ 08-26	6	296.30	7.46	1.11	1.63	– 0.52	– 70
2005	06-28 ~ 07-01	4	291.73	1.5	0.01	0.41	– 0.40	– 268
	07-04 ~ 07-07	4	292.51	4.2	0.39	0.79	– 0.40	– 96
	07-23 ~ 07-24	2	296.60	1.09	0.15	0.28	– 0.13	– 117
	08-20 ~ 08-22	3	297.30	4.59	0.17	0.51	– 0.34	– 74
	09-22 ~ 09-25	4	294.30	6.58	0.14	0.59	– 0.45	– 69
	09-30 ~ 10-09	10	297.60	23.92	0.57	0.82	– 0.25	– 10

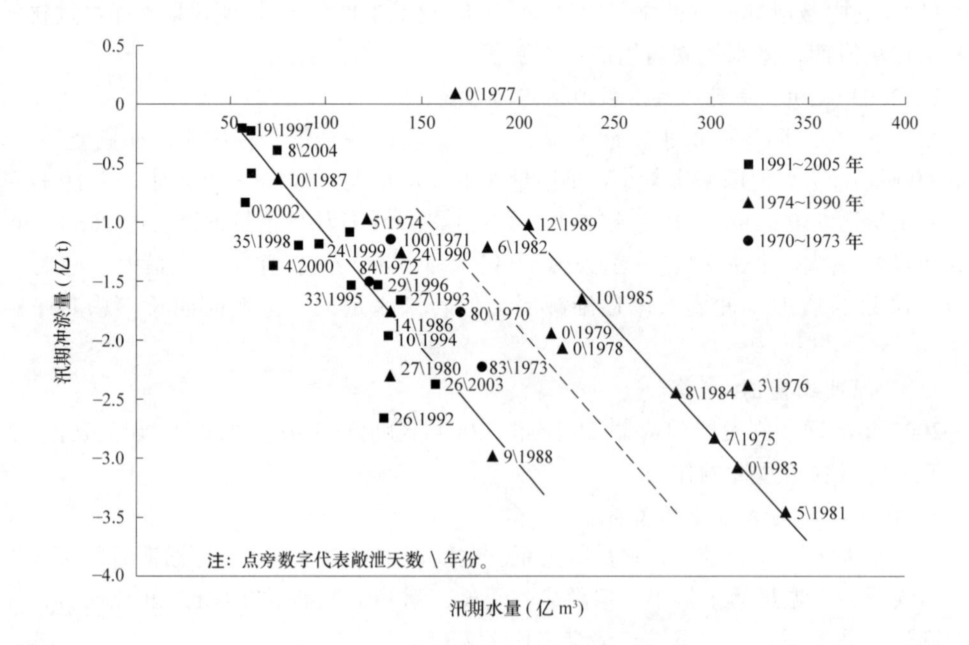

图 5-5　汛期冲刷量与来水量关系

四、潼关高程变化

自 2002 年汛后至 2005 年汛后潼关高程从 328.78 m 降至 327.75 m，下降了 1.03 m，经过 2003 年洪水冲刷后潼关高程下降到 328 m 以下，到 2005 年汛后潼关高程仍维持在 328 m 以下(见表 5-9)。

2003 ~ 2005 年在非汛期控制水位不超过 318 m 的条件下潼关河段不受水库回水影响，处于自然河道演变状态。主要表现在两点：一是非汛期淤积末端在黄淤 32—黄淤 33 河段，潼关以下较长河段不受水库淤积影响；二是 2003 ~ 2005 年非汛期与潼关高程密切相关的黄淤 36—黄淤 41 河段均表现为冲刷，冲刷量分别为 0.001 7 亿、0.030 3 亿、0.034 6 亿 m^3。

表 5-9　2003 ~ 2005 年潼关高程变化　(单位：m)

年份	潼关高程		潼关高程变化值		
	汛前	汛后	非汛期	汛期	运用年
2002		328.78			
2003	328.82	327.94	0.04	– 0.88	– 0.84
2004	328.24	327.98	0.30	– 0.26	0.04
2005	328.15	327.75	0.17	– 0.40	– 0.23
合计			0.51	– 1.54	– 1.03

1974 ~ 1985年和1986 ~ 2002年非汛期运用水位高于320 m的天数分别有95 d和50 d(见表 5-10)，潼关—坫垮河段受水库回水影响。与之相比，2003 ~ 2005 年非汛期除具有有利的水库运用条件外，来水来沙量减少，尤其沙量减少较多，非汛期潼关高程抬升值比 1974 ~ 1985 年和 1986 ~ 2002 年同期平均值都小。

表 5-10　非汛期入库水沙与运用水位特征值

时段	坝前平均水位(m)	坝前最高水位(m)	高于 320 m 天数(d)	非汛期入库		潼关高程变化(m)
				水量(亿 m^3)	沙量(亿 t)	
1974 ~ 1985	316.75	325.95	95	165	1.61	0.55
1986 ~ 2002	315.82	324.06	50	138	1.83	0.34
2003	315.59	317.92	0	81	0.67	0.04
2004	317.01	317.97	0	134	0.84	0.30
2005	316.41	317.94	0	116	0.83	0.17

2003 ~ 2005 年汛期在水库运用、水沙条件以及前期河床条件方面存在差异。2003 年汛期来水较大，1 500 m^3/s 流量的天数和水量均较大，运用水位低于 300 m 的天数较长，另外 2003 年汛前潼关高程达 328.82 m，为历年汛前最大，潼关高程下降达 0.88 m(见表 5-11)。2004 年来水偏枯，汛期水量不足 2003 年的 50%，1 500 m^3/s 以上天数仅有 3 d，潼关高程仅下降 0.26 m。2005 年汛期来水量较 2004 年增加，但流量 1 500 m^3/s 以上天

数小于 2003 年，潼关高程下降 0.40 m，介于上两年之间。由此可见，在水库运用方式一定条件下，潼关高程的冲刷下降程度不仅与汛期水量有关，还取决于流量级大小。

表 5-11　汛期入库水沙与运用水位特征值

年份	坝前水位低于 300 m 天数(d)	汛期		$Q>1\ 500\ m^3/s$		潼关高程变化(m)
		水量(亿 m^3)	沙量(亿 t)	天数(d)	水量(亿 m^3)	
1974～1985	6	236	8.88	81	200	－0.55
1986～2002	15	111	5.24	25	49	－0.21
2003	26	157	5.38	51	112	－0.88
2004	8	75	2.33	3	5	－0.26
2005	27	113	2.50	23	43	－0.40

五、主要结论和认识

(1)2005 年潼关站来水量 228.8 亿 m^3，来沙量 3.33 亿 t，其中汛期来水量 113.3 亿 m^3，来沙量 2.50 亿 t。汛期洪水主要集中在 9、10 月份，最大洪峰 4 500 m^3/s，来自渭河洪水。

非汛期最高蓄水位 317.94 m，平均水位 316.41 m。桃汛起调水位 314.07 m。汛期随来水情况水库进行了 6 次敞泄运用，敞泄历时 27 d。

(2)按断面法计算 2005 年非汛期潼关以下库区淤积 0.865 亿 m^3，汛期冲刷 1.577 亿 m^3，年内冲刷 0.712 亿 m^3。

(3)2005 年非汛期潼关高程上升 0.17 m，汛期下降 0.40 m，汛末为 327.75 m，全年下降 0.23 m。

(4)2003～2005 年非汛期实施最高水位不超过 318 m 运用后，淤积重心逐渐下移，非汛期 90%以上的淤积量集中在黄淤 30 断面以下。

(5)2003～2005 年，潼关以下库区共冲刷泥沙 1.65 亿 m^3，主要发生在 2003 年和 2005 年汛期，且集中在水库敞泄运用期；2003 年汛期潼关高程下降 1.03 m 与有利的水沙条件具有很大关系。

(6)汛期溯源冲刷最远发展到黄淤 34 断面，潼关河段的冲刷主要是洪水沿程冲刷的结果。汛期不同场次敞泄排沙具有如下特点：①汛初首次排沙冲刷效率(单位水量冲刷量)最大，但一般来水量小，排沙量不一定很大；②随着敞泄次数的增加，冲刷效率逐渐减弱，但若来水量大、敞泄时间长，总的冲刷量会很大。因此，洪水时适当延长敞泄时间，将会增加库区的冲刷。

第六章　小浪底水库运用及库区水沙运动特点

一、2005 年水沙条件

(一)入库水沙概况

2005 年小浪底库区支流入汇水沙量较少，相对干流而言，可略而不计，因而仅以干流三门峡站水沙量代表小浪底水库入库水沙条件。2005 年(水库运用年，下同)小浪底入库水沙量分别为 208.53 亿 m^3、4.08 亿 t，从三门峡站枯水少沙时段 1987～2005 年实测水沙量统计来看，相当于该时段多年平均水量 229.83 亿 m^3 的 90.73%和平均沙量 6.72 亿 t 的 60.71%。

2005 年小浪底入库最大洪峰流量为 4 430 m^3/s(6 月 27 日 13 时 6 分)，入库最大含沙量为 591 kg/m^3(7 月 23 日 13 时)。2005 年汛期共发生 5 场洪水，最大入库日均流量达 3 930 m^3/s(10 月 5 日)。日平均流量大于 3 000 m^3/s 流量级出现 5 d，大于 2 000 m^3/s 流量级出现天数为 9 d，全部发生在 6～10 月。除调水调沙期间的 6 月 27～28 日日均入库流量大于 2 000 m^3/s 外，非汛期日均入库流量大部分均在 1 000 m^3/s 以下。

从年内分配看，汛期 7～10 月入库水量 104.73 亿 m^3，占全年的 50.22%，非汛期入库水量 103.8 亿 m^3，占全年的 49.78%；全年入库沙量 4.08 亿 t，全部来自 6～10 月，其中汛期 3.62 亿 t，占全年的 88.73%(见图 6-1)。

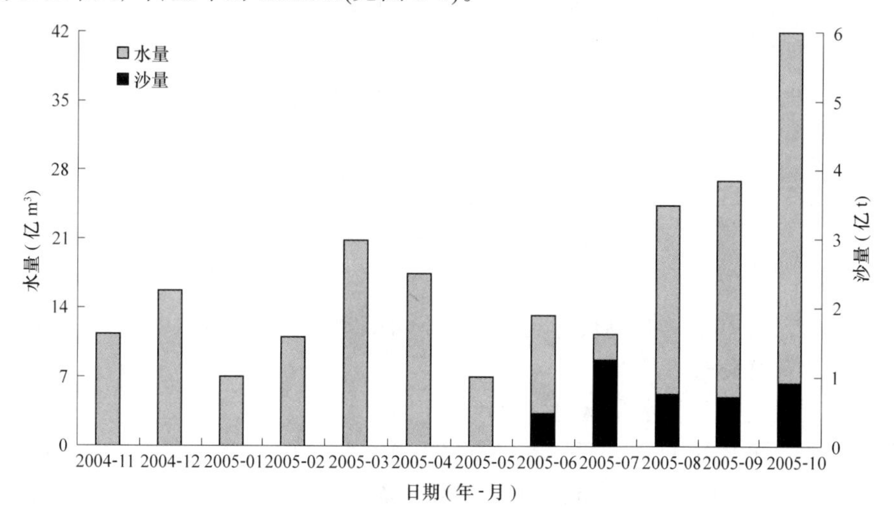

图 6-1　三门峡站水量及沙量年内分配

(二)出库水沙概况

2005 年小浪底出库最大流量为 3 820 m^3/s(6 月 20 日 21 时 12 分，6 月 23 日 18 时)，最大含沙量为 152 kg/m^3(7 月 6 日 10 时)。

全年出库水量为 206.25 亿 m^3，其中 7～10 月水量为 67.05 亿 m^3，占全年的 32.51%。全年除 9～10 月洪水期出库流量较大外，其他时间出库流量较小且过程均匀，全年有 320 d

出库流量小于 800 m³/s。2005 年小浪底出库水量及沙量年内分配见图 6-2。

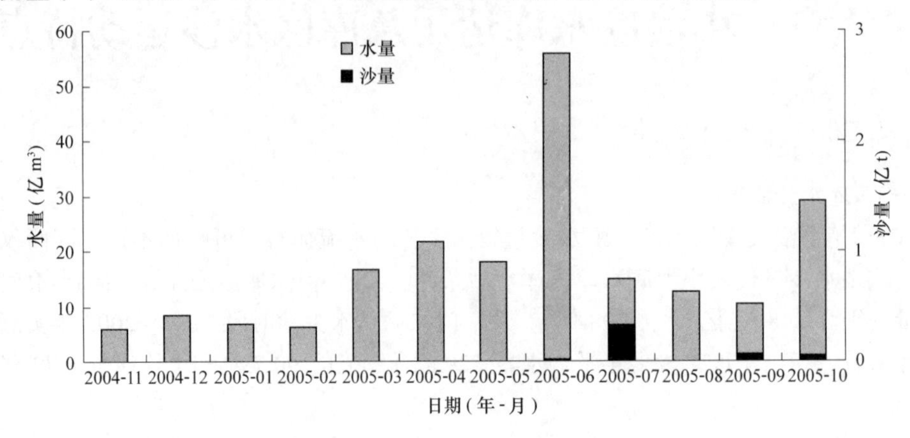

图 6-2　2005 年小浪底出库水量及沙量年内分配

全年出库沙量为 0.449 亿 t，主要集中在排沙期 7 月 5～8 日，期间排沙量 0.314 亿 t，占全年排沙量的 69.93%。各时段排沙情况见表 6-1。

表 6-1　小浪底水库各时段的排沙情况

时段(月-日)	水量(亿 m³)	沙量(亿 t)	平均含沙量(kg/m³)
06-29～07-01	5.52	0.020	3.6
07-05～07-08	6.68	0.314	47.0
08-18～08-27	5.27	0.006	1.1
09-24～10-11	14.87	0.109	7.3
合计		0.449	

二、水库调度

2005 年水库水位日均最高值达到 259.61 m(4 月 10 日)，相应蓄水量为 76.36 亿 m³，库水位及蓄水量变化过程见图 6-3。

根据库水位变化可将水库运用分为四个阶段：

第一阶段：2004 年 11 月 1 日～2005 年 4 月 10 日，为防凌和春灌蓄水期。库水位逐步抬高，从 242.01 m 上升至 259.61 m(4 月 10 日)，水库蓄水量由 44.08 亿 m³ 增至 76.36 亿 m³。

第二阶段：4 月 10 日～6 月 16 日。其中，4 月 10 日～6 月 9 日为保证黄河下游工农业生产、城市生活及生态用水，水库向下游补水，库水位下降至 252.2 m，下降幅度约 7.4 m，水库补水 14.26 亿 m³，相应水库蓄水量减少至 62.1 亿 m³，在来水严重偏枯的情况下保证了下游用水及河道不断流；6 月 9～16 日黄河调水调沙预泄期，为使下游河道有一个逐步调整的过程，避免河势突变，减少工程出险机遇和漫滩风险，在此期间首先利用小浪底水库泄水塑造一个下泄流量由 1 500 m³/s 逐步加大至 2 430 m³/s 的涨水过程，至调水调沙前期库水位下降至 247.86 m，相应蓄水量为 54.21 亿m³。

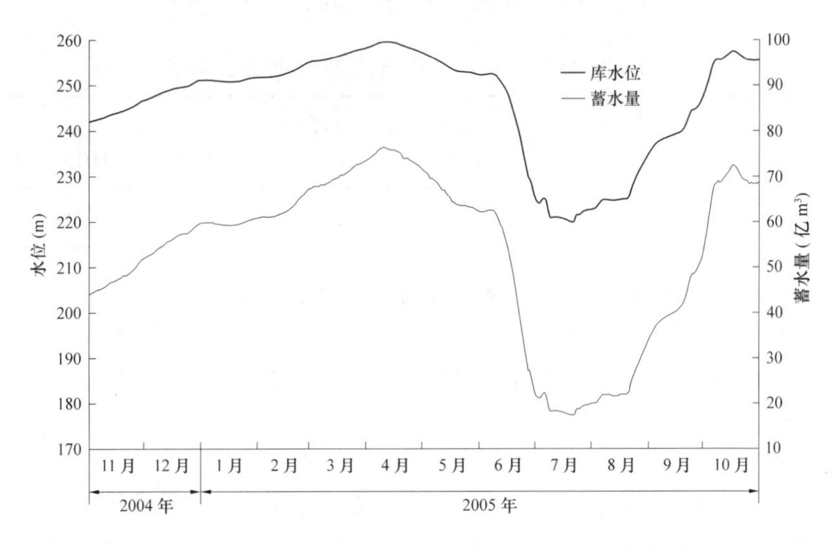

图 6-3　2005 年小浪底水库库水位及蓄水量变化过程

第三阶段：6 月 16 日～7 月 1 日，为调水调沙生产运行期。根据 2005 年汛前小浪底水库蓄水情况和下游河道的现状，该时段调水调沙生产运行分为两个阶段：①从 6 月 16～26 日为调水期，是在中游不发生洪水的情况下，利用小浪底水库下泄一定流量的清水，冲刷下游河槽。同时，本着尽快扩大主槽行洪排沙能力的要求，逐步加大小浪底水库的泄放能量，以此逐步检验调水调沙期间下游河道水流是否出槽，确保调水调沙生产运行的安全，通过逐步加大流量，破坏前一阶段较小流量形成的粗糙层，提高冲刷效率。②从 6 月 26 日～7 月 1 日为排沙期，小浪底水库水位 6 月 26 日降至 230 m 时，通过万家寨、三门峡、小浪底三水库联合调度，塑造有利于在小浪底水库形成异重流排沙的水沙过程，小浪底水库异重流于 6 月 29 日 16 时塑造成功并排沙出库。7 月 1 日 5 时调水调沙结束，库水位下降至 224.81 m，相应蓄水量减少至 21.9 亿 m^3。

第四阶段：7 月 1 日～10 月 31 日。8 月 20 日之前，库水位一直维持在汛限水位 225 m 以下。8 月 20 日之后，水库运用以蓄水为主，库水位持续抬升，累计蓄水 46.71 亿 m^3。库水位最高时一度升至 257.38 m(10 月 18 日 8 时)，相应的蓄水量为 72.19 亿 m^3。至 10 月 31 日，库水位为 255.55 m，相应蓄水量为 68.54 亿 m^3。

三、库区冲淤特性及库容变化

(一)库区冲淤特性

2005 年小浪底水库全库区淤积量为 2.911 亿 m^3。

(1)泥沙主要淤积在干流，淤积量为 2.60 亿 m^3，占全库区淤积总量的 89.3%，支流淤积量仅占全库区淤积总量的 10.7%。

(2)泥沙主要淤积在高程 175～255 m，淤积量为 2.99 亿 m^3；冲刷则发生在高程 255～275 m，冲刷量仅为 0.038 亿 m^3。从河段看，主要淤积在坝前—HH54 断面之间库段(含支流)，淤积量为 2.91 亿 m^3；HH54 断面以上冲淤幅度较小(见表 6-2)。

表 6-2　2005 年库区不同库段(含支流)冲淤量分布

库段	HH15 以下	HH15— HH24	HH24— HH37	HH37— HH48	HH48— HH54	HH54— HH56	合计
冲淤量(亿 m^3)	0.684	0.555	0.673	0.777	0.221	0.001	2.911

(3)淤积主要集中于汛期。2005 年 4 ~ 11 月全库区淤积量为 3.33 亿 m^3，占全年库区淤积总量的 114.4%。其中干流淤积量为 2.81 亿 m^3，占全库区的 84.38%。

(4)支流泥沙主要淤积在沟口附近，沟口向上沿程减少。

(二)库区干流淤积形态

1．纵向淤积形态

2004 年 11 月 ~ 2005 年 4 月下旬，大部分时段三门峡水库下泄清水，小浪底水库进出库沙量基本为 0；库水位基本上经历了先升后降的过程，日均库水位在 242.01 ~ 259.61 m 变化，均高于水库淤积三角洲洲面，因此干流纵向淤积形态几乎没有变化。

6 月下旬之后，受中游洪水及三门峡水库泄水的影响，小浪底水库出现了 5 次小洪水过程，实测入库沙量为 4.08 亿 t，出库沙量为 0.45 亿 t，绝大部分泥沙淤积在距坝 20 ~ 105 km 的库段内。由于 2005 年汛期大部分入库泥沙淤积在三角洲洲面，因此淤积三角洲顶坡段比降较汛前明显增大，约为 4.7‱，三角洲顶点高程抬升至 223.56 m。至汛后，与汛前相比三角洲洲面抬升幅度较大，其形态已不具备典型的三角洲形态，见图 6-4。

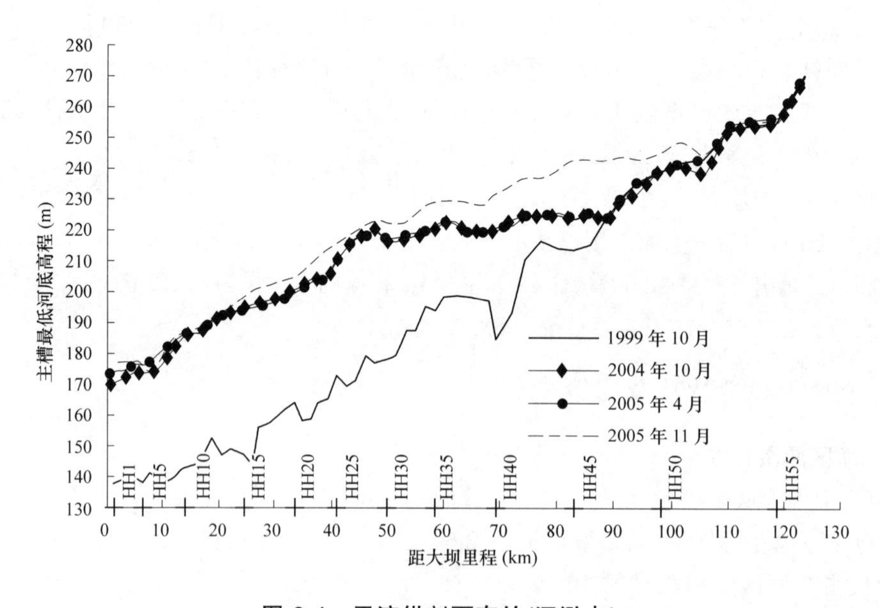

图 6-4　干流纵剖面套绘(深泓点)

2. 横断面淤积形态

2004年10月～2005年11月两次观测期间坝前HH1—HH13断面主要是异重流及浑水水库淤积，库底高程基本上为平行抬升，如HH1断面；HH14—HH29之间全年横断面的变化为先降低后抬升，断面之间库段大多经历了固结—淤积的过程，如HH21断面；HH30—HH48之间全年横断面的变化为汛前基本无变化，汛期抬升较大，如HH36断面，其中也有个别断面如HH44断面变化比较复杂；HH49—HH56处于回水末端，河道形态窄深，坡度陡，断面形态变化不大，例如HH55断面。

(三)支流淤积形态

小浪底库区支流的淤积主要为干流倒灌所致。洪水期间，水库运用水位较高，库区较大的支流均位于干流异重流潜入点下游，干流异重流沿河底倒灌支流，并沿程落淤，支流沟口淤积面高程与干流淤积面高程同步抬升(见图6-5)。

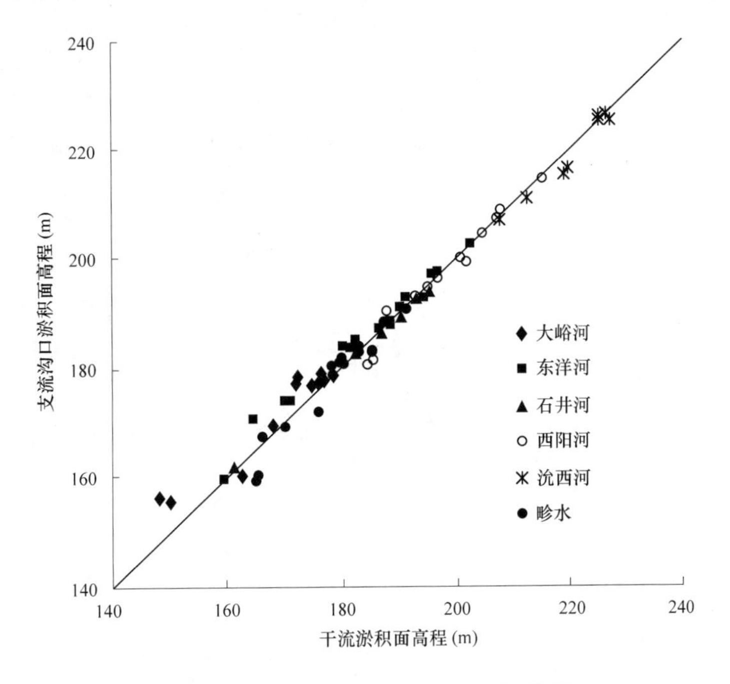

图6-5 支流沟口与干流淤积面相关图

自截流至2005年11月，支流断面法淤积量为2.3亿m^3。随着淤积的发展，支流的纵剖面形态不断发生变化，总的趋势是由正坡至水平而后出现倒坡。

近年来小浪底水库汛期回水末端在距坝 50～120 km 变动。位于回水变动区支流的淤积形式有两种：一是水库运用水位较高，回水末端位于支流沟口以上，支流位于干流异重流潜入点下游，干流异重流沿河底倒灌支流，并沿程落淤；二是水库运用水位较低，回水末端位于沟口附近或沟口以下，沟口处干流河床发生大幅度调整，支流沟口淤积面随着干流淤积面的调整而产生较大的变化，而支流内部的调整幅度小于沟口处。

在发生第二种淤积形式时，由于干流三角洲洲面冲刷下来的泥沙大部分是粗沙，加之支流沟口河谷宽度较大，在向支流倒灌的过程中迅速在沟口落淤。例如，2004年6～7

月黄河第三次调水调沙试验期间，小浪底水库库水位迅速降低，加上三门峡水库加大泄量，干流三角洲洲面 HH40—HH53 断面(距坝 69.39 ~ 110.27 km)发生了剧烈的冲刷，河段冲刷量为 1.38 亿 m^3，河底高程平均降低 20 m 左右，三角洲顶点下移至 HH29 断面(距坝 48 km)，HH17—HH40 断面(距坝 27.19 ~ 69.39 km)共淤积泥沙 1.57 亿 m^3，其中 HH32—HH33 断面(距坝 53.44 ~ 55.02 km)干流淤积 0.165 亿 m^3，位于其间的沇西河淤积 0.13 亿 m^3，沟口断面 YX1 随干流淤积面的抬升迅速抬高，YX1 河底平均高程抬高 8.8 m，沟口以内淤积厚度逐渐减小，并形成倒坡。

从目前支流纵剖面形态看，各支流均未形成明显的拦门沙。随着库区淤积量的不断增加及运用方式的调整，拦门沙将逐渐显现。支流拦门沙的形成及发展非常复杂。鉴于此，建议今后加强对支流纵剖面、异重流倒灌资料和水库冲刷资料的观测，对支流拦门沙的形成及发展演变机理进行专题研究。

(四)库容变化

随着水库淤积的发展，水库的库容也随之变化(见图 6-6)。从图中可以看出，由于库区的冲淤变化主要发生在干流，总库容的变化量与干流接近，支流冲淤变化较小。截至 2005 年 11 月上旬，小浪底水库 275 m 高程干流库容 58.93 亿 m^3，支流库容 50.4 亿 m^3，总库容 109.33 亿 m^3。1997 年 10 月 ~ 2005 年 10 月全库区淤积量为 18.19 亿 m^3。

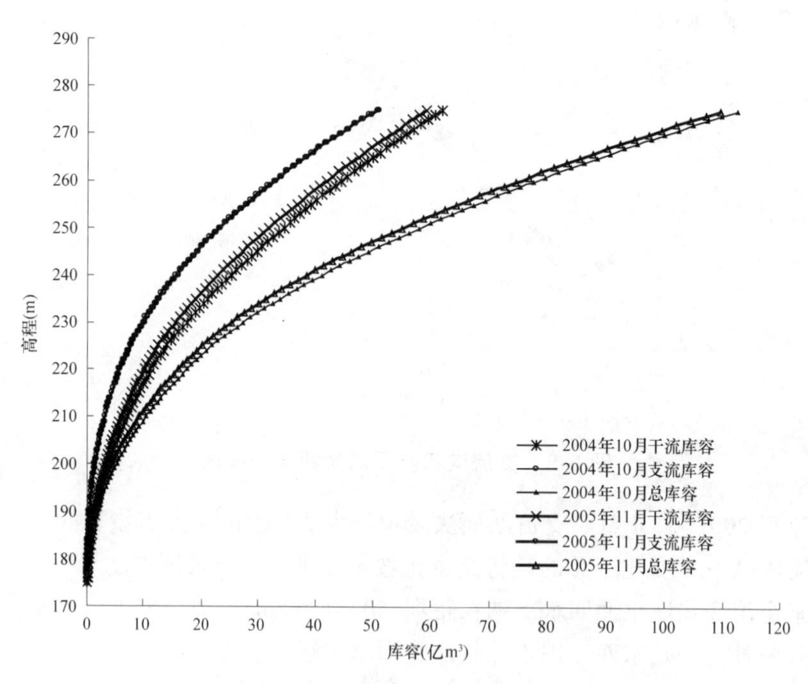

图 6-6　小浪底水库不同时期库容曲线

四、异重流运动特点

2005 年小浪底水库出现了 4 次异重流输沙过程(见表 6-3)。

表 6-3 异重流特征值统计

时间	断面	距坝里程 (km)	最大点流速 (m/s)	垂线平均流速 (m/s)	垂线平均含沙量 (kg/m^3)	浑水厚度 (m)	d_{50} (mm)
6月27日~7月2日	HH32	53.44	1.1	0.7	46.7	2.89	0.012
	HH31	51.78	0.78	0.57	51.9	4.99	0.012
	HH29	48	1.28	0.32 ~ 0.78	12.8 ~ 63.6	1.07 ~ 3.21	0.006 ~ 0.012
	HH28	46.2	0.80	0.31 ~ 0.59	19.5 ~ 41.7	1.09 ~ 2.31	0.006 ~ 0.007
	HH25	41.1	0.52	0.26 ~ 0.29	7.35 ~ 11.2	8.7 ~ 9.7	0.008
	HH23	37.55	1.36	0.11 ~ 0.98	3.93 ~ 47.6	0.48 ~ 4.9	0.006 ~ 0.011
	HH17	27.19	1.18	0.13 ~ 0.82	8.14 ~ 51.3	1.28 ~ 6.9	0.005 ~ 0.01
	HH13	20.39	0.59	0.097 ~ 0.4	3 ~ 89.5	0.49 ~ 6.3	0.005 ~ 0.01
	HH09	11.42	0.6	0.035 ~ 0.43	8.91 ~ 114	0.49 ~ 5.1	0.005 ~ 0.008
	HH05	6.54	0.63	0.037 ~ 0.44	51.8 ~ 99.9	0.79 ~ 2.38	0.005 ~ 0.007
	桐树岭	1.51	0.76	0.048 ~ 0.47	3 ~ 176	0.99 ~ 3.67	0.006 ~ 0.007
	坝前	0.41	0.67	0.028 ~ 0.44	3 ~ 60.8	0.79 ~ 3	0.005 ~ 0.006
7月5~10日	HH09	11.42	1.56	0.032 ~ 0.91	3 ~ 80.1	0.19 ~ 14.2	0.005 ~ 0.021
	HH05	6.54	0.75	0.078 ~ 0.43	38.5 ~ 144	0.3 ~ 11.7	0.005 ~ 0.012
	HH03	3.34	0.15	0.088	56.1	1.58	0.005
	桐树岭	1.51	0.61	0 ~ 0.34	3 ~ 625	0.06 ~ 16.2	0.005 ~ 0.009
	坝前	0.41	0.68	0.11 ~ 0.44	30.9 ~ 55.3	7 ~ 15.3	0.005 ~ 0.007

2005 年汛前调水调沙期间，6 月 27 日 7 时三门峡水库开闸，下泄流量 3 000 m^3/s，12 时下泄流量加大至 4 000 m^3/s，三门峡水文站 6 月 27 日 23 时测得含沙量为 17.3 kg/m^3，至 6 月 28 日 0 时含沙量增加到 255 kg/m^3，并在小浪底库区形成异重流，于 29 日 10 时 40 分潜入点下移至 HH32 断面。由于小浪底水库下泄流量一直维持在 3 000 m^3/s 左右，库水位迅速下降，潜入点缓慢下移。异重流最大运行距离 53.44 km，异重流最大点流速 1.36 m/s(6 月 29 日 HH23 断面)，最大浑水厚度 9.7 m(HH25 断面)。

7 月 5 ~ 10 日异重流期间，于 7 月 5 日在 HH09 断面观测到异重流(距坝约 11.42 km)，异重流最大点流速 1.56 m/s(7 月 6 日 HH09 断面)，最大浑水厚度 16.2 m(桐树岭)。

五、2000 ~ 2005 年小浪底水库蓄水运用总结

小浪底水库 1997 年 10 月截流，1999 年 10 月 25 日开始下闸蓄水，至 2005 年汛后已经蓄水运用 6 年，库区淤积量为 18.19 亿 m^3。6 年来，黄河流域枯水少沙，洪水较少，仅 2003 年秋汛期水量较为丰沛。水库以满足黄河下游防洪、减淤、防凌、防断流以及供水(包括城市、工农业、生态用水，以及引黄济津等)为目标，进行了防洪、调水调沙和蓄水、供水等一系列调度。水库运用以蓄水拦沙为主，70%左右的细泥沙和 95%以上的中粗泥沙被拦在库区，进入黄河下游的泥沙明显减少。一般情况下，小浪底水库下泄清水，洪水期库水位较高，库区泥沙主要以异重流形式输移并排细泥沙出库，从而使得下游河道发生了持续的冲刷。

(一)水库运用调节情况

水库蓄水以来，水库最高最低运用水位分别为 265.58 m(2003 年 10 月 15 日)和 180.34 m(1999 年 11 月 1 日)，见表 6-4。从图 6-7 看出，在非汛期，以 2004 年的运用水位最高，前七个月时间水位均在 255 m 以上，最高水位达 264.3 m(2003 年 11 月 1 日)；2000 年运用水位最低，基本上不超过 210 m。

表 6-4　小浪底水库运用情况

项目		2000 年	2001 年	2002 年	2003 年	2004 年	2005 年
汛限水位(m)		215	220	225	225	225	225
汛期	最高水位(m)	234.3	225.42	236.61	265.58	242.26	257.47
	日期(月-日)	10-30	10-09	07-03	10-15	10-24	10-17
	最低水位(m)	193.42	191.72	207.98	217.98	218.63	219.78
	日期(月-日)	07-06	07-28	09-16	07-15	08-30	07-22
	平均水位(m)	214.88	211.25	215.65	249.51	228.93	233.84
汛期开始蓄水的日期(月-日)		08-26	09-14	—	08-07	09-07	08-21
主汛期平均水位(m)		211.66	207.14	214.25	233.86	225.98	230.17
非汛期	最高水位(m)	210.49	234.81	240.78	230.69	264.3	259.61
	日期(月-日)	04-25	11-25	02-28	04-08	11-01	04-10
	最低水位(m)	180.34	204.65	224.81	209.6	235.65	226.17
	日期(月-日)	11-01	06-30	11-01	11-02	06-30	06-30
	平均水位(m)	202.87	227.77	233.97	223.42	258.44	250.58
年平均运用水位(m)		208.88	219.51	224.81	236.46	243.68	242.21

注：1. 主汛期为 7 月 11 日～9 月 30 日。
2. 汛期开始蓄水的日期是指汛期库水位开始超过当年汛限水位之日。

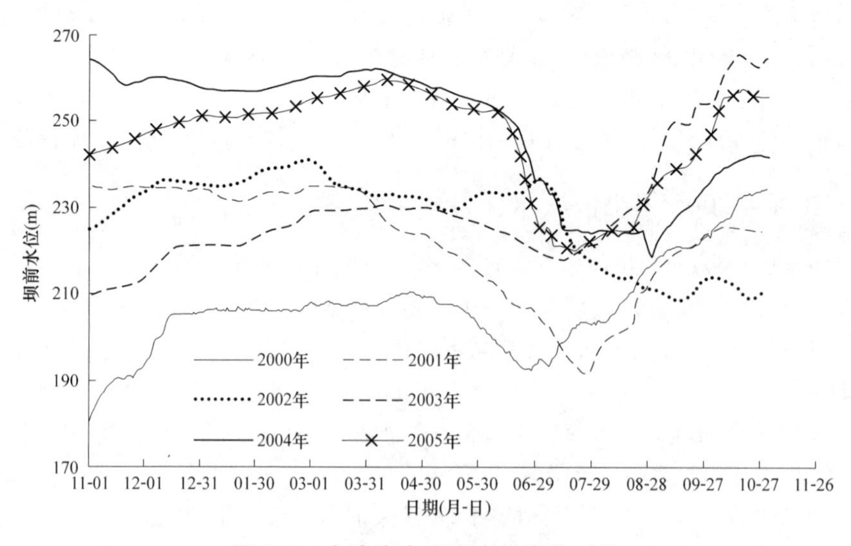

图 6-7　小浪底水库库水位变化对比

水库运用调节改变了水量的年内分配。由6年来进出库水量情况(见表6-5)可以看出，6年入库水量汛期占年水量的45.95%，而经过水库调节后，汛期出库水量占年水量的比例减小到34.96%，即进出库水量不仅总量发生变化，而且年内分配也发生了较大变化。除2002年汛期外，其余年份出库水量汛期占年水量百分比均较入库水量相应百分比小10%左右。

表6-5　历年实测进出库水量变化

年份	年水量(亿 m^3)		汛期水量(亿 m^3)		汛期占年(%)	
	入库	出库	入库	出库	入库	出库
2000	166.60	141.15	67.23	39.05	40.35	27.67
2001	134.96	164.92	53.82	41.58	39.88	25.21
2002	159.26	194.27	50.87	86.29	31.94	44.42
2003	217.61	160.70	146.91	88.01	67.51	54.77
2004	178.39	251.59	65.89	69.19	36.94	27.50
2005	208.53	206.25	104.73	67.05	50.22	32.51
6年平均	177.56	186.48	81.58	65.20	45.95	34.96

水库运用调节了洪水过程。6年来，入库日均最大流量大于1 500 m^3/s的洪水共17场，其中，利用2002年7月、2003年9月初、2004年7月初、2005年6月的4场洪水进行了调水调沙，利用2004年8月份的洪水水库相机排沙，其余洪水均被水库拦蓄和削峰，削峰率最大达65%。此外，为满足下游春灌要求，2001年4月和2002年3月分别有一次日均最大流量1 500 m^3/s左右的洪水过程。

小浪底入库沙量主要集中在汛期，占年沙量93.3%；出库沙量也集中在汛期，汛期排沙占年排沙的92.2%；汛期平均排沙比18.9%。水库运用以来，库区泥沙主要以异重流形式输移并排细泥沙出库。由于各年小浪底水库运用条件不同，不同时期排沙比差别较大，历年不同粒径组的进出库沙量、库区淤积量及淤积物组成、排沙情况见表6-6。由表可以看出，出库细泥沙占总出库沙量的比例在77.3%～89.2%，库区淤积物中细泥沙的比例均在45%以下。

水库运用前两年(2000年和2001年)排沙比较小，不到10%。之后2002～2005年排沙比明显增加。尤其是“04·8”洪水期间，小浪底水库投入运用以来第一次对到达坝前的天然异重流实行敞泄，加之前期浑水水库的作用，出库最大含沙量为346 kg/m^3，水库排沙1.422亿t，排沙比达到56.4%。

(二)库区历年淤积状况

自截流至2005年11月，小浪底全库区断面法淤积量为18.19亿 m^3，其中干流淤积量占到87.36%(表6-7)。

表 6-6　小浪底水库历年排沙情况

项目 时段及级配		入库沙量(亿 t) 汛期	入库沙量(亿 t) 全年	出库沙量(亿 t) 汛期	出库沙量(亿 t) 全年	淤积量(亿 t) 汛期	淤积量(亿 t) 全年	全年淤积物组成(%)	排沙比(%) 汛期	排沙比(%) 全年
2000 年	细泥沙	1.152	1.230	0.037	0.037	1.115	1.193	33.9	3.2	3.0
	中泥沙	1.100	1.170	0.004	0.004	1.096	1.166	33.2	0.4	0.4
	粗泥沙	1.089	1.160	0.001	0.001	1.088	1.159	32.9	0.1	0.1
	全沙	3.341	3.560	0.042	0.042	3.299	3.518	100	1.3	1.2
2001 年	细泥沙	1.318	1.318	0.194	0.194	1.124	1.124	43.1	14.7	14.7
	中泥沙	0.704	0.704	0.019	0.019	0.685	0.685	26.2	2.7	2.7
	粗泥沙	0.808	0.808	0.008	0.008	0.800	0.800	30.7	1.0	1.0
	全沙	2.830	2.830	0.221	0.221	2.609	2.609	100	7.8	7.8
2002 年	细泥沙	1.529	1.905	0.610	0.610	0.919	1.295	35.2	39.9	32.0
	中泥沙	0.981	1.358	0.058	0.058	0.923	1.300	35.4	5.9	4.2
	粗泥沙	0.894	1.111	0.033	0.033	0.861	1.078	29.3	3.7	3.0
	全沙	3.404	4.374	0.701	0.701	2.703	3.673	100	20.6	16.0
2003 年	细泥沙	3.471	3.475	1.049	1.074	2.422	2.401	37.8	30.2	30.9
	中泥沙	2.334	2.334	0.069	0.072	2.265	2.262	35.6	3.0	3.1
	粗泥沙	1.755	1.755	0.058	0.060	1.697	1.695	26.7	3.3	3.4
	全沙	7.560	7.564	1.176	1.206	6.384	6.358	100	15.6	15.9
2004 年	细泥沙	1.199	1.199	1.149	1.149	0.050	0.050	4.3	95.8	95.8
	中泥沙	0.799	0.799	0.239	0.239	0.560	0.560	48.7	29.9	29.9
	粗泥沙	0.640	0.640	0.099	0.099	0.541	0.541	47.0	15.5	15.5
	全沙	2.638	2.638	1.487	1.487	1.151	1.151	100	56.4	56.4
2005 年	细泥沙	1.639	1.815	0.368	0.381	1.271	1.434	39.5	22.5	21.0
	中泥沙	0.876	1.007	0.041	0.042	0.835	0.965	26.6	4.7	4.2
	粗泥沙	1.104	1.254	0.025	0.026	1.079	1.228	33.9	2.3	2.1
	全沙	3.619	4.076	0.434	0.449	3.185	3.627	100	12.0	11.0
平均	全沙	3.899	4.176	0.677	0.684	3.222	3.492	100	17.36	16.38

注：细泥沙，$d<0.025$ mm；中泥沙，$0.025\text{ mm}\leqslant d<0.05$ mm；粗泥沙，$d\geqslant 0.05$ mm。

表 6-7　不同时期库区断面法淤积量

时段 (年-月)	1997-10 ~ 1998-10	1998-10 ~ 1999-09	1999-09 ~ 2000-11	2000-11 ~ 2001-12	2001-12 ~ 2002-10	2002-10 ~ 2003-10	2003-10 ~ 2004-10	2004-10 ~ 2005-11	1997-10 ~ 2005-11
淤积量 (亿 m^3)	0.076	0.413	3.661	2.972	2.108	4.88	1.174	2.91	18.19

施工导流期 1997 年 10 月 ~ 1999 年 9 月库区共淤积 0.49 亿 m^3；下闸蓄水后，1999 年 9 月 ~ 2005 年 11 月，库区共淤积 17.7 亿 m^3，年均淤积量 2.95 亿 m^3。

1999 年水库开始蓄水后库水位升高，至 2000 年 11 月，干流淤积呈三角洲形态，三角洲顶点距坝 70 km 左右，此后，三角洲形态及顶点位置随着库水位的运用状况而变化及移动，总的趋势是逐步向下游推进(见图 6-8)。

在沿程淤积分布上，距坝 60 km 以下回水区范围内河床持续淤积抬高，距坝 60～110 km 为水库的回水变动区库段，冲淤与库水位的升降关系密切。

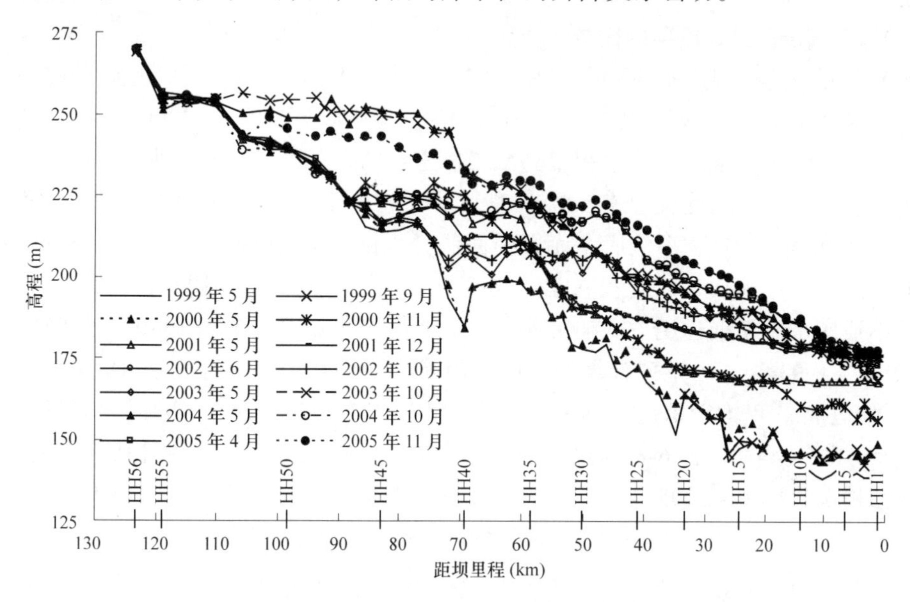

图 6-8　历年干流纵剖面套绘(深泓点)

从淤积高程范围来看，泥沙主要淤积在汛限水位 225 m 以下，225 m 高程以下的淤积量达到了 16.63 亿 m^3，占总淤积量的 91.4%(图 6-9)。

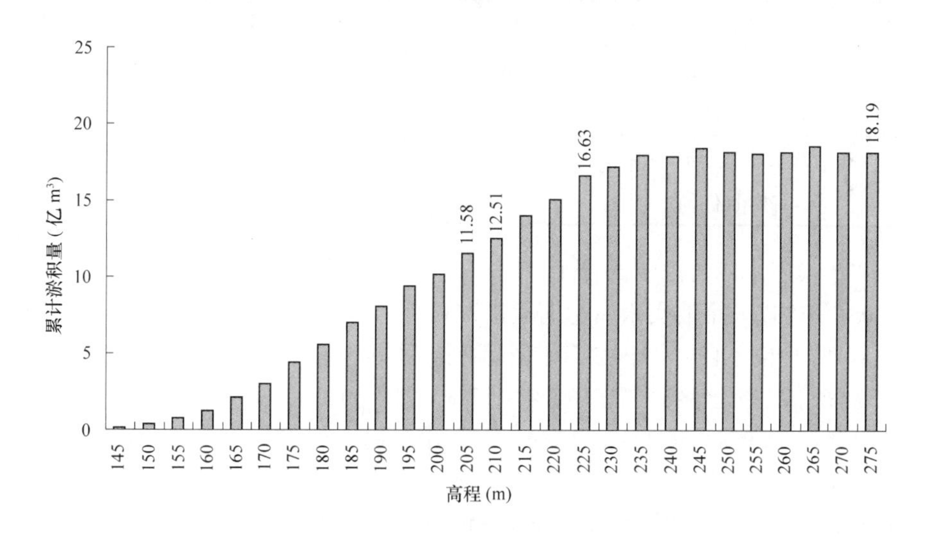

图 6-9　小浪底库区不同高程下的累计冲淤量分布

通过对历年库区冲淤特性分析，泥沙的淤积时空分布有以下特点：①泥沙主要淤积在干流；②库区淤积物沿程细化，异重流淤积段淤积物细化幅度较小；③支流主要为干流异重流倒灌淤积，随干流淤积面的抬高，支流沟口淤积面同步发展，支流淤积形态取决于沟口处干流的淤积面高程；④支流泥沙主要淤积在沟口附近，沟口向上沿程减少；

⑤随着淤积的发展，支流的纵剖面形态不断发生变化，总的趋势是由正坡至水平而后出现倒坡。

(三)运用情况与设计成果的比较

施工期开展的小浪底水库初期运用方式研究中，推荐水库拦沙初期调水调沙采用调控上限流量 2 600 m^3/s，调控库容 8 亿 m^3，起始运用水位 210 m，2000 年采用 205 m，以下简称推荐方案。水库泥沙淤积量达到 21 亿～22 亿 m^3 之前为拦沙初期(《小浪底水利枢纽拦沙初期运用调度规程》)，在一般水沙条件下水库拦沙初期的历时为 3 年左右。自截流至 2005 年 11 月，小浪底全库区断面法淤积量为 18.19 亿 m^3，仍小于拦沙初期的设计值。因此，小浪底水库自投入运用至今，仍处于拦沙初期运用阶段。

《小浪底水库初期运用方式研究报告》中推荐方案采用 1978～1980 年、1985～1987 年及 1991～1993 年三个系列计算的水库运用前 3 年累计淤积量分别为 18.36 亿、12.09 亿、14.25 亿 m^3，年均淤积量分别为 6.12 亿、4.03 亿、4.75 亿 m^3。实际淤积量比设计计算值偏小 18%～44%。表 6-8 列出了小浪底水库初期运用方式研究设计代表系列小浪底入库水沙情况。2000～2005 年小浪底水库实际年均入库水量、沙量分别为 177.56 亿 m^3、4.176 亿 t；实际入库水量与设计系列相比偏小 32%～46%，沙量偏小 24%～53%。因而扣除入库水沙偏小影响，库区近年来的年均淤积量与小浪底施工期提出的小浪底水库初期运用方式研究中分析的结果基本一致。

表 6-8　设计代表系列小浪底入库水沙情况

设计系列	项目	1978～1982 年	1985～1989 年	1991～1995 年
前 3 年平均	水量(亿 m^3)	326	287.6	262.9
	沙量(亿 t)	8.8	5.5	7.1
前 5 年平均	水量(亿 m^3)	343.2	312.5	261.7
	沙量(亿 t)	9.0	8.2	8.3

从历年小浪底水库的排沙比看(见表 6-6)，除前文提到 2000 年和 2001 年略小外，2002～2005 年均比《小浪底水库初期运用方式研究报告》中推荐方案采用 1978～1980 年、1985～1987 年及 1991～1993 年三个系列计算的水库运用前 3 年汛期细泥沙排沙比 17.6%～26.4%、汛期全沙排沙比 10.7%～17%为大。2001～2005 年实际全年排沙比分别为 7.8%、16%、15.9%、56.4%、11.0%，与运用初期小浪底水库模型试验中前 3 年排沙比 11.7%～16.9%结果相近。2004 年由于“04・8”洪水期间小浪底水库排沙洞全部打开排泄异重流，故 2004 年细泥沙($d<0.025$ mm)的排沙比高达 95.8%，全沙排沙比也达 56.4%。

实测资料表明，水库运用以来库区排沙几乎全部属异重流排沙或异重流形成的浑水水库排沙。据 2004 年初步估算，小浪底水库异重流排沙比在 25%～33%。“04・8”洪水期间，小浪底水库投入运用以来第一次对到达坝前的异重流实行敞泄，排沙结果说明小浪底水库利用异重流排沙具有较好的效果和能力。由沙量平衡法计算，异重流排沙比约为 36%；利用韩其为不平衡输沙含沙量及级配沿程变化公式计算洪水排沙比约为

37.7%。分析计算结果与2004年初步估算结果基本一致。

自截流至2005年11月，205 m高程以下实测淤积量为11.58亿m^3。205 m高程以下仍有6.664亿m^3的蓄水库容，干流库容为4.517亿m^3，主要分布在距坝34 km以下；支流库容为2.147亿m^3，主要分布在畛水和大峪河，畛水(距坝约18 km)和大峪河(距坝约4 km)库容分别为0.904亿、0.626亿m^3；汛限水位225 m以下总库容为20.034亿m^3，干支流库容分别为12.450亿m^3及7.584亿m^3。与设计淤积形态相比，总体来看淤积部位偏向上游。这主要是由于近年入库水量持续偏枯，为了保证黄河下游水资源的安全、不断流和减少下游滩区的淹没损失，水库在主汛期提前蓄水运用。小浪底水库初期运用方式研究中推荐方案的主汛期运用水位特征值见表6-9。

表6-9　推荐方案的主汛期运用水位特征值　　(单位：m)

时间	1978～1980年系列			1991～1993年系列		
	平均	最高	最低	平均	最高	最低
第1年	212.98	216.96	207.51	207.99	216.68	205.00
第2年	213.93	219.73	206.52	212.12	226.00	205.01
第3年	215.62	223.83	208.19	213.28	219.62	208.68

对比表6-4和表6-9可知，2000～2002年主汛期平均水位与初期运用方式研究中推荐方案的主汛期运用水位接近，2003～2005年明显偏高。除了2002年主汛期(7月11日～9月30日)运用水位低于汛限水位，其余年份水库均在主汛期结束之前开始蓄水，其中2003年8月7日蓄水位超过汛限水位225 m。

六、主要认识及建议

(一)主要认识

(1)2005年小浪底水库入库水沙量分别为208.53亿m^3、4.08亿t，相当于三门峡站枯水少沙时段1987～2005年多年平均水量的90.73%和平均沙量的60.71%。2005年小浪底入库最大洪峰流量为4 430 m^3/s(6月27日13时6分)，入库最大含沙量为591 kg/m^3(7月23日13时)。2005年汛期共发生5场洪水，最大入库日均流量达3 930 m^3/s(10月5日)。

2005年全年出库水量为206.25亿m^3，其中7～10月水量为67.05亿m^3，占全年的32.51%。全年320 d出库流量小于800 m^3/s。全年出库沙量为0.449亿t，主要集中在排沙期7月5～8日，期间排沙量0.314亿t，占全年排沙量的69.93%。

(2)2005年小浪底全库区淤积量为2.911亿m^3，淤积主要集中于汛期。干流淤积量为2.6亿m^3，占全库区年淤积总量的89.3%；175～250 m高程淤积量为2.94亿m^3；高程255 m附近冲刷量为0.45亿m^3；大坝—HH54断面之间库段淤积量为2.91亿m^3。

2005年汛期入库泥沙大部分淤积在三角洲洲面，致使淤积三角洲顶坡段比降较汛前明显增大，约为4.7‱，顶点位于距坝48 km的HH29断面，顶点高程约为223.56 m。

(3)自1997年截流到2005年11月上旬小浪底水库全库区淤积量为18.19亿m^3，总库容 109.33 亿 m^3，其中干流库容 58.93 亿 m^3，支流库容 50.4 亿 m^3。库区淤积总量仍小于拦沙初期与拦沙后期的界定值。因此，小浪底水库自投入运用至今，均处于拦沙初期运用阶段。

从淤积部位来看，小浪底水库运用以来泥沙主要淤积在汛限水位 225 m 高程以下，225 m 高程以下的淤积量达到了 16.63 亿 m^3，占总淤积量的 91.4%。205 m 高程以下仍有库容约 6.664 亿 m^3，干流库容为 4.517 亿 m^3，支流库容为 2.147 亿 m^3。与设计淤积形态相比，总体来看淤积部位偏向上游。这主要是由于近年来小浪底入库水量持续偏枯，为了保证黄河下游水资源的安全、不断流和减少下游滩区的淹没损失，水库在主汛期提前蓄水运用。

(4)水库运用以来，库区泥沙主要以异重流形式输移并排细泥沙出库。小浪底入库沙量主要集中在汛期，出库沙量也集中在汛期，汛期排沙占年排沙的 92.2%；汛期平均排沙比 17.36%，年平均排沙比 16.38%，与施工期开展的小浪底水库初期运用方式研究中的计算结果基本一致。由于各年小浪底运用条件不同，不同时期排沙比差别比较大，出库细泥沙占总出库沙量的比例在 77.3%～89.2%，库区淤积物中细泥沙的比例均在 45%以下。

(二)建议

(1)2006 年汛前调水调沙期间，汛限水位 225 m 高程以上的 1.5 亿 m^3 淤积物中的大部分向下推移，少量被排泄出库；若主要来沙期控制水位不高于 225 m，则至汛后库区仍可呈较为典型的三角洲淤积形态，只是与 2004 年相比，三角洲洲面有所抬升，向坝前有明显的推进。至 2006 年汛后，库区淤积量有可能接近或超过拦沙初期的界定值 22 亿 m^3。实际上，虽然水库淤积量达到界定值，但与设计淤积形态相比，淤积部位偏向上游，坝前淤积面不能达到 205 m 高程。处于这种条件下水库是否转入拦沙后期且如何运用需进行研究。

(2)自截流至 2005 年 11 月，支流断面法淤积量为 2.3 亿 m^3。随着淤积的发展，支流的纵剖面形态不断发生变化，总的趋势是由正坡至水平而后出现倒坡。

小浪底库区支流众多，其原始库容占总库容的比例达 41.3%，为 52.7 亿 m^3，充分发挥其作用是历来被关注的问题。此外，库区 75 亿 m^3 的拦沙库容中支流亦占 38%，约为 29 亿 m^3，所以支流的纵向淤积形态能否达到设计要求将影响水库对黄河下游的拦沙减淤效果。

从目前支流纵剖面形态看，各支流均未形成明显的拦门沙。随着库区淤积量的不断增加及运用方式的调整，拦门沙将逐渐显现。支流拦门沙的形成有阻挡干流浑水倒灌支流的作用，导致支流内部分库容成为“死库容”。支流拦门沙的形成及发展非常复杂，建议今后加强对支流纵剖面、异重流倒灌资料和水库冲刷资料的观测，对支流拦门沙的形成及发展演变机理进行专题研究。

第七章　黄河下游水沙特性及冲淤演变分析

一、2005 下游水沙概况

(一)来水来沙特点

2005 运用年(2004 年 11 月～2005 年 10 月)为枯水少沙年，下游来水(小浪底、黑石关、武陟三站之和，简称小黑武，下同)236.03 亿 m^3，仅为多年平均值(1951～2000 年平均，下同)的 58.7%。其中非汛期来水 149.69 亿 m^3，汛期来水 86.34 亿 m^3，分别为多年平均值的 83.7%和 38.7%。利津站全年水量为 184.25 亿 m^3，其中非汛期水量 70.77 亿 m^3，汛期水量 113.48 亿 m^3(见表 7-1)，利津站汛期水量比进入下游的水量增加 27.14 亿 m^3，增加幅度为 31.4%。水量发生明显增大的是小浪底—花园口以及孙口—艾山两个河段，分别增加了 8.42 亿 m^3 和 18.42 亿 m^3。汛前水量沿程增加，主要是由于汛期下游降雨偏丰，伊洛河、沁河、大汶河等支流加水较多引起的。

2005 年进入下游的沙量为 0.468 亿 t，仅为多年平均来沙量的 3.9%，其中非汛期来沙 0.015 亿 t，仅为多年平均的 1%，全部泥沙来自 2005 年 6 月小浪底水库调水调沙生产运行后期的水库异重流排沙；汛期来沙 0.453 亿 t，为多年平均值的 4.4%(表 7-1)。从表 7-1 中可以看出，沙量基本上沿程增加，至利津年沙量为 1.815 亿 t。

2005 年花园口站的最大流量为 3 530 m^3/s，利津站出现的最大流量为 2 950 m^3/s，下游其他各站的洪峰流量都在 3 000 m^3/s 以上；花园口最大含沙量为 88 kg/m^3，最大含沙量沿程减小，至利津为 58.3 kg/m^3(见表 7-2)。

表 7-1　2005 年黄河下游主要水文站水量和沙量统计

站名	水量(亿 m^3)			沙量(亿 t)		
	非汛期	汛期	全年	非汛期	汛期	全年
三门峡	102.70	104.74	207.44	0.456	3.618	4.074
小浪底	139.11	67.04	206.15	0.015	0.434	0.449
黑石关	8.93	14.71	23.64	0.000	0.013	0.013
武陟	1.65	4.59	6.24	0.000	0.006	0.006
进入下游	149.69	86.34	236.03	0.015	0.453	0.468
花园口	145.36	94.76	240.12	0.389	0.637	1.026
夹河滩	137.64	95.61	233.25	0.687	0.834	1.521
高村	130.80	97.11	227.91	0.671	0.913	1.584
孙口	122.52	96.94	219.46	0.723	0.984	1.707
艾山	108.32	115.36	223.68	0.740	1.106	1.846
泺口	88.50	115.84	204.34	0.568	1.139	1.707
利津	70.77	113.48	184.25	0.564	1.251	1.815

表 7-2　2005 年实测最大流量和最大含沙量统计

站名	最大流量(m^3/s)		最大含沙量(kg/m^3)	
	瞬时	日均	瞬时	日均
小浪底	4 010	3 570	139	73.2
黑石关	1 870	1 500	9.94	5.68
武陟	270			
花园口	3 530	3 460	88	52.82
夹河滩	3 490	3 420	81.1	68.22
高村	3 490	3 350	71.5	62.61
孙口	3 400	3 330	67.8	61.84
艾山	3 310	3 150	60.1	56.97
泺口	3 120	3 000	59.2	52.79
利津	2 950	2 860	58.3	48.17

2005 年黄河下游日均流量过程仍以 1 000 m^3/s 以下的小流量为主,下游各站小于 1 000 m^3/s 的天数为 299 ~ 320 d，占到全年的 81.9% ~ 87.7%，相应水量为 78.45 亿 ~ 134.96 亿 m^3，占全年水量的 42.6% ~ 60.1%。下游各站日均流量大于 3 000 m^3/s 的天数很少，小浪底、花园口、夹河滩、高村、孙口和艾山分别出现 10、6、7、2、3、2 d，泺口和利津站未出现。汛期进入下游的流量也以小于 1 000 m^3/s 为主，历时达 101 d，占汛期总天数的 82%，水量占 55%，但汛期沙量的 72%是通过 2 000 ~ 2 500 m^3/s 流量级进入下游河道的。

(二)引水引沙

根据 2005 年黄河下游上报引水引沙资料计算，2005 运用年小浪底—利津引水量为 66.38 亿 m^3，引沙量为 0.285 亿 t，平均引水含沙量 4.29 kg/m^3。

引水和引沙量均主要集中于非汛期，分别占年引水、引沙量的 88.5%和 83.5%。从引水、引沙量的沿程分布来看，自上而下引水量和引沙量基本上逐步增加，孙口—艾山、艾山—泺口、泺口—利津引水量较多，分别达 12.853 亿、14.619 亿、14.415 亿 m^3。

2005 年内水量不平衡比较明显，且特点不同，非汛期水量减少了 20.15 亿 m^3，汛期水量增多了 16.15 亿 m^3(见表 7-3)。

表 7-3　2005 年黄河下游利津以上河段水量平衡计算　　(单位：亿 m^3)

站 名	小黑武水量	利津水量	水量差	区间引水量	大汶河加水量	区间不平衡水量
非汛期	149.69	70.77	78.92	58.77	0	20.15
汛期	86.34	113.48	− 27.14	7.61	18.60	− 16.15
全年	236.03	184.25	51.78	66.38	18.60	4.00

二、洪水特点

2005 年黄河下游共发生 5 场洪水,分别是 6 月实施的小浪底水库调水调沙生产运行、“05 · 7”高含沙洪水和小浪底水库防洪运用的 3 场洪水。

由表 7-4 可见，5 场洪水的总来水量为 103.3 亿 m^3，总来沙量为 0.456 亿 t，总冲刷量为 1.135 亿 t，即 2005 运用年 95%的泥沙是通过 5 场洪水进入黄河下游河道的，利津站输出的泥沙则有 88%是通过这 5 场洪水输出的，下游河道全年 1.633 亿 t(沙量平衡法)的冲淤量有 83%是在该过程中发生的，由此说明 2005 年的洪水是来沙的主体、输沙的主体，也是冲刷的主体。

表 7-4　2005 年洪水特征值统计

场次	天数(d)	来水量(亿 m^3)	来沙量(亿 t)	平均流量(m^3/s)	平均含沙量(kg/m^3)	冲淤量(亿 t)
一	23	52.31	0.018	2 632	0.3	– 0.599
二	8	8.75	0.314	1 266	35.9	0.055
三	3	3.90	0.003	1 612	0.8	– 0.039
四	20	24.49	0.121	1 417	4.9	– 0.387
五	10	13.85	0	1 603	0	– 0.165
合计	64	103.3	0.456	1 868	4.41	– 1.135

三、河道冲淤演变特点

2005 年小浪底水库仍以蓄水拦沙为主，在 6 月份进行了调水调沙生产运行，在汛期进行了 3 次防洪运用，因此 2005 年黄河下游河道的冲淤演变与前几年相比具有不同的特点。

(一)全年冲淤特点

2005 年断面法计算全下游(小浪底~汊 3，2004 年 10 月 ~ 2005 年 11 月)共冲刷了 1.564 亿 m^3，其中小浪底—利津冲刷了 1.449 亿 m^3(见表 7-5)，利津—汊 3 河段冲刷了 0.115 亿 m^3。经过时间一致性处理后，2005 年沙量平衡法计算下游小浪底—利津河段共冲刷 1.639 亿 t。为保持资料的连续性，以下主要以断面法计算成果进行分析。

表 7-5　2005 年黄河下游断面法冲淤量与输沙率法冲淤量对照

站名	断面法(亿 m^3)			断面法(亿 t，$\gamma=1.4$)			输沙率法(亿 t)		
	非汛期	汛期	全年	非汛期	汛期	全年	非汛期	汛期	全年
小浪底—花园口	– 0.083	– 0.077	– 0.160	– 0.116	– 0.108	– 0.224	– 0.378	– 0.196	– 0.574
花园口—夹河滩	– 0.028	– 0.280	– 0.308	– 0.039	– 0.392	– 0.431	– 0.313	– 0.203	– 0.516
夹河滩—高村	– 0.116	– 0.188	– 0.304	– 0.162	– 0.263	– 0.425	– 0.006	– 0.088	– 0.094
高村—孙口	– 0.070	– 0.135	– 0.205	– 0.098	– 0.189	– 0.287	– 0.080	– 0.080	– 0.160
孙口—艾山	0	– 0.117	– 0.117	0	– 0.163	– 0.163	– 0.067	– 0.122	– 0.189
艾山—泺口	– 0.006	– 0.178	– 0.184	– 0.008	– 0.249	– 0.257	0.116	– 0.041	0.075
泺口—利津	0.041	– 0.215	– 0.174	0.057	– 0.301	– 0.244	– 0.059	– 0.122	– 0.181
小浪底—利津	– 0.261	– 1.188	– 1.449	– 0.366	– 1.663	– 2.029	– 0.787	– 0.852	– 1.639

从时间分布来看，小浪底—汊 3 非汛期冲刷了 0.227 亿 m^3，汛期冲刷了 1.337 亿 m^3，

分别占全年的 14.5%和 85.5%。

从空间分布看，全年下游各河段均发生冲刷，冲刷量最大的分别为花园口—夹河滩和夹河滩~高村河段，冲刷量均约占下游(小浪底—利津)的 21%；孙口~艾山冲刷量最小，仅占下游的 8%。非汛期则是孙口以上河段均发生冲刷，孙口~艾山河段基本处于冲淤平衡，艾山以下河段则发生了淤积；汛期全下游发生冲刷，冲刷量最大的是花园口~夹河滩河段，占汛期冲刷量的 24%，最小的是小浪底~花园口河段，仅占 6%。

(二)洪水期冲淤特点

《2004 黄河河情咨询报告》分析认为，在水库蓄水拦沙期，洪水过程中下游河道的冲刷效率与洪水的平均流量有较好的关系。若点绘 2005 年的 5 场洪水冲刷效率与平均流量关系图(见图 7-1)，可以看出，2005 年的洪水同样符合这样的规律。在 2005 年的 5 场洪水中并非都发生冲刷，其中第二场洪水发生了淤积，主要是由于该场洪水小浪底水库通过异重流排沙，出库最大含沙量为 139 kg/m^3，洪量小、历时短，平均流量只有 1 266 m^3/s，平均含沙量为 36.0 kg/m^3。

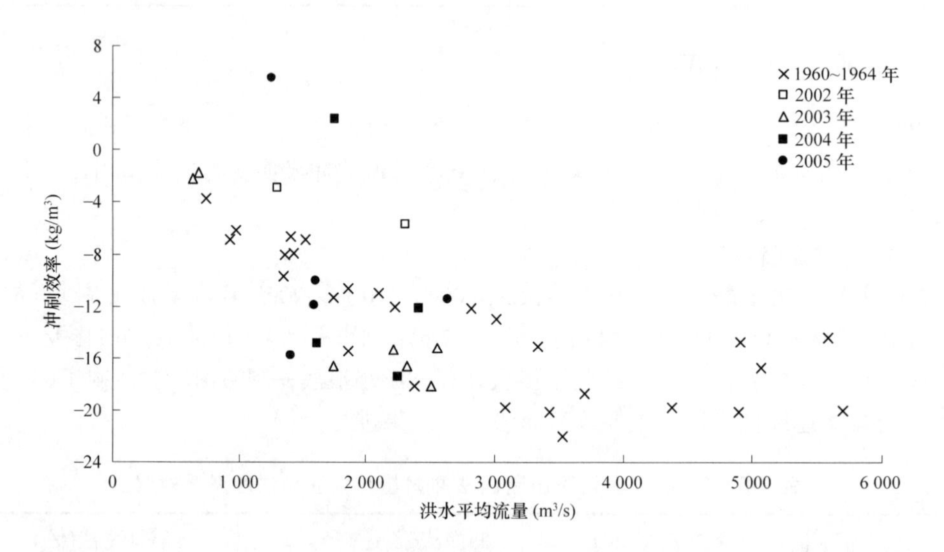

图 7-1　三门峡水库和小浪底水库运用初期黄河下游冲刷效率与洪水平均流量关系

在水库运用初期，进入下游的洪水为清水或以极细颗粒泥沙为主，洪水期冲淤量与场次洪水水量之间有密切关系(见图 7-2)。通过回归分析，其关系可表达为

$$\Delta W_S = -0.018W + 0.135$$

式中：ΔW_S 为下游冲淤量；W 为场次洪水水量。

从图 7-2 中可以看出，水量越大冲刷量越大；水量很小也有可能淤积，当出现 7 亿~8 亿 m^3 的高含沙小洪水时，一般会发生淤积。

(三)水位表现

1999 年小浪底水库投入运用以来，下游河道发生的洪水量级比较小，所以多以 2 000 m^3/s 的水位变化来反映下游河道的冲淤变化。

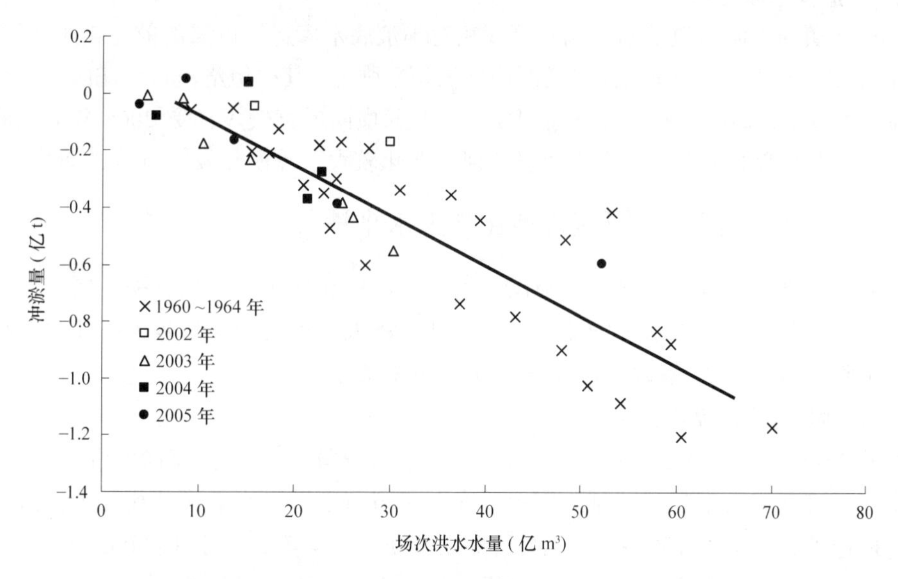

图 7-2　三门峡水库和小浪底水库运用初期黄河下游冲淤量与场次洪水水量关系图

2005 年下游各站 2 000 m^3/s 的水位变化见表 7-6。从表中可以看出，2004 年汛后至 2005 年汛后，除了夹河滩站水位略有升高，下游各站同流量水位均降低，高村、孙口、艾山、泺口 4 站的同流量水位降低幅度较大，为 0.40～0.51 m，花园口和利津的水位变化很小。非汛期花园口和夹河滩同流量水位略有上升，高村、孙口、艾山、泺口的同流量水位都降低，降低幅度为 0.16～0.23 m，利津同流量水位基本没有变化；汛期夹河滩和利津的水位变化幅度很小，分别抬升 0.02 m 和降低 0.01 m，其他各站的水位都降低，降低幅度为 0.13～0.35 m。也就是说，下游河道夹河滩以上、利津以下、两端水位降幅小，中间河段降幅相对大一些。

表 7-6　2005 年 2 000 m^3/s 流量水位统计　　(单位：m)

站名	2005 运用年						1999 年汛期④	与 2005 年汛后水位差③－④
	2004 年汛后①	2005 年汛前②	2005 年汛后③	非汛期变化	汛期变化	全年变化		
花园口	92.02	92.10	91.97	0.08	－0.13	－0.05	93.27	－1.30
夹河滩	75.95	76.02	76.04	0.07	0.02	0.09	76.77	－0.73
高村	62.25	62.02	61.85	－0.23	－0.17	－0.40	63.04	－1.19
孙口	48.09	47.91	47.66	－0.18	－0.25	－0.43	48.10	－0.44
艾山	40.39	40.23	39.99	－0.16	－0.24	－0.40	40.64	－0.65
泺口	29.78	29.62	29.27	－0.16	－0.35	－0.51	30.22	－0.95
利津	12.63	12.61	12.60	－0.02	－0.01	－0.03	13.25	－0.65

(四)河道横断面变化

2005 年黄河下游河道横断面调整幅度相对小浪底水库运用以来的前几年还是较大的，主要表现在伊洛河口—东坝头河段横断面冲淤调整强烈。其中伊洛河口—花园口河段的部分断面发生淤积抬高；黑石—三义寨河段的大断面横向展宽较多；受 2005 年对王庵畸形河湾进行人工裁弯的影响，其上下河段的河势变化较大，深泓点发生显著摆动。

四、洪水期黄河下游河道排沙比与来水来沙关系

黄河下游洪水的排沙情况不仅与洪水期平均流量和平均含沙量有关，更与流量和含沙量的搭配相关。一般洪水平均流量越大排沙比越大，平均含沙量越大排沙比越小，常用含沙量除以流量(来沙系数 S/Q)来表示水沙搭配关系。

(一)排沙比与来沙系数的关系

由于平均流量小于 1 000 m^3/s 的水流的输沙能力较弱且不稳定，而含沙量小于 2 kg/m^3 的洪水在下游河道发生强烈冲刷。因此，在分析黄河下游洪水的排沙比与来沙系数的关系时，挑选了黄河下游 1950～2005 年发生在汛期的平均流量大于 1 000 m^3/s、含沙量大于 2 kg/m^3 的 300 场洪水，统计出各场洪水进入下游河道的平均流量、平均含沙量以及下游各水文站的水沙量、河道冲淤量、淤积比等洪水特征要素。

图 7-3 和图 7-4 分别为不同流量级和不同含沙量级洪水的排沙比与来沙系数关系。可以看出，排沙比随着来沙系数增大而减小。当洪水的来沙系数小于 0.011 $kg·s/m^6$ 时，排沙比大于 100%，来沙系数越小排沙比越大，下游河道发生显著冲刷；当来沙系数大于 0.011 $kg·s/m^6$ 时，排沙比基本都小于 100%。流量级在 1 000～2 000 m^3/s 的洪水排沙比较散乱，这主要由于流量级在 1 000～2 000 m^3/s 的小洪水受洪水历时和沿程引水影响较大，因而排沙比变幅较大。

从图 7-3、图 7-4 可以看出，来沙系数较大的主要是流量小于 3 000 m^3/s、含沙量大于 60 kg/m^3 的洪水，属于多沙来源区的高含沙小洪水。可以说，黄河下游排沙比较小(60%以下)的主要是流量小于 3 000 m^3/s 或者含沙量大于 60 kg/m^3 的洪水。

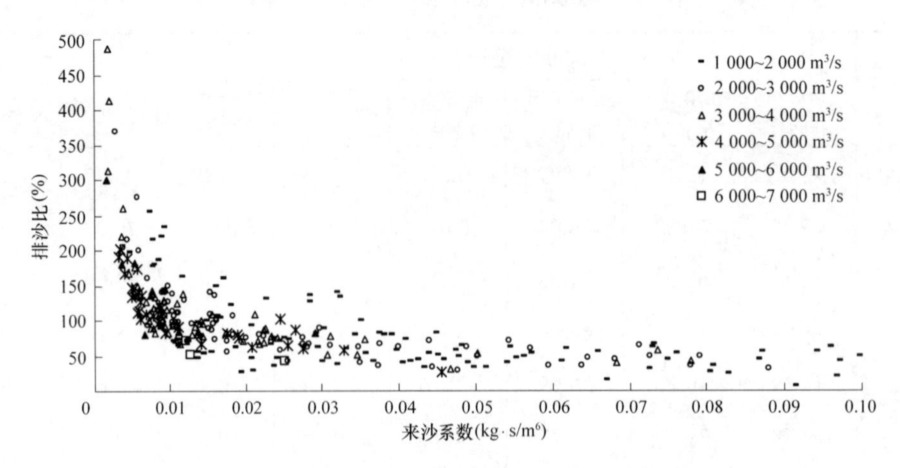

图 7-3　不同流量级洪水的排沙比与来沙系数关系

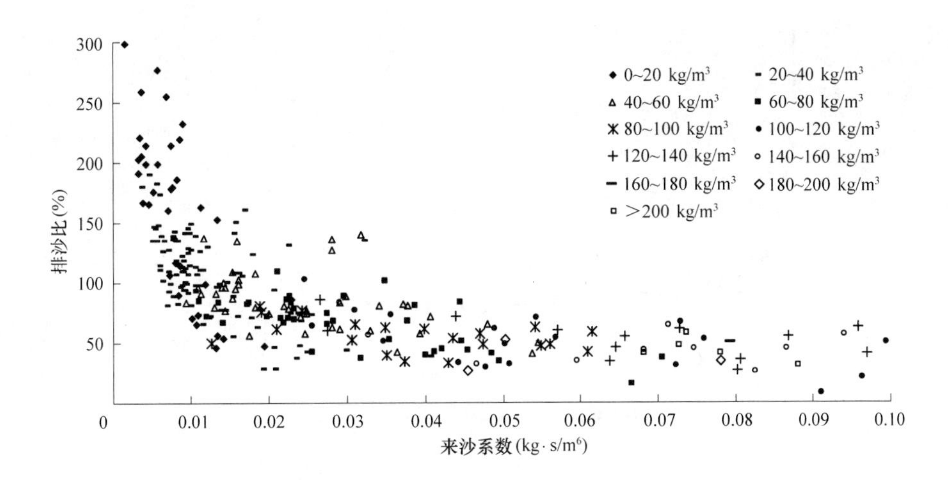

图 7-4　不同含沙量级洪水的排沙比与来沙系数关系

(二)排沙比与平均流量关系

进一步点绘不同含沙量洪水的排沙比与平均流量的关系图(见图 7-5)，可以看出，排沙比与洪水平均流量的关系并不十分密切。不过，对于同一含沙量级而言，仍存在随平均流量增大排沙比有所增大的趋势。

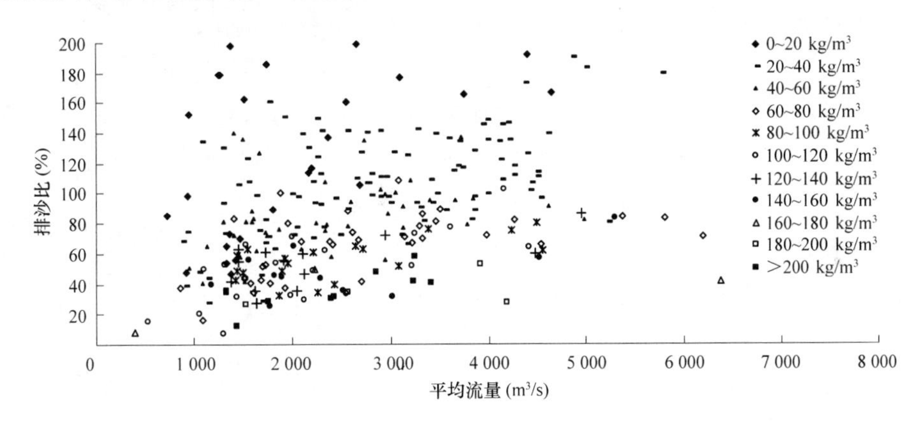

图 7-5　不同含沙量洪水的排沙比与平均流量关系

(三)排沙比与平均含沙量关系

图 7-6 为不同流量级洪水的排沙比与洪水平均含沙量的关系。排沙比随着含沙量的增大而减小，尤其当含沙量大于 30 kg/m³ 时，排沙比随着含沙量的增大显著降低。

从图 7-6(b)中可以看出，洪水的排沙比随着洪水平均含沙量的增大而减小。对于平均流量小于 1 000 m³/s 的洪水，当洪水平均含沙量在 11 kg/m³ 左右时洪水排沙比接近 100%，河道处于冲淤平衡状态，含沙量大于 11 kg/m³ 后洪水排沙比小于 100%，洪水发生淤积，且含沙量越大排沙比越小，淤积越严重。平均而言，流量在 2 000 ~ 3 000、3 000 ~ 4 000、4 000 ~ 5 000 m³/s 和大于 5 000 m³/s 的洪水的不淤积含沙量分别为 28、36、45 kg/m³ 和 50 kg/m³。

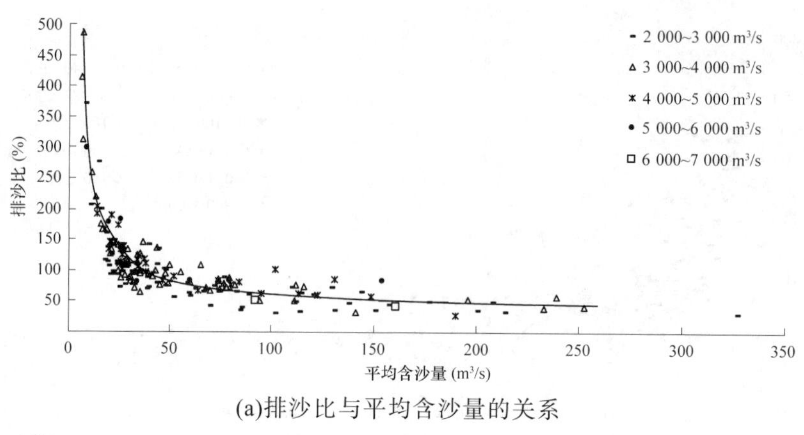

(a)排沙比与平均含沙量的关系

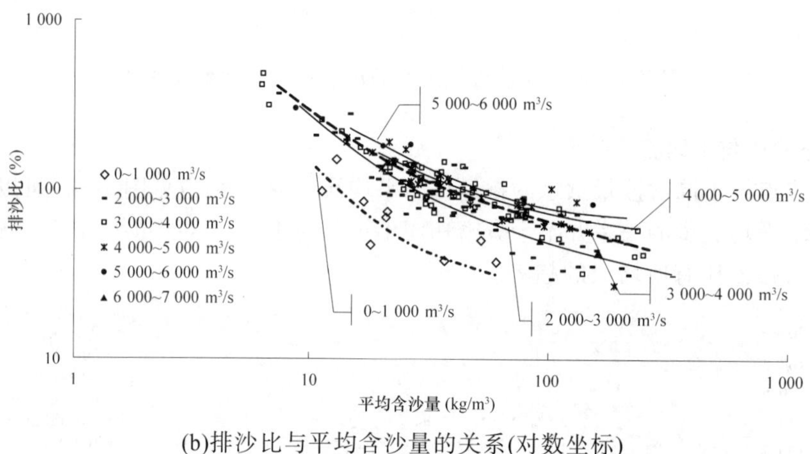

(b)排沙比与平均含沙量的关系(对数坐标)

图 7-6　不同流量级洪水的排沙比与平均含沙量的关系

五、黄河下游洪水期分组泥沙冲淤演变分析

黄河下游洪水的冲淤演变不仅与来水来沙相关，还与来沙组成相关。因此，分析研究不同来沙组成对冲淤演变的影响是非常有意义的。

(一)分组泥沙的淤积比与来水来沙关系

由于流量沿程的衰减程度对洪水的冲淤规律有较大的影响,因此选择利津平均流量与进入下游平均流量的比值在 0.9 ~ 1.1 的洪水。洪水的排沙比随着来沙系数的增大而减小，淤积比则随来沙系数的增大而增大。图 7-7 为分组泥沙的淤积比与分组泥沙来沙系数的关系。

分组泥沙的来沙系数为进入下游洪水的分组泥沙平均含沙量与平均流量的比值,各分组泥沙的来沙系数之和等于全沙的来沙系数。分组泥沙淤积比是指分组泥沙的淤积量占分组泥沙来沙量的百分比。由于进入下游河道的泥沙是不均匀的,每种粒径组泥沙几乎都有,只是组成不同而已。由于无法区分出洪水平均流量用于挟带各粒径组泥沙的流量分别是多少，因此只能用分组泥沙的含沙量与全部流量的比值来作为分组泥沙的来沙系数。

从图 7-7 可以看出，泥沙越粗不淤积来沙系数越小，粒径小于 0.025 mm 的细颗粒泥沙的不淤积来沙系数为 0.007 $kg\cdot s/m^6$;粒径在 0.025 ~ 0.05 mm 的中颗粒泥沙的不淤积来沙系数为 0.003 kg·s/m^6；粒径在 0.05～0.1 mm 的较粗颗粒泥沙的不淤积来沙系数为 0.002 kg·s/m^6；粒径大于等于 0.1 mm 的特粗颗粒泥沙的淤积比绝大部分都在 80%以上，只有在该组泥沙的来沙量非常小时，由于河道的调整作用，可以认为该组泥沙有少许冲刷。

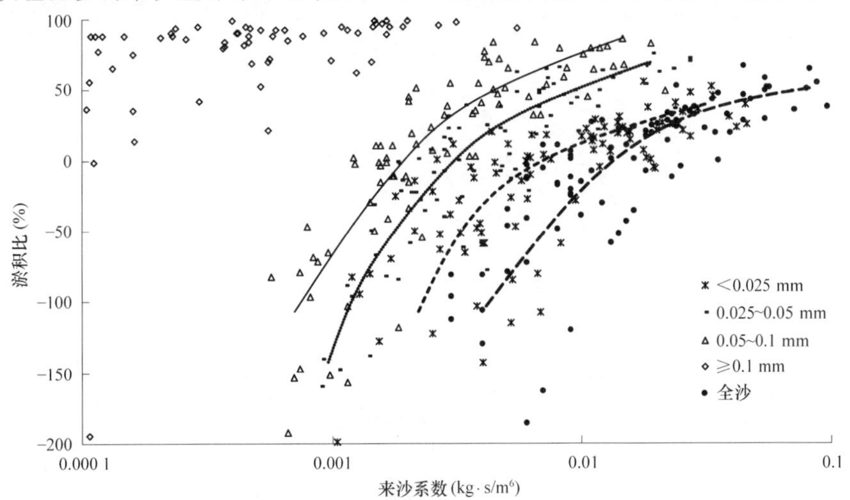

图 7-7　分组泥沙的淤积比与分组泥沙来沙系数的关系

(二)不同细沙含量条件下全沙不淤积的水沙条件分析

按照细颗粒泥沙的百分比将所有洪水分为细沙含量小于 40%、40%～60%、60%～80%和大于等于 80%四组，图 7-8 为不同细沙含量条件下全沙的淤积比与全沙来沙系数的关系图(图中未给出 40%～60%细沙含量情况)。分析可知，细沙含量为小于 40%、40%～60%、60%～80%和大于等于 80%的洪水的不淤积来沙系数分别为 0.008、0.01、0.012、0.016 kg·s/m^6。可见，来沙组成越细不淤积来沙系数越大，同流量级洪水能输送的泥沙含沙量越大，输沙效果越好。

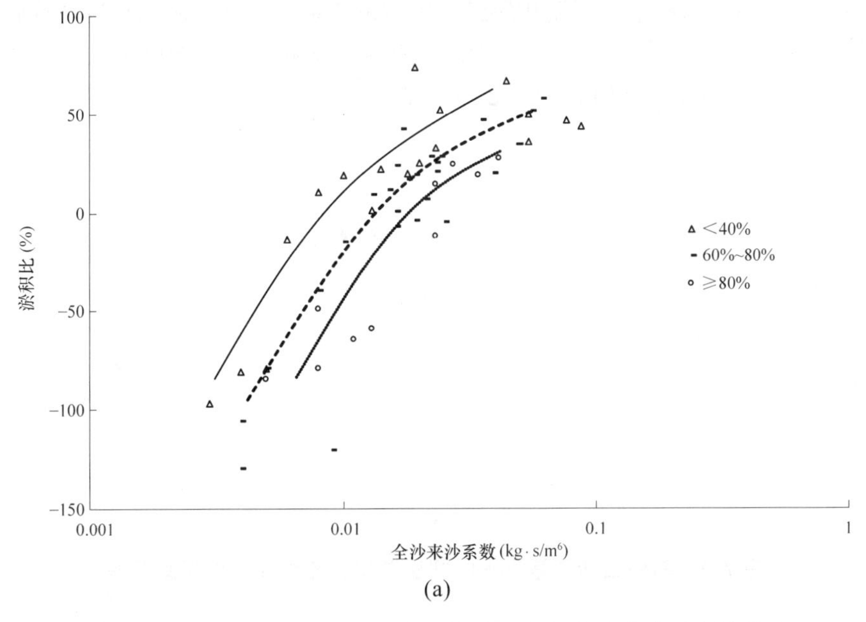

图 7-8　不同细沙含量条件下全沙的淤积比与全沙来沙系数的关系

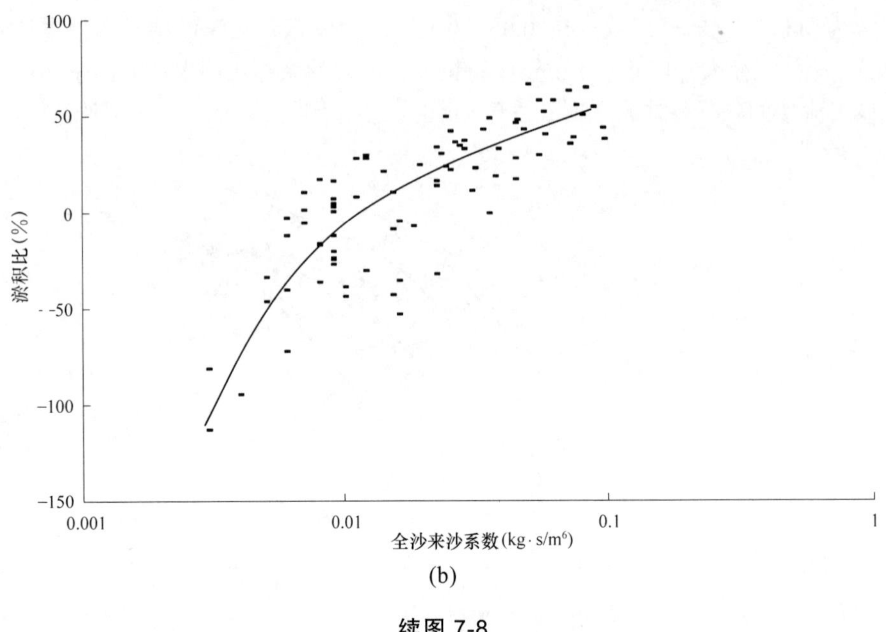

(b)

续图 7-8

(三)以细沙为主的洪水分组泥沙不淤积来沙系数分析

图 7-9 ~ 图 7-12 分别为细沙含量在 70%以上的洪水的细、中、较粗和全沙的淤积比与来沙系数关系图。从图中可以看出，平均来说细沙含量大于等于 90%的洪水细沙不淤积来沙系数为 0.014 kg·s/m^6，细沙含量在 80% ~ 90%和 70% ~ 80%的洪水细沙不淤积来沙系数分别为 0.01、0.008 kg·s/m^6。由于来沙组成较细，中沙和较粗沙的不淤积来沙系数与来沙组成关系不大，分别为 0.003、0.001 2 kg·s/m^6。同时，因为来沙组成较细，中、粗泥沙来沙量较小，因此中、粗泥沙的淤积比在来沙系数大于不淤积来沙系数后，淤积比增大不显著。细沙含量为大于等于 90%、80% ~ 90%和 70% ~ 80%的洪水的全沙不淤积来沙系数分别为 0.020、0.014、0.012 kg·s/m^6。

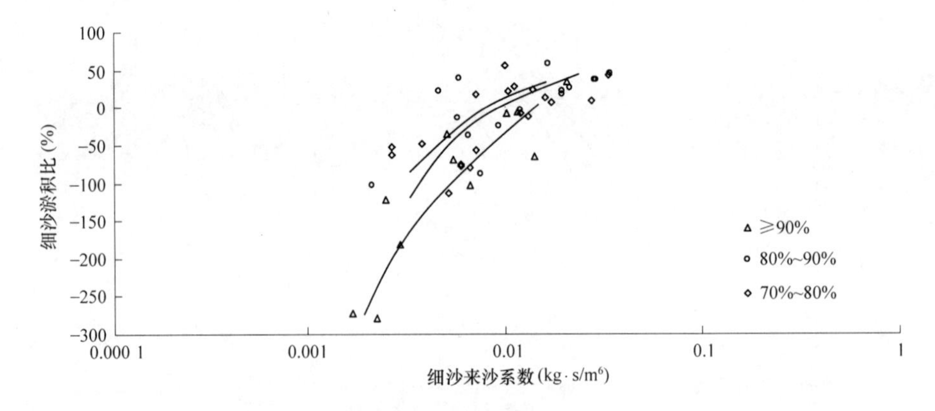

图 7-9　不同细沙含量洪水的细沙淤积比与细沙来沙系数关系

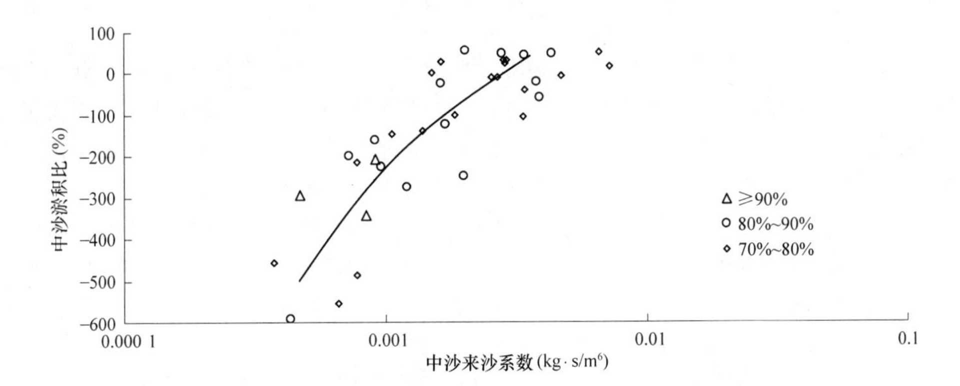

图 7-10 不同细沙含量洪水的中沙淤积比与中沙来沙系数关系

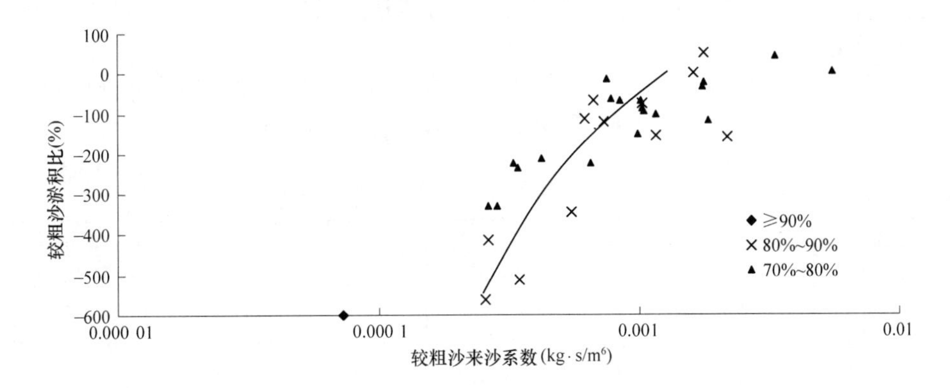

图 7-11 不同细沙含量洪水的较粗沙淤积比与较粗沙来沙系数关系

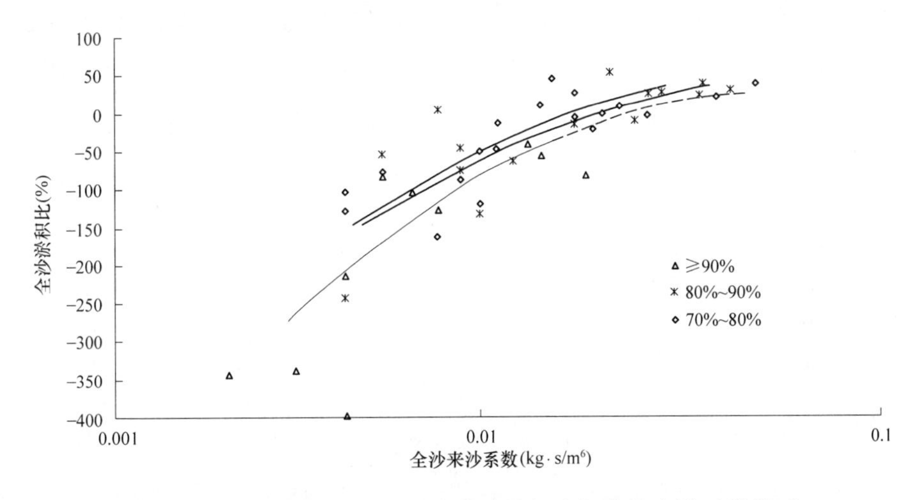

图 7-12 不同细沙含量洪水的全沙淤积比与全沙来沙系数关系

分析表明，洪水来沙组成越细，细沙的不淤积来沙系数越大，中沙和较粗泥沙的不淤积来沙系数变化不大，全沙的不淤积来沙系数越大。

六、输沙水量分析

赵业安等在20世纪90年代初期提出并计算了黄河下游若干代表站在汛期、非汛期和凌汛期的输沙水量，并对洪峰期输沙水量做了计算统计，给出了高效输沙洪水的流量范围和含沙量范围；王贵香等对黄河下游凌汛期输沙水量进行了研究；岳德军等分析了黄河下游汛期与非汛期输沙用水。此外，如何利用高含沙水流提高输沙效率也有人作过讨论。但是，所谓输沙水量应该是真正用来输沙并能够输沙的水量，在低含沙冲刷或高含沙淤积条件下计算的输沙水量并不是真正的输沙水量，它在某种意义上削弱或扩大了水流的输沙能力。

输沙水量应该是冲淤平衡状态下输送1 t泥沙所需要的水量。在次饱和输沙和超饱和输沙条件下输送1 t泥沙所需的水量不能称为输沙水量。

以往有研究输沙水量时，用下游河道出口站利津站的含沙量倒数作为输沙水量，这种计算方法人为减小了输沙水量，因为水流在下游河道演进过程中会发生下渗、蒸发等损耗等，因此在计算输沙水量时要考虑这些损耗。这里我们用下游河道出口站利津站的输沙量与来水量的比值作为输沙用水量。

把场次洪水的冲淤幅度在来沙量的10%以内看做接近冲淤平衡状态，统计淤积比在–10%~10%的发生在汛期的24场洪水的特征值见表7-7和表7-8。

表7-7　冲淤幅度在10%以内的洪水特征值统计

项目	历时(d)	来水量(亿 m^3)	来沙量(亿 t)	平均流量(m^3/s)	平均含沙量(kg/m^3)	来沙系数	输沙量(亿 t)	淤积量(亿 t)
最小	5	5.60	0.149	1 203	19.8	0.006	0.118	–0.237
最大	26	82.32	3.172	4 973	52	0.021	2.858	0.082
总量	316	745.07	25.165	3 026	33.8	0.011	22.069	0.082

从表7-7可以看出，该组洪水的总来水量为745.07亿 m^3，总来沙量为25.165亿t，总输沙量为22.069亿t，沿程总引沙量为3.014亿t，总冲淤量为0.082亿t，总淤积比仅为0.326%。从表7-8可以看出，洪水平均来沙组成为：细、中、粗和特粗泥沙的来沙比例分别为53%、

表7-8　冲淤幅度在10%以内的洪水分组沙特征值统计

项目		d<0.025 mm	0.025 mm≤d<0.05	0.05 mm≤d<0.1	d≥0.1 mm	全沙
分组来沙量	最小(亿 t)	0.064	0.019	0.013	0	0.149
	最大(亿 t)	1.721	0.798	0.534	0.157	2.928
	总量(亿 t)	12.991	6.609	4.075	0.693	24.367
	比例(%)	53	27	17	3	100
分组输沙量	最小(亿 t)	0.086	0.017	0.01	0	0.118
	最大(亿 t)	1.558	0.78	0.52	0.023	2.858
	总量(亿 t)	11.884	6.141	3.926	0.118	22.069
	比例(%)	54	28	17	1	100
分组冲淤量	最小(亿 t)	–0.187	–0.181	–0.17	–0.017	–0.237
	最大(亿 t)	0.218	0.074	0.158	0.155	0.082
	总量(亿 t)	–0.208	–0.094	–0.168	0.553	0.082
总量淤积比(%)		–1.6	–1.4	–4.1	79.8	0.34

27%、17%和 3%，利津站输送的泥沙组成为：细、中、粗和特粗泥沙的来沙比例分别为 54%、28%、17%和 1%，黄河下游进出口泥沙的平均组成变化不大。从冲淤角度看，细、中、粗颗粒泥沙均发生微量冲刷，而粒径大于等于 0.1 mm 的特粗颗粒泥沙的 80%淤积在下游河道。根据上述洪水特征，用下游河道的输沙量(利津站沙量)除以下游来水量(三黑武水量)计算出冲淤基本平衡时黄河下游河道的平均输沙水量为 30 m^3/t。

七、主要认识

(1)通过分析不同流量级和不同含沙量级洪水的排沙比与来沙系数关系认为，黄河下游排沙比较小的洪水主要是流量小于 3 000 m^3/s 或者含沙量大于 60 kg/m^3 的洪水。

(2)黄河洪水的排沙比与洪水平均含沙量的关系较好，一般含沙量小于 20 kg/m^3 时洪水排沙比大于 100%，含沙量在 20 ~ 40 kg/m^3 时有冲有淤，含沙量大于等于 40 kg/m^3 时排沙比几乎均小于 100%。平均来看，排沙比为 100%时对应的含沙量约为 30 kg/m^3。黄河下游 75%的洪水平均流量在 1 500 ~ 4 500 m^3/s，平均在 3 000 m^3/s 左右。

(3)泥沙越粗不淤积来沙系数越小，粒径小于 0.025 mm 的细颗粒泥沙的不淤积来沙系数为 0.007 $kg \cdot s/m^6$；粒径在 0.025 ~ 0.05 mm 的中颗粒泥沙的不淤积来沙系数为 0.003 $kg \cdot s/m^6$；粒径在 0.05 ~ 0.1 mm 的较粗颗粒泥沙的不淤积来沙系数为 0.002 $kg \cdot s/m^6$；粒径大于等于 0.1 mm 的特粗颗粒泥沙的淤积比绝大部分都在 80%以上，只有在该组泥沙的来沙量非常小时，由于河道的调整作用，可以认为该组泥沙有少许冲刷。

(4)细沙含量越高的洪水不淤积来沙系数越大，细沙含量小于 40%、40% ~ 60%、60% ~ 80%和大于等于 80%的洪水的不淤积来沙系数分别为 0.008、0.01、0.012、0.016 $kg \cdot s/m^6$。可见，来沙组成越细不淤积来沙系数越大，同流量级洪水能输送的泥沙含沙量越大，输沙效果越好。

(5)输沙水量是在洪水期下游河道冲淤平衡状态下，输送 1 t 泥沙所需要的水量。通过计算得到冲淤平衡状态下黄河下游河道的输沙水量为 30 m^3/t。

第二部分　专题研究报告

第一专题　2005 年黄河流域水沙特性分析

2005 年黄河流域的大部分地区汛期降雨量与历年均值相比，兰托区间偏少 49%，晋陕区间、汾河、北洛河偏少 10%～14%，其余地区偏多，特别是沁河、小花干流及金堤河、大汶河偏多达 30%～50%。主要干支流控制站运用年年水量除唐乃亥偏多 22%外，其余均偏少 10%～72%；年沙量偏少幅度大于年水量的变化幅度，龙华河洑年沙量仅 2.857 亿 t，较多年偏少 78%。龙羊峡水库 11 月 1 日蓄水位最高达到 2 596.84 m，比 1999 年的历史最高蓄水位高出 15.76 m。唐乃亥站出现 1999 年以来的最大流量和 1989 年以来的最高水位，河龙区间无大暴雨过程，龙门汛期最大流量仅 1 570 m^3/s，为历年同期最小值。渭河流域发生秋汛洪水，渭河临潼出现该站设站以来的最高水位，华县出现自 1981 年以来的最大流量和历史第二高洪水位，部分河段发生险情；大汶河来水量较大，东平湖水库超过警戒水位 0.07 m。

黄河下游花园口出现 5 次洪水，其中 7 月初，出现了花园口站洪水的洪峰流量比小浪底站相应洪水增大 53%的异常现象。2005 年 6 月小浪底水库进行基于人工扰动和大空间尺度联调的首次调水调沙生产运行，利用万家寨、三门峡水库联合调度，在小浪底库区塑造形成了异重流排沙的水沙过程。汛期在渭河发生洪水期间，小浪底水库进行了三次防洪运用。8 月份利用兰托区间和晋陕区间的洪水，在小北干流实施了历时 62 h 的放淤试验。

本专题利用报汛资料，全面、系统地分析了黄河流域 2005 年降雨、来水来沙、水库运用情况、洪水情况等，并在初步还原 2005 年主要水库调蓄水量和流量过程的基础上，分析水库运用对河道来水的影响。此外，对流域不同时期的降雨、径流和泥沙变化情况进行了总结，特别对头道拐—龙门和渭河的降雨、径流、泥沙关系进行了分析。

第一章　汛期降雨特点

黄河流域汛期降雨过程比较多，降雨量与历年同期均值(1950 ~ 2000 年，下同)相比，兰托区间偏少 49%，晋陕区间、汾河、北洛河偏少 10%左右；其他区域均偏多，其中兰州以上、泾渭河及三小区间偏多 10%左右，沁河、小花干流及金堤河、大汶河偏多范围在 20% ~ 50%(见图 1-1)。

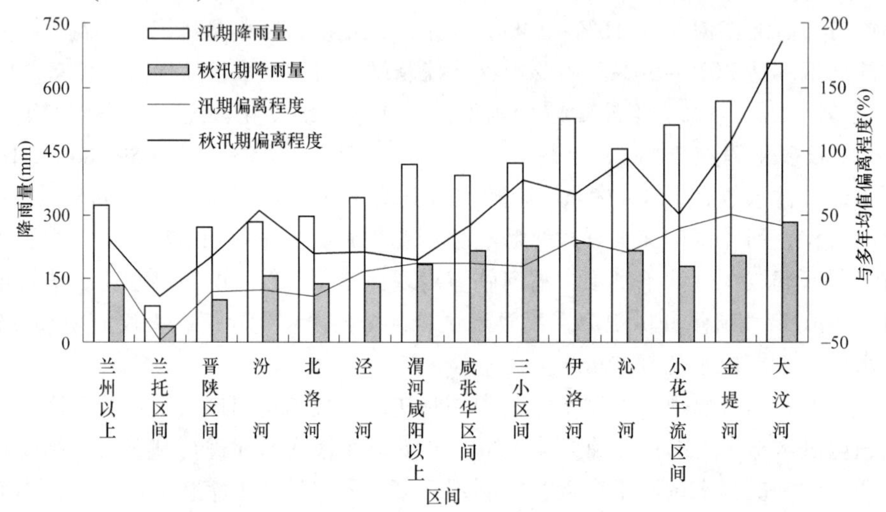

图 1-1　2005 年汛期黄河流域各区间降雨情况

强降雨过程少，时空分布极不均匀，降雨时段和区域比较集中。秋汛期中下游降雨量较多年均值偏多 30%以上，特别是 9 月份降雨量占汛期的 30% ~ 40%；降雨区域主要集中在渭河流域、三花区间和黄河下游，特别是金堤河和大汶河较多年偏多 42% ~ 50%。

汛期降雨量最大的是大汶河流域的范家镇区间(见表 1-1)，整个汛期最大降雨量达 899 mm。对比各月不同流域降雨中心情况(见表 1-2)可以看出，各月降雨中心最大降雨量的地点主要在金堤河和大汶河。

表 1-1　2005 年降雨情况

区域	6月		7月		8月		9月		10月		7 ~ 10月			
	雨量(mm)	距平(%)	雨量(mm)	距平(%)	雨量(mm)	距平(%)	雨量(mm)	距平(%)	雨量(mm)	距平(%)	雨量(mm)	距平(%)	最大雨量	
													量值(mm)	地点
兰州以上	61.1	－14	109.7	20	76.4	－14	98.6	44	35.6	5	320.3	13	624	久治
兰托区间	12	－56	23.5	－59	30.7	－53	27.1	－14	11.4	－15	85.5	－49	163	呼和浩特
晋陕区间	41.9	－19	77.2	－24	88.5	－13	86.5	48	13.7	－50	259.4	－10	461	大村
汾河	64.2	7	45.9	－60	91.1	－14	121.2	85.3	34.2	－4	289.2	－10	421	(京力)香
北洛河	45.9	－22	84.7	－24	76.3	－30	104.5	35	33.9	－11	290.1	－14	389	甘泉

续表 1-1

区域	6月		7月		8月		9月		10月		7~10月			
	雨量(mm)	距平(%)	雨量(mm)	距平(%)	雨量(mm)	距平(%)	雨量(mm)	距平(%)	雨量(mm)	距平(%)	雨量(mm)	距平(%)	最大雨量	
													量值(mm)	地点
泾河	58.4	2.1	122.3	16	73.5	-29	102.2	39	34.7	-14	339	5	428	华亭
渭河咸阳以上	87.4	22	130.1	14	112	10	117.3	15	64.1	14	415.8	11	708	黑峪口
咸张华区间	69.8	8.2	66.1	-35	111.9	16	121.1	28	93.7	63	390.9	12	703	葛牌镇
伊洛河	60	-5	73.2	-51	127.9	15	170.9	119	54.7	11	422.1	9	645	花园
沁河	78.6	7	138.1	-6	154.3	32	147.9	75	83.5	52	523.3	30	748	栾川
三小区间	80.5	15	146.8	-1	103.9	-14	179.1	158	33.9	-16	455	20	662	紫陵
小花干流区间	45.5	-25	217.5	51	118.5	13	142	94	36.5	-20	508.8	38	681	小关
金堤河	114.5	76	285.9	86	77.9	-38	182.3	192	22.1	-38	565.4	50	757	柳屯
大汶河	138.5	62	242.8	14	132.1	-17	251.2	294	28.3	-18	654.3	42	899	范家镇

注：历年均值为 1950~2000 年系列。

表 1-2　2005 年各月降雨中心降雨量及地点

区域	6月		7月		8月		9月		10月	
	量值(mm)	地点	量值(mm)	地点	量值(mm)	地点	量值(mm)	地点	量值(mm)	地点
兰州以上	134	吉迈	236	久治	135	军功	213	碌曲	86	久治
兰托区间	38	头道拐	38	泉眼山	92	呼和浩特	62	头道拐	39	银川
晋陕区间	135	龙门	200	延川	161	黄土	173	吉县	58	宜川
汾河	132	绛县	101	(京力)香	176	静乐	206	(京力)香	86	张留庄
北洛河	99	交口河	154	刘家河	127	北源	153	交口河	60	合阳
泾河	104	华亭	184	杨家坪	140	开边	169	两亭	60	泾川
渭河咸阳以上	163	陇县	282	百家	254	魏家堡	228	黑峪口	227	崂峪口
张咸华区间	136	大峪	182	葛牌镇	193	葛牌镇	175	大峪	223	大峪
三小区间	175	坡头	195	花园	242	花园	231	野猪岭	106	窄口
伊洛河	166	栾川	334	洛源街	240	李垣	208	渑池	140	西山底
沁河	186	柳树底	329	武陟	159	飞岭	275	飞岭	43	五龙口
小花干流区间	72	赵堡	278	冶墙	198	小关	173	小关	49	小浪底
金堤河	141	濮阳	467	柳屯	110	濮阳	204	濮城	27	濮城
大汶河	287	大汶口	355	大汶口	257	范家镇	430	戴村坝	34	大羊集

第二章　流域全年水沙特点

一、干流属枯水枯沙年

2005 年(运用年，下同)上游唐乃亥年水量 249.03 亿 m^3，与多年平均值(1950～2000 年)相比偏多 22%，其余控制站水量与多年平均相比，普遍偏少 10%～72%(见图 2-1)。其中控制站头道拐、龙华河洑、进入下游、花园口和利津站年水量分别为 148.33 亿、240.84 亿、236.03 亿、240.12 亿、184.25 亿 m^3(见表 2-1)，与多年平均相比分别偏少 34%、35%、41%、41%和 45%。

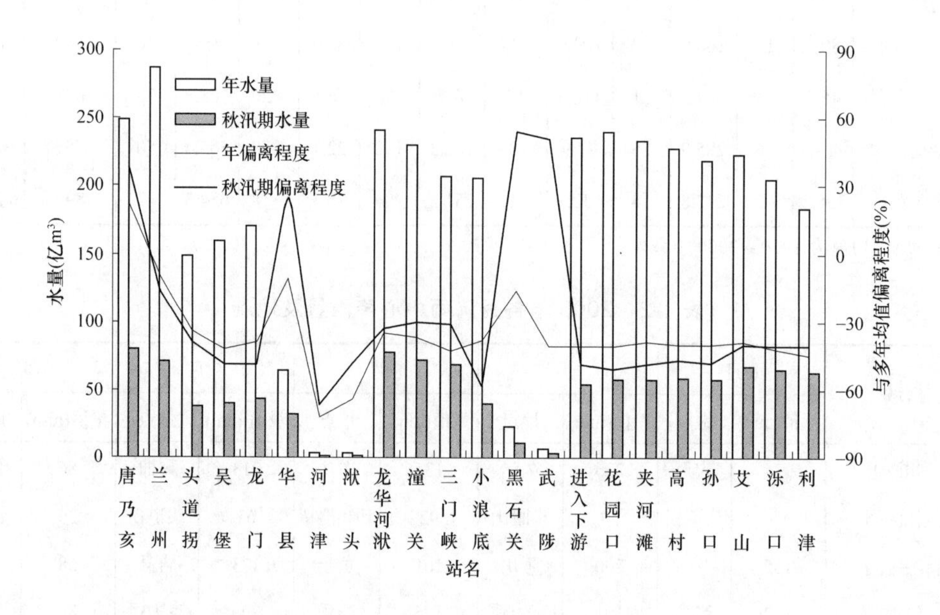

图 2-1　2005 年运用年主要干支流水量与多年平均对比情况

2005 年主要产沙区降雨较少，干支流主要控制站运用年实测沙量与多年平均相比均偏小(见图 2-2)，其偏少程度除唐乃亥偏少 16%外，其余均在 55%以上。主要来沙控制站龙华河洑和进入下游的年沙量分别仅为 2.857 亿 t 和 0.468 亿 t(见表 2-2)，分别较多年平均值偏少 78%和 96%。黄河下游河道由于冲刷，沙量沿程基本是增加的，花园口和利津沙量分别为 1.026 亿 t 和 1.815 亿 t，较与多年平均值偏少 90%、79%。

2005 年与 2004 年相比，头道拐以上干流水量偏多 20%～56%，渭河华县偏多 50%，花园口—利津干流各站偏少 20%左右；头道拐以上干流沙量偏多 20%～47%，渭河华县偏多 37%，花园口—利津干流各站偏少 40%～50%。

2005 年金堤河和大汶河流域降雨比较多，戴村坝年水量 16.44 亿 m^3，范县年水量 5.19 亿 m^3。

表 2-1　2005 年黄河流域主要控制站水量统计

水文站	非汛期		秋汛期		汛期		年		秋汛期占汛期(%)	汛期占年(%)	汛期最大流量(m^3/s)
	水量(亿 m^3)	距平(%)	水量(亿 m^3)	距平(%)	水量(亿 m^3)	距平(%)	水量(亿 m^3)	距平(%)			
唐乃亥	76.09	－7	79.73	38	172.94	41	249.03	22	46	69	2 750
兰州	158.79	15	71.28	–17	128.33	－29	287.12	－10	56	45	1 780
头道拐	88.08	－16	37.86	－39	60.25	－50	148.33	－34	63	41	1 130
吴堡	98.59	－18	39.54	－49	60.29	－61	158.88	－42	66	38	1 680
龙门	99.59	－8	43.48	－49	70.8	－58	170.39	－39	61	42	1 570
华县	13.89	－43	32.33	30	50.07	5	63.96	－11	65	78	4 880
河津	1.57	－56	1.23	－67	1.63	－79	3.2	－72	75	51	116
洑头	1.29	－72	1	－48	2	－57	3.29	－64	50	61	133
龙华河洑	116.34	－17	78.04	－33	124.5	－46	240.84	－35	63	52	—
潼关	117.44	－27	71.83	－30	113.27	－45	230.71	－37	63	49	4 480
三门峡	102.7	－37	68.83	－31	104.74	－48	207.44	－43	66	50	4 450
小浪底	139.11	－12	39.5	－59	67.04	－62	206.15	－38	59	33	2 630
黑石关	8.93	－22	10.84	54	14.71	－11	23.64	－16	74	62	1 870
武陟	1.65	－62	3.61	51	4.59	－26	6.24	－41	79	74	270
进入下游	149.69	－16	53.95	－49	86.34	－61	236.03	－41	62	37	—
花园口	145.36	－17	57.6	－51	94.76	－59	240.12	－41	61	39	3 510
夹河滩	137.64	－14	58.01	－49	95.61	－57	233.25	－39	61	41	3 180
高村	130.8	－19	58.12	－47	97.11	－55	227.91	－40	60	43	2 860
孙口	122.52	－21	57.09	－48	96.94	－54	219.46	－40	59	44	2 900
艾山	108.32	－28	67.11	－40	115.36	－47	223.68	－39	58	52	2 940
泺口	88.5	－37	65.77	－41	115.84	－45	204.34	－42	57	57	2 980
利津	70.77	－46	63.03	－41	113.48	－45	184.25	－45	56	62	2 930

注：历年均值统计至 2000 年。

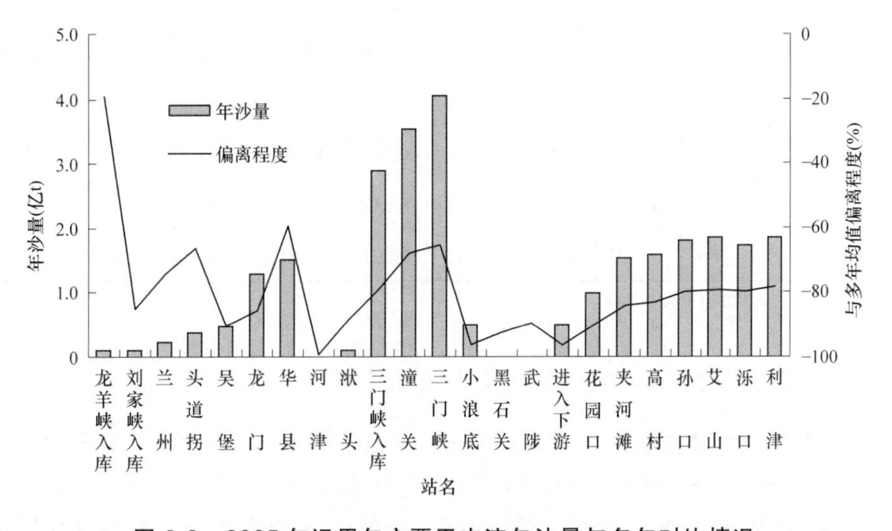

图 2-2　2005 年运用年主要干支流年沙量与多年对比情况

表 2-2　2005 年黄河流域主要控制站沙量统计

水文站	非汛期		汛期						年		汛期占年(%)
	11～6 月(亿 t)	距平(%)	7 月(亿 t)	8 月(亿 t)	9 月(亿 t)	10 月(亿 t)	7～10 月(亿 t)	距平(%)	11～10 月(亿 t)	距平(%)	
唐乃亥	0.012	－57	0.060	0.015	0.010	0.012	0.097	－4	0.109	－16	89
兰州	0.085	－6	0.074	0.028	0.026	0.037	0.165	－75	0.250	－67	66
头道拐	0.116	－25	0.010	0.073	0.092	0.073	0.248	－75	0.364	－69	68
吴堡	0.255	124	0.018	0.132	0.039	0.035	0.224	－96	0.479	－91	47
龙门	0.373	－21	0.372	0.370	0.092	0.038	0.872	－89	1.245	－85	70
华县	0.074	－92	0.750	0.248	0.148	0.291	1.437	－46	1.511	－58	95
河津	0	－100	0	0.001	0.001	0	0.002	－99	0.002	－99	100
洑头	0.002	－96	0.078	0.011	0.006	0.002	0.097	－88	0.099	－89	98
龙华河洑	0.449	－67	1.200	0.630	0.247	0.331	2.408	－79	2.857	－78	84
潼关	0.860	－42	0.887	0.595	0.327	0.670	2.477	－76	3.337	－72	74
三门峡	0.456	－69	1.239	0.759	0.717	0.902	3.618	－65	4.074	－65	89
小浪底	0.015	－99	0.319	0.006	0.061	0.048	0.434	－96	0.449	－96	97
黑石关	0	－100	0	0	0	0.013	0.013	－89	0.013	－91	100
武陟	0	－100	0	0	0.002	0.004	0.006	－88	0.006	－89	100
进入下游	0.015	－99	0.319	0.006	0.063	0.064	0.453	－96	0.468	－96	97
花园口	0.389	－78	0.330	0.032	0.069	0.207	0.637	－93	1.026	－90	62
夹河滩	0.687	－60	0.361	0.055	0.084	0.334	0.834	－90	1.521	－84	55
高村	0.671	－63	0.378	0.062	0.075	0.398	0.913	－88	1.584	－83	58
孙口	0.723	－58	0.396	0.090	0.067	0.431	0.984	－86	1.707	－81	58
艾山	0.740	－58	0.406	0.081	0.066	0.551	1.106	－85	1.846	－79	60
泺口	0.568	－62	0.434	0.092	0.055	0.558	1.139	－84	1.707	－80	67
利津	0.564	－56	0.423	0.091	0.045	0.692	1.251	－83	1.815	－79	69

注：历年均值统计至 2000 年。

二、年内水沙分配不均，秋汛期水量大

2005 年非汛期主要控制站唐乃亥、头道拐、龙华河洑、进入下游、花园口和利津的水量分别为 76.09 亿、88.08 亿、116.34 亿、149.69 亿、145.36 亿、70.77 亿 m^3，较多年同期均值相比分别偏少 7%、16%、17%、16%、17%和 46%(表 2-1)，较 2004 年同期相比除唐乃亥偏多 29%，头道拐基本持平外，其余偏少 10%～50%。非汛期主要控制站唐乃

亥、头道拐、龙华河洑、进入下游、花园口和利津的沙量分别为 0.012 亿、0.116 亿、0.449 亿、0.015 亿、0.389 亿、0.564 亿 t，较多年同期均值相比分别偏少 57%、25%、67%、99%、78%和 56%。非汛期水量偏少，头道拐站 6 月发生两次流量低于 50 m^3/s 的第二类突发事件。第一次发生于 6 月 22 日，持续时间在 6 月 22 日 6.7 时至 6 月 24 日 6 时，期间最小流量 36.8 m^3/s；第二次发生在 6 月 28 日 9.2 时至 20 时，期间最小流量 47.6 m^3/s。

2005 年汛期除黄河上游唐乃亥水量 172.94 亿 m^3(见表 2-1 和图 2-3)，渭河华县水量 50.07 亿 m^3，分别较多年均值偏多 41%和 5%。其余各站均偏少。主要控制站头道拐、龙华河洑、进入下游、花园口和利津汛期水量分别为 60.25 亿、124.5 亿、86.34 亿、94.76 亿、113.48 亿 m^3，较多年同期相比偏少幅度在 45%～61%，较 2004 年同期相比偏少幅度在 5%～88%。

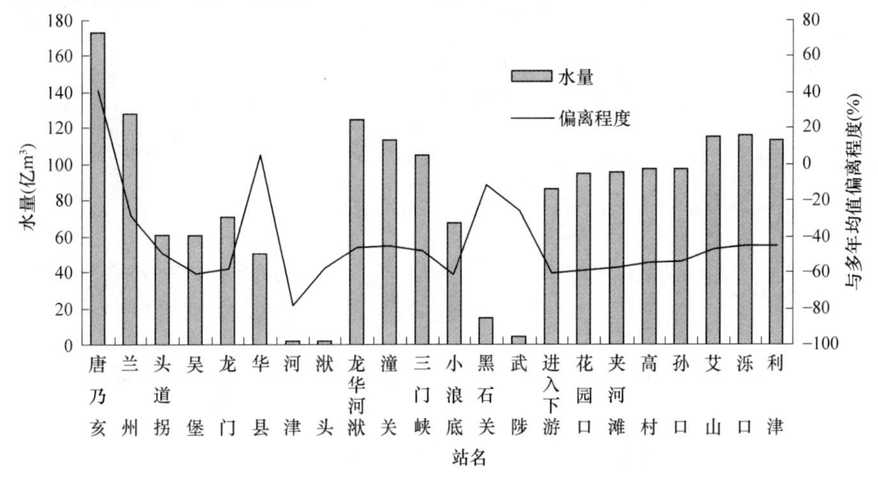

图 2-3　2005 年汛期主要干支流水量及与多年同期对比情况

2005 年汛期水量占年的比例除唐乃亥、华县、黑石关、洑头、武陟和利津超过 60%以外，其余各站均在 60%以下，特别是吴堡、小浪底和花园口实测汛期水量占年的比例不到 40%(见图 2-4)。

2005 年秋汛期(9～10 月)水量比较大，占汛期水量的 46%～79%。特别是上游唐乃亥、渭河华县、伊洛河黑石关和沁河武陟水量，较多年同期偏多 30%～54%。

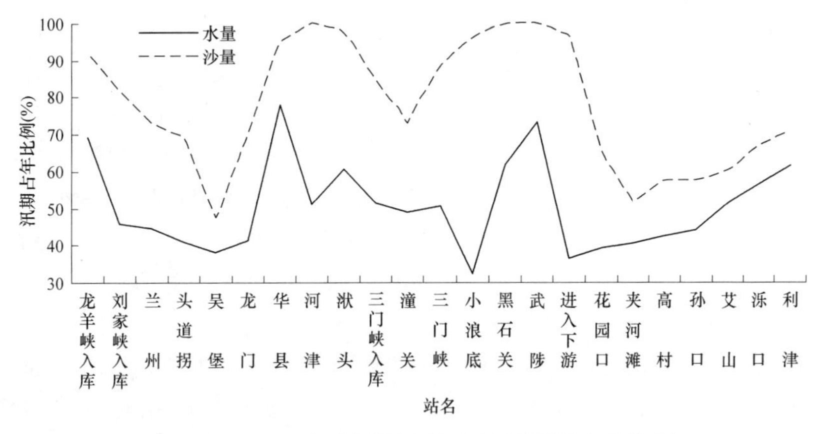

图 2-4　2005 年主要干支流水沙量汛期占年比例

2005 年汛期黄河流域主要来沙控制站龙华河洑、进入下游、花园口和利津实测沙量分别为 2.408 亿、0.453 亿、0.637 亿、1.251 亿 t，与多年同期相比偏少 79% ~ 96%(见图 2-5)，汛期沙量占年沙量的比例均在 60%以上。汛期沙量占年沙量的比例除吴堡为 47%外，其余各站均在 50%以上(见图 2-4)。

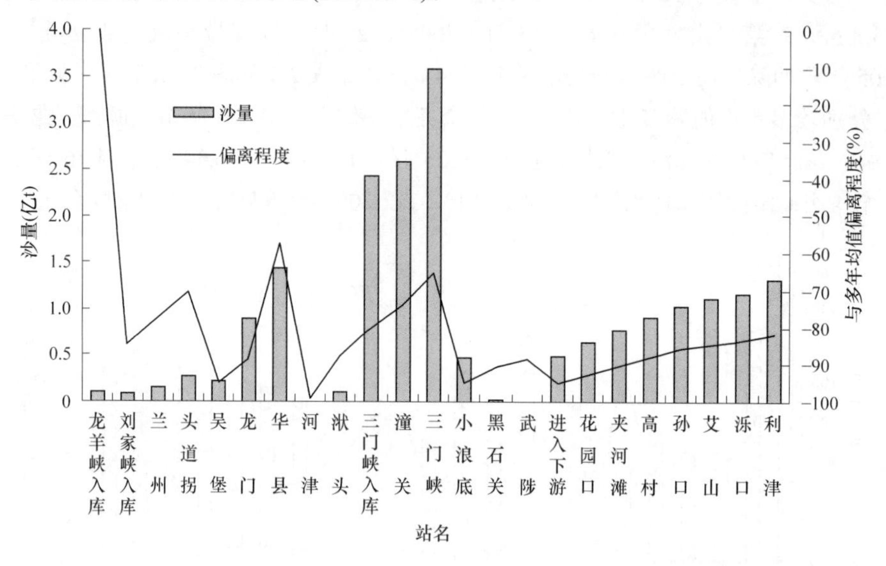

图 2-5　2005 年汛期主要干支流沙量及与多年同期对比情况

三、大流量过程较少

河道输沙能力不仅取决于水量，与水流的流量大小也有密切的关系。黄河干流 3 000 m^3/s 以上的大流量输沙能力比较大，而 1 000 m^3/s 以下的小流量造床和输沙作用都较小。

1996 年以前，黄河干流各站汛期都出现过 3 000 m^3/s 以上的大流量(见表 2-3)，潼关以下年均出现 25 ~ 31 d，占汛期的 20%以上，而 1 000 m^3/s 以下的小流量唐乃亥和头道拐年均出现 60 d，占到汛期的 50%左右，兰州和龙门年均出现约 40 d，占汛期的 30%以上，潼关以下各站年均出现 25 ~ 35 d，占汛期的 20% ~ 28%。

1997 ~ 2004 年汛期流域 3 000 m^3/s 以上的大流量很少出现，仅潼关和花园口出现不足 2 d。2005 年汛期 3 000 m^3/s 以上的大流量级仅潼关出现 5 d，较 1997 ~ 2004 年增加 3 d。

1996 年以前汛期干流 1 000 ~ 3 000 m^3/s 的中流量级占汛期历时的 47% ~ 61%，1997 ~ 2004 年汛期干流 1 000 ~ 3 000 m^3/s 的中流量级占汛期历时减少到 4% ~ 30%，主要是 1 000 m^3/s 以下的小流量，占汛期历时 70%以上，这反映出特枯水系列的一个特点。

2005 年汛期干流 1 000 ~ 3 000 m^3/s 中流量级历时，唐乃亥、兰州、头道拐、龙门、潼关、花园口、利津分别为 121 d、110 d、8 d、22 d、60 d、33 d、47 d，较 1997 ~ 2004 年汛期 1 000 ~ 3 000 m^3/s 中流量级历时增加 3.4 ~ 85.8 d。

2005 年汛期唐乃亥和兰州以 1 000 ~ 2 000 m^3/s 中流量级为主，历时分别为 95 d 和 110 d，分别占汛期历时 77%和 89%，较 1997 ~ 2004 年系列分别增加 51 个百分点和 59 个百分点；头道拐、龙门、花园口和利津仍然以小于 1 000 m^3/s 为主，占汛期历时均在

60%以上，但较 1997 ~ 2004 年系列有不同程度的减少。

表 2-3　中下游主要站汛期各流量级出现情况

水文站	时段	不同流量级(m^3/s)天数(d)				不同流量级(m^3/s)占汛期比例(%)			
		<1 000	1 000 ~ 2 000	2 000 ~ 3 000	≥3 000	<1 000	1 000 ~ 2 000	2 000 ~ 3 000	≥3 000
唐乃亥	2005	2.0	95.0	26.0		2	77	21	
	1997 ~ 2004	87.9	31.9	3.3		71	26	3	
	1956 ~ 1996	59.3	50.0	12.1	1.6	48	41	10	1
兰州	2005	13.0	110.0			11	89		
	1997 ~ 2004	85.9	37.1			70	30		
	1967 ~ 1996	39.4	57.3	17.4	8.8	32	47	14	7
头道拐	2005	115.0	8.0			93	7		
	1997 ~ 2004	118.4	4.6			96	4		
	1952 ~ 1996	60.2	41.5	16.6	4.7	49	34	13	4
龙门	2005	101.0	22.0			82	18		
	1997 ~ 2004	110.0	12.3	0.5	0.3	89	10		
	1950 ~ 1996	44.0	46.4	23.0	9.6	36	38	19	8
潼关	2005	58.0	54.0	6.0	5.0	47	44	5	4
	1997 ~ 2004	94.9	21.1	5.3	1.8	77	17	4	1
	1950 ~ 1996	27.4	42.6	28.2	24.9	22	35	23	20
花园口	2005	90.0	18.0	15.0		73	15	12	
	1997 ~ 2004	98.0	13.4	10.9	0.8	80	11	9	1
	1950 ~ 1996	25.1	39.7	27.3	30.8	20	32	22	25
利津	2005	76.0	28.0	19.0		62	23	15	
	1997 ~ 2004	100.8	12.1	10.1		82	10	8	
	1950 ~ 1996	34.5	34.9	24.4	29.2	28	28	20	24

第三章 洪水特点

2005年非汛期黄河干流有两次洪水过程：一次是非汛期的桃汛洪水；另一次是6月下旬小浪底水库调水调沙生产运行形成的洪水过程。2005年黄河流域汛期洪水较多，秋汛期洪峰流量比较大。

一、非汛期桃汛洪水情况

2005年3月桃汛期间，头道拐先后出现两个洪峰过程，洪峰流量分别为1 530 m^3/s和1 990 m^3/s(见图3-1)，相应龙门洪峰流量分别为1 910 m^3/s和1 870 m^3/s，相应潼关洪峰流量分别为1 750 m^3/s和1 650 m^3/s，洪水分别被三门峡及小浪底水库拦蓄，三门峡出库最大流量1 270 m^3/s(见表3-1)，小浪底出库最大流量仅826 m^3/s。

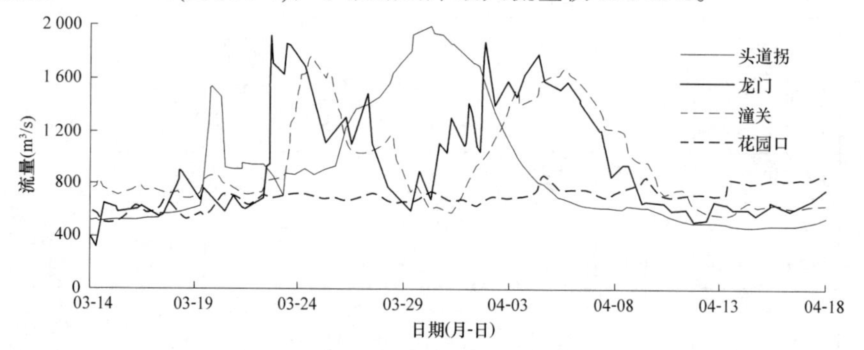

图3-1 黄河干流桃汛洪水情况

表3-1 黄河中游干流桃汛洪水来源及特征值(3月22日～4月8日)

站名	水量(亿 m^3)	洪峰流量		最高水位	
		流量(m^3/s)	峰现时间(月-日T时)	水位(m)	相应时间(月-日T时)
头道拐	18.46	1 990	03-30T8.0	988.55	03-19T17.0
万家寨	20.04	1 980	03-21T14.8	898.10	03-21T14.8
吴堡	17.45	1 960	03-21T23.7	639.00	04-03T12.9
龙门	18.56	1 910	03-22T17.3	384.32	03-23T14.3
潼关	17.33	1 750	03-24T14.0	328.06	03-24T14.0
三门峡	14.04	1 270	03-23T9.6	275.82	03-23T9.6
小浪底	8.00	826	04-07T8.0		

桃汛洪水期间，头道拐最大洪峰流量1 990 m^3/s，龙门最大洪峰流量1 910 m^3/s，均比汛期最大洪峰流量还大，为年度最大流量。

二、汛期上游洪水情况

2005年上游唐乃亥站汛期先后出现两次洪水过程(见图3-2)，其洪峰流量分别为2 520 m^3/s

(7 月 13 日 18.8 时)和 2 750 m^3/s(10 月 6 日 8 时)。其中第二次洪水洪峰流量为 1999 年以来的最大流量，相应水位 2 518.22 m，为 1989 年以来的最高水位。这两次洪水均被龙羊峡水库拦蓄，贵德出库流量基本在 1 000 m^3/s 以下，水库削峰率分别为 77%和 58%。

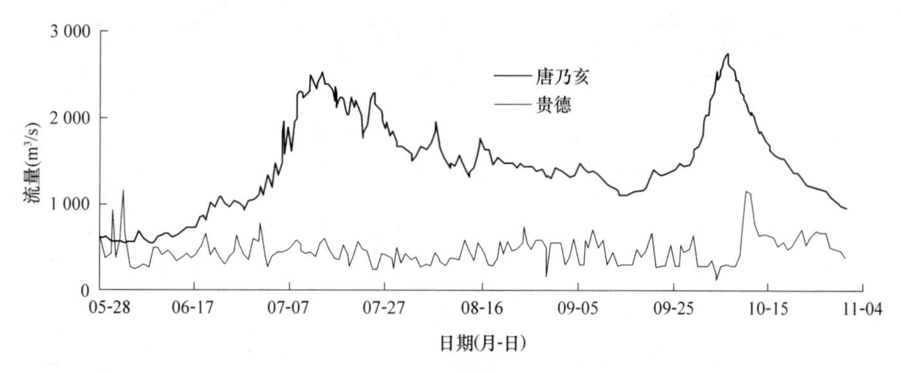

图 3-2　上游洪水情况

三、汛期渭河洪水

2005 年汛期黄河中游头道拐—龙门区间没有大范围降水过程，头道拐汛期最大流量仅 1 130 m^3/s,龙门最大流量仅 1 570m^3/s,龙门最大流量超过 1 500 m^3/s 的洪水有 4 次(见图 3-3)。潼关 4 次洪水主要是区间渭河来水与干流共同形成的。

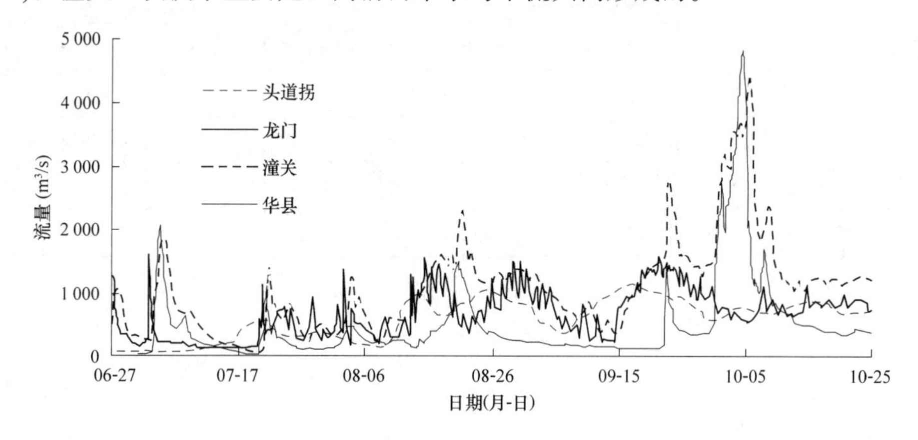

图 3-3　中游洪水情况

渭河流域汛期发生两次中常洪水过程，华县洪峰流量分别为 2 070 m^3/s(7 月 4 日 15.7 时)和 4 820 m^3/s(10 月 4 日 9.5 时)，分别称渭河“05・7”洪水和渭河“05・10”洪水，其中渭河“05・10”洪水为自 1981 年以来的最大洪水过程。

(一)渭河“05・7”洪水

1.洪水来源和组成

受暴雨影响，泾、渭河上中游相继涨水，泾河张家山洪峰流量 1 030 m^3/s(见表 3-2)，最大含沙量 480 kg/m^3；渭河咸阳洪峰流量 1 830 m^3/s，最大含沙量 101 kg/m^3。两支流洪水遭遇后向下游推进，临潼洪峰流量 2 600 m³/s，最大含沙量 334 kg/m³；华县洪峰流量 2 070 m³/s(见图 3-4(a))，最大含沙量 177 kg/m³。

表 3-2　2005 年“05 · 7”渭河洪水特征值

河名	站名	洪峰流量 (m³/s)	相应水位 (m)	峰现时间 (月-日 T 时)	传播时间 (h)	最大含沙量 (kg/m³)	水量 (亿 m³)	沙量 (亿 t)
泾河	杨家坪	615	930.50	07-02T17	(杨—景)9.3			
	雨落坪	500	991.00	07-02T12.7	(雨—景)13.6			
	景坪	1 250	918.31	07-03T2.3	(景—张)7.7		1.20	
	张家山	1 030	425.10	07-03T10	(张—临)14.4	480	1.25	0.33
渭河	林家村	1 680	405.55	07-02T22	(林—魏)5.8		1.55	
	千阳	396	411.69	07-02T13.5	(千—魏)14.3		0.34	
	魏家堡	1 760	397.14	07-03T3.8	(魏—咸)13.5		1.80	
	咸阳	1 830	385.72	07-03T17.3	(咸—临)7.1	101	2.09	0.032
沣河	秦渡镇	129	396.12	07-03T15.3	(秦—临)9.1		0.07	
咸张秦(渭河)								0.362
渭河	临潼	2 600	356.81	07-04T0.4	(临—华)15.3	334	3.26	0.313
	华县	2 070	340.67	07-04T15.7	(华—潼)14.3	177	3.27	0.201
黄河	龙门	1 570	384.05	07-02T20	(龙—潼)34	166	1.33	0.081
汾河	河津	32	372.40	07-05T18			0.08	
北洛河	洑头	131	362.71	07-04T8	(洑—潼)22	176	0.28	0.004
龙华河洑								0.286
黄河	潼关	1 890	328.11	07-05T6		183	4.80	0.391

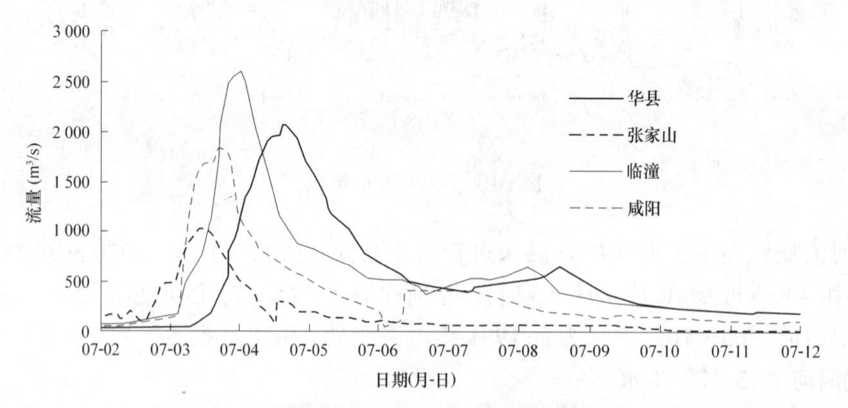

(a)泾、渭河主要水文站洪水过程

图 3-4　2005 年 7 月主要水文站洪水过程

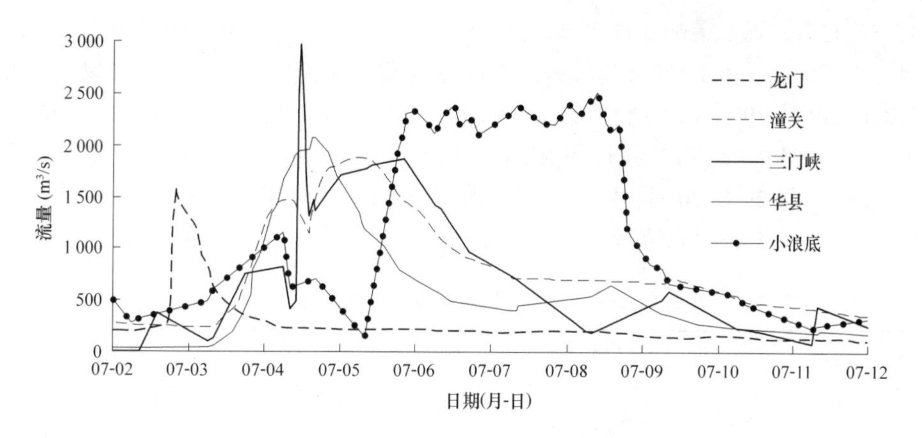

(b)龙门—小浪底主要水文站洪水过程

续图 3-4

“05 · 7”渭河洪水与黄河干流来水汇合，形成潼关洪峰流量 1 880 m^3/s(见图 3-4(b))，最大含沙量 183 kg/m^3 洪水过程。三门峡水库利用该次洪水泄水排沙，最大流量 2 970 m^3/s，最大含沙量 301 kg/m^3，小浪底水库适时进行防洪运用，最大流量 2 380 m^3/s。

本次洪水期间，华县水量 3.27 亿 m^3，其中咸阳水量 2.09 亿 m^3，泾河张家山来水 1.25 亿 m^3，分别占华县水量的 64%和 38%，来水以咸阳以上为主。洪水期渭河华县沙量 0.201 亿 t，临潼沙量 0.313 亿 t，咸阳沙量 0.032 亿 t，泾河张家山来沙 0.33 亿 t，分别占临潼沙量的 10%和 105%，来沙以泾河为主。

2.洪水特性

本次洪水咸阳—临潼河段洪水传播时间 7.1 h，临潼—华县传播时间 15.3 h，接近历史传播时间的 13 h(1961 ~ 1990 年)，与 20 世纪 90 年代不漫滩洪水传播时间接近。由表 3-2 可以看出，本次洪水主要干支流洪峰都滞后于沙峰。本次洪水含沙量高，河道略有淤积(张家山—临潼淤积 0.05 亿 t，临潼—华县淤积 0.112 亿 t)，同流量水位除张家山变化不大外，其余普遍抬高，华县抬高达 0.85 m(见表 3-3)。

表 3-3　渭河“05 · 7”洪水前后同流量(1 000 m^3/s)水位变化情况

水文站	涨水水位(m)	落水水位(m)	水位差(m)	洪水期间同流量最大变幅(m)
咸阳	384.79	384.96	0.17	0.23
张家山	425.10	425.10	0	0.06
临潼	354.75	354.91	0.16	0.22
华县	338.04	338.89	0.85	0.98

(二)渭河“05 · 10”洪水

1.洪水来源和组成

受降雨影响，渭河干流支流普遍涨水，9 月 24 日 ~ 10 月 4 日渭河华县先后出现两次洪水过程。

第一次过程：魏家堡站 9 月 29 日 18.3 时和 30 日 3.2 时连续出现两个洪峰，其洪峰流量分别为 1 120 m^3/s 和 1 170 m^3/s(见表 3-4)。魏家堡—咸阳区间的支流黑河黑峪口洪峰流量 1 310 m^3/s(9 月 29 日 16.5 时)和支流涝河涝峪口洪峰流量 189 m^3/s(9 月 29 日 17.5 时)，加上未控区来水共同演进到咸阳，咸阳站 9 月 30 日 2 时洪峰流量 2 060 m^3/s，最大含沙量仅 16.8 kg/m^3(9 月 29 日 20 时)，加上区间来水，临潼站 9 月 30 日 12 时洪峰流量 2 720 m^3/s；华县站 10 月 1 日 5 时洪峰流量 2 720 m^3/s，最大含沙量仅 37.7 kg/m^3(见表 3-4)。

表 3-4　渭河“05 · 10”洪水特征值

河名	站名	洪峰流量(m^3/s)	出现时间(月-日 T 时)	相应水位(m)	最大含沙量(kg/m^3)	起讫时间(月-日 T 时)	水量(亿 m^3)
渭河	魏家堡	1 120	09-29T18.3	496.40		09-28T22 ~ 10-06T14	6.90
		1 170	09-30T3.2	496.46			
		2 060	10-01T23.0	497.20			
		1 930	10-02T21.8	497.10			
黑河	黑峪口	1 310	09-29T16.5	470.90		09-28T08 ~ 10-06T08	2.29
涝河	涝峪口	189	09-29T17.5	613.55		09-28T10 ~ 10-06T08	0.55
		282	10-01T15.3	613.97			
渭河	咸阳	2 060	09-30T2.0	386.03	16.8	09-29T08 ~ 10-06T17	10.31
		3 300	10-02T4.3	385.78			
沣河	秦渡镇	245	09-29T17.0	396.40		09-29T10 ~ 10-06T08	1.08
		270	09-30T23.0	396.46			
		451	10-01T21.5	396.88			
		392	10-02T20.0	396.75			
	高桥	303	10-02T3.5	417.42		09-29T23 ~ 10-06T08	0.61
		258	10-02T23.5	416.93			
灞河	马渡王	345	09-30T21.2	428.89		09-29T11 ~ 10-06T08	1.45
		810	10-01T20.0	430.10			
		681	10-02T19.0	429.86			
渭河	临潼	2 720	09-30T12.0	356.85	30	09-29T17 ~ 10-06T20	15.10
		5 270	10-02T15.2	358.58			
		4 800	10-03T6.2	358.56			
	华县	2 720	10-01T5.0	340.84	37.7	09-30T03 ~ 10-07T08	15.89
		4 120	10-03T20.0	342.01			
		4 820	10-04T9.5	342.32			
黄河	潼关	3 230	10-01T17.0	328.44	35	09-30T08 ~ 10-07T14	13.55
		4 500	10-05T12.0	328.91			

本次洪水含沙量不大，沿程水位表现正常，华县站最高水位 340.84 m，洪水基本都在主槽内演进，咸阳—临潼洪水传播时间 10 h，临潼—华县洪水传播时间 17 h，未发生漫滩现象。

第二次过程：魏家堡站 10 月 1 日 23 时洪峰流量 2 060 m^3/s，与黑河、涝河等支流及区间洪水汇合，咸阳站10月2日4.3时洪峰流量3 300 m^3/s，最大含沙量仅16.8 kg/m^3(见图3-5(a))，加上沣河、灞河及区间来水，临潼站10月2日15.2时洪峰流量5 270 m^3/s，由于上游持续来水，临潼站10月3日6.2时又出现洪峰流量4 800 m^3/s。华县10月3日1时流量超过3 000 m^3/s，相应水位341.4 m，渭河下游出现大漫滩，华县10月4日9.5时最大洪峰流量达4 820 m^3/s，加上小北干流来水，黄河潼关站10月5日12.0时洪峰流量4 500 m^3/s(见图3-5(b))，三门峡水库敞泄运用，提前泄洪拉沙，9月30日15.3时洪峰流量4 420 m^3/s，最大含沙量111 kg/m^3。

本次洪水华县水量15.89亿 m^3，其中咸阳水量10.31亿 m^3，占华县水量的65%，来水以咸阳以上为主。

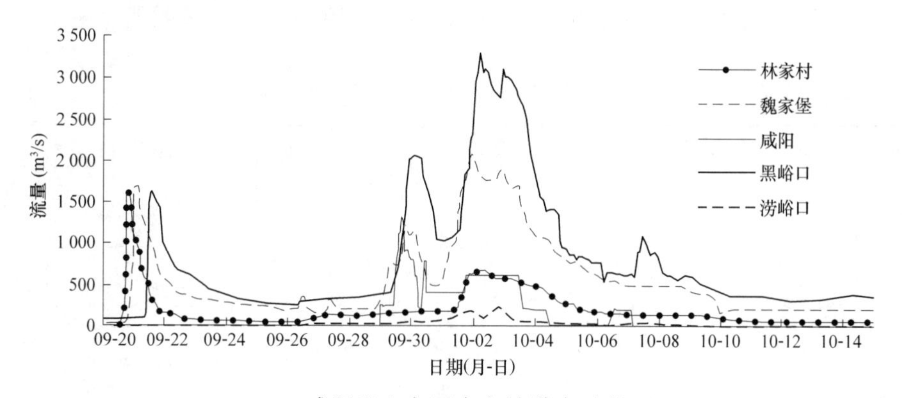

(a)咸阳以上主要水文站洪水过程

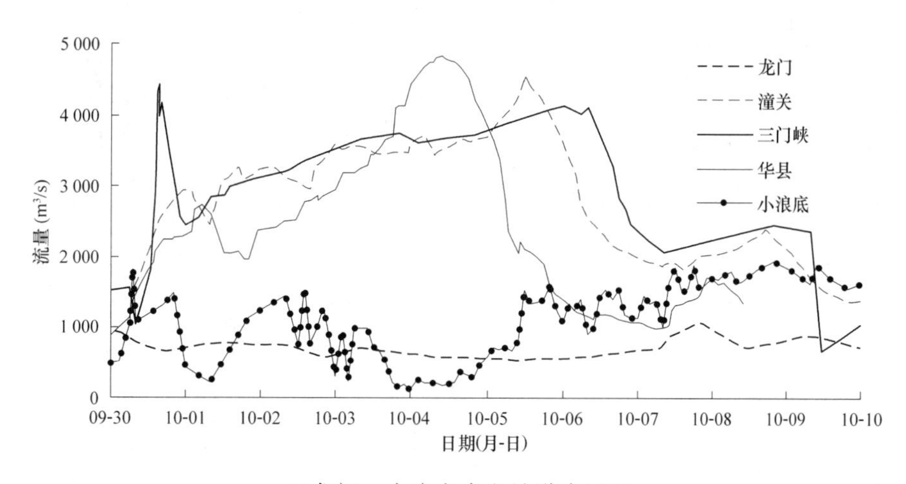

(b)龙门—小浪底水文站洪水过程

图3-5　2005年10月主要水文站洪水过程

2.洪水特性

本次洪水主要特点是洪峰流量大，洪量大，历时长，含沙量小，水位表现高，漫滩严重，洪水传播时间基本正常。

华县最大洪峰流量4 820 m^3/s，洪量15.89亿 m^3，占该站汛期水量32%，占多年汛期平均水量的 34%。洪水历时 7 d，其中流量超过 3 000 m³/s 的 2 d 以上。

由于洪水主要来自南山支流，含沙量比较小，咸阳最大含沙量 16.8 kg/m³，华县最大含沙量仅 37.7 kg/m³。

本次洪水临潼最高水位 358.58 m，超过 2003 年历史最高水位 0.24 m，为该站设站以来的最高水位。华县站最高水位达 342.32 m，为历史第二高洪水位，与 2003 年最高水位相比降低了 0.44 m。华阴最高水位 334.38 m，超过 2003 年最高水位 0.71 m。由于水位表现高，咸阳以下普遍漫滩，特别是临潼以下河段大堤偎水，部分河段发生险情。

本次洪水传播时间基本正常。其中第一次洪水咸阳—临潼传播 10 h(见表 3-4)，临潼—华县传播 17 h(见表 3-5)；咸阳—华县传播 27 h，与“05·7”洪水的 22.4 h 相比，相差大约 5 h。特别是临潼—华县与 2003 年秋汛期洪水同流量传播时间接近。

表 3-5　临潼—华县 2003 年和 2005 年洪水削峰和传播情况

年份	站	洪峰流量(m³/s)	峰现时间(月-日 T 时)	削峰率(%)	传播时间(h)
2003	临潼	5 100	08-31T10.0	30	25
	华县	3 570	09-01T11.0		
	临潼	3 820	09-07T12.5	40.6	27.3
	华县	2 270	09-08T15.8		
	临潼	4 320	09-20T17.5	21.3	27.5
	华县	3 400	09-21T21.0		
	临潼	2 660	10-03T10.5	5.3	18.5
	华县	2 520	10-04T5.0		
	临潼	1 790	10-12T17.0	– 12	14
	华县	2 010	10-13T7.0		
2005	临潼	2 600	07-04T0.4	20	15.3
	华县	2 070	07-04T15.7		
	临潼	2 720	09-30T12.0	0	17
	华县	2 720	10-01T5.0		
	临潼	5 270	10-02T15.2	21.8	28.8
	华县	4 120	10-03T20.0		
	临潼	4 800	10-03T6.2	– 0.4	27.3
	华县	4 820	10-04T9.5		

第二次洪水咸阳—临潼传播约 11 h，与第一次洪水接近。但从表 3-4 看出，临潼两次洪水相差仅 15 h。由于洪水漫滩，洪水过程变形，洪峰传播时间延长，华县流量 4 120 m³/s (3 日 20 时)应该与临潼的 5 270 m³/s(2 日 15.2 时)对应，传播时间 28.8 h。华县洪峰 4 820 m³/s (4 日 9.5 时)应该与临潼的 4 800 m³/s(3 日 6.2 时)相应，传播时间 27.3 h，两次洪峰传播时间接近，与第一次洪水相比，分别慢了 11.8 h 和 10.3 h。

本次洪水期间，未控区加水较多，大约 1.5 亿 m³，占临潼水量的 10%，引起临潼流量偏多 500 ~ 700 m³/s。

四、汛期伊洛河洪水

(一)洪水来源和组成

受秋汛降雨影响，洛河灵口站 10 月 1 日 5.5 时洪峰流量 420 m^3/s，卢氏站 10 月 2 日 7 时洪峰流量 1 430 m^3/s，故县水库 10 月 1 日开启闸门泄水，最大下泄流量 500 m^3/s，长水站 10 月 2 日 18 时洪峰流量 1 400 m^3/s，白马寺站 10 月 3 日 15 时洪峰流量 1 840 m^3/s；伊河潭头站 10 月 3 日 8 时洪峰流量 315 m^3/s，东湾站 10 月 3 日 6.5 时洪峰流量 680 m^3/s，陆浑水库 2 日开闸泄水，10 月 3 日 19 时最大下泄流量 715 m^3/s，龙门镇站 10 月 3 日 15.5 时洪峰流量 690 m^3/s。伊洛河黑石关站 10 月 4 日 0.7 时出现最大流量 1 870 m^3/s(见图 3-6)。

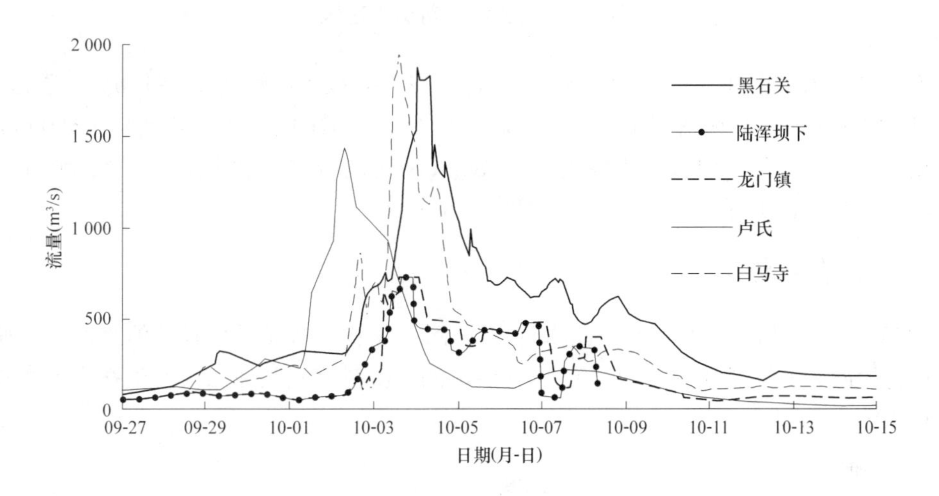

图 3-6 2005 年伊洛河洪水过程线

(二)洪水特性

本次洪水传播基本正常。洛河长水—白马寺、白马寺—黑石关、黑石关—花园口传播时间分别为 9、9.7、11.3 h。

由于陆浑水库和故县水库在洪水期间调蓄洪水，避免了洛河以上来水与中下游洪水遭遇，削减了黑石关洪峰流量。其中陆浑水库拦蓄水量 0.62 亿 m^3，最大下泄流量 715 m^3/s，削减洪峰 23%；故县水库拦蓄水量 1.47 亿 m^3，最大下泄流量 500 m^3/s，削减洪峰 38%。

五、汛期大汶河洪水

2005 年汛期大汶河流域受降雨偏多影响，戴村坝出现两次洪峰流量大于 1 000 m^3/s 的洪水(图 3-7)。

第一次洪水发生在 7 月，北支北望站 7 月 2 日 13.5 时洪峰流量 1 350 m^3/s，南支楼德站 7 月 2 日 13.6 时洪峰流量 1 190 m^3/s。两支流洪水汇合后，临汶站 7 月 2 日 16.5 时洪峰流量 2 000 m^3/s，戴村坝 7 月 3 日 6 时最大流量 1 480 m^3/s。

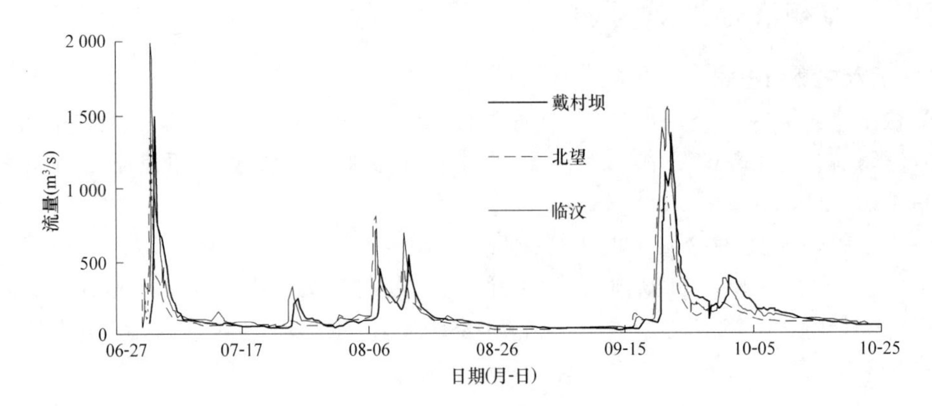

图 3-7　大汶河汛期洪水过程

第二次洪水发生在 9 月，北望站 9 月 21 日 13.5 时最大洪峰流量 891 m^3/s，楼德站 9 月 21 日 15.5 时最大洪峰流量 614 m^3/s，临汶 9 月 21 日 18 时最大洪峰流量 1 550 m^3/s，戴村坝站 9 月 22 日 8 时最大洪峰流量 1 360 m^3/s(见图 3-7)。洪水进入东平湖水库，25 日 6 时库水位最高升至 43.07 m，超过警戒水位 0.07 m。

六、下游洪水

2005 年黄河花园口共有 5 次洪水过程(见图 3-8)：一次是发生在黄河首次调水调沙生产运行期间；一次是相应渭河“05·7”洪水的下游洪水；其他三次发生在小浪底水库防洪运用泄水期间。

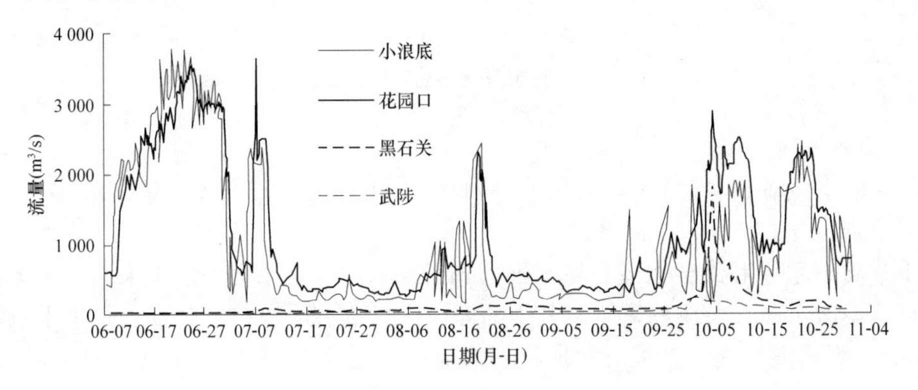

图 3-8　2005 年花园口洪水过程

(一)黄河首次调水调沙生产运行

根据 2005 年汛前小浪底水库蓄水情况和下游河道的现状，从 6 月 9 日到 7 月 1 日，黄河进行了基于人工扰动方式的大空间的首次调水调沙生产运行。通过科学调控万家寨、三门峡、小浪底水库的泄水时间和流量，在小浪底库区塑造人工异重流，并实现异重流的接力运行，从而保证对小浪底水库淤积泥沙形成连续冲刷的能量，同时充分利用小浪底出库洪水的富余能量，在下游“二级悬河”最严重和平滩流量最小的卡口河段进行人工扰动，扩大主河槽行洪能力，增加入海洪水的挟沙力，实现减淤冲刷的目的。

此次调水调沙生产运行共分为两个阶段。第一阶段(6 月 9 ~ 16 日)是在中游不发生洪水的情况下，利用小浪底水库下泄一定流量的清水，冲刷下游河槽，同时逐步加大小浪底水库的泄放能量，确保调水调沙生产运行的安全，并且通过逐步加大流量，提高冲刷效率。第二阶段(6 月 16 日 ~ 7 月 1 日)是在小浪底水库水位降至 230 m 时，利用万家寨、三门峡水库蓄水及三门峡库区非汛期拦截的泥沙，通过水库联合调度，在小浪底库区塑造有利于形成异重流排沙的水沙过程。

1.水沙情况

6 月 9 日小浪底水库开闸预泄，当时库水位为 252.25 m，相应蓄水量为 61.5 亿 m^3，至 6 月 16 日 8 时，水位降至 247.86 m，蓄水量为 53.70 亿 m^3，共计泄水 7.8 亿 m^3。

按照调度预案，调水调沙于 6 月 16 日正式开始，根据小浪底水库实际情况调整下泄流量，22 日 20.7 时小浪底最大出库流量 4 010 m^3/s。

花园口站 24 日 16 时最大流量为 3 530 m^3/s，7 月 1 日 10.3 时最大含沙量为 9.2 kg/m^3；利津站 28 日 5 时最大流量为 2 950 m^3/s，20 日 8 时最大含沙量为 24.6 kg/m^3。洪水特征见表 3-6。

表 3-6　黄河首次调水调沙生产运行期间下游主要水文站特征值

站名	开始时间(月-日 T 时)	结束时间(月-日 T 时)	最高水位		洪峰流量		最大含沙量		水量(亿 m^3)	沙量(亿 t)	平均含沙量(kg/m^3)
			水位(m)	时间(月-日 T 时)	流量(m^3/s)	时间(月-日 T 时)	含沙量(kg/m^3)	时间(月-日 T 时)			
小浪底	06-08T8.0	07-01T8.0	136.86	06-22T20.7	4 010	06-22T20.7	9.72	07-01T0.0	52.31	0.018	0.3
黑石关	06-08T8.0	07-01T8.0	106.56	06-24T8.0	32.2	06-15T8.0			0.29	0	0
武陟	06-08T8.0	07-01T8.0	102.74	06-28T6.0	4.57	06-28T7.0			0.02	0	0
进入下游									52.62	0.018	0.3
花园口	06-09T12.0	07-02T12.0	92.85	06-24T16.0	3 530	06-24T16.0	9.2	07-01T10.3	51.02	0.266	5.2
夹河滩	06-10T2.0	07-03T4.0	76.92	06-25T14.0	3 490	06-25T14.0	9.92	06-11T17.3	50.91	0.296	5.8
高村	06-10T20.0	07-03T22.0	62.95	06-26T7.0	3 490	06-26T7.0	12.6	06-12T8.0	48.33	0.467	9.7
孙口	06-11T7.2	07-04T10.0	48.89	06-26T16.0	3 400	06-26T16.0	15.8	06-12T9.5	47.35	0.568	12.0
艾山	06-11T16.0	07-04T20.0	41.43	06-26T21.0	3 310	06-26T21.0	16.3	06-13T8.0	46.45	0.608	13.1
泺口	06-12T2.0	07-05T8.0	30.5	06-27T15.6	3 120	06-27T15.6	15.5	06-28T7.8	43.52	0.556	12.8
利津	06-12T16.0	07-06T0.0	13.33	07-03T5.5	2 950	06-28T5.0	24.6	06-20T8.0	41.2	0.617	15.0

为配合调水调沙生产运行，6 月 22 日 12 时，万家寨水库开始以 1 300 m^3/s 的流量下泄(见图 3-9)，最大出库流量 1 670 m^3/s。河曲站 23 日 2 时最大流量 1 300 m^3/s，府谷站 23 日 16 时最大流量 1 140 m^3/s，吴堡站 24 日 23.9 时最大流量 1 320 m^3/s，龙门站 26 日 4 时最大流量 1 290 m^3/s，潼关河段 27 日 0.3 时流量开始起涨，27 日 15.5 时最大流量 1 010 m^3/s。

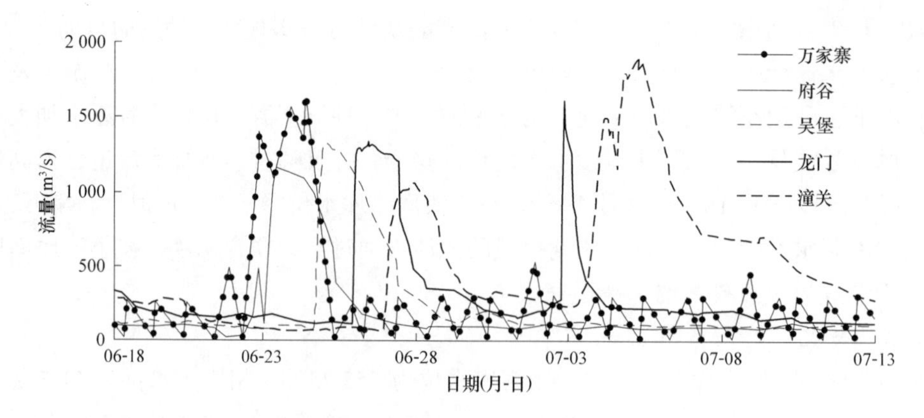

图 3-9　黄河首次调水调沙生产运行期间北干流流量过程

6 月 27 日 7 时，三门峡水库以 3 000 m^3/s 的流量下泄，开始实施人工异重流塑造。27 日 12 时下泄流量加大到 4 000 m^3/s(见图 3-10)，27 日 13.1 时最大出库流量 4 430 m^3/s，28 日 1 时最大出库含沙量 352 kg/m^3，在小浪底库区形成的异重流于 29 日 10.7 时潜入点下移至 HH32 断面，并通过排沙洞顺利排出库外，7 月 1 日 0 时小浪底最大出库含沙量 9.72 kg/m^3。

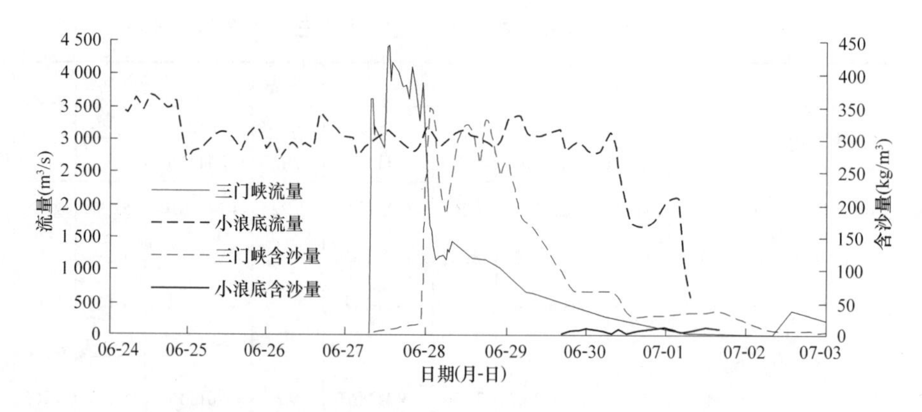

图 3-10　黄河首次调水调沙生产运行期间三门峡、小浪底水库流量、含沙量过程

调水调沙期间，潼关水量 8.01 亿 m^3，沙量仅 0.05 亿 t(见表 3-7)；三门峡水库泄水 8.09 亿 m^3、三门峡排沙 0.42 亿 t；小浪底泄水 52.31 亿 m^3、排沙 0.018 亿 t；进入下游水量 52.62 亿 m^3；花园口水量 51.02 亿 m^3，沙量 0.266 亿 t，平均含沙量 5.2 kg/m^3；利津水量 41.2 亿 m^3，沙量 0.617 亿 t，平均含沙量 15 kg/m^3。沿程水量减少 11.42 亿 m^3，其中引水 7.46 亿 m^3，大约不平衡水量 3.96 亿 m^3，占进入下游水量的 7%；沙量增加 0.599 亿 t，平均含沙量增加 14.7 kg/m^3。

2.洪水特性

由图 3-11 可以看出，本次洪水沿程坦化基本正常，花园口—利津河段最大流量传播时间 82 h(见表 3-8)，接近于 20 世纪 90 年代同量级洪水的平均传播时间 89.8 h，略长于 2004 年调水调沙及防洪运用的传播时间。

表 3-7　调水调沙生产运行期间三门峡库区洪水特征值统计

站名	水量(亿 m^3)	沙量(亿 t)	最高水位		最大流量		最大含沙量	
			时间(月-日 T时)	水位(m)	时间(月-日 T时)	流量(m^3/s)	时间(月-日 T时)	含沙量(kg/m^3)
龙门	7.88		06-26T10.0	383.91	06-26T11.2	1 330		
河津	0.11		06-12T7.0	372.39	06-12T8.0	30.5		
华县	1.82		06-09T8.0	336.44	06-09T8.0	248		
洑头	0.10		06-09T8.0	361.63	06-09T8.0	13.8		
潼关	8.01	0.05	06-27T15.5	327.66	06-27T19.3	1 060		
三门峡	8.09	0.42	06-27T13.1	278.53	06-27T13.1	4 430	06-28T1	352

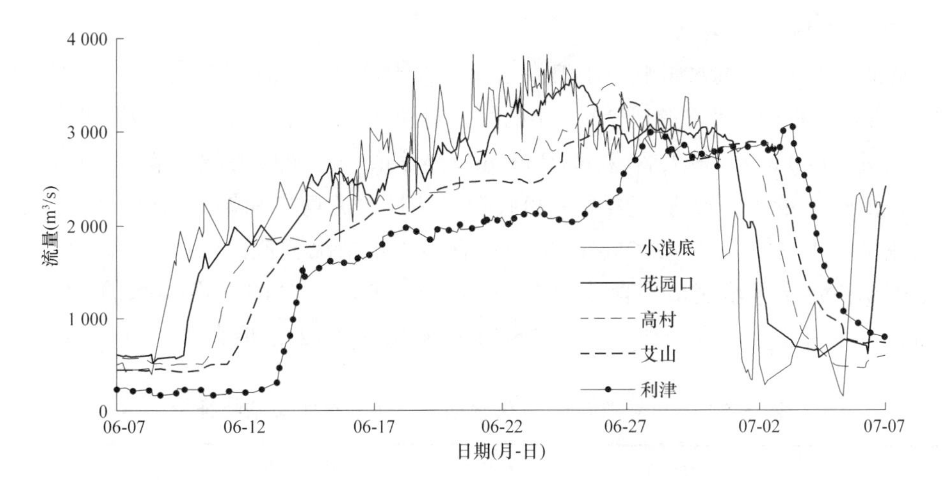

图 3-11　黄河首次调水调沙生产运行期间下游流量沿程变化过程

表 3-8　黄河下游各次调水调沙洪水最大流量传播时间统计

项目		花园口—夹河滩	夹河滩—高村	高村—孙口	孙口—艾山	艾山—泺口	泺口—利津	花园口—利津
距离(km)		96	93	130	63	108	174	664
20 世纪 90 年代平均(h)		23.5	17.1	14.4	9.3	9.9	15.6	89.8
2002 年(h)		11	114.2	146.5	12.7	15	13.6	313
2003 年(h)		2.3	65.2	7.5	10.3	18	12.1	115.4
2004 年 6 月(h)	第一阶段	10	8.5	11.5	14	7.3	11.3	62.6
	第二阶段	10	3.7	25.9	6.4	6.2	21.9	74.1
2004 年 8 月(h)		19	10.5	13.1	6.8	12.5	16.2	78.1
2005 年 6 月(h)		22	14	10	12	12	12	82

本次洪水沿程同流量水位较 2002 年洪水水位明显偏低(见表 3-9)，如高村、泺口的水位都下降 1 m 以上。

表 3-9 黄河下游主要水文站同流量水位比较

站名	流量 (m^3/s)	2002 年(1) (m)	2003 年 (m)	2004 年调水调沙(m)	2004 年防洪运用(m)	2005 年 6 月(2)(m)	差值 (2) – (1)(m)
花园口	2 500	93.25	93.14	92.48	92.40	92.32	– 0.93
夹河滩	2 500	77.2	76.98	76.50	76.29	76.41	–0.79
高村	2 500	63.56	63.22	62.77	62.46	62.41	– 1.15
孙口	2 500	48.76	48.62	48.39	48.20	48.22	– 0.54
艾山	2 500	41.67	41.38	40.94	40.77	40.82	– 0.85
泺口	2 400	30.91	30.77	30.33	30.02	29.69	– 1.22
利津	2 400	13.73	13.57	13.01	12.94	12.94	– 0.83

(二)下游“05 · 7”洪水

受渭河“05 · 7”洪水影响，小浪底水库最大流量 2 380 m^3/s(见表 3-10)，最大含沙量 152 kg/m^3，在下游河道形成 2005 年的第二场洪水，简称下游“05 · 7”洪水。花园口洪峰流量 3 640 m^3/s，最大含沙量 87 kg/m^3，小浪底—花园口河段传播时间虽然正常，但花园口洪峰流量比小浪底、黑石关和武陟三站最大流量之和偏大 696 m^3/s，比小浪底最大流量偏大 33%，与 2004 年 8 月高含沙洪水情况相似(花园口站洪峰流量偏大 38%)，但本次洪水小浪底最大含沙量仅 152 kg/m^3，远小于“04 · 8”洪水的 346 kg/m^3。花园口以下演进正常，利津洪峰流量 2 920 m^3/s(见图 3-12)，最大含沙量 55.9 kg/m^3。

表 3-10 下游“05 · 7”洪水期间下游主要水文站特征值

站名	开始时间 (月-日)	历时 (d)	最高水位		洪峰流量		最大含沙量		水量 (亿 m^3)	沙量 (亿 t)	平均含沙量 (kg/m^3)
			数值 (m)	时间 (月-日 T 时)	数值 (m^3/s)	时间 (月-日 T 时)	数值 (kg/m^3)	时间 (月-日 T 时)			
小浪底	07-03	8	135.87	07-08T9.4	2 380	07-06T12.0	152	07-06T10.0	8.41	0.314	37
黑石关	07-03	8	107.65	07-07T16.9	174	07-07T16.9			0.38	0.000 1	0
武陟	07-03	8	102.97	07-07T8.0	9.2	07-07T8.0			0.01	0	0
进入下游	07-03	8							8.80	0.314	36
花园口	07-04	8	92.62	07-07T8.0	3 640	07-07T5.4	87	07-07T14.0	9.24	0.294	32
夹河滩	07-05	8	76.58	07-07T23.2	3 210	07-07T23.2	70	07-08T8.0	9.19	0.322	35
高村	07-06	8	62.43	07-08T8.0	273	07-08T13.2	67.5	07-09T0.0	8.99	0.312	35
孙口	07-07	8	48.37	07-08T20.0	2 800	07-08T20.0	66.3	07-10T8.0	8.72	0.308	35
陈山口闸	07-07	8							0.67		0
清河门闸	07-07	8							1.02		0
艾山	07-08	8	41.14	07-09T8.0	3 050	07-09T8.0	59.4	07-10T4.0	9.20	0.293	32
泺口	07-08	8	30.31	07-10T0.0	2 900	07-09T16.0	60.5	07-10T20	9.67	0.297	31
利津	07-09	8	13.2	07-10T20	2 920	07-10T20	55.9	07-11T18	9.22	0.260	28

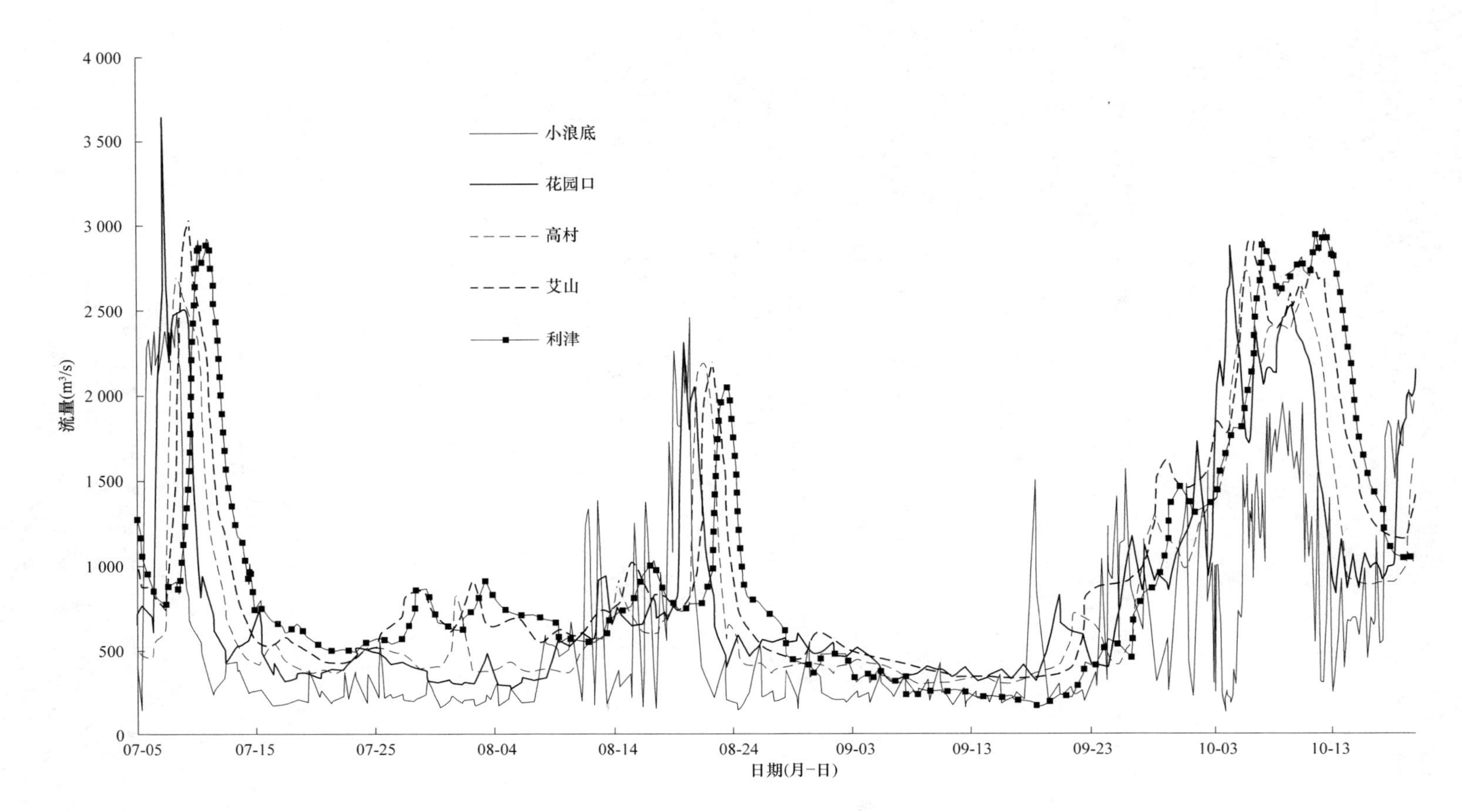

图 3-12　2005 年小浪底水库三次防洪运用期间下游主要水文站洪水过程

小浪底水库泄水历时只有 6 d，排沙只有 4 d，由于洪水在下游河道演进过程中沙峰出现了坦化现象，到利津站沙峰过程为 8 d，为了使得洪水过程更加完整，根据日均水沙资料划分洪水时把洪水历时定为 8 d。小浪底站的水量为 8.41 亿 m^3，排沙 0.314 亿 t，平均含沙量为 37 kg/m^3，进入下游水量 8.80 亿 m^3；花园口水量 9.24 亿 m^3，沙量 0.294 亿 t；洪水期间由于东平湖水库超过汛限水位，由陈山口闸和清河门闸向黄河退水大约 1.69 亿 m^3；利津水量 9.22 亿 m^3，沙量 0.26 亿 t，平均含沙量为 28 kg/m^3(见表 3-10)。洪水过程见图 3-11。

(三)下游第三场洪水

2005 年 8 下旬，渭河出现一次洪水过程，华县洪峰流量 1 500 m^3/s(8 月 20 日 15 时)，最大含沙量 30.1 kg/m^3，与黄河干流汇合后，潼关洪峰流量 2 280 m^3/s，最大含沙量 43 kg/m^3。利用这次洪水三门峡水库敞泄排沙，最大下泄流量 3 470 m^3/s，最大含沙量 319 kg/m^3。小浪底水库 8 月 18 日开始敞泄运用，到 8 月 21 日逐步向后汛期 248 m 的汛限水位过渡，期间小浪底水库最大下泄流量 2 450 m^3/s(见表 3-11)，最大含沙量 4.3 kg/m^3；花园口洪峰流量 2 300 m^3/s，最大含沙量 6.0 kg/m^3；利津洪峰流量 2 050 m^3/s，最大含沙量 14.6 kg/m^3。

本次洪水小浪底水库泄水 3.58 亿 m^3，排沙 0.003 亿 t，进入下游水量 3.9 亿 m^3；花园口水量 4.2 亿 m^3，沙量 0.019 亿 t；期间由陈山口闸和清河门闸向黄河退水 0.94 亿 m^3；利津水量 4.12 亿 m^3，沙量 0.043 亿 t(见表 3-11)。

表 3-11　2005 年下游第三次洪水期间主要水文站特征值

站名	开始时间(月-日 T 时)	历时(d)	最高水位		洪峰流量		最大含沙量		水量(亿 m^3)	沙量(亿 t)	平均含沙量(kg/m^3)
			数值(m)	时间(月-日 T 时)	数值(m^3/s)	时间(月-日 T 时)	数值(kg/m^3)	时间(月-日 T 时)			
小浪底	08-18T0.0	2.6	135.82	08-20T8.0	2 450	08-20T8.0	4.3	08-23T8.0	3.58	0.003	1
黑石关	08-18T0.0	2.6	107.93	08-19T15.9	189	08-19T15.9			0.28	0	0
武陟	08-19T2.0	2.8	103.17	08-20T8.0	21	08-20T8.0			0.04	0	0
进入下游									3.9	0.003	1
花园口	08-19T2.0	2.8	92.24	08-19T20.0	2 300	08-19T20.0	6.0	08-20T8.0	4.2	0.019	5
夹河滩	08-19T22.0	2.7	76.12	08-21T12.0	2 120	08-21T12.0	12.1	08-20T8.0	3.97	0.033	8
高村	08-20T7.8	2.8	61.96	08-21T20.0	2 180	08-21T6.0	11.1	08-21T8.0	4.08	0.034	8
孙口	08-20T22.0	2.8	47.68	08-22T6.0	1 970	08-22T6.0	22.9	08-21T8.0	3.78	0.057	15
陈山口闸									0.34		0.0
清河门闸									0.6		0.0
艾山	08-21T0.0	3	40.25	08-22T6.0	2 190	08-22T6.0	13.1	08-22T8.0	4.23	0.047	11
泺口	08-21T8.0	3	29.61	08-22T16.0	2 260	08-22T16.0	17.5	08-23T8.0	4.27	0.052	12
利津	08-22T0.0	3.2	12.6	08-23T8.0	2 050	08-23T7.8	14.6	08-24T8.0	4.12	0.043	10

(四)第四次洪水

受渭河秋汛洪水影响，小浪底水库于 10 月 5 日转入防洪运用，期间为了配合王庵工程抢险，小浪底水库曾经按进出口平衡运用。花园口流量保持 2 500 m^3/s 左右(见图 3-12)，小浪底水库最大下泄流量 2 470 m^3/s，最大含沙量 21.6 kg/m^3，花园口站最大流量 2 510 m^3/s(见表 3-12)，最大含沙量 6.8 kg/m^3；利津站最大流量 2 950 m^3/s，最大含沙量 20.8 kg/m^3。

表 3-12　2005 年下游第四次洪水期间主要水文站特征值

站名	时间(月-日)	历时(d)	最高水位		洪峰流量		最大含沙量		水量(亿 m³)	沙量(亿 t)	平均含沙量(kg/m³)
			数值(m)	时间(月-日 T 时)	数值(m³/s)	时间(月-日 T 时)	数值(kg/m³)	时间(月-日 T 时)			
小浪底	09-23	20	135.84	10-21T18.0	2 470	10-21T18.0	21.6	10-05T8.0	15.39	0.109	7
黑石关	09-23	20	112.12	10-04T14.0	1 870	10-04T0.0			6.973	0.012	2
武陟	09-24	20	104.31	10-04T9.0	270	10-04T9.0			2.131	0	0
进入下游		20							24.49	0.121	5
花园口	09-24	20	92.27	10-09T14.0	2 510	10-09T14.0	6.8	10-09T8.0	26.83	0.211	8
夹河滩	09-25	20	76.65	10-10T0.0	2 610	10-10T0.0	14.0	10-08T8.0	27.79	0.297	11
高村	09-26	20	62.28	10-10T16.0	2 610	10-10T8.9	17.1	10-08T8.0	28.31	0.317	11
孙口	09-26	20	48.16	10-11T0.0	2 450	10-10T20.0	15.3	10-09T8.0	27.51	0.35	13
陈山口闸		20							1.27		0
清河门闸		20							2.87		0
艾山	09-27	20	40.76	10-11T20.0	2 750	10-11T20.0	16.5	10-09T8.0	33.84	0.413	12
泺口	09-28	20	30.21	10-11T20.0	2 860	10-11T20.0	15.5	10-10T8.0	33.8	0.424	13
利津	09-28	20	13.17	10-12T13.3	2 950	10-12T9.6	20.8	10-08T8.0	33.45	0.509	15

第四次洪水花园口历时 20 d，小浪底水库泄水 15.39 亿 m³，排沙 0.109 亿 t，进入下游水量 24.49 亿 m³；花园口水量 26.83 亿 m³，沙量 0.211 亿 t；期间由陈山口闸和清河门闸向黄河退水大约 4.14 亿 m³；利津水量 33.45 亿 m³，沙量 0.509 亿 t(见表 3-12)。洪水过程见图 3-11。

(五)第五次洪水

2005 年 10 月 17～26 日为小浪底水库第三次防洪运用的第二个阶段，该运用在下游河道形成第五次洪水过程。该阶段小浪底出库下泄的是清水，最大流量为 2 470 m³/s，花园口站的最大流量为 2 350 m³/s，最大含沙量为 3.5 kg/m³，由于沿程有支流汇入，到利津站的最大日均流量为 2 680 m³/s，最大日均含沙量增加到 13 kg/m³(见表 3-13)。

表 3-13　2005 年下游第五次洪水期间主要水文站特征值

站名	时间(月-日)	历时(d)	最高水位		洪峰流量		最大含沙量		水量(亿 m³)	沙量(亿 t)	平均含沙量(kg/m³)
			数值(m)	时间(月-日 T 时)	数值(m³/s)	时间(月-日 T 时)	数值(kg/m³)	时间(月-日 T 时)			
小浪底	10-17	10	135.84	10-21T18.0	2 470	10-21T18.0			12.29	0	0
黑石关	10-17	10	107.94	10-21T8.0	190	10-21T8.0			1.18	0	0
武陟	10-18	10	103.57	10-18T8.0	56	10-18T8.0			0.38	0	0
进入下游		10							13.85	0	0
花园口	10-18	10	92.15	10-22T8.0	2 350	10-23T9.2	3.5	10-24T8.0	14.72	0.047	3
夹河滩	10-19	10	76.33	10-23T0.0	2 420	10-23T0.0	9	10-19T8.0	15.12	0.081	5
高村	10-19	10	62.06	10-23T14.0	2 330	10-23T14.0	11	10-20T8.0	14.74	0.116	8
孙口	10-19	10	47.92	10-25T0.0	2 290	10-24T15.3	13.7	10-22T8.0	14.73	0.109	7
艾山	10-20	10	40.42	10-24T14.0	2 450	10-24T14.0	11.7	10-24T8.0	15.39	0.148	10
泺口	10-20	10	29.84	10-24T16.0	2 460	10-24T16.0	11.8	10-23T8.0	15.57	0.134	9
利津	10-21	10	12.9	10-25T14.0	2 680	10-25T14.0	13	10-25T8.0	15.35	0.165	11

本次洪水小浪底泄水量 12.29 亿 m^3，期间伊洛河加水 1.18 亿 m^3，沁河加水仅 0.38 亿 m^3。花园口的水量为 14.72 亿 m^3，由于沿程大汶河加水 1.37 亿 m^3，到利津站的水量为 15.35 亿 m^3，平均含沙量增加到 11 kg/m^3。

2005 年黄河首次调水调沙生产运行与“05 · 7”洪水及第三、第四次和第五次洪水，在下游(花园口—利津河段)最大流量的传播时间分别为 85、87、83、67、53 h，前三次洪水的传播时间接近于 20 世纪 90 年代同量级洪水的平均传播时间，第五次洪水传播时间较短，见表 3-14。

表 3-14　2005 年各次洪水洪峰在花园口—利津河段的传播时间统计　(单位：h)

2005 年调水调沙	“05 · 7”洪水	第三次洪水	第四次洪水	第五次洪水	20 世纪 90 年代平均
85	87	83	67	53	89.8

七、小北干流放淤试验

2005 年受水沙条件限制，小北干流仅进行了一次放淤试验。8 月 11～12 日晋陕区间部分支流发生洪水，期间由于内蒙古河段停止引水，干流流量增大至 800～1 000 m^3/s，形成龙门洪峰流量 1 280 m^3/s，最大含沙量 87 kg/m^3 的洪水过程(见表 3-15)。利用本次水沙过程，13 日在小北干流进行了放淤试验，试验于 15 日 19.5 时结束，历时 62 h。

表 3-15　小北干流放淤试验期间晋陕区间主要支流特征值

河流	站名	洪峰流量 (m^3/s)	峰现时间 (月-日 T 时)	最大含沙量 (kg/m^3)	沙峰时间 (月-日 T 时)
皇甫川	皇甫	260	08-12T2.7	290	08-12T2.7
孤山川	高石崖	120	08-12T2.0	311	08-12T2.0
窟野河	温家川	300	08-12T9.1	159	08-12T9.1
湫水河	林家坪	158	08-12T10.4	312	08-12T9.2
无定河	白家川	206	08-12T8.8	350	08-12T14.0
黄河	吴堡	1 290	08-12T9.3	100	08-12T15.0
黄河	龙门	1 280	08-13T7.0	87	08-14T12.0
黄河	潼关	1 500	08-16T16	33	08-16T14.0

第四章　水库运用及对干流水沙的影响

截至 2005 年 11 月 1 日，黄河流域主要水库蓄水总量 358.72 亿 m³，其中龙羊峡水库蓄水量 235 亿 m³，占总蓄水量的 65.5%；小浪底水库和刘家峡水库蓄水量分别为 68.5 亿 m³ 和 32.3 亿 m³，占总蓄水量的 19.1%和 9.0%；其他蓄水 22.92 亿 m³，占总蓄水量的 6.4%。总蓄水量与 2004 年同期相比增加 114.4 亿 m³，其中龙羊峡水库占 78%；小浪底水库占 22%(见表 4-1)。

表 4-1　2005 年主要水库运用情况

水库	2004 年 11 月 1 日		2005 年 7 月 1 日		2005 年 11 月 1 日		非汛期变量 2–1 (亿 m³)	汛期变量 4–2 (亿 m³)	秋汛期变量 (亿 m³)	年蓄水变量 4–1 (亿 m³)
	水位 (m)	蓄水量 1 (亿 m³)	水位 (m)	蓄水量 2 (亿 m³)	水位 (m)	蓄水量 4 (亿 m³)				
龙羊峡	2 570.36	146.00	2 563.05	126	2 596.84	235	– 20	109	46	89
刘家峡	1 728.95	32.80	1 717.5	20.7	1 728.54	32.3	– 12.1	11.6	4.6	– 0.5
万家寨	965.87	3.99	964.96	3.7	970.62	4.64	– 0.29	0.94	1.37	0.65
三门峡	314.19	2.18	300.65	0.07	316.46	2.73	– 2.11	2.66	2.51	0.55
小浪底	242.01	43.90	224.74	22.1	255.54	68.5	– 21.8	46.4	34.7	24.6
陆浑	316.51	5.50	307.01	2.7	317.92	6.03	– 2.8	3.33	0.42	0.53
故县	529.91	5.57	516.83	3.72	533.49	6.24	– 1.85	2.52	1.53	0.67
东平湖	42.35	4.38	41.5	3.08	41.64	3.28	– 1.3	0.2	– 0.08	– 1.1
合计		244.32		182.07		358.72	– 62.25	176.65	91.05	114.4

注：“–”为水库补水。

2005 年非汛期水库向河道共补水 62.25 亿 m³，与 2004 年同期相比补水总量减少 40.3 亿 m³；非汛期补水总量中，龙羊峡水库、刘家峡水库、小浪底水库分别占 32%、19%和 35%。汛期增加蓄水 176.65 亿 m³，汛期增加蓄水量中，龙羊峡水库、刘家峡水库、小浪底水库分别占 62%、7%和 26%。

2005 年秋汛期水库蓄水量增加比较多，共增加蓄水量 91.05 亿 m³，占汛期增加蓄水量的 52%，特别是小浪底水库秋汛期增加蓄水量 34.7 亿 m³，占该水库汛期增加蓄水量的 75%。

一、龙羊峡水库、刘家峡水库运用对干流水沙的调节

龙羊峡水库是多年调节水库，刘家峡水库是年调节水库，这两个水库控制了黄河主要少沙来源区的水量。两库联合运用改变了黄河干流的来水条件，对水流的调节能力比较大。

(一)水库运用情况

1.龙羊峡水库

从 2004 年 11 月 1 日～2005 年 4 月 26 日共补水 32 亿 m³，水位下降 11.67 m(见图 4-1)，而后转入蓄水运用，截至 2005 年 11 月 1 日水库水位升至 2 596.84 m，蓄水量为 235 亿 m³，比 1999 年的历史最高蓄水位 2 581.08 m(相应蓄量 179.57 亿 m³)高出 15.76 m。2005 年龙羊峡水库年增加蓄水量 89 亿 m³，与 2004 年同期相比，多蓄水 81 亿 m³；非汛期补水 20 亿 m³，较 2004 年同期少补水 13 亿 m³；汛期蓄水 109 亿 m³，较 2004 年同期

多蓄水 68 亿 m^3。全年水位上升 26.48 m，水位升幅较 2004 年的 3.08 m 明显增加。

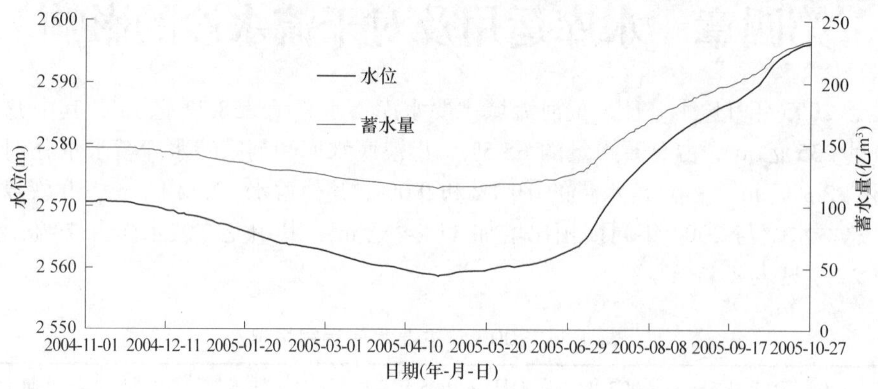

图 4-1　2005 年龙羊峡水库运行情况

2.刘家峡水库

2005 年刘家峡水库年补水 0.5 亿 m^3，全年蓄补水量基本平衡，与 2004 年同期基本一致。2004 年刘家峡水库非汛期补水 12.1 亿 m^3，汛期增加蓄水 11.6 亿 m^3。全年经历了泄水、蓄水循环的五个阶段(见图 4-2)，即 2004 年 11 月 1 日至 2004 年 11 月 20 日，水库泄水 3.5 亿 m^3，水位下降 3.01 m；其后转入防凌蓄水，到 2005 年 4 月 16 日水位上升 8.09 m，蓄水量增加 10 亿 m^3；4～5 月春灌泄水、6 月防汛泄水，至 6 月 30 日，水库泄水 17 亿 m^3，水位下降 15.19 m；7 月 1 日以后，开始大量蓄水，至 10 月 17 日，水位达到 1 730.22 m，蓄水量为 34.5 亿 m^3；10 月 18 日以后转入泄水运用。年内最高水位和最低水位相差 15.27 m，全年水位下降 0.41 m。

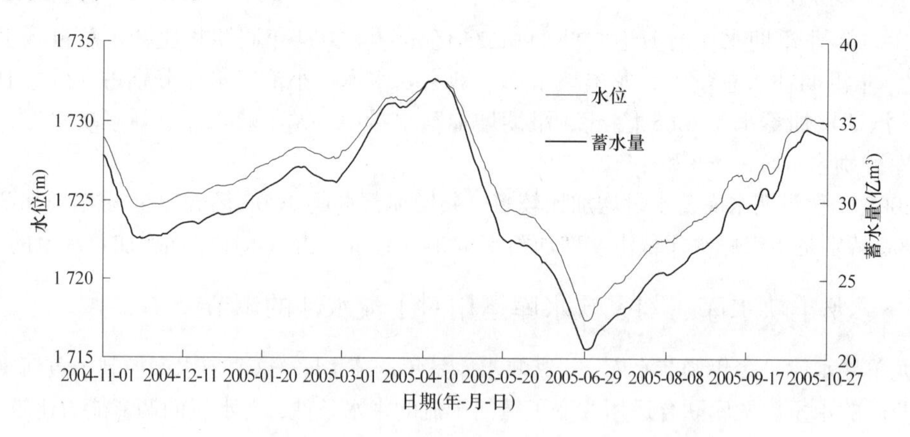

图 4-2　2005 年刘家峡水库运行情况

(二)水库联合运用对干流水流的调节

1.对水量的调节

龙刘两库蓄水不仅减少了其下游河道水量，还将汛期来水调节到非汛期下泄，改变了水量的年内分配。由表 4-2 可见，2005 年两库年增加蓄水量 88.5 亿 m^3，分别占兰州和头道拐实测水量的 31%和 60%。

兰州年实测水量 287.12 亿 m^3，如果没有龙刘两库调节，将两库蓄水简单还原，兰州年水量达 375.62 亿 m^3，汛期占全年比例由实测的 45%提高到 66%，增加 21 个百分点；头道拐实测年水量仅 148.33 亿 m^3，如果没有龙刘两库调节，将两库蓄水简单还原，年水量达 236.83 亿 m^3，汛期占全年比例由实测的 41%提高到 76%，增加 35 个百分点。

表 4-2　2005 年水库运用对干流水量的调节

项目	非汛期	汛期	年	说明
龙羊峡蓄泄水量(亿 m^3)	－20	109	89	
刘家峡蓄泄水量(亿 m^3)	－12.1	11.6	－0.5	
两库合计(亿 m^3)	－32.1	120.6	88.5	
兰州实测水量(亿 m^3)	158.79	128.33	287.12	汛期占年 45%
两库蓄补占兰州(%)	－20	94	31	
还原两库后兰州水量(亿 m^3)	126.69	248.93	375.62	汛期占年 66%
兰州还原与实测水量比	0.80	1.94	1.31	
头道拐实测水量(亿 m^3)	88.08	60.25	148.33	汛期占年 41%
两库蓄补占头道拐(%)	－36	200	60	
还原两库后头道拐水量(亿 m^3)	55.98	180.85	236.83	汛期占年 76%
头道拐还原与实测水量比	0.64	3.00	1.60	
小浪底蓄泄水量(亿 m^3)	－21.8	46.4	24.6	
花园口实测水量(亿 m^3)	145.36	94.76	240.12	汛期占年 39%
小浪底蓄补占花园口(%)	－15	49	10	
还原小浪底水库后花园口水量(亿 m^3)	123.56	141.16	264.72	汛期占年 53%
还原龙、刘、小水库后花园口水量(亿 m^3)	91.46	261.76	353.22	汛期占年 74%
还原三库花园口水量与实测比	0.63	2.76	1.47	

2.对水流过程的调节

龙羊峡水库汛期蓄水运用削减了洪水和中大流量过程，出库与进库相比，1 000 m^3/s 以下的流量级历时明显增加，由入库的 2 d 增加到出库的 121 d；2 000 m^3/s 以上的流量级历时明显减少，由入库的 25 d 变为出库没有 1 d；入库水量以 1 000～2 000 m^3/s 流量级为主，占汛期水量的 70%，而出库水量则以 1 000 m^3/s 以下为主，占汛期水量的 97%(见表 4-3)。

表 4-3　龙羊峡水库汛期对水流的调节情况

项目	各流量级(m^3/s)历时(d)			各流量级(m^3/s)水量(亿 m^3)			
	＜1 000	1 000～2 000	≥2 000	＜1000	1 000～2 000	≥2 000	合计
唐乃亥	2	96	25	1.70	121.63	49.59	172.92
贵德	121	2	0	56.99	1.85	0	58.84

二、小浪底水库运用及对水沙的调节

(一)水库运用情况

从 2004 年 11 月 1 日～2005 年 11 月 1 日，小浪底水库增加蓄水量 24.6 亿 m^3，其中非汛期补水 21.8 亿 m^3，汛期蓄水 46.4 亿 m^3。由图 4-3 可见，2005 年水库运用分四个时段:2004 年 11 月 1 日～2005 年 4 月 12 日水库持续蓄水,库水位由 242.27 m 上升到 259.46 m，共上升 17.19 m，蓄水量由 44.1 亿 m^3 增加到 75.8 亿 m^3；而后开始向下游供水，到 6 月 8 日库水位下降到 252.39 m，蓄水量仍然有 61.6 亿 m^3；小浪底水库 6 月 9 日开始基于人工扰动方式和大空间尺度的首次调水调沙生产运行预泄，至 6 月 16 日 8 时，库水位降至 247.86 m，相应蓄水量为 53.70 亿 m^3，共计泄水 7.9 亿 m^3，6 月 16 日正式开始调水调沙，直到 7 月 1 日 8 时调水调沙结束，库水位降至 224.76 m，相应蓄水量为 22.1 亿 m^3，历时 23 d 的调水调沙生产运行结束，水库共泄水 39.5 亿 m^3，水位下降 17.51 m；受渭河洪水的影响，配合三门峡水库排沙，7 月 5～9 日，小浪底水库进行了一次防洪运用，水库泄水 3.5 亿 m^3；而后继续泄水，直到 7 月 22 日 8 时水位下降到 219.78 m，相应蓄水量 17.8 亿 m^3，然后转入蓄水运用。

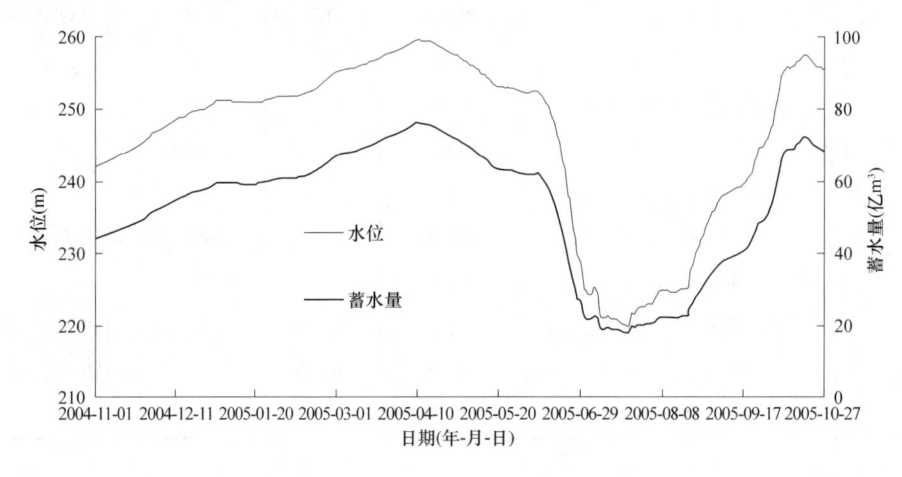

图 4-3　2005 年小浪底水库运行情况

(二)水库对水量的调节

小浪底水库的调节，改变了下游水量的年内分配和年水量大小。2005 年花园口实测年水量 240.12 亿 m^3，如果没有小浪底水库调蓄，简单地将蓄水还原，年水量可达 264.72 亿 m^3，汛期占年比例由实测的 39%提高到 53%(见表 4-2)，提高了 14 个百分点。

(三)对泥沙的调节

2005 年小浪底水库进库沙量 4.074 亿 t，出库沙量 0.449 亿 t，水库排沙比为 11%。全年有 4 次比较大的排沙过程(见表 4-4)，排沙比最大的是“05·7”洪水，三门峡最大流量为 2 970 m^3/s、最大含沙量 301 kg/m^3，该次洪水小浪底出库最大流量 2 380 m^3/s，最大含沙量 152 kg/m^3，排沙 0.314 亿 t，排沙比高达 41%。

表 4-4　2005 年小浪底水库排沙情况

时段	三门峡			小浪底			排沙比(%)
	最大流量(m^3/s)	最大含沙量(kg/m^3)	沙量(亿 t)	最大流量(m^3/s)	最大含沙量(kg/m^3)	沙量(亿 t)	
调水调沙	4 430	352	0.42	4 010	9.72	0.018	4
“05 · 7” 洪水	2 970	301	0.757	2 380	152	0.314	41
第三次洪水	3 470	319	0.700	2 450	4.3	0.003	0.4
第四次洪水	4 420	111	0.839	2 470	21.6	0.109	13

三、龙羊峡、刘家峡、小浪底水库运用对花园口水量和流量的调节

由表 4-2 可以看出，花园口实测年水量仅 240.12 亿 m^3，如果没有龙羊峡、刘家峡和小浪底水库调节，花园口年水量达 353.22 亿 m^3，还原后的年水量较实测增加 47%。其中汛期水量为 261.76 亿 m^3，汛期占全年比例为 74%，较实测比例增加 35 个百分点。

初步还原龙羊峡和小浪底水库日流量调蓄过程(见图 4-4)，可以看出，如果没有龙羊峡水库调蓄，花园口最大日流量将达 4 556 m^3/s(10 月 23 日)，较实测 2 280 m^3/s 增加 99%；如果没有龙羊峡和小浪底水库共同调蓄，花园口最大日流量将达 6 235 m^3/s(10 月 4 日)，是实测 2 600 m^3/s 的 2.4 倍。

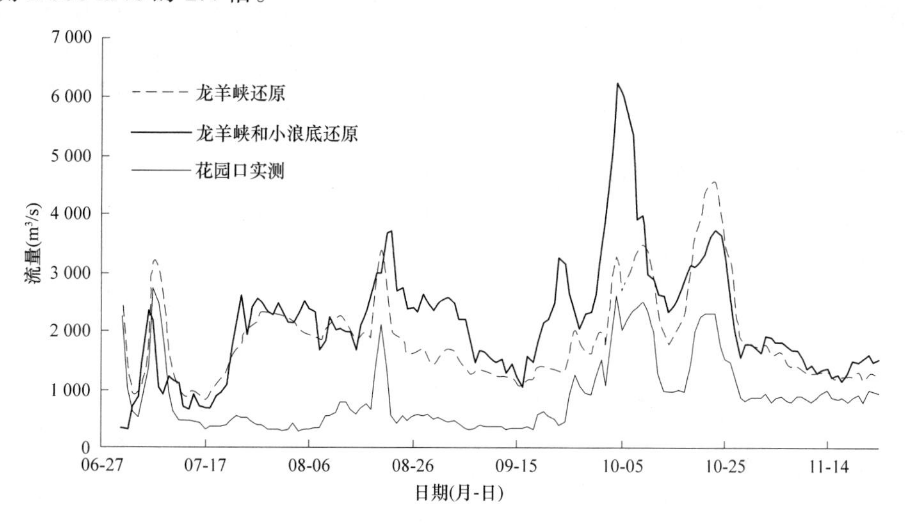

图 4-4　龙羊峡和小浪底水库调蓄对花园口日流量过程影响

第五章 流域引水及冲淤分布情况

一、流域引水情况

根据水调局对引水情况的统计，2005 年黄河干流引水 220.46 亿 m^3(见表 5-1)，其中非汛期引水 140.06 亿 m^3，占全年的 64%。除石嘴山—头道拐河段非汛期引水占年 41%外，其余河段非汛期引水占年比例均超过 60%，特别是三门峡以下河段非汛期引水占年比例超过 80%。全年引水主要集中在 4～7 月，占全年引水量的 59%。从引水量沿程分布看，下河沿—石嘴山、石嘴山—头道拐和高村—利津河段引水比较多，分别占全河引水量的 28%、31%和 22%。

表 5-1 2005 年黄河流域干流各区间引水情况 (单位：亿 m^3)

时间(年-月)	龙羊峡—兰州	兰州—下河沿	下河沿—石嘴山	石嘴山—头道拐	头道拐—龙门	龙门—三门峡	三门峡—花园口	花园口—高村	高村—利津	利津以下	合计
2004-11	0.94	0.94	8.98	1.51	0.47	0.20	0.08	0.13	3.30	0.24	16.79
2004-12	0.91	0.06	0.00	0.32	0.07	0.03	0.09	0.13	2.86	0.41	4.89
2005-01	0.53	0.04	0.00	0.35	0.06	0.01	0.10	0.43	0.17	0.00	1.69
2005-02	0.46	0.04	0.00	0.32	0.06	0.16	0.18	1.02	0.40	0.25	2.88
2005-03	0.55	0.11	0.00	0.34	0.19	0.85	0.82	2.16	6.10	0.43	11.54
2005-04	0.53	0.95	5.78	3.48	0.31	0.59	0.43	1.78	12.90	0.35	27.12
2005-05	0.56	1.66	11.49	11.55	0.50	0.29	0.63	2.24	9.39	0.39	38.69
2005-06	0.55	1.66	11.56	10.01	0.40	0.97	0.63	2.38	7.92	0.38	36.46
2005-07	0.58	1.34	12.39	9.82	0.37	1.04	0.12	0.94	1.19	0.24	28.01
2005-08	0.56	0.25	8.35	3.45	0.23	0.49	0.24	0.49	0.90	0.02	14.99
2005-09	0.54	0.30	1.73	9.35	0.19	0.03	0.19	0.36	2.53	0.05	15.28
2005-10	0.54	0.37	1.96	18.20	0.37	0.03	0.10	0.14	0.30	0.11	22.12
非汛期	5.03	5.46	37.82	27.87	2.05	3.11	2.97	10.26	43.04	2.45	140.06
汛期	2.21	2.26	24.43	40.83	1.17	1.59	0.65	1.93	4.92	0.42	80.40
全年	7.24	7.72	62.25	68.70	3.22	4.69	3.63	12.20	47.96	2.87	220.46
非汛期占年(%)	69	71	61	41	64	66	82	84	90	86	64
河段占全河(%)	3	3	28	31	1	2	2	6	22	1	100

2005 年头道拐以上、花园口以上和利津以上引水量分别为 145.91 亿、157.45 亿、217.59 亿 m^3，分别是相应站实测水量的 97%、66%和 116%，由此可见引水对干流水量影响较大。

二、流域泥沙配置情况

统计 2005 年中下游水沙配置情况(见表 5-2 和表 5-3)可以看出，2005 年 6 站(龙华河洑黑武)水沙量分别为 270.72 亿 m^3 和 2.88 亿 t，与 2000～2004 年平均水沙量相比，水量偏多 17%，沙量偏少 38%。2005 年利津水沙量分别为 184.25 亿 m^3 和 1.82 亿 t，与 1999～2004 年平均水沙量相比，水量偏多 76%，沙量偏多 21%。2005 年利津水沙量分别占 6 站 68%和 63%，较 2000～2004 年的 45%和 32%明显增加。

表 5-2　2005 年黄河中下游水量时空分布

时段(年-月)	6 站水量(亿 m^3)	区间耗水量(亿 m^3)		水库蓄水量(亿 m^3)		下游引水量(亿 m^3)	利津水量(亿 m^3)
		潼关以上	潼关—三门峡	龙羊峡、刘家峡	小浪底		
1950-11～1960-10	480.9	－4.5	2.9			27.8	463.9
1960-11～1964-10	594.5	－0.1	4.6			38.4	627.6
1964-11～1973-10	429.2	12.0	－8.2	5.5		39.7	397.2
1973-11～1980-10	398.4	1.1	2.5	－0.2		87.1	306.5
1980-11～1985-10	484.9	－3.3	6.6	－0.1		95.2	388.2
1985-11～1999-10	284.9	0.7	5.3	11.2		100.7	154.4
1950-11～1999-10	413.3	1.3	2.0	4.2		67.0	346.4
1999-11～2004-10	230.98	12.67	22.06	5.22	7.55	68.27	104.49
2004-11～2005-10	270.72	10.1	23.27	88.5	24.6	66.38	184.25
时段(年-月)		各项占 6 站水量的比例(%)					
1950-11～1960-10		－0.9	0.6	0	0	5.8	96.5
1960-11～1964-10		0	0.8	0	0	6.5	105.6
1964-11～1973-10		2.8	－1.9	1.3	0	9.2	92.5
1973-11～1980-10		0.3	0.6	0	0	21.9	76.9
1980-11～1985-10		－0.7	1.4	0	0	19.6	80.1
1985-11～1999-10		0.3	1.9	3.9	0	35.4	54.2
1950-11～1999-10		0.3	0.5	1.0	0	16.2	83.8
1999-11～2004-10		5.5	9.6	2.3	3.3	29.6	45.2
2004-11～2005-10		3.7	8.6	32.7	9.1	24.5	68.1

注： 1. 6 站为龙门、华县、河津、洑头、黑石关、武陟。
2. 数值为年均值。

2005 年中游潼关以上河道(小北干流、渭河下游、北洛河下游)、潼关—三门峡(三门峡库区)、小浪底库区、下游河道共冲刷泥沙 0.32 亿 t，各河段分配分别为－0.64 亿、－0.85 亿、3.20 亿、－2.03 亿 t。

2005 年下游引水量 66.38 亿 m^3，占 6 站水量的 24.5%，较 1999～2004 年的 29.6%明显降低。引沙量基本上是随引水量变化，2005 年引沙量 0.29 亿 t，占 6 站沙量的 10%。

表 5-3 黄河中下游泥沙时空分布

时段(年-月)	6站沙量(亿 t)	冲淤量(亿 t)				下游引沙量(亿 t)	利津沙量(亿 t)
		潼关以上	潼关—三门峡	小浪底水库	下游河道		
1950-11～1960-10	18.24	0.74	0	0	3.61	1.07	13.21
1960-11～1964-10	17.43	2.77	11.62	0	－5.78	0.79	11.23
1964-11～1973-10	17.14	3.05	－1.33	0	4.44	1.10	10.73
1973-11～1980-10	12.01	－0.05	0.27	0	1.47	1.85	8.23
1980-11～1985-10	8.31	－0.05	－0.27	0	－0.96	1.23	8.76
1985-11～1999-10	7.99	1.12	0.16	0	2.24	1.30	4.01
1950-11～1999-10	13.14	1.24	0.76	0	1.83	1.25	8.80
1999-11～2004-10	4.69	0.06	－0.10	3.6	－1.82	0.45	1.50
2004-11～2005-10	2.88	－0.64	－0.85	3.2	－2.03	0.29	1.82
时段(年-月)		各项占6站沙量的比例(%)					
1950-11～1960-10		4.1	0	0	19.8	5.9	72.4
1960-11～1964-10		15.9	66.7	0	－33.1	4.5	64.4
1964-11～1973-10		17.8	－7.8	0	25.9	6.4	62.6
1973-11～1980-10		－0.4	2.3	0	12.3	15.4	68.5
1980-11～1985-10		－0.6	－3.2	0	－11.6	14.8	105.4
1985-11～1999-10		14.0	2.0	0	28.0	16.3	50.2
1950-11～1999-10		9.5	5.8	0	14.0	9.5	67.0
1999-11～2004-10		1.3	－2.1	76.8	－38.8	9.6	32.0
2004-11～2005-10		－22.2	－29.5	111.1	－70.5	10.1	63.2

注：1. 6站为龙门、华县、河津、洑头、黑石关、武陟。
2. 数值为年均值。

第六章　近年来流域降雨及干流水沙变化的基本特点

一、不同时期流域降雨及水沙变化

统计不同时期黄河流域各地区降雨情况(见表 6-1)可以看出，2000～2004 年流域降雨虽然部分偏少，但偏少幅度不大，除兰州—头道拐和龙门—三门峡较长系列偏少 17%和 5%外，其他各区域变化不大。

表 6-1　黄河流域各地区各时期降雨量

时期	兰州以上		兰州—头道拐		头道拐—龙门	
	量值(mm)	较多年均值(%)	量值(mm)	较多年均值(%)	量值(mm)	较多年均值(%)
1950～1959	426.7	0	279.9	－1	470.0	8
1960～1969	437.5	2	306.6	8	464.4	7
1970～1979	432.6	1	301.1	6	433.3	－1
1980～1989	428.2	0	274.3	－3	412.1	－5
1990～1999	414.8	－3	282.0	－1	400.9	－8
2000～2004	433.2	1	236.8	－17	431.0	－1
1950～2004	428.7		284.1		435.7	
时期	龙门—三门峡		三门峡—花园口		花园口以上	
	量值(mm)	较多年均值(%)	量值(mm)	较多年均值(%)	量值(mm)	较多年均值(%)
1950～1959	597.5	7	699.6	4	460.8	3
1960～1969	595.8	7	694.8	3	472.3	6
1970～1979	547.5	－2	650.5	－4	449.0	0
1980～1989	556.1	0	703.8	4	443.8	－1
1990～1999	495.9	－11	622.1	－8	421.3	－6
2000～2004	530.4	－5	683.4	1	428.6	－4
1950～2004	558.3		674.5		447.5	

统计不同时期主要干流站水沙情况(见表 6-2)可以看出，2000～2004 年干流主要控制站的实测径流、输沙量大幅度减少，头道拐实测年径流、输沙量分别只有 123.9 亿 m^3 和 0.26 亿 t，分别偏少 51%和 75%；龙门实测年径流、输沙量分别只有 154.9 亿 m^3 和 2.4 亿 t，分别偏少 51%和 67%；花园口实测年径流、输沙量分别只有 208 亿 m^3 和 1.33 亿 t，分别较多年均值 460.4 亿 m^3 和 9.44 亿 t 偏少 55%和 86%。

表 6-2 黄河流域各时期径流量和沙量

水文站	项目	1956～1959	1960～1969	1970～1979	1980～1989	1990～1999	2000～2004	1956～2004
兰州	天然径流量	294.5	370.9	334.3	367	283.6	259.1	327.2
	较均值	－10	13	2	12	－13	－21	
	实测径流量	294.3	353.2	317.2	332.4	259.2	237.4	335.3
	较均值	－12	5	－5	－1	－23	－29	
	沙量	1.6	1	0.57	0.45	0.51	0.22	0.67
	较均值	139	49	－14	－33	－24	－68	
头道拐	天然径流量	299	370.3	336.9	374.1	286.2	244.2	328.4
	较均值	－9	13	3	14	－13	－26	
	实测径流量	217.4	266.4	229.6	237.4	158.8	123.9	251.6
	较均值	－14	6	－9	－6	－37	－51	
	沙量	1.49	1.79	1.13	0.97	0.42	0.26	1.03
	较均值	44	74	10	－6	－59	－75	
龙门	天然径流量	378.5	437.4	390.9	414.4	331.9	283.2	381.1
	较均值	－1	15	3	9	－13	－26	
	实测径流量	299.1	336.8	283.1	274.8	200.1	154.9	313.4
	较均值	－5	7	－10	－12	－36	－51	
	沙量	13.7	11.3	8.7	4.7	5.1	2.4	7.4
	较均值	84	52	17	－37	－31	－67	
三门峡	天然径流量	526.2	574.9	498.5	542.3	411.2	333.2	490.6
	较均值	7	17	2	11	－16	－32	
	实测径流量	427.5	455.1	356.7	362.8	243.8	208	414.5
	较均值	3	10	－14	－12	－41	－50	3
	沙量	21.58	11.56	14.01	8.5	7.59	4.29	10.7
	较均值	102	8	31	－21	－29	－60	
花园口	天然径流量	605.4	652.1	547	609	451.8	390.1	550.4
	较均值	10	18	－1	11	－18	－29	
	实测径流量	470.6	507.7	380.5	410.9	261.2	208	460.4
	较均值	2	10	－17	－11	－43	－55	
	沙量	18.54	11.14	12.35	7.77	6.9	1.33	9.44
	较均值	96	18	31	－18	－27	－86	

注：径流量单位为亿 m^3，沙量单位为亿 t，较均值以%计；均值指 1950～1985 年。

二、河龙区间(多沙粗沙区)降水—径流—泥沙关系变化分析

点绘头道拐—龙门年降水、径流、泥沙随着时间变化过程(图 6-1)，可以看出，1970 年前的基准期年降水量波动较大；20 世纪 70 ~ 80 年代，年降水量相对均衡，大部点据在 400 ~ 500 mm 波动；从总趋势来看 90 年代虽略有减小，2000 ~ 2005 年降水量又有所增加，也就是说，在河龙区间泥沙减少的时段还有较多的降水量，并没有出现单一的趋势性变化和连续特枯的降水时段。

1956 ~ 2004 年年径流量总趋势是减少的，1970 年前年径流波动较大，且没有单向增减的变化趋势；1970 年以后，总趋势是减少的。

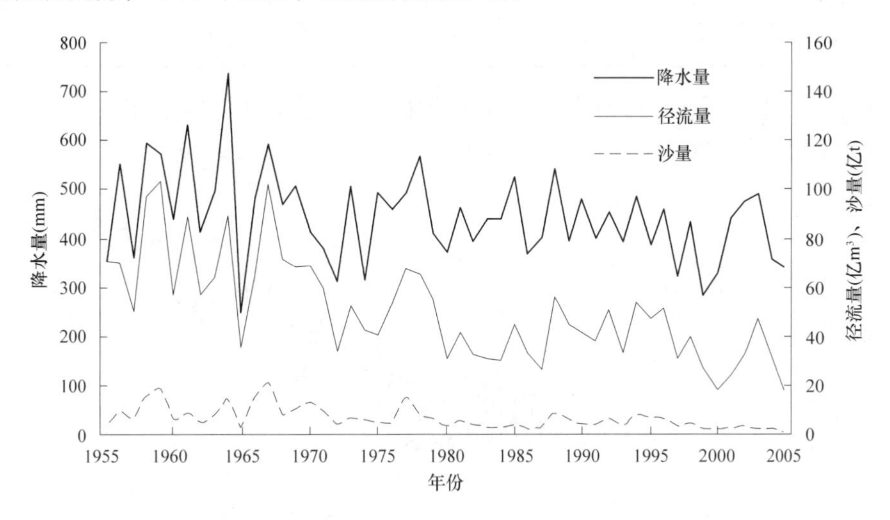

图 6-1　河龙区间年降水量、径流量、沙量过程

年沙量与年径流量变化基本同步，总体上呈减少趋势。1970 年以前，此区属治理较少的天然状况或称基准期，沙量点据上下波动很大，但总体上并无明显的单向增减变化趋势；1970 ~ 1986 年，随着这一地区的治理，特别是水坠筑坝技术的推广应用，修建了数以万计的水库和淤地坝，拦沙作用显著，泥沙呈减少趋势，且年际间波动幅度也减小，但不够稳定，1977 年区间遭遇较大暴雨，其年输沙量超过 15 亿 t，1980 ~ 1985 年输沙量明显减少，但自 1986 年以后，输沙量有增加趋势，其中 1988 年输沙量近 9 亿 t。自 1999 年入黄泥沙又明显趋减。在 50 多年的变化过程中，出现 1972 ~ 1976 年和 1980 ~ 1986 年两次丰枯相间的情况，枯沙期一般持续 5 ~ 6 年，1999 ~ 2005 年的枯沙期已持续 7 年，这种趋势是继续维持还是反弹令人关注。

2000 ~ 2004 年年均降水量只有 416 mm(见表 6-3)，较长系列(1956 ~ 2004 年)均值减少 4%；年径流量仅 31 亿 m^3，减少幅度达到 50%；年沙量 2.14 亿 t，减少幅度达到 66%。径流量、沙量减幅远大于降水量。

点绘 7 ~ 8 月降雨量—径流量关系可以看出(见图 6-2)，大致可以 1973 年来区分其变化规律，径流量随着降雨量的增大而增大，但在相同降雨条件下，1973 年前后明显的分成两组线，说明 1973 年后径流量减少了，但由于 1977 年遇大暴雨，局部地区还有垮坝现象，

表 6-3　河龙区间各时期年降水量、径流量、沙量

时期	降水量		径流量		沙量	
	数量(mm)	较均值(%)	数量(亿 m^3)	较均值(%)	数量(亿 t)	较均值(%)
1956 ~ 1959	491	8	81.7	32	12.21	92
1960 ~ 1969	464	7	70.4	14	9.51	49
1970 ~ 1979	433	0	53.5	– 13	7.57	19
1980 ~ 1989	412	– 5	37.4	– 39	3.73	– 41
1990 ~ 1999	401	– 7	41.3	– 33	4.68	– 27
2000 ~ 2004	416	– 4	31.0	– 50	2.14	– 66
1956 ~ 2004	433		61.8		6.37	0

所以点子偏上。也可看出，1973 年前出现大降雨量的年份较多，1973 年后大降雨量的年份减少了。同时可见 20 世纪 90 年代以后的关系与 1973 ~ 1989 年的关系变化不大。

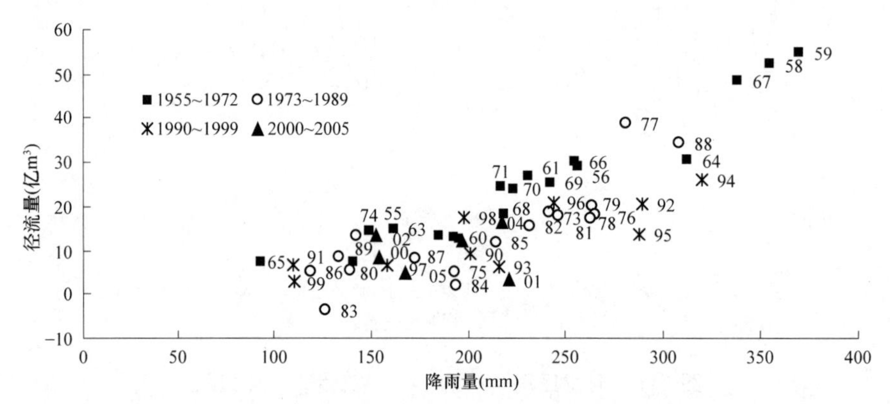

图 6-2　河龙区间 7 ~ 8 月径流量—降雨量关系

7 ~ 8 月水沙关系在进入 21 世纪后发生明显改变，同样水量条件下的输沙量显著减少(见图 6-3)。同样 15 亿 m^3 水 21 世纪前可输送 3 亿 ~ 4 亿 t 泥沙，现在只能输送 1 亿 ~ 2 亿 t，

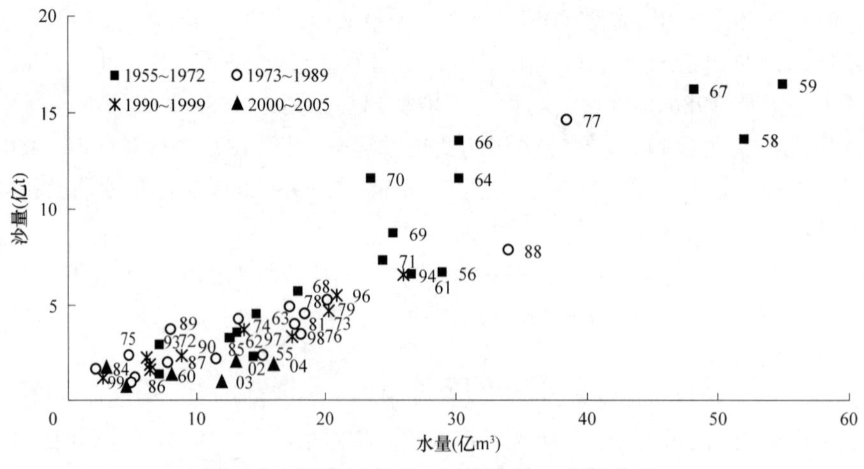

图 6-3　河龙区间 7 ~ 8 月沙量—水量关系

减少一半。导致水沙关系改变的原因可能与流量偏小、同时高含沙小洪水发生较多有关，这是需要开展深入系统研究的问题。

三、渭河降水—径流—泥沙关系变化

渭河流域降水量、水沙量从 20 世纪 90 年代以后有所减小(见表 6-4 和图 6-4)，20 世纪 90 年代和 2000 ~ 2005 年降水量都减少 8%，水沙量减幅也大于降水量，水量减幅分别为 36%和 31%，沙量减幅分别为 18%和 47%。汛期降雨量和水沙量的变化与年均情况不同(见表 6-5)，20 世纪 90 年代渭河汛期降雨量和水量偏少程度分别达到 12%和 42%，但到 2000 ~ 2005 年汛期降雨量基本恢复至多年平均水平，水量偏少程度也降至 23%，而沙量偏少，达到 50%。沙量变化与降雨和水不同步的原因不仅是人类活动的影响，还与近期降雨主要在 9 ~ 10 月增多、7 ~ 8 月未增多，以及降雨落区有关。如 2003 年出现“华西秋雨”天气，汛期降雨量达 534 mm，为 1956 年以来最大的一年，年降水量达 740 mm，仅次于 1964 年(799 mm)。

表 6-4　渭河华县各时期年降水量、水沙量

时期	降水量		水量		沙量	
	数量(mm)	较均值(%)	数量(亿 m^3)	较均值(%)	数量(亿 t)	较均值(%)
1956 ~ 1959	585	7	88.3	29	5.6	64
1960 ~ 1969	588	8	96.2	40	4.4	28
1970 ~ 1979	543	– 1	59.4	– 13	3.8	13
1980 ~ 1989	568	4	79.1	16	2.8	– 18
1990 ~ 1999	503	– 8	43.8	– 36	2.8	– 18
2000 ~ 2005	503	– 8	47.4	– 31	1.8	– 47
1956 ~ 2005	547		68.5		3.4	

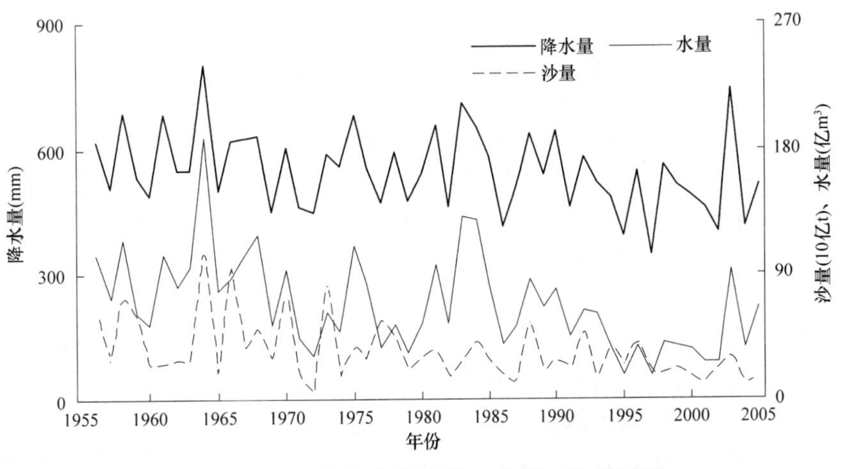

图 6-4　渭河华县年降水量、水量、沙量过程

表 6-5　渭河华县各时期汛期降雨量、水量、沙量

时期	降雨量		水量		沙量	
	数量(mm)	较均值(%)	数量(亿 m³)	较均值(%)	数量(亿 t)	较均值(%)
1956～1959	323	－3	53.3	28	5.0	67
1960～1969	364	9	53.7	29	3.9	30
1970～1979	337	1	37.9	－9	3.6	20
1980～1989	344	4	51.2	23	2.4	－20
1990～1999	292	－12	24.2	－42	2.4	－20
2000～2005	327	－2	32.0	－23	1.5	－50
1956～2005	332		41.5		3.0	

渭河流域面积大，各地区地理条件比较复杂，水、沙的产生特点也不尽相同，分区研究比较合理，但也需要从全流域的角度出发，宏观掌握渭河近期的变化情况，因此建立渭河华县汛期的径流量—降雨量关系(见图 6-5)。

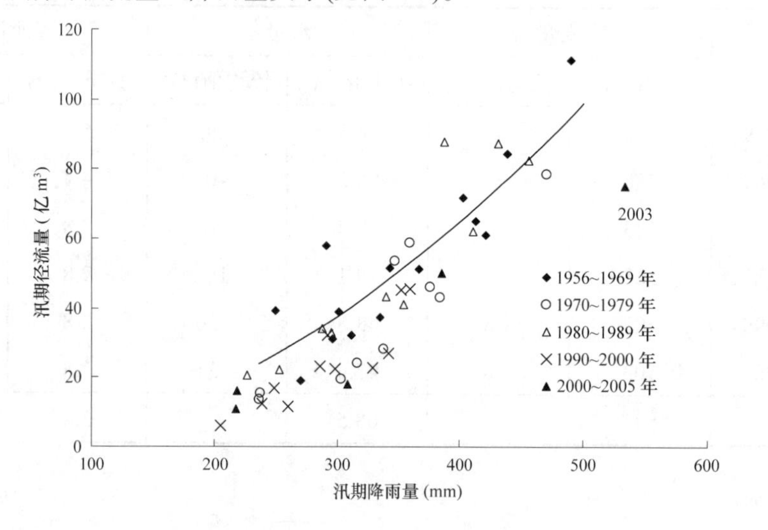

图 6-5　渭河华县汛期径流量—降雨量关系

由图 6-5 可见，渭河在水土保持综合治理前后的雨水关系也发生了一定变化，与治理前 1956～1969 年相比，治理后在汛期降雨量约小于 350 mm 时同样降雨量条件下的径流量明显偏少，20 世纪 90 年代以后仍保持这一特点，以降雨量 300 mm 为例，治理前平均情况径流量约 30 亿 m³，治理后只有 20 亿 m³ 左右；而当汛期降雨量超过 350 mm 后，治理前后的径流量相差不大，说明在中大降雨量条件下水土保持综合治理的减水作用有限。其中 2003 年的情况比较特殊，由图 6-5 可见，2003 年点子偏离点群较远，如果简单以平均情况估算，2003 年汛期的水量偏少 20 亿～30 亿 m³。由于该年是汛期降雨量最大的一年，无相同资料可以比较，因此只能是估算。2003 年 8 月暴雨中心位于马莲河流域世界银行贷款项目区内，该场洪水水保措施蓄水量为 1 772 万 m³，说明水土保持起到了一定的减水作用。2003 年水量偏少的原因需要进行全面、深入的分析。

第七章 主要认识

(1)2005 年汛期流域降雨较多，汛期降雨量与历年同期均值相比，大部分区域偏多10%～50%。但强降雨过程少，时空分布极不均匀，9 月份降雨占汛期 30%～40%；降雨区域主要集中在渭河区域、三花间和黄河下游，特别是金堤河和大汶河较多年偏多42%～50%。

(2)2005 年黄河流域干流仍然是枯水枯沙年。主要水量控制站唐乃亥、头道拐、龙华河洑、进入下游、花园口和利津站年水量分别为 249.03 亿、148.33 亿、240.84 亿、236.03亿、240.12 亿、184.25 亿 m^3，除唐乃亥偏多 22%外，其余偏少 34%～45%。主要来沙控制站龙华河洑和进入下游的年沙量分别仅 2.857 亿 t 和 0.468 亿 t,较多年偏少 78%和 96%。汛期水量占年的比例大部分站在 60%以下，特别是吴堡、小浪底和花园口不足 40%。

(3)2005 年洪水比较多，秋汛期洪峰流量比较大，上游唐乃亥和渭河洪水比较突出，中游河龙区间没有较大的洪水,龙门汛期最大流量仅 1 570 m^3/s,居历史同期倒数第一位。

上游唐乃亥最大洪峰流量 2 750 m^3/s(10 月 6 日 8 时)，为 1999 年以来的最大流量，并出现该站 1989 年以来最高水位。

渭河华县最大洪峰流量 4 820 m^3/s(10 月 4 日 9.5 时)，临潼洪峰流量 5 270 m^3/s(10 月2 日 15.2 时)，为 1981 年以来最大洪水，临潼出现建站以来的最高水位，华县出现建站以来的第二高水位，咸阳以下普遍漫滩，临潼以下大堤偎水，出现险情。

大汶河戴村坝最大洪峰流量 1 360 m^3/s(9 月 22 日 8 时),东平湖超过警界水位 0.07 m。

小浪底水库在渭河发生洪水期间进行三次防洪运用，花园口最大流量 3 640 m^3/s，出现比小浪底最大流量 2 380 m^3/s 增加 53%的异常现象。此外，6 月份进行了基于人工扰动方式和大空间尺度的首次调水调沙生产运行，不仅在小浪底库区塑造形成异重流排沙的水沙过程，而且下游实测了全程冲刷的预期目标。

8 月份利用兰托区间和晋陕区间的洪水，小北干流进行了历时 62 h 的放淤试验。

(4)2005 年 8 座主要水库较 2004 年多蓄水 114.4 亿 m^3，其中龙羊峡水库占 78%；小浪底水库占 22%。汛期多蓄水 176.65 亿 m^3，其中龙羊峡水库占 62%；小浪底水库占 26%。龙羊峡水库最高水位 2 596.84 m，较 1999 年以来的最高水位高出 15.76 m。

水库调蓄对干流水流影响比较大。如果没有龙刘两库调节，头道拐水量 236.83 亿m^3，较实测水量 148.33 亿 m^3 增加 60%，同时汛期占全年比例由实测的 41%提高到 76%。如果没有龙羊峡、刘家峡和小浪底水库调节，花园口水量 353.22 亿 m^3，较实测 240.12亿 m^3 增加 47%，同时汛期占全年比例由实测的 39%提高到 74%。

初步还原龙羊峡和小浪底水库调节的日流量过程，如果没有龙羊峡水库调蓄，花园口最大日流量将为 4 556 m^3/s(10 月 23 日)，较实测 2 280 m^3/s 增加 99%；如果没有龙羊峡和小浪底水库共同调蓄，花园口最大日流量将为 6 235 m^3/s(10 月 4 日)，是实测 2 600 m^3/s的 2.4 倍。

(5)2005 年黄河干流引水 220.46 亿 m^3，非汛期引水较多，占年引水量的 64%，主要集中在 4～7 月，占全年引水量的 59%。下河沿—石嘴山、石嘴山—头道拐和高村—利津河段引水比较多，分别占全河引水量的 28%、31%和 22%。

引水对干流水量影响较大，头道拐以上、花园口以上引水量分别为 145.91 亿、157.45 亿 m^3，分别占两站实测水量的 97%、66%。

(6)2005 年中下游 6 站(龙华河洑黑武)水量 270.72 亿 m^3，其中 68%进入河口地区(利津)，25%由黄河下游引出；2005 年 6 站沙量 2.88 亿 t，中游潼关以上(小北干流、渭河下游、北洛河下游)、潼关—三门峡(三门峡库区)、小浪底库区、下游河道共冲刷泥沙 0.32 亿 t，各河段分配为– 0.64 亿、– 0.85 亿、3.20 亿、– 2.03 亿 t。

(7)小浪底水库运用以来的 2000 ~ 2004 年，头道拐、龙门、三门峡和花园口降雨减少 5% ~ 17%，天然径流减少 26% ~ 32%，实测水量减少幅度达 50% ~ 55%，实测沙量减少幅度达 60% ~ 86%。沙量减少幅度远大于实测水量，而实测水量减少幅度大于天然径流，天然径流减少幅度又大于降雨。

(8)黄河中游河龙区间和渭河华县以上，降雨—径流关系在水保治理前后发生变化，同样降雨量条件下，径流量有所减少，但发生大暴雨时变化不明显。河龙区间水沙关系在进入 21 世纪后发生明显变化，同样水量条件下沙量减少近一半。

第二专题　河龙区间水土保持措施的减沙效益分析

从 1988 年至今，黄河中游水沙变化研究已进行了大量工作，取得了丰硕的研究成果。水利部黄河水沙变化研究基金、黄河流域水土保持科研基金、国家自然科学基金(统称“三大基金”)、“八五”国家重点科技攻关项目(85-926-03-01)、黄河水利委员会黄河上中游管理局“八五”重点课题等项研究，硕果累累。在以往研究中，对于黄河中游水土保持措施减水减沙作用，侧重于各单项水土保持措施减沙效果的分析和计算成果的综合评价，对水土保持措施相关参数与水利水土保持措施减沙效益关系、淤地坝面积比与减沙比关系、水土保持措施对泥沙粒径的影响等问题研究很少。本专题报告对以上问题进行了研究。

第一章　研究区域水文泥沙概况

黄河中游河口镇—龙门区间(简称河龙区间)是黄河流域水土流失最为严重的地区。这里黄土层深厚，土质疏松，地形破碎，沟壑纵横，植被稀少，而且暴雨集中，暴雨强度很大，泥沙粒径粗，是黄河中游洪水及粗泥沙的集中来源区。河龙区间干流全长 725.1 km，总面积约 11.3 万 km^2，其中土壤侵蚀模数大于 5 000 t/(km^2·a)的面积 6.93 万 km^2；多沙粗沙区面积 5.99 万 km^2；粗泥沙集中来源区面积 1.88 万 km^2。河龙区间多年平均(1950 ~ 2004 年)径流量 47.4 亿 m^3，多年平均输沙量 5.754 亿 t。其中大规模治理以前(1950 ~ 1969 年)多年平均径流量 73.25 亿 m^3，占三门峡以上对应的多年平均径流量 438 亿 m^3 的 16.7%；多年平均输沙量 9.940 5 亿 t，占三门峡以上对应的多年平均输沙量 14.416 亿 t 的 69.0%；大于 0.05 mm 的粗泥沙约占总输沙量的 41.6%，是造成黄河下游河床淤积的主要粗沙来源区。有关研究表明，河龙区间洪水出现几率只有黄河下游洪水几率的 10%，但造成黄河下游泥沙淤积量却占下游总淤积量的 40% ~ 60%。因此，控制和减少该区间的洪水、泥沙，特别是粗颗粒泥沙，是黄河下游防洪减淤的根本途径。

多年的实践表明，水土保持综合治理措施是减少入黄泥沙的根本措施，是实现黄河下游“河床不抬高”的治本之举。根据水利部第二期黄河水沙变化研究基金项目“河龙区间水土保持措施减水减沙作用分析”研究成果，截至 1996 年，河龙区间(含未控区)水土保持治理措施保存面积 333.22 万 hm^2，其中梯田 48.59 万 hm^2，林地 253.73 万 hm^2，草地 24.08 万 hm^2，坝地 6.82 万 hm^2，水土流失治理度为 40%。1970 ~ 1996 年因水土保持措施综合治理年均减少入黄泥沙 2.4 亿 t。

河龙区间晋西北片系指山西省吕梁山脊以西、河龙区间以东的广大地区，其中包括绝大部分属于内蒙古的浑河流域。该区总面积约 2.93 万 km^2，其中水土流失面积 1.774 万 km^2。除浑河、偏关河、县川河、朱家川、岚漪河、蔚汾河、湫水河和三川河等 8 条支流控制的 2.17 万 km^2 区域以外，还有 7 577 km^2 的未控区。晋西北片多年平均(1956 ~ 1996 年)径流量 7.7 亿 m^3，多年平均输沙量 1.132 亿 t，分别占河龙区间对应的多年平均径流量和多年平均输沙量的 13.7%和 15.5%。

晋西北片大部分属于黄土丘陵沟壑区，另有部分缓坡风沙区及少量的土石山区。黄土丘陵沟壑区北起山西省偏关县，自北向南涉及河曲、保德、兴县、临县、离石、中阳等县(市)，包括偏关河、县川河、朱家川、蔚汾河、湫水河和三川河。该类型区丘陵起伏，沟壑纵横，地形支离破碎，土质疏松，植被稀少；年均降水量 460 mm 左右，主要集中在汛期，汛期降雨量占全年降水量的 75%，降水在年内、年际的分配都极不均匀。水土流失十分严重，平均侵蚀模数 8 000 ~ 12 000 t/(km^2·a)，每年向黄河输送大量的泥沙。缓坡风沙区主要分布在右玉、平鲁、神池、五寨及岢岚等县(区)，水蚀和风蚀均较严重，植被稀少，气候干旱，属西北沙漠区的边缘地区，年均降水量 400 mm 左右，平均侵蚀模数 2 000 ~ 4 000 t/(km^2·a)。土石山区主要分布在吕梁山较高的山脊周围地区，山势陡峭，石厚土薄，植被较好，年均降水量在 520 ~ 680 mm，夏季降水多以暴雨形式出现，易引起山洪及形成泥石流，土壤多属壤质或沙壤质，平均侵蚀模数为 2 500 ~ 4 000 t/(km^2·a)。

截至 1996 年，晋西北片(含未控区)水土保持治理措施保存面积 81.8 万 hm^2，其中梯田 15.3 万 hm^2，林地 61.6 万 hm^2，草地 3.15 万 hm^2，坝地 1.75 万 hm^2，水土流失治理度为 47%。

河龙区间陕北片包括黄河北干流右岸的清涧河、无定河、佳芦河、秃尾河、窟野河、孤山川、皇甫川等 7 条较大的入黄一级支流，流域总面积约 5.2 万 km^2(其中水文站控制面积约 5.06 万 km^2)，未控区面积 8 700 km^2；研究区域面积合计 6.07 万 km^2，水土流失面积 5.051 万 km^2。陕北片多年平均(1954～1996 年)径流量 27.64 亿 m^3，多年平均输沙量 3.994 5 亿 t，占河龙区间对应的多年平均径流量的 49.2%，多年平均输沙量的 54.7%。

陕北片涉及内蒙古自治区的鄂尔多斯市、陕西省的榆林市和延安市，共计 21 个县(旗、区)，是黄河中游水土流失最为严重、治理难度最大的地区，也是黄河粗泥沙的集中来源区，多年平均侵蚀模数在 10 000 t/(km^2·a)左右。侵蚀地貌类型复杂，从宏观上看，水力侵蚀、重力侵蚀和风力侵蚀是主要的水土流失类型。侵蚀强度大，尤其是皇甫川、孤山川及窟野河、佳芦河和无定河下游一带，侵蚀模数达 15 000 t/(km^2·a)以上；窟野河下游(面积 1 347 km^2)流域侵蚀模数高达 37 500 t/(km^2·a)；佳芦河(水文站控制面积 1 121 km^2)的输沙模数达 68 700 t/(km^2·a)(1970 年)。强烈的土壤侵蚀使河流含沙量普遍较高，皇甫川、孤山川、窟野河、佳芦河、无定河、清涧河等 6 条支流多年平均(1954～1996 年)含沙量分别为 317、254、169.5、225、109、253 kg/m^3，皇甫川曾有含沙量 1 570 kg/m^3 的记录。截至 1996 年，陕北片(含未控区)水土保持治理措施保存面积 191.88 万 hm^2，其中梯田 21.14 万 hm^2，林地 151.7 万 hm^2，草地 15.26 万 hm^2，坝地 3.78 万 hm^2，水土流失治理度为 38%。

河龙区间水系分布见图 1-1。

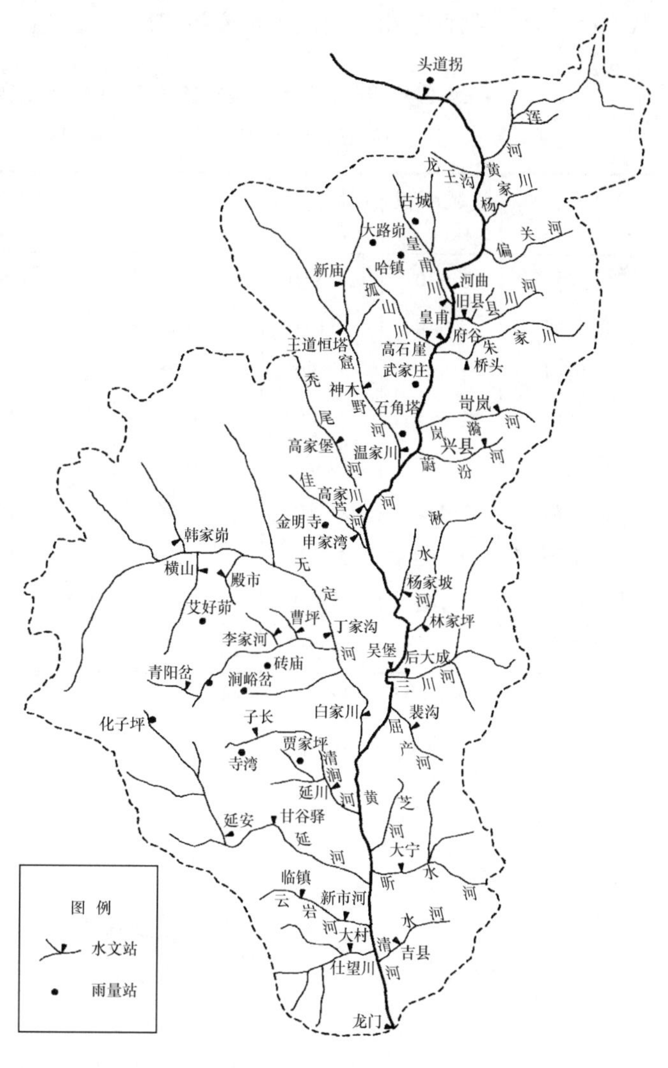

图 1-1　黄河中游河龙区间水系分布

第二章　坝库参数与减沙效益关系分析

一、晋西北片坝库参数与减沙效益关系

(一)坝库控制面积比与减沙效益关系

根据黄河水利委员会黄河上中游管理局“八五”重点课题“黄河中游河口镇至龙门区间水土保持措施减洪减沙效益研究”和水利部黄河水沙变化研究基金第二期项目“河龙区间水土保持措施减水减沙作用分析”的基本资料，整理得到河龙区间晋西北片 8 条支流截至 1989 年坝库工程基本参数和 1970～1989 年水利水土保持措施年均减沙效益等数据(表 2-1)。据此绘出晋西北片坝库控制面积比与减沙效益关系见图 2-1。

表 2-1　晋西北片 8 条支流截至 1989 年坝库工程基本参数和 1970～1989 年水利水土保持措施年均减沙效益

河流	流域面积 (km^2)	坝库库容 (万 m^3)	单位面积库容 (万 m^3/km^2)	坝库控制面积 (km^2)	坝库控制面积比(%)	减沙效益 (%)
浑河	5 530	11 310	2.04	1 538	27.8	45.8
偏关河	2 040	318	0.16	89	4.4	16.2
县川河	1 587	2 780	1.75	235	14.8	22.6
朱家川	2 915	2 400	0.82	266	9.1	18.3
岚漪河	2 167	988	0.46	320	14.8	19.5
蔚汾河	1 478	2 310	1.56	341	23.1	24.6
湫水河	1 989	3 370	1.69	456	22.9	25.0
三川河	4 161	4 070	0.98	740	17.7	30.0
合计或平均	21 867	27 546	1.18	3 985	16.8	25.3

注：减沙效益=水利水保措施减沙量/(实测输沙量+水利水保措施减沙量)×100%。

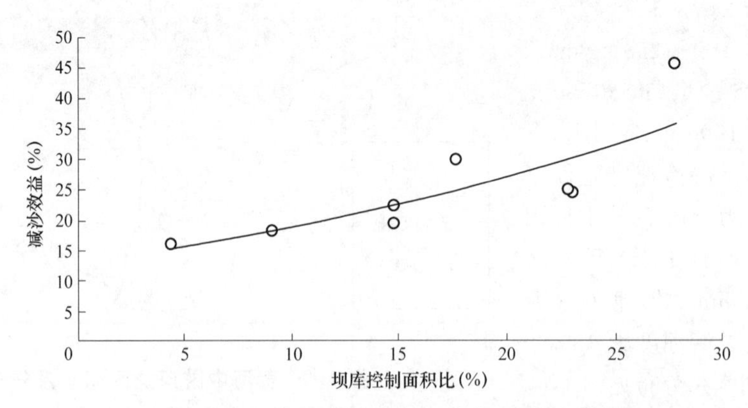

图 2-1　晋西北片坝库控制面积比与减沙效益关系

由图 2-1 可知，晋西北片 8 条支流坝库控制面积比与减沙效益之间为指数函数关系，其关系式为

$$y=13.049e^{0.0362x} \tag{2-1}$$

式中：y 为水利水土保持措施年均减沙效益(%)；x 为坝库控制面积比(%)，即坝库控制面积占流域面积的百分比；e 为自然对数的底。

式(2-1)相关系数 $R=0.86$，说明两者关系较好。随着坝库控制面积比的增大，减沙效益呈增大趋势，两者为正相关关系。由式(2-1)求出当坝库控制面积比 x=10%时，减沙效益 y=18.7%；当 x=0 时，y 约为 13.0%。说明晋西北片若没有坝库工程，则水土保持坡面治理措施和水利措施年均减沙效益的下限值累计约为 13%。根据晋西北片 8 条支流"水保法"减沙效益计算结果，1970～1989 年水土保持坡面治理措施减沙效益平均值仅为 8.0%。因此，要迅速提高流域减沙效益，必须将水土保持综合治理、坡面治理措施和沟道坝库工程相结合才能取得较好的减沙效果。

(二)坝库单位面积库容与减沙效益关系

晋西北片坝库单位面积库容与减沙效益关系见图 2-2。两者也为指数函数关系。其关系式为

$$y=15.662e^{0.3613x} \tag{2-2}$$

式中：y 为水利水土保持措施年均减沙效益(%)；x 为坝库单位面积库容，万 m^3/km^2，单位面积指单位流域面积。

式(2-2)相关系数 $R=0.75$，说明两者关系较差。随着坝库单位面积库容的增大，减沙效益也呈增大趋势，两者仍为正相关关系。

由式(2-2)求出当坝库单位面积库容 x=1 万 m^3/km^2 时，减沙效益 y=22.5%；当 x=2 万 m^3/km^2 时，y=32.3%。说明晋西北片坝库单位面积库容每提高 1 万 m^3/km^2，减沙效益即可提高约 10%。

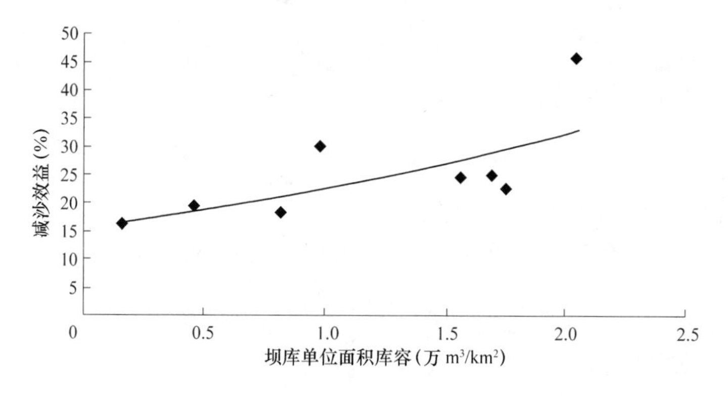

图 2-2　晋西北片坝库单位面积库容与减沙效益关系

二、陕北片坝库参数与减沙效益关系

(一)坝库控制面积比与减沙效益关系

根据水利部黄河水沙变化研究基金第二期项目"河龙区间水土保持措施减水减沙作

用分析”收集的基本资料，补充最新资料，计算得到河龙区间陕北片 7 条支流截至 2004 年坝库工程基本参数和 1970～2004 年水利水土保持措施年均减沙效益等数据，见表 2-2。据此绘制陕北片坝库控制面积比与减沙效益关系见图 2-3。

表 2-2　陕北片 7 条支流截至 2004 年坝库工程基本参数和 1970～2004 年水利水土保持措施年均减沙效益

河 流	粗泥沙集中来源区面积(km^2)	坝库库容(万 m^3)	坝库单位面积库容(万 m^3/km^2)	坝库控制面积(km^2)	坝库控制面积比(%)	减沙效益(%)
皇甫川	3 195(3 246)	23 324	7.3	1 521	47.6	24.6
孤山川	1 268(1 272)	9 890	7.8	586	46.2	22.5
窟野河	4 001(8 706)	30 010	7.5	1 632	40.8	21.8
秃尾河	1 088(3 294)	10 336	9.5	462	42.5	25.2
佳芦河	932(1 134)	16 124	17.3	674	72.3	40.5
无定河	5 253(30 261)	94 554	18.0	3 976	75.7	45.2
清涧河	0(4 080)	60 300	14.8	3 050	74.8	38.7
合计或平均	15 737(51 993)	244 538	11.7	11 901	57.1	31.2

注：括号内为流域面积。清涧河流域坝库工程基本参数计算采用流域面积。

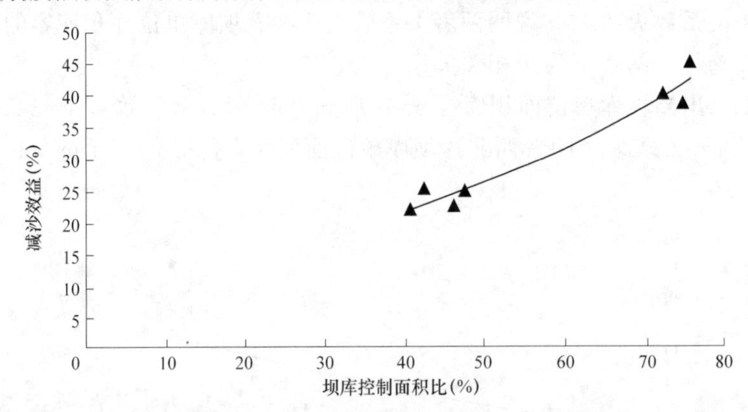

图 2-3　陕北片坝库控制面积比与减沙效益关系

由此看出，陕北片 7 条支流坝库控制面积比与减沙效益关系同晋西北片一样，也为指数函数关系，其关系式为

$$y = 10.303e^{0.0187x} \tag{2-3}$$

式中：y 为水利水土保持措施年均减沙效益(%)；x 为坝库控制面积比(%)；e 为自然对数的底。

式(2-3)的相关系数 R=0.98。

显然，陕北片各支流的坝库控制面积比与减沙效益关系要比晋西北片好得多。随着坝库控制面积比的增大，减沙效益也明显增大，两者为正相关关系。减沙效益的增幅基本上与坝库控制面积比的增幅同步，说明只要提高坝库控制面积比，各支流减沙效益将迅速增大。认识陕北片各支流坝库控制面积比与减沙效益关系的这一重要特点，对该区域大规模开展淤地坝建设具有重要的指导意义。

由式(2-3)可推算出当坝库控制面积比 x=10%时，减沙效益 y=12.4%，此值比晋西北片对应值减小了约 6 个百分点；当坝库控制面积比 x=0(即没有坝库工程)时，减沙效益 y 只有 10.3%，此值即为水土保持坡面治理措施和水利措施减沙效益的下限值，此值比晋西北片对应值减小了约 3 个百分点。根据表 2-2 计算结果，7 条支流平均减沙效益为 31.2%，则陕北片坝库工程平均产生的减沙效益为 20.9%，约为 21%。根据陕北片 7 条支流"水保法"减沙效益计算结果，1970～2004 年水土保持坡面治理措施减沙效益平均值为 9.2%。因此，陕北片的减沙效益主要是由坝库工程产生的；坝库工程对水利水土保持措施减沙效益的贡献率最大。实施水土保持生态建设，坝库工程应当先行。

(二)坝库单位面积库容与减沙效益关系

陕北片坝库单位面积库容与减沙效益关系见图 2-4。两者呈很好的线性正相关关系，其关系式为

$$y = 2.027\,5x + 7.406\,1 \tag{2-4}$$

式中：y 为水利水土保持措施减沙效益(%)；x 为坝库单位面积库容，万 m^3/km^2。

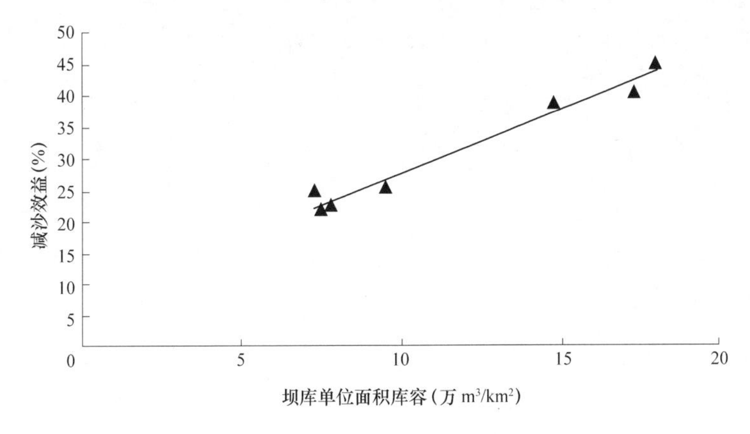

图 2-4　陕北片坝库单位面积库容与减沙效益关系

式(2-4)的相关系数 R=0.99。由式(2-4)不难推出：

(1)减沙效益 y 提高 10%，坝库单位面积库容 x 需要提高 5 万 m^3/km^2。

(2)当减沙效益为 20%时，对应的坝库单位面积库容为 6.2 万 m^3/km^2；当减沙效益为 40%时，对应的坝库单位面积库容为 16 万 m^3/km^2。因此，在水土流失特别严重的陕北片，要使流域水土保持综合治理减沙效益达到 20%以上，除了配置相应的坡面治理措施，坝库单位面积库容应在 6 万 m^3/km^2 以上。

图 2-3、图 2-4 有一个共同特点，点据分布在相关曲线的两头。根据统计，陕北片由北向南，坝库单位面积库容增大，水利水土保持措施减沙效益也随之明显提高。北部的"两川两河"(即皇甫川、孤山川、窟野河、秃尾河)，由于坝库单位面积库容只有 7 万～10 万 m^3/km^2，减沙效益为 21%～25%；南部的佳芦河、无定河和清涧河，由于坝库单位

面积库容达到了 15 万 ~ 18 万 m^3/km^2，比北部增大了 8 万 m^3/km^2，减沙效益高达 40%左右，由此形成点据两头分布。由以上研究可以推断，在黄河中游多沙粗沙区，要实现 40%左右的减沙效益，坝库单位面积库容应达到 16 万 m^3/km^2 以上。因此，加强陕北片“两川两河”的坝库工程建设势在必然。

根据张胜利等的研究，长期有效地保持坝库单位面积库容是实现流域洪水控制的关键。对于河龙区间陕北片，这一控制条件的具体指标为：控制一次 100 mm 降水量对应的洪水(洪水频率为 2%，相当于 50 年一遇)，吴堡以南支流所需坝库单位面积库容至少为 7 万 m^3/km^2，吴堡以北支流所需坝库单位面积库容至少为 15 万 m^3/km^2；流域治理度在 20%左右。

根据上述研究成果，结合本次研究的结论可以推断，在水土流失特别严重的陕北片，要使流域水土保持综合治理减沙效益达到 20%(佳芦河以南支流) ~ 40%(佳芦河以北支流)，同时控制一次 100 mm 降水量对应的洪水，除了配置相应的坡面治理措施，坝库单位面积库容应达到 6 万(佳芦河以南支流) ~ 16 万 m^3/km^2(佳芦河以北支流)。这对陕北片合理进行流域坝系规划以及实现坝库蓄洪拦沙效益的可持续性，具有十分重要的指导意义。

第三章　水土流失治理度与减沙效益关系分析

根据水利部黄河水沙变化研究基金第二期项目“河龙区间水土保持措施减水减沙作用分析”中“水保法”年均减沙效益(1970～1996 年)计算成果，统计各支流截至 1996 年水土保持治理措施保存面积(含未控区)和水土流失面积，计算各支流的水土流失治理度，得到河龙区间 20 条支流截至 1996 年水土流失治理度与减沙效益数据(表 3-1)。据此点绘河龙区间各支流水土流失治理度与减沙效益关系见图 3-1。由图 3-1 可以看出，河龙区间各支流水土流失治理度与减沙效益关系明显分为两个区。

表 3-1　河龙区间 20 条支流截至 1996 年水土流失治理度与减沙效益计算结果

河　流	水保措施保存面积(万 hm^2)	水土流失面积(km^2)	水土流失治理度(%)	“水保法”年均减沙效益(%)
皇甫川	12.12	3 068	39.5	13.9
孤山川	3.97	1 148	34.6	16.7
窟野河	19.2	8 305	23.1	8.3
秃尾河	12.27	2 965	41.4	25.2
佳芦河	6.03	1 125	53.6	34.5
汾川河	7.56	1 528	49.5	29.5
仕望川	5.6	1 691	33.1	15.5
偏关河	7.73	1 822	42.4	20.9
县川河	6.85	1 326	51.7	28.1
岚漪河	8.29	1 857	44.6	22.2
蔚汾河	5.35(8.55)	1 143	46.8(74.8)	26.4
无定河	130.65	29 893	43.7	43.0
清涧河	11.07	4 006	27.6	28.1
延河	24.17	7 127	33.9	33.0
浑河	16.98	4 619	36.8	41.7
朱家川	9.0	2 398	37.5	33.1
湫水河	7.71	1 776	43.4	36.7
三川河	14.04	2 800	50.1	44.2
屈产河	1.91(6.17)	1 055	18.1(58.5)	18.3
昕水河	10.54	3 700	28.5	25.2
合计或平均	321.04	83 352	39.0	27.2

注：1. 蔚汾河和屈产河水保措施保存面积一栏中，括号外数字为已控区保存面积，括号内数字为全部保存面积(含未控区)，治理度一栏括号内外的数字与之对应。
2. 水土流失治理度=水土保持治理措施保存面积/水土流失面积 × 100%。
3. “水保法”年均减沙效益=“水保法”减沙量/(实测输沙量+“水保法”减沙量) × 100%。
4. “水保法”减沙量= 水利水保措施减沙量 ± 河道冲淤量–人为新增水土流失量。其中河道冲淤量淤积为+，冲刷为–。

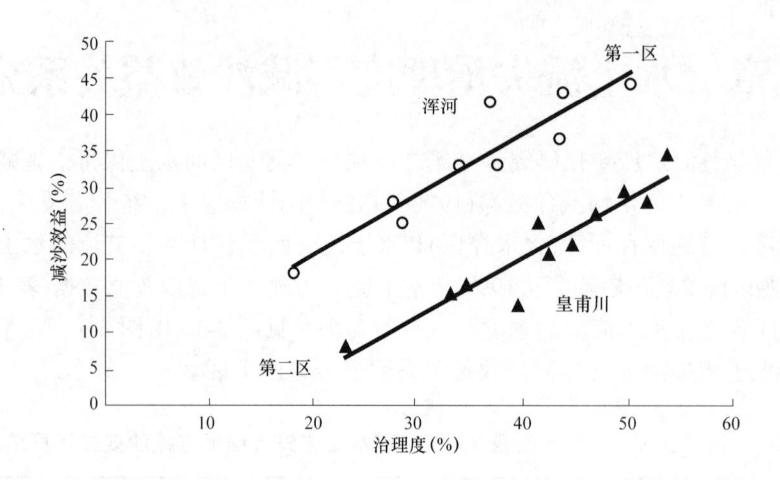

图 3-1　河龙区间各支流水土流失治理度与减沙效益关系

第一区：包括无定河、清涧河、延河、浑河、朱家川、湫水河、三川河、屈产河和昕水河等 9 条支流，其线性关系式为

$$y = 0.830\,2x + 4.219\,3 \tag{3-1}$$

式中：y 为“水保法”年均减沙效益(%)；x 为水土流失治理度(%)。

式(3-1)的相关系数 R=0.93，说明这一区水土流失治理度与减沙效益关系十分密切。

第二区：包括皇甫川、孤山川、窟野河、秃尾河、佳芦河、汾川河、仕望川、偏关河、县川河、岚漪河、蔚汾河等 11 条支流，其线性关系式为

$$y = 0.807\,3x - 11.854 \tag{3-2}$$

式(3-2)的相关系数 R=0.94，说明这一区水土流失治理度与减沙效益关系比第一区更为密切。

由式(3-1)、式(3-2)可知，河龙区间水土流失治理度与减沙效益两者呈正相关关系，治理度越高，减沙效益越大。图 3-1 中的两条直线近似平行(斜率基本相等)，说明两个区单位治理度的减沙效益基本相等。在相同的治理度下，第一区的减沙效益平均高出第二区 16 个百分点，说明第二区的治理难度大于第一区。

此外，由式(3-2)可知，当第二区的治理度小于 15%时，基本没有减沙效益。第二区大部分支流位于陕北片和晋西北片中部，基本为黄土丘陵沟壑区，水土流失极为严重，治理难度相当大。尤其是“两川两河”，要想取得 10%以上的减沙效益，治理度至少应在 30%以上。因此，该区水土流失综合治理任重道远。由于该流域淤地坝等主要水土保持治理措施都集中在黄土丘陵沟壑区的十里长川等地，纳林川沙圪堵以上的砒砂岩地区因治理难度较大，水土保持措施尤其是坝库工程较少，但其又是该流域泥沙的主要来源地，因而减沙效益偏小。

第四章　淤地坝面积比与减沙比关系分析

一、河龙区间

水土保持措施面积比是指某一单项水土保持措施保存面积占四大水土保持措施(梯田、林地、草地、坝地)总体保存面积的百分比；水土保持措施减沙比是指某一单项水土保持措施减沙量占四大水土保持措施减沙总量的百分比。河龙区间水土保持措施面积比及减沙比计算成果见表 4-1；不同年代水土保持措施面积比及减沙比柱状图分别见图 4-1、图 4-2。

表 4-1　河龙区间水土保持措施面积比(%)及减沙比(%)计算成果

年代	项目	梯田	林地	草地	坝地
1969 年以前	面积比	20.3	67.2	10.1	2.4
	减沙比	9.0	15.8	3.0	72.2
1970 ~ 1979	面积比	19.6	69.2	8.1	3.1
	减沙比	6.4	12.2	1.4	80.0
1980 ~ 1989	面积比	14.9	74.4	8.2	2.5
	减沙比	7.7	26.8	2.2	63.3
1990 ~ 1996	面积比	14.0	76.3	7.6	2.1
	减沙比	10.0	38.8	3.6	47.6

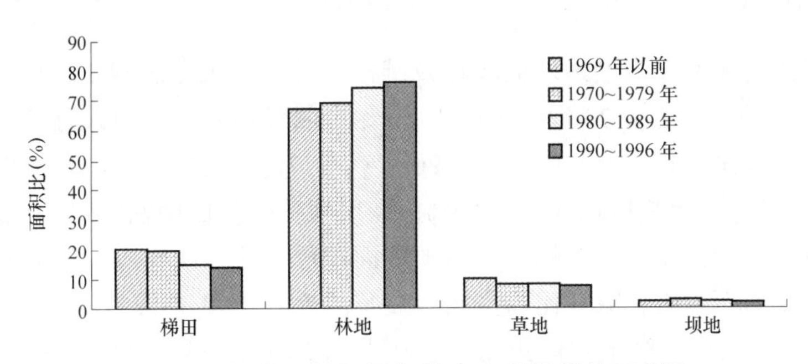

图 4-1　河龙区间不同年代水土保持措施面积比

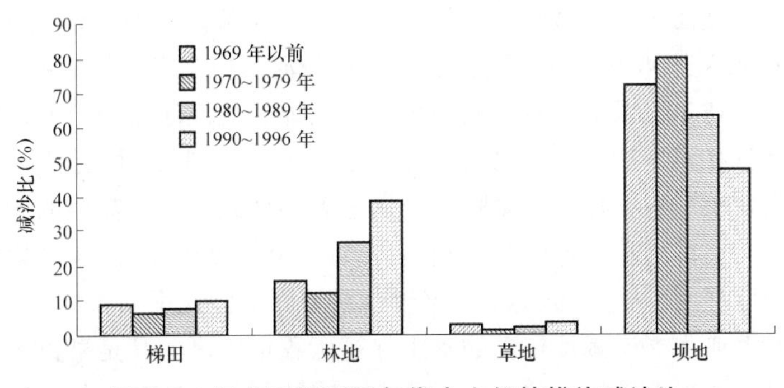

图 4-2　河龙区间不同年代水土保持措施减沙比

由此可以看出，自20世纪70年代开始，河龙区间水土保持措施的面积比从大到小依次是林地、梯田、草地及坝地；减沙比从大到小依次是坝地、林地、梯田和草地。其中梯田和坝地的面积比依时序下降，林地的面积比依时序逐步上升，草地的面积比依时序波动下降。

河龙区间水土保持措施的减沙比与面积比的关系比较复杂。就单项水土保持措施而言，梯田的面积比从20世纪70年代的19.6%下降为90年代的14.0%，下降了5.6个百分点，但对应的减沙比却由70年代的6.4%上升为20世纪90年代的10.0%，上升了3.6个百分点。减沙比与面积比呈相反的变化趋势，可能是由于梯田的质量和标准不断提高，减沙能力增大。林地的面积比由70年代的69.2%上升为90年代的76.3%，上升了7.1个百分点，对应的减沙比由70年代的12.2%上升为90年代的38.8%，上升了26.6个百分点。林地减沙比与面积比呈正比关系，减沙比增幅是面积比增幅的3.75倍，减沙作用比较明显。草地的减沙作用微弱。尽管草地的面积比在90年代比70年代下降0.5个百分点的情况下，对应的减沙比上升了2.2个百分点，但各年代减沙比最大值仅为3.6%，仍在4%以下。坝地的减沙比与面积比呈正比关系，面积比从70年代的3.1%下降为90年代的2.1%，只下降了1.0个百分点，对应的减沙比却由70年代的80.0%下降为90年代的47.6%，下降了32.4个百分点，坝地的减沙作用衰减非常突出；坝地面积比的较小变化能引起其减沙比的较大变化。

此外，表4-1的计算成果同时表明，当河龙区间坝地的面积比保持在2%左右时，其减沙比即可保持在45%以上。因此，为有效、快速地减少入黄泥沙，河龙区间水土保持措施应采用以淤地坝为主的工程措施与坡面措施相结合的综合配置模式；淤地坝的面积比应保持在2%以上。

二、典型支流

河龙区间四大典型支流淤地坝面积比及减沙比计算成果见表4-2；两者对应的柱状图分别见图4-3、图4-4。从20世纪70年代开始，四大典型支流中只有皇甫川流域淤地坝的面积比和减沙比呈同步上升的趋势：90年代与70年代相比，在淤地坝面积比增大34.6%的情况下，减沙比相应增大了48.3%，高出坝地面积比增幅13.7个百分点。坝地减沙比增幅明显大于其面积比增幅，说明坝地面积增大的减沙响应更为强烈。其余三大典型支流淤地坝的面积比和减沙比均呈同步衰减的趋势：90年代与70年代相比，窟野河、无定河、三川河流域淤地坝面积比分别减小了26.7%、33.3%和25.0%，减沙比分别减小了18.9%、60.9%和21.0%。

从各支流淤地坝面积比与减沙比的关系看，皇甫川流域只要淤地坝面积比达到2%以上，减沙比即可达到40%，减沙效益明显；窟野河流域当淤地坝面积比达到1%以上时，减沙比可以达到40%以上，减沙效益也十分明显；无定河流域当淤地坝面积比达到1.5%以上时，减沙比可以达到30%以上；三川河流域当淤地坝面积比达到4%左右时，减沙比可以达到75%左右。显然，窟野河流域达到同样减沙比所需要的淤地坝面积比最低，三川河最高，皇甫川和无定河基本相当。就1970～1996年27年平均情况而言，当四大典型支流淤地坝面积比平均达到2.5%时，淤地坝减沙比平均可以达到60%。因此，淤地坝依然是四大典型支流减沙首选的水土保持工程措施。尤其是皇甫川流域，来自沙圪堵以上的水量占总来水量的44.7%，沙量占总来沙量的51.7%，是流域径流、泥沙尤其是粗泥沙的主要来源地。但淤地坝等主要水保措施都集中在黄土丘陵沟壑区的十里长川等地，纳林川沙圪堵以上的砒砂岩地区由于治理难度较大，水保措施尤其是坝库工程较少。当淤地坝建设的重点从十里长川转移到纳林川沙圪堵以上后，其减沙作用尤其是减少粗泥沙的作用将更为明显，拦减粗泥沙潜力巨大。

表 4-2　河龙区间四大典型支流淤地坝面积比(%)及减沙比(%)计算成果

年代	项目	皇甫川	窟野河	无定河	三川河	平均
1969 年以前	面积比	1.8	1.3	1.8	4.6	2.38
	减沙比	40.7	55.8	76.7	68.8	60.5
1970 ~ 1979	面积比	2.6	1.5	2.4	4.4	2.73
	减沙比	43.3	52.9	84.1	85.1	66.4
1980 ~ 1989	面积比	2.6	1.2	1.9	3.9	2.40
	减沙比	57.2	42.1	62.5	74.9	59.2
1990 ~ 1996	面积比	3.5	1.1	1.6	3.3	2.38
	减沙比	64.2	42.9	32.9	67.2	51.8

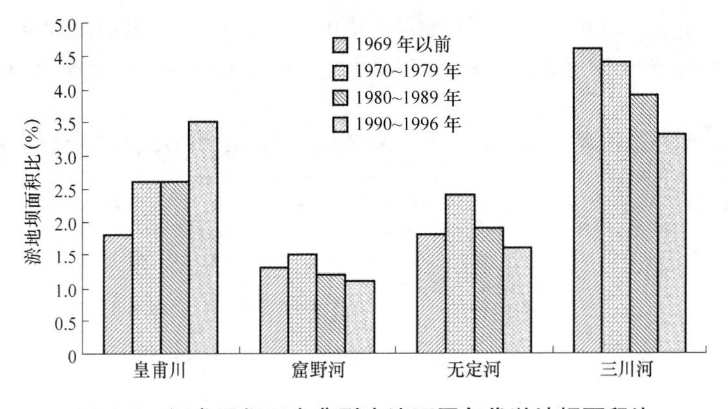

图 4-3　河龙区间四大典型支流不同年代淤地坝面积比

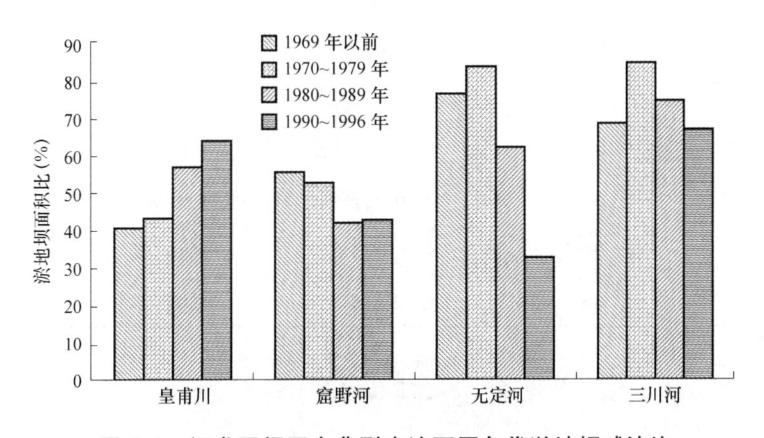

图 4-4　河龙区间四大典型支流不同年代淤地坝减沙比

第五章　水土保持措施对泥沙粒径的影响分析

从黄河中游粗泥沙集中来源区支流及干流水文站的泥沙粒径变化情况来看(见表 5-1)，实施水土保持综合治理后(一般以 1970 年为界)，泥沙中值粒径明显变细。泥沙粒径变化以皇甫川、窟野河、秃尾河等 3 条支流最为明显。根据以往研究分析，河龙区间降水的减少和河道冲淤都不是影响河流泥沙变细的主要因素，因此水土保持便成为可能导致河流泥沙变细的主要因素。河龙区间实施的水土保持措施主要有梯田、林草、淤地坝，水利措施主要是水库和灌区。水土保持措施通过增大地面糙率、减缓坡度，使得水流侵蚀和输沙能力降低，从而起到减沙效果。不仅如此，各支流的大小水库和淤地坝大多具有明显的拦减粗泥沙和排放细泥沙的作用，这些水利水土保持措施的综合作用最终使进入河流的泥沙变细。黄河中游河龙区间干流及部分支流水文站实施水土保持措施前(1970 年以前)、实施水土保持措施后(1970 ~ 2004 年)长时段的粒径变化对比见图 5-1。可以看出,绝大部分流域实施水土保持综合治理后的泥沙中值粒径和平均粒径同时变细。窟野河温家川水文站控制流域尽管实施了水保治理，但由于开矿等人为新增水土流失，泥沙平均粒径变粗，引起毗邻的黄河干流府谷水文站实测泥沙平均粒径也相应变粗。佳芦河申家湾水文站进入 20 世纪 90 年代后，可能由于开矿和特大暴雨的共同影响，中值粒径由 0.034 4mm 增大到 0.041 0 mm；平均粒径由 0.059 5 mm 增大到 0.091 9 mm。

表 5-1　粗泥沙集中来源区及干流实施水土保持前后的泥沙粒径变化情况

河　流	水文站	水保前 d_{50}(mm)	水保后 d_{50}(mm)	水保前 d_{cp}(mm)	水保后 d_{cp}(mm)
皇甫川	皇甫	0.066 0	0.053 8	0.156 0	0.137 3
孤山川	高石崖	0.045 3	0.035 4	0.066 6	0.056 4
窟野河	温家川	0.078 3	0.049 0	0.089 7	0.108 5
秃尾河	高家川	0.094 8	0.064 5	0.158 1	0.126 3
佳芦河	申家湾	0.042 2	0.041 0(0.034 4)	0.060 8	0.091 9(0.059 5)
无定河	白家川	0.035 8	0.031 8	0.052 0	0.046 5
清涧河	延川	0.031 7	0.026 8	0.041 6	0.035 2
延河	甘谷驿	0.032 4	0.028 1	0.057 5	0.048 3
黄河	府谷	0.025 9	0.022 9	0.039 9	0.042 5
黄河	吴堡	0.028 8	0.029 0	0.047 2	0.044 6
黄河	龙门	0.032 4	0.026 5	0.053 6	0.038 0

注： 1. 资料系列截至 2004 年。佳芦河申家湾水文站括号内数据为截至 1989 年的资料。

2. d_{50}代表中值粒径，d_{cp}代表平均粒径。泥沙颗粒级配资料系列中 1980 年以前的“粒径计法”资料已全部改正为“吸管法”资料。

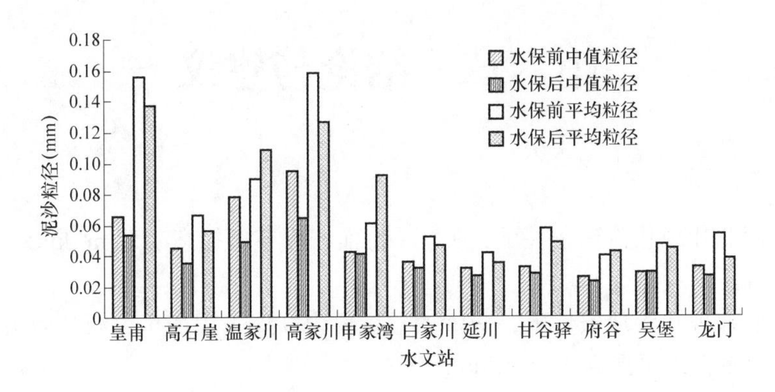

图 5-1 粗泥沙集中来源区及干流泥沙粒径变化对比

根据多年的研究成果，陕北片是黄河流域粗颗粒泥沙的集中来源区，其中又以窟野河、皇甫川和无定河等 3 条支流对黄河泥沙的贡献最大。这 3 条支流合计流域面积 41 506 km^2，占龙门以上流域面积 497 552 km^2 的 8.34%，但其多年平均(1956 ~ 1996 年)输沙量合计 3.027 亿 t，占龙门水文站对应的多年平均输沙量 8.13 亿 t 的 37.2%；多年平均粗泥沙量 1.115 亿 t，占龙门水文站对应的多年平均粗泥沙输沙量 2.207 亿 t 的 50.5%。这 3 条支流中又以窟野河和皇甫川为甚，两条支流合计流域面积 11 952 km^2，占粗泥沙集中来源区总面积 18 800 km^2 的 63.6%。在仅占龙门以上 2.4%的流域面积上，其多年平均粗泥沙量 0.75 亿 t，占到龙门以上流域多年平均粗泥沙量的 34%；粒径大于等于 0.1 mm 的粗泥沙量 0.483 亿 t，占龙门以上流域对应粗泥沙量 0.577 亿 t 的 83.7%。因此，从拦减粒径大于等于 0.1 mm 的粗泥沙量、构筑减少黄河粗泥沙的第一道防线考虑，建议近期重点治理支流首选窟野河和皇甫川。

第六章　结论与建议

一、结论

(1)在晋西北片现状治理条件下，坝库单位面积库容每提高 1 万 m^3/km^2，减沙效益即可提高约 10%。

(2)在陕北片现状治理条件下，减沙效益主要由坝库工程产生，减沙效益提高 10%，坝库单位面积库容需要提高 5 万 m^3/km^2。

(3)在陕北片现状治理条件下，要使流域水土保持综合治理减沙效益达到 20%以上，坝库单位面积库容应在 6 万 m^3/km^2 以上。在黄河中游粗泥沙集中来源区现状治理条件下，要实现 40%左右的减沙效益，坝库单位面积库容应达到 16 万 m^3/km^2 以上。

(4)陕北片取得相同减沙效益所需要的坝库控制面积比、坝库单位面积库容均明显大于晋西北片。只有保证较大的坝库控制面积比和坝库单位面积库容，才能取得较大的减沙效益。但陕北片减沙效益的增幅基本上与坝库控制面积比的增幅同步，只要提高坝库控制面积比，各支流减沙效益将迅速增大。

(5)河龙区间水土流失治理度与减沙效益呈正相关关系，治理度越高，减沙效益越大。两者关系可以明显分为两个区，其单位治理度的减沙效益基本相等；当第二区的治理度小于 15%时，基本没有减沙效益。“两川两河”要想取得 10%以上的减沙效益，治理度至少应在 30%以上。

(6)当河龙区间坝地面积比保持在 2%左右时，其减沙比可以达到 45%以上；当皇甫川、窟野河、无定河、三川河等四大典型支流坝地面积比平均达到 2.5%时，其减沙比平均可以达到 60%。

(7)实施水土保持综合治理后，粗泥沙集中来源区绝大部分支流及干流水文站的泥沙中值粒径和平均粒径同时变细。

二、建议

(1)在粗泥沙集中来源区各支流的水土保持综合治理中，为了在短期内快速减少入黄泥沙尤其是粗泥沙，应大力开展淤地坝(系)建设，集中力量建设水土保持治沟骨干工程、大型拦泥库和中型淤地坝等快速拦泥工程，以保证有较大的坝库控制面积比和坝库单位面积库容，从而取得较大的减沙效益。

(2)构筑减少黄河粗泥沙的第一道防线，建议粗泥沙集中来源区近期首选窟野河和皇甫川。

(3)开展水土保持治理措施配置体系优化组合研究，确定取得最大减沙效益对应的水土保持治理措施面积比和配置部位。

第三专题 渭河下游冲淤变化及输沙用水量初步分析

渭河是黄河的第一大支流，发源于甘肃省渭源县鸟鼠山，自西向东流经甘肃省的武山、甘谷、天水等地，在凤阁岭进入陕西，然后经宝鸡、杨凌、咸阳、西安、渭南等地，在潼关注入黄河。流域面积 13.48 万 km^2。干流全长 818 km，宝鸡以上为上游，河长 430 km，河道狭窄，河谷川峡相间，水流湍急；宝鸡峡—咸阳为中游，河长 180 km，河道宽，多沙洲，水流分散；咸阳—入黄口为下游，河长 208 km，比降较小，水流较缓。

渭河下游地区城镇集中，工农业发达，旅游资源丰富，是陕西省政治经济的中心区域，也是西部大开发的重要地区。然而，自 20 世纪 90 年代以来，由于渭河流域受降雨减少、水土保持以及工农业用水量增加等方面的影响，进入渭河下游的水沙条件发生了巨大变化，水少沙多的矛盾更加突出，下游河道淤积严重，河槽萎缩，给渭河下游防洪带来一系列严重问题。

第一章 近期渭河水沙变化

一、水沙量变化

1974～1990 年渭河下游华县年均水量 72.5 亿 m^3，沙量 3.0 亿 t，与长系列(1935～2002 年)相比增水 0.6 亿 m^3，增加 0.9%，减沙 0.7 亿 t，减少 18.9%，该时段水量为平水、沙量偏枯；1991～2002 年华县年均水量 37.7 亿 m^3，沙量 2.5 亿 t，与长系列相比减水 34.2 亿 m^3，减少 47.6%，减沙 1.2 亿 t，减少 32.5%，该时段属枯水枯沙系列(见表 1-1)。

2005 年来水偏平，来沙偏枯，水沙量分别为 64.1 亿 m^3、1.5 亿 t。其中汛期水沙量分别为 50.2 亿 m^3、1.5 亿 t(见表 1-1)，分别占运用年水沙量的 78%和近 100%。

表 1-1 渭河华县站水沙变化

时 段	汛期平均			年平均		
	水量(亿 m^3)	沙量(亿 t)	含沙量(kg/m^3)	水量(亿 m^3)	沙量(亿 t)	含沙量(kg/m^3)
1974～1990	47.2	2.7	57.2	72.5	3.0	41.3
1991～2002	20.5	2.1	102.4	37.7	2.5	66.3
2003	74.8	2.9	38.8	83.9	3.0	35.8
2004	18.2	1.1	60.4	43.0	1.1	25.6
2005	50.2	1.5	29.9	64.1	1.5	23.4

从渭河下游 1974 年以来历年年及汛期水量变化过程(见图 1-1)可以看出，渭河下游来水量从 20 世纪 80 年代到 2002 年有明显的减少趋势。其中，1994～2002 年连续 9 年时间，渭河华县站历年年水量不足 40 亿 m^3，汛期水量不足 20 亿 m^3。到 2003 年水量较多，属于平偏丰的年份；2004 年又出现枯水年，2005 年来水量相对属于平偏枯的年份。

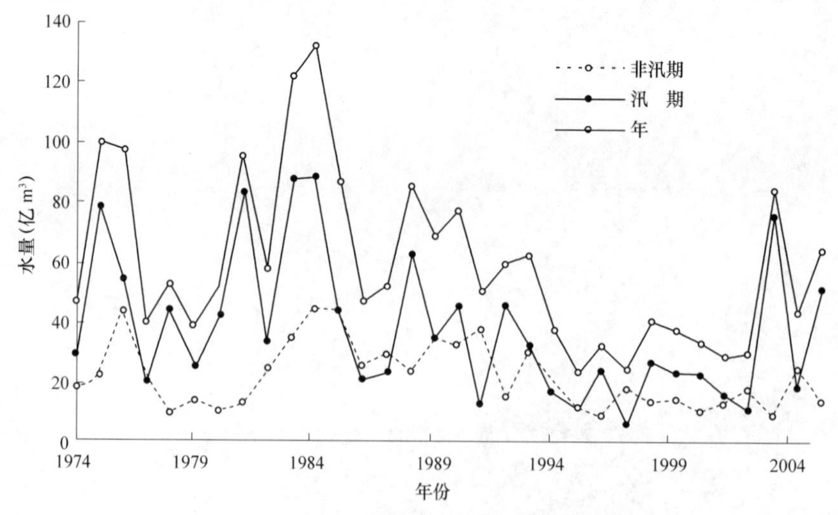

图 1-1 渭河下游华县站历年水量变化过程

从渭河下游1974年以来历年沙量变化过程(见图1-2)可以看出，渭河下游来沙量的减少幅度没有来水量的减少幅度大；同时还可以看出，来沙量明显减少开始于1997年。1997～2005年除2003年来沙量3亿t左右外，其他年份的来水量基本少于3亿t。说明渭河下游来水量的减少与来沙量减少不同步，这主要是由于渭河下游水沙异源造成的。

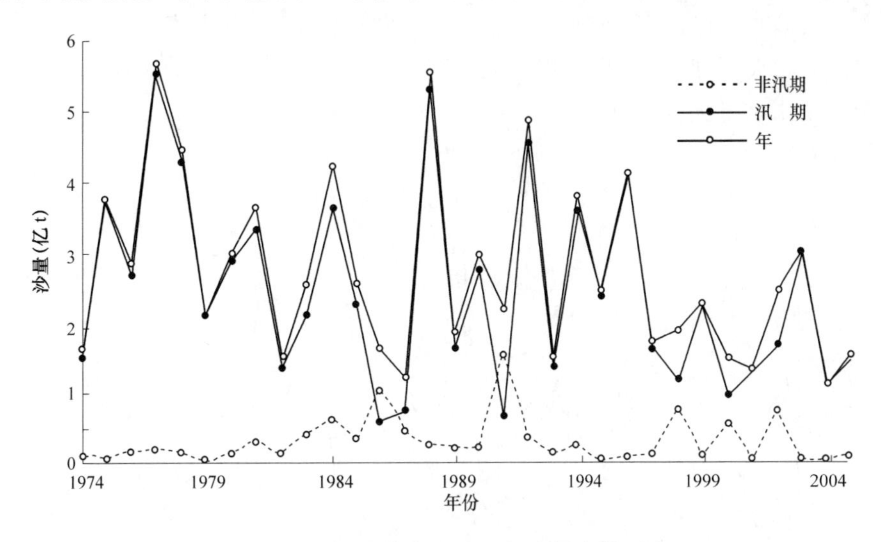

图1-2　渭河下游华县站历年沙量变化过程

从各站历年的水量变化过程(见图1-3)可以看出，渭河下游的水量主要来自渭河干流咸阳以上。各站水量均有减少趋势，其中渭河干流咸阳以上来水减少幅度最大，明显减少发生在1994年以后；张家山来水减少幅度较小。据统计分析，1991～2002年与1974～1990年相比，渭河干流咸阳以上来水减少占华县减水的71%；渭河支流泾河张家山站减水仅占华县减水的13%左右，咸阳+张家山—华县区间来水减少占华县减水的16%左右。因此，渭河下游来水量的减少主要发生在渭河干流咸阳以上河段。

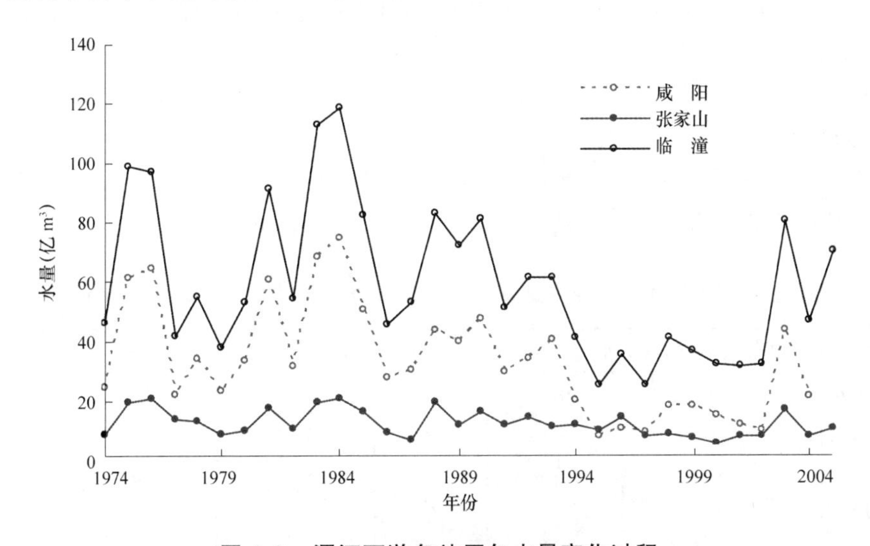

图1-3　渭河下游各站历年水量变化过程

从各站历年沙量变化过程(见图 1-4)可以看出，渭河下游的沙量主要来自渭河支流泾河张家山以上。各站沙量增减幅度不同，沙量的减少幅度明显小于水量的减少幅度。其中渭河支流泾河张家山站 20 世纪 90 年代初期，虽然来水量有所减少，而来沙量非但没有减少反而有所增加，同期，在渭河干流来水大幅度减少的情况下，导致渭河下游出现高含沙小洪水的几率增加。泾河张家山来沙明显减少发生在 1997 年以后，主要是由于该时段张家山来水大幅度减少。咸阳以上来沙明显减少发生在 1993 年以后，同样是由于该时段咸阳以上来水量大幅度减少。

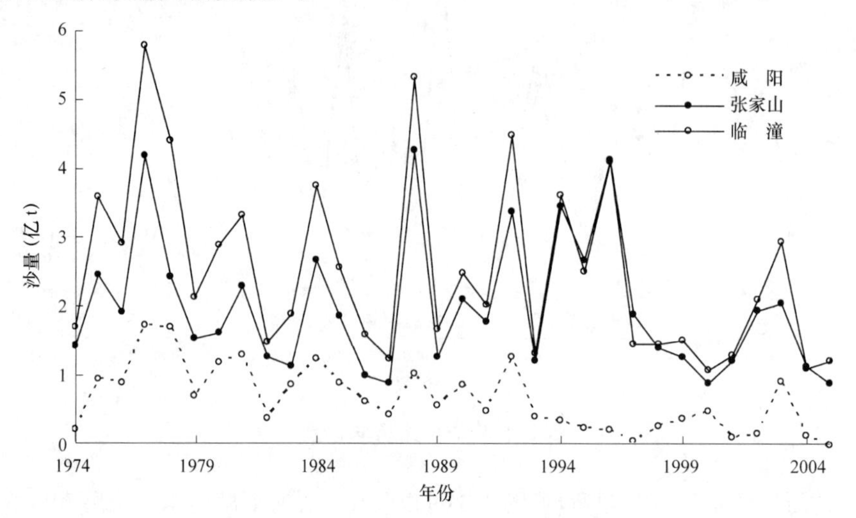

图 1-4 渭河下游各站历年沙量变化过程

二、场次洪水变化

以华县站日均洪峰流量大于 1 000 m^3/s 作为标准，进行场次洪水划分。统计 1974 年以来渭河下游各水文站不同时段的场次洪水水沙特征见表 1-2。1991 ~ 2002 年时段，场次洪水比 1974 ~ 1990 年时段年均减少了 2.3 次，洪量年均减少了 20.6 亿 m^3，洪水期输送的沙量年均减少了 1.1 亿 t。该时段洪水期水沙量占年水沙量的比例分别仅为 20%和 36%。也就是说，1991 ~ 2002 年时段由于大洪水出现几率大幅度减小，导致其输送的泥沙量也相应减少，换句话说，该时段渭河下游有一半以上的泥沙要由小流量级的水流来输送，而小流量级的水流挟沙能力相对较低，势必造成渭河下游河道主河槽的严重淤积。

表 1-2 华县各时段洪峰流量大于 1 000 m^3/s 场次洪水年平均水沙特征值

时段	年均出现场次(次)	水量(亿 m^3)	沙量(亿 t)	含沙量(kg/m^3)	占年水量(%)	占年沙量(%)
1974 ~ 1990	3.4	28.1	2.0	71.2	39	67
1991 ~ 2002	1.1	7.5	0.9	120	20	36
2003	5	55.8	2.2	39.4	66	73
2004	0	0	0			
2005	3	32.5	0.9	27.7	51	60

2003～2005 年历年场次洪水的水沙量变化见表 1-2。由表可以看出，日均流量大于 1 000 m³/s 的场次洪水，2003 年共出现了 5 场，2004 年没有，2005 年共出现了 3 场。2005 年水、沙量分别为 32.5 亿 m³、0.9 亿 t，分别占年水沙量的 51%和 60%，其水沙搭配相对有利。

2005 年渭河下游华县站日均水沙过程见图 1-5，由图可以看出，2005 年汛期渭河下游先后发生了 5 场洪峰流量大于 1 000 m³/s 洪水过程。第一场洪水，华县水文站洪峰流量 2 060 m³/s(7 月 4 日 14 时 30 分)，最大含沙量 180 kg/m³(7 月 4 日 4 时)；第二场洪水，华县水文站洪峰流量 1 150 m³/s(7 月 21 日 12 时 54 分)，最大含沙量 551 kg/m³(7 月 21 日 17 时)；第三场洪水，华县水文站洪峰流量 1 360 m³/s(8 月 20 日 8 时)，最大含沙量 78.4 kg/m³(8 月 17 日 2 时)；第四场洪水，华县水文站洪峰流量 1 490 m³/s(9 月 22 日 10 时 48 分)，最大含沙量 72.3 kg/m³(9 月 22 日 8 时)；第五场洪水，华县水文站洪峰流量 4 880 m³/s(10 月 4 日 9 时 30 分)，最大含沙量 37.7 kg/m³(9 月 30 日 8 时)。其中第五场洪水(以下通称“05・10”洪水)洪峰流量最大，历时最长，也是自 1981 年以来的最大洪水，渭河下游全线漫滩(见图 1-6)，水毁工程较为严重(见图 1-7)。

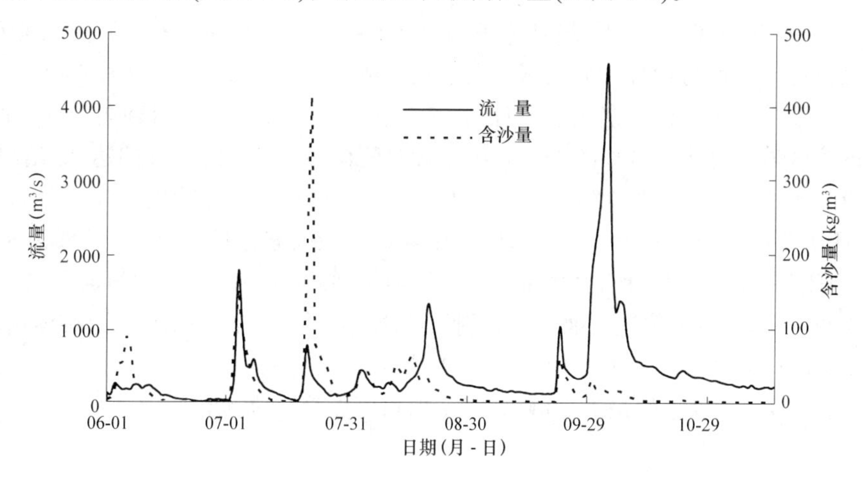

图 1-5　2005 年渭河下游华县站日均流量、含沙量过程

图 1-6　大荔漫滩洪水

图 1-7　临潼季家 8 号坝水毁

渭河下游“05·10”洪水是 2005 年 9 月 24 日～10 月 3 日陕西省渭河流域延安以南、秦岭以北出现了一次持续性、大范围降雨过程形成的。据初步统计，9 月 24 日～10 月 3 日，渭河中下游南山支流日降雨量累计为 75～372 mm，累计平均日降雨量为 169 mm，该雨量占该区域年降水量 30%左右，其中累计日降雨量大于 100 mm 的达 22 站次，累计日降雨量大于 200 mm 的达 6 站次，日降雨量大于 90 mm 的有涝河涝峪口、大峪河大峪站，10 月 1 日降雨量分别为 94、91 mm。临潼以上最大累计日降雨量点为涝河涝峪口站 327 mm，临潼以下最大累计日降雨量点为长涧河王坪站 212 mm。本次渭河洪水临潼站洪峰流量 5 270 m^3/s，洪水位达 358.58 m，创该站建站以来历史最高水位，是临潼站自 1982 年以来发生的最大洪水。华县站 10 月 4 日 9 时 30 分洪峰流量 4 880 m^3/s、水位 342.32 m，是华县站自 1982 年以来的最大洪峰(见图 1-8)和历史第二高水位洪水。

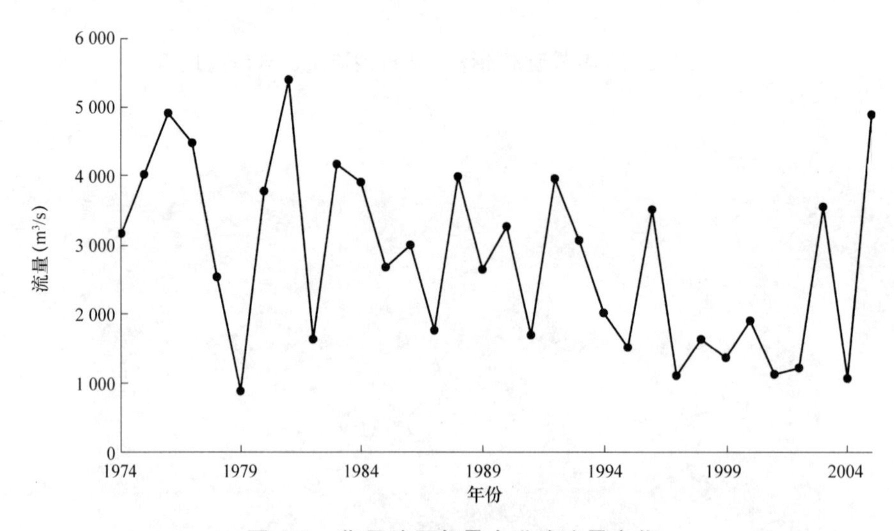

图 1-8　华县站历年最大洪峰流量变化

第二章　近期河道冲淤演变特点

一、冲淤时间分布

不同时段的冲淤量见表 2-1，由表可以看出，1974～1990 年渭河下游非汛期共淤积 0.166 亿 m^3，汛期共淤积 0.216 亿 m^3，运用年共淤积 0.382 亿 m^3，年均淤积 0.022 亿 m^3。该时段渭河下游基本是微淤或冲淤平衡。1991～2002 年渭河下游非汛期共冲刷 0.534 亿 m^3，汛期共淤积 3.310 亿 m^3，运用年共淤积 2.776 亿 m^3，年均淤积 0.231 亿 m^3。该时段渭河下游年均淤积量几乎是上时段年均淤积量的 10 倍。渭河下游的淤积萎缩主要发生在这个时段。2003 年渭河下游非汛期冲刷 0.005 亿 m^3，汛期由于来水较多，也发生冲刷，冲刷量为 0.169 亿 m^3，全年共冲刷 0.174 亿 m^3；2004 年渭河下游非汛期冲刷 0.111 亿 m^3，汛期由于来水较少，发生了淤积，淤积量为 0.169 亿 m^3，全年共淤积 0.058 亿 m^3。

2005 年渭河下游共冲刷 0.177 亿 m^3，其中非汛期和汛期均表现为冲刷，非汛期冲刷 0.134 亿 m^3，汛期冲刷 0.043 亿 m^3。

表 2-1　渭河下游不同时段冲淤量变化　　（单位：亿 m^3）

时　段	非汛期冲淤量	汛期冲淤量	年冲淤量	年平均冲淤量
1974～1990	0.166	0.216	0.382	0.022
1991～2002	－0.534	3.310	2.776	0.231
2003	－0.005	－0.169	－0.174	－0.174
2004	－0.111	0.169	0.058	0.058
2005	－0.134	－0.043	－0.177	－0.177

注：“－”表示冲刷。

二、冲淤纵向分布

图 2-1 为渭河下游 1974 年以来各河段累计冲淤量图，由图可以看出，1974 年以来，各河段累计均为淤积，渭淤 1—渭淤 10 河段淤积最多，累计淤积 1.556 亿 m^3，其次是渭淤 10—渭淤 26 河段，累计淤积 1.097 亿 m^3，渭拦河段和渭淤 26—渭淤 37 河段淤积均较少，累计淤积分别为 0.104 亿 m^3 和 0.108 亿 m^3。

渭河下游各河段不同时段淤积量及其所占比例不同(见表 2-2)。1974～1990 年，华县以下河段淤积 0.416 亿 m^3，临潼—华县河段冲刷 0.209 亿 m^3，咸阳—临潼河段淤积 0.175 亿 m^3，表现为上段和下段淤积，中间冲刷。1991～2002 年，华县以下河段淤积 1.753 亿 m^3，占河段总淤积量的 63%；临潼—华县河段淤积 0.906 亿 m^3，占河段总淤积量的 33%；咸阳—临潼河段淤积 0.117 亿 m^3，占河段总淤积量的 4%。2003 年华县以下河段冲刷了 0.515 亿 m^3，临潼—华县河段淤积了 0.403 亿 m^3，咸阳—临潼河段冲刷 0.062 亿 m^3，表现为上段和下段冲刷，中间淤积。2004 年华县以下河段淤积 0.103 亿 m^3；临潼—华县河段淤积了 0.008 亿 m^3；咸阳—临潼河段冲刷了 0.053 亿 m^3，表现为上段微冲、中下段淤积的特点。

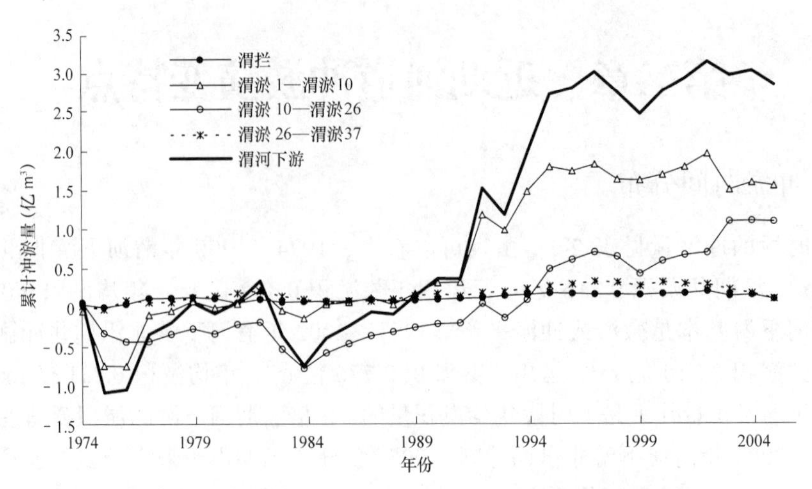

图 2-1 渭河下游河道 1974 年以来各河段累计冲淤量

表 2-2 渭河下游各河段不同时段累计淤积量统计

时段	项目	华县以下	临潼—华县	咸阳—临潼	合计
1974～1990	冲淤量(亿 m³)	0.416	－0.209	0.175	0.382
	各河段所占比例(%)	109	－55	46	100
1991～2002	冲淤量(亿 m³)	1.753	0.906	0.117	2.776
	各河段所占比例(%)	63	33	4	100
2003	冲淤量(亿 m³)	－0.515	0.403	－0.062	－0.174
	各河段所占比例(%)	296	－232	36	100
2004	冲淤量(亿 m³)	0.103	0.008	－0.053	0.058
	各河段所占比例(%)	177	14	－91	100
2005	冲淤量(亿 m³)	－0.096	－0.012	－0.069	－0.177
	各河段所占比例(%)	54	7	39	100

2005 年渭河下游不同河段冲淤分布见图 2-2，由图可以看出，非汛期各河段表现为以沿程冲刷为主，但冲淤幅度均不大；汛期表现为以溯源冲刷为主，中段渭淤 10—渭淤 26 河段表现为微淤，上段渭淤 26—渭淤 37 河段表现为淤积。全年各河段均发生不同程度的冲刷。

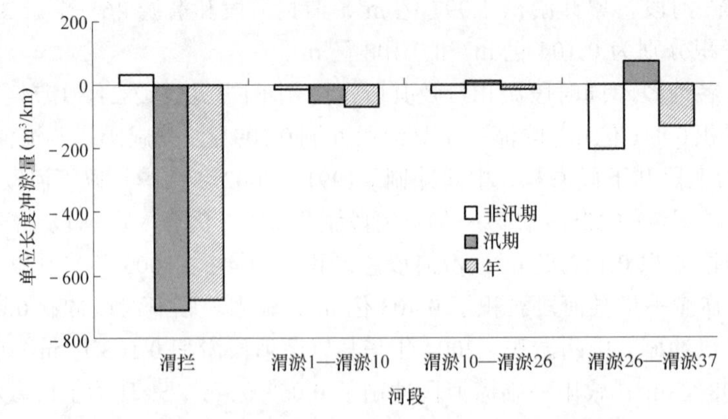

图 2-2 2005 年渭河下游不同河段单位长度冲淤量分布

三、冲淤横向分布

渭河下游滩地的淤积一般是由漫滩洪水造成的。由于 1977 年和 1981 年发生了漫滩洪水，1974 ~ 1990 年汛期滩地共淤积 0.94 亿 m^3，主槽冲刷 0.72 亿 m^3(见表 2-3)，以淤滩刷槽为主。20 世纪 90 年代，除 1992 年、1996 年渭河下游发生漫滩洪水，滩地有一定淤积外，其大部分淤积发生在主槽内。1991~2002 年时段汛期滩地共淤积 1.32 亿 m^3，主槽共淤积 1.99 亿 m^3，占汛期全断面淤积量的 60%(见表 2-3)，促使该时段主槽迅速萎缩。该时段主槽严重萎缩主要发生在多次出现高含沙小洪水的 1994 年和 1995 年，这两年汛期主槽淤积量分别为 0.84 亿 m^3 和 0.82 亿 m^3，占 1991~2002 年河道总淤积量的 83%。2003 年渭河下游连续发生多次秋汛洪水，由于洪水前主槽平滩流量很小，渭河下游发生大漫滩，滩地大量淤积。2003 年渭河下游汛期滩地淤积 0.842 亿 m^3，汛期共冲刷 0.170 亿 m^3，相当于主槽冲刷 1.012 亿 m^3(见表 2-3)。

表 2-3　渭河下游不同时段汛期滩、槽累计冲淤分布　　(单位：亿 m^3)

时段	主槽冲淤量	滩地冲淤量	全断面冲淤量
1974 ~ 1990	– 0.72	0.94	0.22
1991 ~ 2002	1.99	1.32	3.31
1974 ~ 2002	1.27	2.25	3.53
2003	– 1.012	0.842	– 0.170
2005	– 0.570	0.527	– 0.043

2005 年汛期渭河下游出现了 1982 年以来的最大洪水，临潼水文站洪峰流量 5 270 m^3/s，华县水文站洪峰流量 4 880 m^3/s。虽然在 2003 年大洪水过后，塑造出平滩流量 2 300 m^3/s(华县断面)的主槽，经过 2004 年的少量淤积，到 2005 年汛前渭河下游华县断面的平滩流量减少到 2 000 m^3/s 左右，但是 2005 年汛期渭河下游发生大漫滩洪水时，由于漫滩洪水含沙量较低，滩地淤积不多，仅为 0.527 亿 m^3，主槽发生冲刷，冲刷量 0.570 亿 m^3。

图 2-3 ~ 图 2-5 为 2005 年汛期渭河下游各断面主槽宽度、平均深度和主槽面积变化。由图 2-4 可以看出，2005 年汛期主槽宽度只有渭淤 3 断面以下展宽较多，其他河段主槽

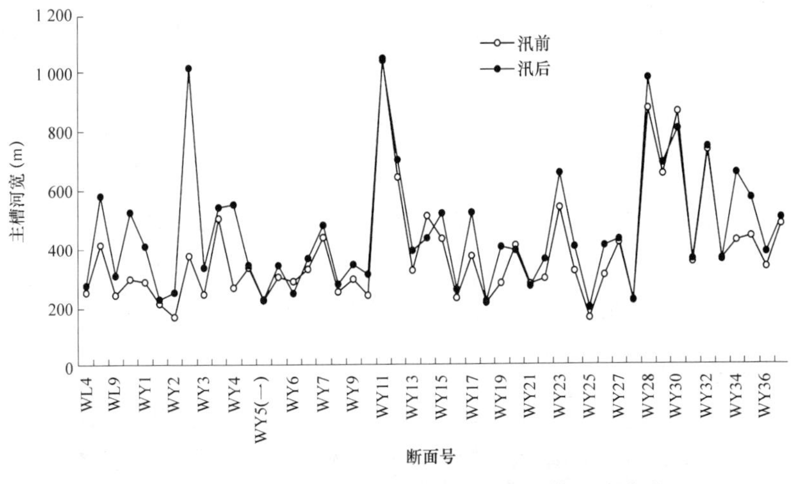

图 2-3　2005 年汛期渭河下游各断面主槽宽度变化

宽度变化不大。由图 2-4 可以看出，2005 年汛期主槽平均深度只有渭淤 7 断面以下冲深较多，其他河段主槽深度变化不大。由图 2-5 可以看出，2005 年汛期主槽面积只有渭淤 7 断面以下面积扩大较多，其他河段主槽过水面积变化不大。总体来看，2005 年渭河下游虽然来水量相对较多，在前期主槽平滩流量较大的情况下，加上洪水漫滩，主槽内水流挟沙能力不强，因此主槽冲刷量不大。

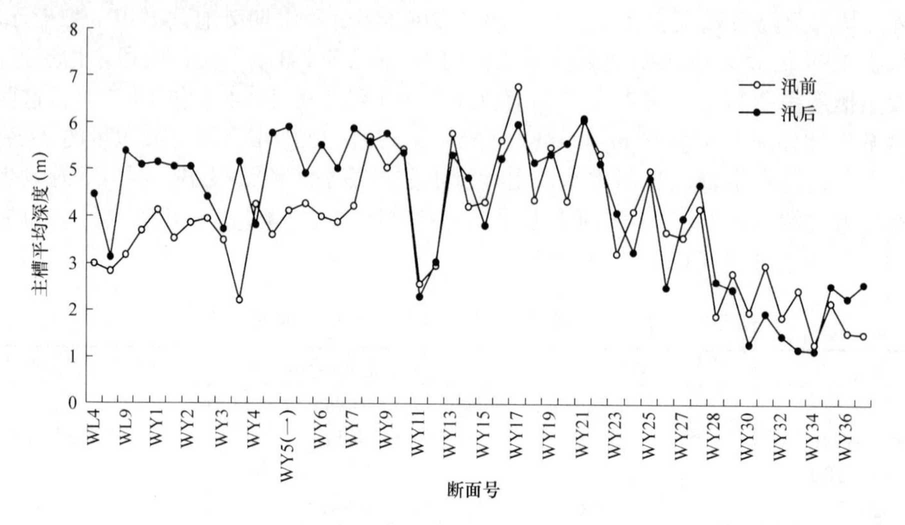

图 2-4　2005 年汛期渭河下游各断面主槽平均深度变化

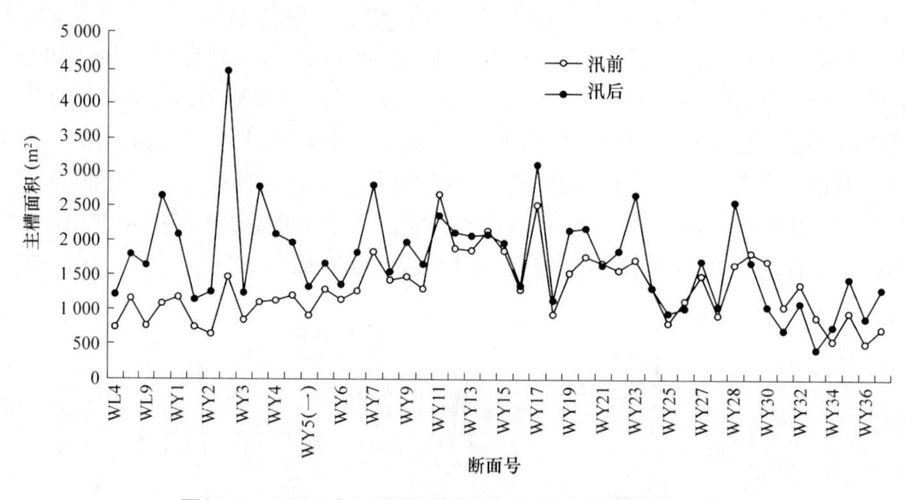

图 2-5　2005 年汛期渭河下游各断面主槽面积变化

四、渭河下游主槽断面形态及平滩流量变化

(一)横断面形态变化

20 世纪 90 年代以后，渭河下游来水较枯，含沙量大幅度增加，洪水出现场次及洪峰流量大幅度减少，高含沙小洪水大幅度增加，致使主槽严重萎缩(见图 2-6)。尤其 1994 年和 1995 年，汛期主槽淤积量分别为 0.84 亿 m^3 和 0.82 亿 m^3，占 1991~2002 年河槽总

淤积量的 83%。

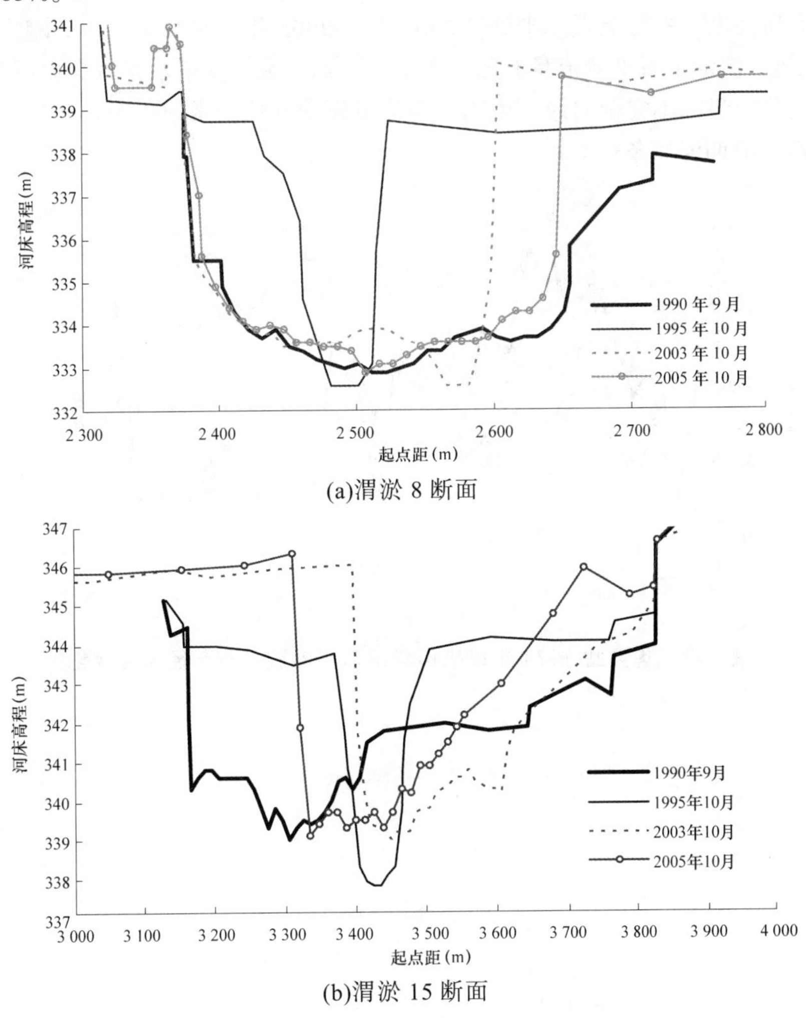

(a)渭淤 8 断面

(b)渭淤 15 断面

图 2-6　渭河下游典型主槽断面

2003 年和 2005 年，水量较大，洪水较多，主槽断面又逐步扩大，过洪能力增加，反映出渭河下游河道淤积萎缩的可逆转性。

(二)平滩流量的变化

渭河下游河槽断面形态的调整主要取决于来水来沙条件，华县站的平滩流量 1993 年以前多在 2 500 m^3/s 以上，1994 年减小到 1 000 m^3/s 以下，2003 年以后又恢复到 2 000 m^3/s 以上。

平滩流量变化是与一定来水来沙条件相适应的，不同的水沙条件塑造不同河槽，因此对应不同的平滩流量。图 2-7 为渭河下游华县站历年汛后平滩流量与年径流量变化过程，由图可以看出，渭河下游平滩流量与年来水过程基本对应，年水量较丰的 1980~1985 年，华县平滩流量为 3 000~4 500 m^3/s；年水量相对较平的 1986~1993 年，华县平滩流量为 2 000~3 500 m^3/s；年水量较枯的 1994~2002 年，华县平滩流量减小为 1 000 m^3/s 左右；

经过来水相对较丰的 2003 年，华县平滩流量又扩大到 2 300 m³/s 左右。2004 年来水较枯，主槽有所回淤，平滩流量减少到 2 000 m³/s，2005 年来水平偏丰，平滩流量又扩大到 2 300 m³/s。渭河下游平滩流量有随来水量增大而增大、随来水量减少而减少的趋势，但是这种变化趋势并不完全对应，说明平滩流量还受其他因素的影响，如洪峰流量大小及洪水过程、前期河床条件等。

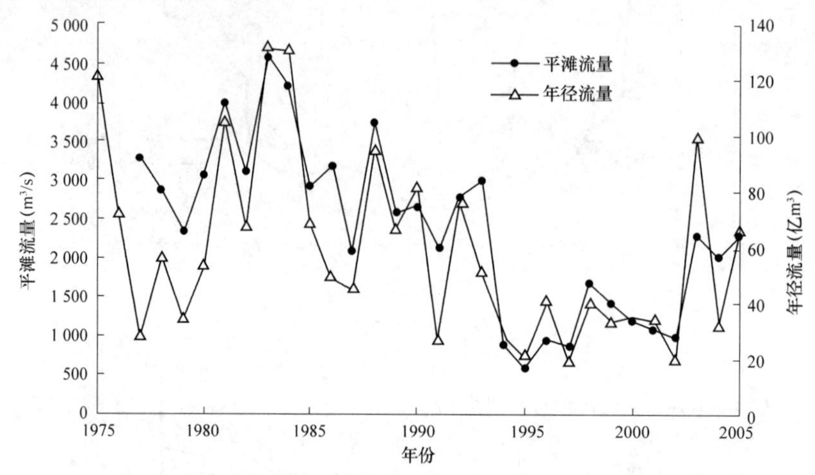

图 2-7　华县站 1974 年以来历年汛后平滩流量与年径流量变化

第三章　渭河下游平滩流量变化与水沙条件响应关系

不同水沙条件塑造不同的河槽，不同的河槽对应不同平滩流量，平滩流量的变化与水沙密切相关。实测资料表明，渭河下游决定河槽平滩流量大小的主要因素是水量、洪量和洪峰流量，沙量和含沙量起次要作用，同时前期河床条件也对次年平滩流量影响较大。这里仅对主要影响因素做初步分析。

一、平滩流量变化与来水量的响应关系

渭河下游的平滩流量与水流条件和前期河床条件密切相关，而河床条件是往年水沙过程作用的累计结果。经过分析渭河下游华县平滩流量与多年(1 年、2 年、3 年、4 年和 5 年等)水量滑动平均值的关系，发现华县平滩流量与年水量和汛期水量的 2 年滑动平均值相关关系较好，相关系数均在 0.86 以上。同时，考虑到当年水量和往年水量对当年平滩流量的影响度不应该相同，于是又分析了 2 年水量的作用各占不同权重(当年和往年各占 0.5；当年占 0.7、往年占 0.3；当年占 0.8、往年占 0.2 等)的平均水量与平滩流量的相关关系，发现华县平滩流量与当年水量的 0.7 倍和往年水量的 0.3 倍加权平均水量相关关系较好，相关系数均在 0.88 以上，见图 3-1 和图 3-2。说明统计的系列年中总体情况下当年水量对当年平滩流量的塑造起主要作用，往年的水量起次要作用。由图还可以看出，若要维持渭河下游华县断面 2 500 m^3/s 的平滩流量，华县年水量需要 40 亿 ~ 70 亿 m^3，平均约 55 亿 m^3，其中汛期需要水量 25 亿 ~ 45 亿 m^3，平均约 35 亿 m^3。

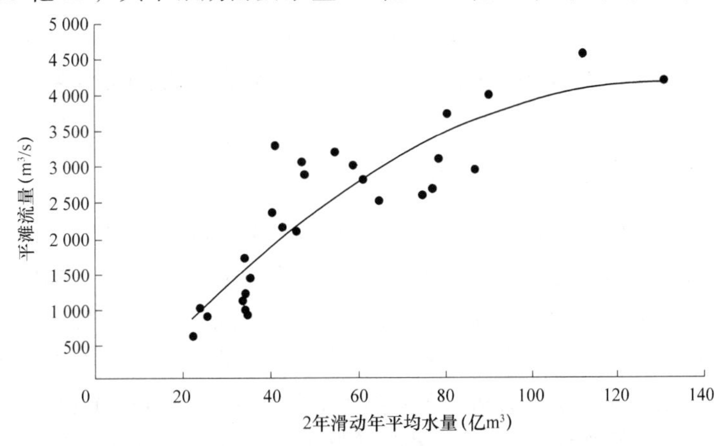

图 3-1　华县平滩流量与 2 年滑动年平均水量关系

图 3-3 为华县平滩流量与流量大于 1 000 m^3/s 洪水水量的关系图，除个别年份外，大部分点据比较集中，由图可以看出，要保持 2 500 m^3/s 的平滩流量，流量大于 1 000 m^3/s 的洪水水量为 5 亿 ~ 15 亿 m^3，平均约 10 亿 m^3。水量的多少取决于流量的大小，在不漫滩情况下，流量大时需要的水量相对少；反之，需要的水量相对多。

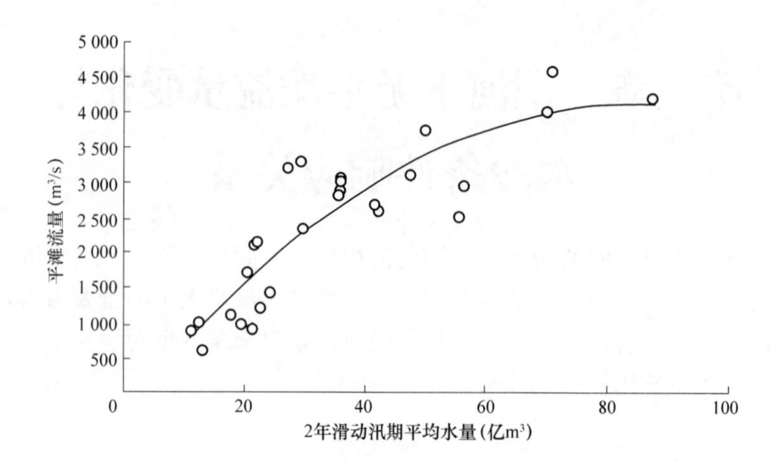

图 3-2　华县平滩流量与 2 年滑动汛期平均水量关系

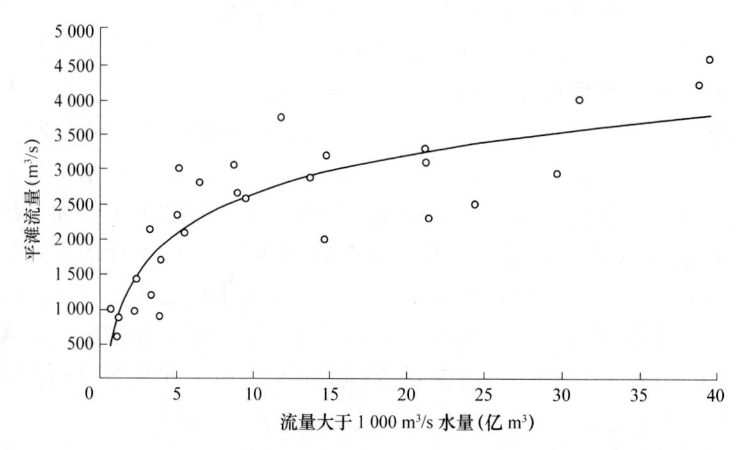

图 3-3　华县平滩流量与流量大于 1 000 m^3/s 相应水量关系

二、平滩流量变化与最大流量的关系

渭河下游平滩流量的变化还与洪峰流量大小、大流量历时有关，并受前期平滩流量的持续影响。图 3-4 和图 3-5 分别点绘了华县平滩流量与当年最大 3 d 流量平均值(代表洪峰大小和历时)及往年平滩流量加权组合值的相关关系，以及与当年最大 5 d 流量平均值及往年平滩流量加权组合值的相关关系。由图可以看出，华县平滩流量与当年最大流量和前期河床条件综合值相关关系很好，相关系数均达到 0.9 以上。这进一步说明渭河下游河槽形态及平滩流量的变化不仅与年水量有关，同时与当年最大流量及持续时间的关系也非常密切。

根据渭河下游华县平滩流量与当年最大 3 天流量和前期平滩流量的关系图以及与当年最大 5 天流量和前期平滩流量的关系图，可以推算，若要维持渭河下游华县 2 500 m^3/s 的平滩流量，不仅需要一定的年水量和汛期水量，同时还要保证洪水期最大 3 天流量平均值不小于 1 700 m^3/s，或者保证洪水期最大 5 天流量平均值不小于 1 400 m^3/s。

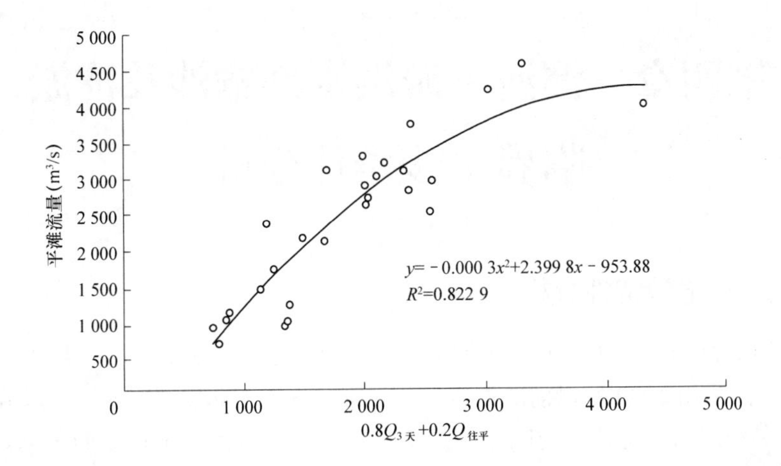

图 3-4 华县平滩流量与当年最大 3 天流量及往年平滩流量加权组合值的相关关系

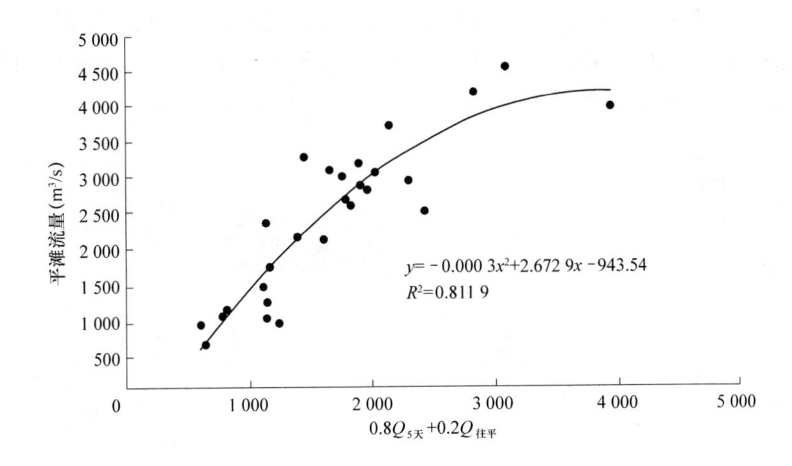

图 3-5 华县平滩流量与当年最大 5 天流量及往年平滩流量加权组合值的相关关系

第四章　渭河下游洪水期输沙及冲淤临界水沙条件分析

一、洪水期输沙特性分析

利用日均资料，将 1961 ~ 2005 年渭河下游的洪水进行划分，由于华阴水文站于 1991 年被撤销，只能采用 1990 年以前的洪水资料，研究重点为非漫滩洪水。通过分析得出渭河下游临潼—华阴河段排沙比与临潼站洪水平均流量和水沙搭配系数的关系，见图 4-1 和图 4-2。由图 4-1 可以看出，洪水平均含沙量小于 50 kg/m^3 的场次洪水排沙比均大于 100%；平均含沙量大于 50 kg/m^3 的场次洪水，当洪水平均流量大于 500 m^3/s 时，排沙比为 100%左右；当洪水平均流量小于 500 m^3/s 时，排沙比小于 100%，特别是洪水平均流量为 100 ~ 300 m^3/s、平均含沙量大于 100 kg/m^3 的高含沙小洪水，排沙比很低，只有 20% ~ 50%，河槽淤积量占洪水来沙量的 50%以上，对河道产生不利影响。

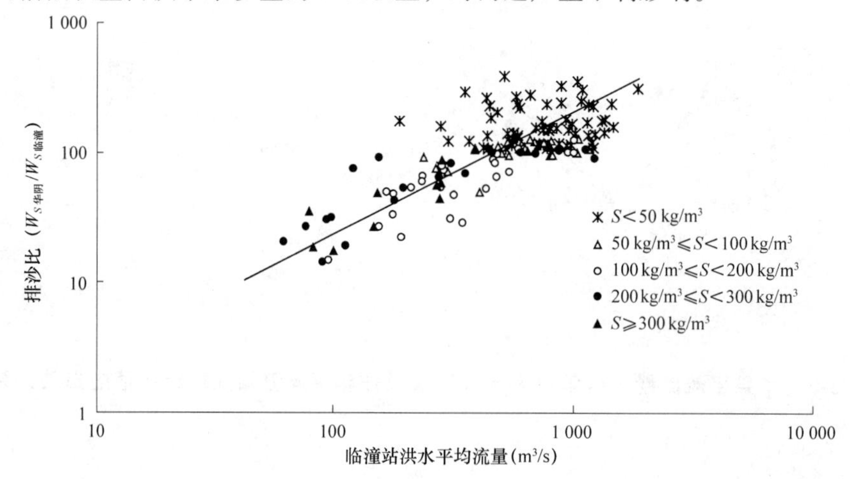

图 4-1　渭河下游临潼—华阴河段排沙比与临潼站洪水平均流量的关系

图 4-2 反映了临潼站洪水期间水沙搭配系数与河道排沙比的关系，由图可以看出，洪水平均含沙量小于 50 kg/m^3 的场次洪水，其水沙搭配系数均小于 0.1 kg·s/m^6，排沙比也基本上大于 100%；平均含沙量在 50 ~ 100 kg/m^3 的场次洪水，水沙搭配系数为 0.06 ~ 0.3 kg·s/m^6，当水沙搭配系数小于 0.11 kg·s/m^6 时，排沙比基本在 100%左右，当水沙搭配系数大于 0.11 kg·s/m^6 时，排沙比多数小于 100%；平均含沙量大于 100 kg/m^3 的场次洪水，水沙搭配系数均大于 0.11 kg·s/m^6，排沙比绝大多数小于 100%。

由图 4-2 还可以看出，含沙量大于 300 kg/m^3 和 200 ~ 300 kg/m^3 的高含沙洪水点群混杂在一起，其点群多数分布在含沙量为 100 ~ 200 kg/m^3 的点群之上，从而说明，在水沙搭配系数相同的情况下，大于 200 kg/m^3 的高含沙洪水的输沙能力较强。这可能是由于渭河来沙组成较细，高含沙水流的流变特性发生了变化，由牛顿体变成了非牛顿体，在渭河下游窄深河槽内具有较强的输沙能力。这方面的工作有待以后深入研究。

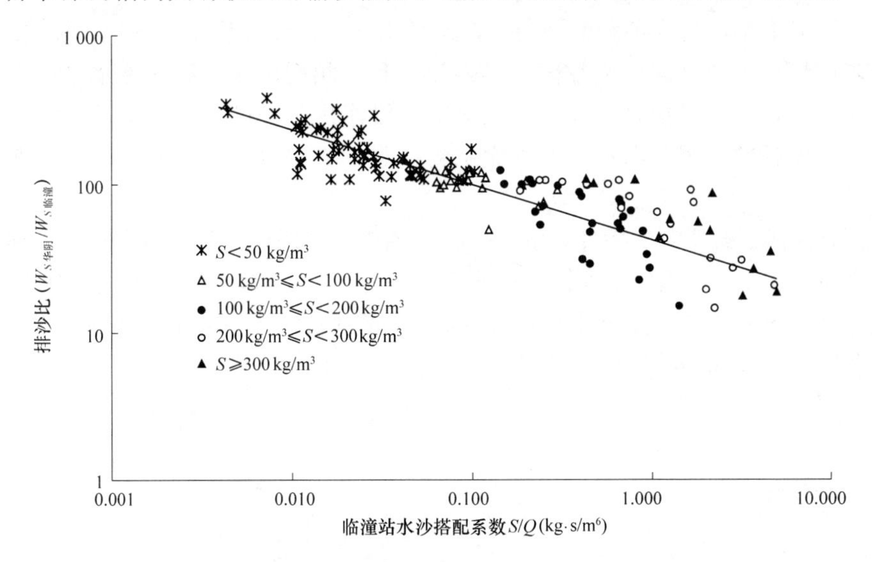

图 4-2 渭河下游临潼—华阴河段排沙比与临潼站水沙搭配系数的关系

由以上分析可以得出以下初步结论：当渭河下游临潼站洪水平均含沙量小于 50 kg/m³ 时，临潼—华阴河段基本上发生冲刷；当平均含沙量大于 100 kg/m³ 时，洪峰平均流量大于 500 m³/s，渭河下游临潼—华阴河段排沙比可以接近或达到 100%，否则，临潼—华阴河段的排沙比小于 100%。

点绘临潼站历年的场次洪水平均流量与日均洪峰流量的相关关系(见图 4-3)，可以看出，渭河下游临潼出现平均含沙量大于 100 kg/m³ 的洪水时，当洪水平均流量大于 500 m³/s，且同时满足日均洪峰流量大于 1 000 m³/s，渭河下游河道排沙比才可能接近或达到 100%；否则，下游河道则发生淤积。

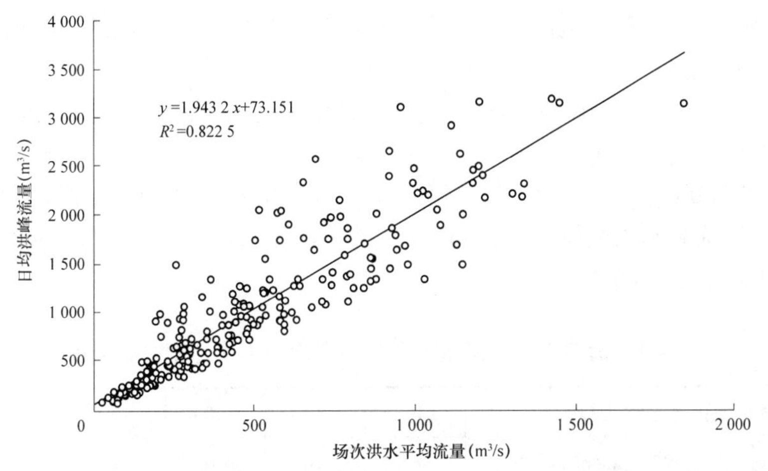

图 4-3 临潼站场次洪水平均流量与日均洪峰流量关系

二、洪水期冲淤临界水沙条件分析

由于渭河下游河道为冲积性河流，其冲淤调整与水沙过程非常密切，据分析，1974年以来多数情况下河道属于涨冲落淤的调整过程，相同的流量级在涨水过程中是冲刷的，而在落水过程中可能是淤积的，在第一场洪水中是冲刷的，在第二场或以后的洪水中可能是淤积的，因此渭河下游冲淤临界流量的界定也是一个非常复杂、非常困难的问题。

通过对渭河下游实测断面冲淤资料分析，临潼—华阴河段的冲淤变化基本能反映渭河下游的冲淤变化。根据实测非漫滩洪水资料，分析了1974～1990年的历场洪水(平均流量大于 100 m^3/s，平均含沙量小于 200 kg/m^3)的冲淤变化与来水来沙的关系，点绘洪水期间水沙搭配系数 S/Q 与河道淤积比的关系(见图 4-4)。

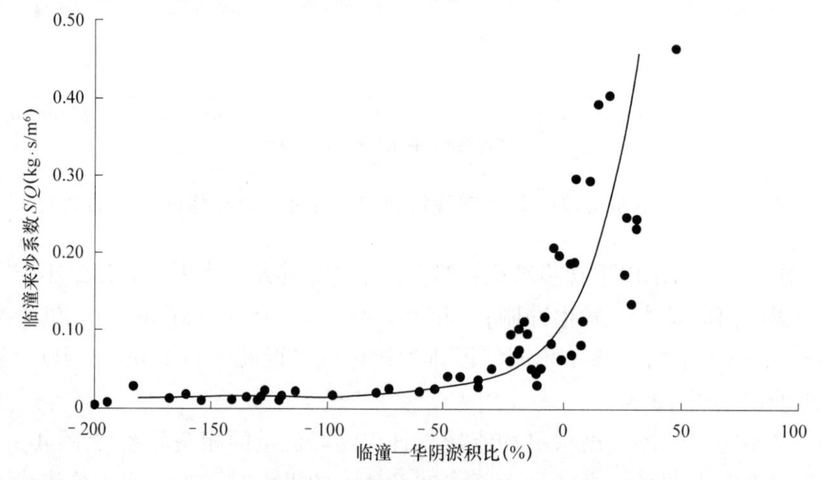

图 4-4　渭河下游水沙搭配系数与淤积比的关系

由图 4-4 可以看出，渭河下游洪水期间淤积比等于 0 时，水沙搭配系数应为 0.11 $kg\cdot s/m^6$，即渭河下游洪水期冲淤临界条件为水沙搭配系数约等于 0.11 $kg\cdot s/m^6$。由此可以看出，渭河下游的输沙能力远大于黄河下游的输沙能力(黄河下游不漫滩洪水洪峰冲淤平衡的水沙搭配系数约等于 0.01 $kg\cdot s/m^6$)，这主要是由于渭河下游来沙相对较细，主槽相对窄深。表 4-1 列出了不同水沙条件下非漫滩洪水渭河下游河道冲淤临界条件。如洪水平均含沙量为 80 kg/m^3，其冲淤临界平均流量为 730 m^3/s；如洪水平均含沙量为 100 kg/m^3，其冲淤临界平均流量为 910 m^3/s 左右；如洪水平均含沙量为 200 kg/m^3，其冲淤临界平均流量为 1 800 m^3/s。

表 4-1　渭河下游不同水沙条件下非漫滩洪水冲淤临界条件

临潼站洪水平均含沙量(kg/m^3)	40	50	80	100	150	200
临潼站洪水平均流量(m^3/s)	365	460	730	910	1 360	1 800

第五章　渭河下游汛期输沙用水量分析

一、汛期输沙水量计算

渭河下游的水沙主要来自汛期，冲淤调整也主要发生在汛期。华县站汛期水量占年水量的 60%左右，汛期沙量占年沙量的 90%左右。因此，渭河下游的输沙水量也主要集中在汛期。

分析 1974 年以来渭河下游汛期冲淤量与来水来沙量的关系(见图 5-1)可以看出，渭河下游汛期冲淤量随来水量的增大淤积减少或冲刷增大，随来沙量的增大淤积增多或冲刷量减少。

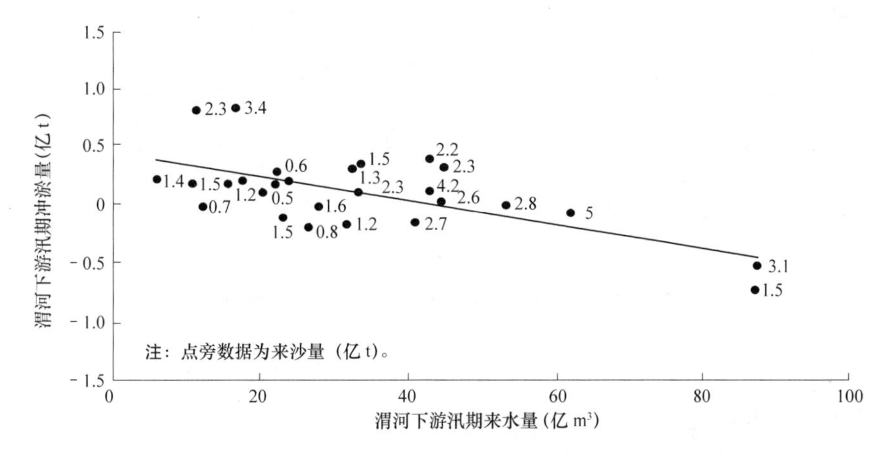

图 5-1　1974 年以来渭河下游汛期冲淤量与来水来沙量的关系

为了分析不同来水来沙条件和不同淤积水平条件下渭河下游汛期输沙水量，利用历年断面法冲淤量资料与汛期进入渭河下游的水沙量资料建立相关关系式

$$W_{华汛}=9.49W_{S汛}-72.89\Delta W_{S汛}+23.65 \tag{5-1}$$

式中：$W_{华汛}$为华县汛期输沙水量，亿 m^3；$W_{S汛}$为渭河下游汛期来沙量，亿 t；$\Delta W_{S汛}$为渭河下游河道在该来沙情况下淤积量，亿 t。

根据公式(5-1)假定来沙量和下游河道允许淤积量的前提下，可得华县站汛期输沙水量(图 5-2)。可以看出，在淤积量相同的情况下，输沙水量与来沙量成正比，即来沙量越多，所需的输沙水量越多；来沙量越少，所需的输沙水量越少。20 世纪 90 年代以来渭河下游多年平均来沙量约 2 亿 t，因此要维持渭河下游河道不淤积，汛期输沙用水量约 43 亿 m^3。

二、洪水期输沙水量分析

渭河下游来水来沙主要发生在场次洪水中，不同类型的洪水，其冲淤特性也各不相同。一般情况下，高含沙大洪水渭河下游发生冲刷，高含沙小洪水渭河下游发生淤积；低含沙大洪水渭河下游发生冲刷，中等含沙量洪水渭河下游一般发生淤积。同时，河床边界条件对洪水期渭河下游的冲淤变化也产生一定影响。

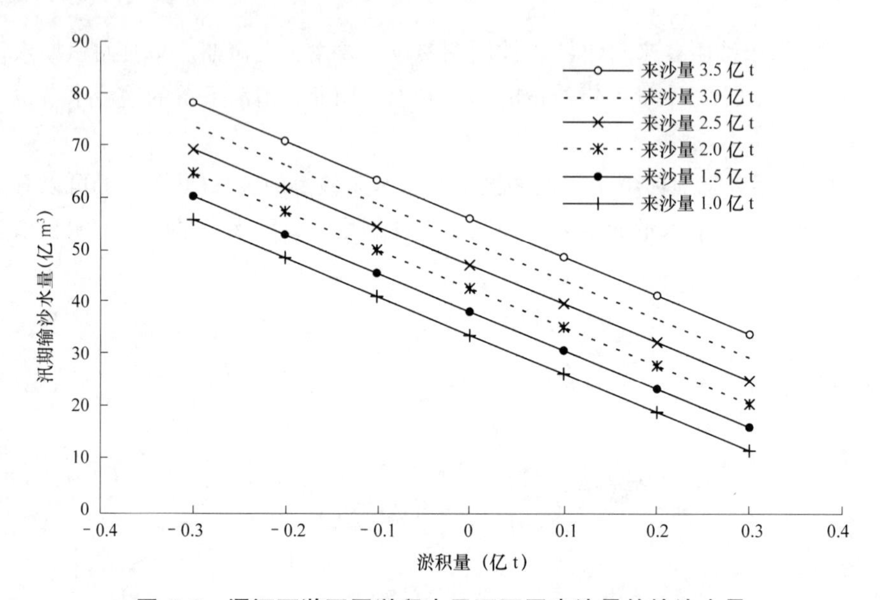

图 5-2　渭河下游不同淤积水平下不同来沙量的输沙水量

利用前文分析的临潼—华阴河段洪水期水沙搭配系数与淤积比的关系，当渭河下游冲淤平衡即淤积比为零时水沙搭配系数满足关系式

$$\frac{S}{Q}=0.11 \tag{5-2}$$

式中：S 为洪水期平均含沙量，kg/m^3；Q 为洪水期平均流量，m^3/s。

洪水期的平均含沙量与来水量和来沙量的关系式

$$S=\frac{1\,000\cdot W_S}{W} \tag{5-3}$$

式中：W 为洪水期输沙水量，亿 m^3；W_S 为洪水期来沙量，亿 t。

联解两式，可得输沙水量计算公式如下

$$W=\frac{1\,000\cdot W_S}{0.11Q} \tag{5-4}$$

由式(5-4)可以看出，要保持渭河下游河道冲淤平衡，在来沙量一定的情况下，洪水平均流量越大，所需输沙水量越小；反之，所需输沙水量越大。在场次洪水平均流量一定的情况下，来沙量越多，所需的输沙水量也越多；反之，所需输沙水量越少。表 5-1 给出了渭河下游冲淤平衡时不同流量和不同来沙量情况下洪水期输沙水量。

表 5-1　渭河下游不同流量和不同来沙量情况下输沙水量

流量级(m^3/s)	项目	不同来沙量			
		1 亿 t	2 亿 t	3 亿 t	4 亿 t
800	水量(亿 m^3)	11	23	34	45
	天数(d)	16	33	49	65
1 000	水量(亿 m^3)	9	18	27	36
	天数(d)	10	21	31	42
1 300	水量(亿 m^3)	7	14	21	28
	天数(d)	6	12	19	25
1 500	水量(亿 m^3)	6	12	18	24
	天数(d)	5	9	14	19

第六章　结论与建议

一、结论

(1)渭河下游的冲淤调整主要取决于水沙条件，枯水多沙是河槽淤积萎缩的根本原因，有利的水沙条件可以有效改善河槽形态，增加平滩流量。

若要维持渭河下游华县断面 2 500 m^3/s 的平滩流量，华县年水量需要 40 亿～70 亿 m^3，平均约 55 亿 m^3。其中汛期需要水量 25 亿～45 亿 m^3，平均约 35 亿 m^3；汛期大于 1 000 m^3/s 流量的洪水水量 5 亿～15 亿 m^3，平均约 10 亿 m^3。

(2)根据场次洪水分析(洪水平均流量大于 100 m^3/s，平均含沙量小于 200 kg/m^3)，渭河下游洪水期冲淤临界条件为水沙搭配系数约等于 0.11 $kg\cdot s/m^6$。

(3)根据以上初步分析，在渭河下游汛期来沙量 2 亿 t 的情况下，要保持渭河下游冲淤平衡，汛期需要输沙用水量约 43 亿 m^3。洪水期平均流量 1 000 m^3/s 时需要输沙水量约 18 亿 m^3。

二、建议

(1)由于渭河下游水沙异源，来自不同地区的洪水其泥沙组成不同，因此对渭河下游河道的冲淤作用不完全相同。建议对来自不同地区的场次洪水水沙特性进行分析，进而深入研究不同来源的洪水对渭河下游的冲淤调整作用。

(2)渭河下游河道的冲淤调整非常迅速，也相当复杂，应进一步深入研究渭河下游河床演变机理。如渭河下游河道水力要素(流量、流速、比降等)以及泥沙要素(如含沙量、级配组成、粗细沙含量等)与河道边界条件(如河道剖面形态、宽度、水深、宽深比等)的响应关系等，分析河道水力几何形态调整对河流输沙能力的影响。

(3)在加强黄河水沙调控体系建设的同时，应加强渭河流域水沙调控措施的研究，如东庄水库在渭河及在黄河水沙调控体系中的地位与作用，东庄水库配合引江济渭工程联合调水调沙运用对减轻渭河下游淤积、降低潼关河床高程的作用等，从而进一步完善黄河流域水沙调控体系。

第四专题　2005年三门峡库区冲淤变化分析

2005年三门峡水库来水来沙量偏枯，汛期场次洪水较少，最大洪峰流量4 500 m^3/s。水库非汛期最高运用水位不超过318 m的原型试验进入第三年，汛期进行了多次敞泄运用，库区冲刷量较大。本专题对2005年入库水沙条件、水库运用特点、水库冲淤和潼关高程变化进行分析，并对2003～2005年原型试验的效果进行初步分析。

第一章　入库水沙条件

一、来水来沙量

2005 年(运用年，指 2004 年 11 月~2005 年 10 月)潼关站来水量为 228.8 亿 m^3，来沙量为 3.33 亿 t。非汛期来水量为 115.5 亿 m^3，来沙量为 0.83 亿 t，分别约占全年的 50%和 25%，非汛期和汛期的来水量基本相当，来沙量则主要集中在汛期(表 1-1)。

表 1-1　潼关站不同时段平均水沙量统计

时段		非汛期		汛期		全年	
		水量(亿 m^3)	沙量(亿 t)	水量(亿 m^3)	沙量(亿 t)	水量(亿 m^3)	沙量(亿 t)
1974 ~ 1985		164.7	1.61	236.3	8.88	400.9	10.49
1986 ~ 2004		134.5	1.72	111.1	5.11	245.6	6.83
1974 ~ 2004		146.2	1.68	159.5	6.57	305.7	8.25
2005		115.5	0.83	113.3	2.50	228.8	3.33
2005 年较时段偏丰(+)、偏枯(–)百分数(%)	1974 ~ 1985	– 30	– 48	– 52	– 72	– 43	– 68
	1986 ~ 2004	– 14	– 52	2	– 51	– 7	– 51
	1974 ~ 2004	– 21	– 50	– 29	– 62	– 25	– 60

与 1986~2004 年枯水时段平均值相比，年水量减少 16.8 亿 m^3，减幅为 7%，其中，非汛期水量减少 19 亿 m^3，大于年水量减少值，汛期水量增加 2.2 亿 m^3；年沙量减少 3.5 亿 t，减幅为 51%，其中，非汛期沙量减少 0.89 亿 t，占年沙量减少值的 25%，汛期沙量减少 2.61 亿 t，占年沙量减少值的 75%。可见 2005 年潼关站年来沙量的减幅大于年来水量的减幅。年来水量的减少发生在非汛期，汛期来水量略有增加。年来沙量的减少主要发生在汛期。

非汛期龙门站来水量为 100.5 亿 m^3，来沙量为 0.38 亿 t(见表 1-2)，与 1986~2004 年非汛期相比，来水量减少 12.6 亿 m^3，来沙量减少 0.43 亿 t，分别占非汛期潼关站水沙量减少值的 66%和 48%；华县站非汛期来水量 13.9 亿 m^3，来沙量 0.07 亿 t，与 1986~2004 年非汛期相比，来水量减少 6.2 亿 m^3，来沙量减少 0.29 亿 t，分别占潼关非汛期减少值的 33%和 33%。可见非汛期黄河干流和渭河来水来沙均有不同程度的减少，使得潼关站非汛期来水来沙量减少。汛期龙门站来水量为 71.1 亿 m^3，来沙量为 0.90 亿 t，与 1986~2004 年汛期相比，来水量减少 9.5 亿 m^3，来沙量减少 2.68 亿 t；华县站汛期来水量 50.3 亿 m^3，来沙量 1.44 亿 t，与 1986~2004 年汛期相比，来水量增加 22.8 亿 m^3，来沙量减少 0.68 亿 t。可见汛期龙门站来水来沙均减少，尤其是来沙量减少得最多，减幅达 75%，使得潼关站汛期来沙量也大幅度减少。华县站汛期来水量增加较多，使得潼关站汛期的水量没有因为黄河干流来水量的减少而减少。

表 1-2 龙门、华县、潼关非汛期和汛期水沙量

时段		龙门		华县		潼关	
		水量(亿 m^3)	沙量(亿 t)	水量(亿 m^3)	沙量(亿 t)	水量(亿 m^3)	沙量(亿 t)
非汛期	1974 ~ 1985	135.8	0.83	24.0	0.22	164.7	1.61
	1986 ~ 2004	113.1	0.81	20.1	0.36	134.5	1.72
	2005	100.5	0.38	13.9	0.07	115.5	0.83
汛期	1974 ~ 1985	173.5	5.64	51.7	2.93	236.3	8.88
	1986 ~ 2004	80.6	3.58	27.5	2.12	111.1	5.11
	2005	71.1	0.90	50.3	1.44	113.3	2.50

二、桃汛洪水特点

2005 年桃汛洪水过程历时为 3 月 22 日 ~ 4 月 11 日，计 21 d，洪水过程出现两个洪峰，如图 1-1 所示。前一个洪峰流量为 1 760 m^3/s，最大含沙量为 14.4 kg/m^3；后一个洪峰流量为 1 680 m^3/s，最大含沙量为 11.2 kg/m^3。桃汛期间潼关站水量为 20.2 亿 m^3，沙量为 0.186 亿 t，平均流量为 1 113 m^3/s，平均含沙量为 9.2 kg/m^3。

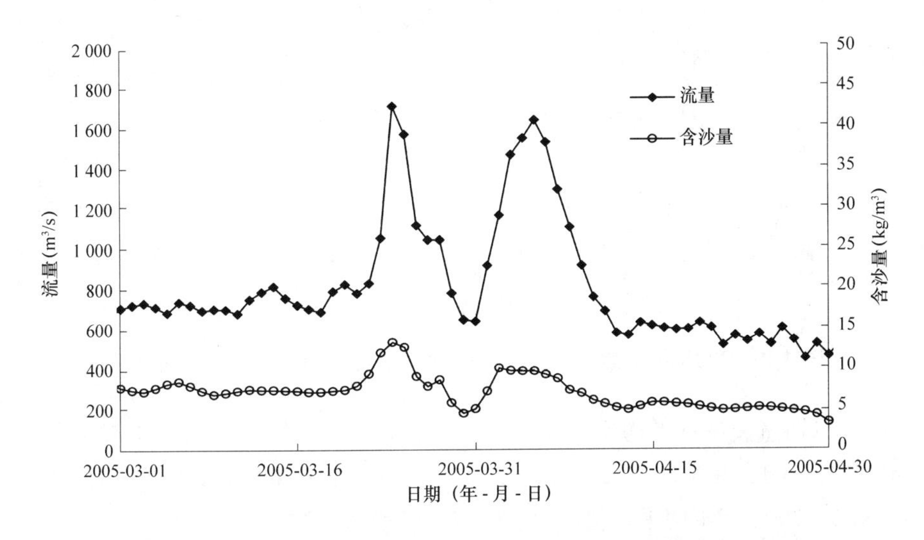

图 1-1 桃汛期潼关站日平均流量、含沙量过程

从表 1-3 可以看出，与以往不同时段平均值相比，2005 年桃汛洪水持续时间长、洪量大，但洪峰流量偏小，明显小于 1974 ~ 1986 年和 1987 ~ 1998 年两个时段的平均值，与 1999 ~ 2004 年(即万家寨水库运用以来)平均值相差不大。

表 1-3　2005 年桃汛洪水特征值

年份	天数(d)	水量(亿 m^3)	沙量(亿 t)	洪峰流量平均值(m^3/s)	平均含沙量(kg/m^3)
1974 ~ 1986	12	13.3	0.154	2 660	11.6
1987 ~ 1998	10	13.2	0.230	2 640	17.4
1999 ~ 2004	14	13.0	0.187	1 683	14.4
2005	21	20.2	0.186	1 760	9.2

三、汛期洪水特点

汛期受黄河干流来水较少的影响，潼关站洪水过程较少，日平均流量多在 2 000 m^3/s 以下(图 1-2)。最大洪水过程出现在 10 月上旬，潼关站洪峰流量 4 500 m^3/s，该场洪水来自渭河，华县站洪峰流量 4 450 m^3/s，亦为汛期最大。

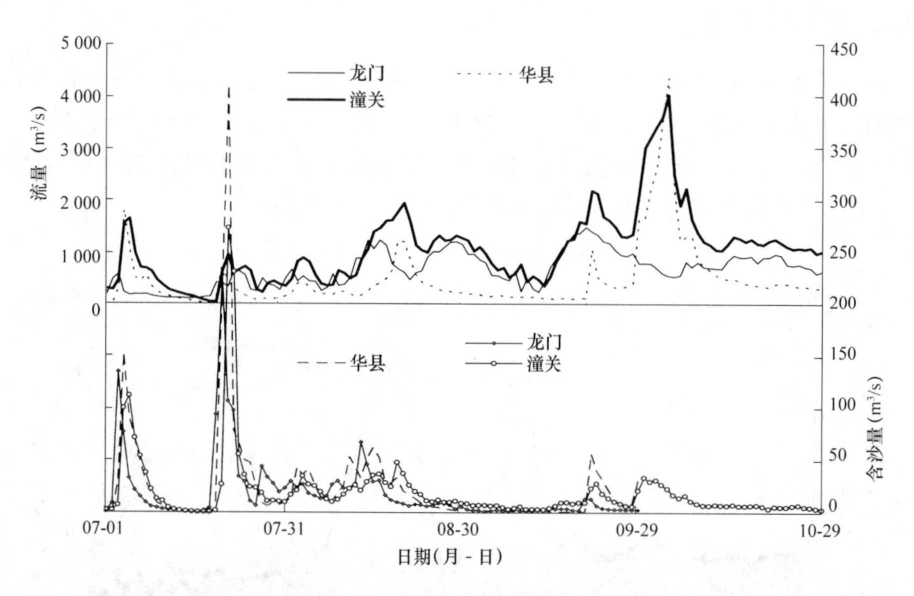

图 1-2　2005 年汛期龙门、华县、潼关站日平均流量、含沙量过程

2005 年汛期潼关站日平均流量大于 3 000 m^3/s 的天数为 5 d，日平均流量在 2 000 ~ 3 000 m^3/s 的为 5 d，在 1 000 ~ 2 000 m^3/s 的为 56 d，在 1 000 m^3/s 以下的为 57 d，见表 1-4。与 1986 ~ 2004 年汛期平均值相比，各流量级增减天数为：1 000 m^3/s 以下的天数减少 16 d，1 000 ~ 2 000 m^3/s 的天数增加 20 d，2 000 ~ 3 000 m^3/s 的天数减少 5 d，3 000 m^3/s 以上的天数增加 1 d。各级流量总水量的变化与天数的变化一致，各级流量总沙量则表现出不同的变化，1 000 m^3/s 以下流量级的总沙量基本未变，1 000 ~ 2 000 m^3/s、2 000 ~ 3 000 m^3/s 以及 3 000 m^3/s 以上流量级总沙量均减少很多。

表 1-4　汛期潼关站不同流量级天数、水沙量

时段	项目	<1 000 m^3/s	1 000 ~ 2 000 m^3/s	2 000~3 000 m^3/s	>3 000 m^3/s
1974 ~ 1985	天数(d)	19	44	30	30
	水量(亿 m^3)	11.9	55.9	63.1	105.3
	沙量(亿 t)	0.26	1.63	2.53	4.42
1986 ~ 2004	天数(d)	73	36	10	4
	水量(亿 m^3)	35.3	43.3	20.4	12.1
	沙量(亿 t)	0.75	1.84	1.35	1.15
2005	天数(d)	57	56	5	5
	水量(亿 m^3)	25.6	63.2	9.6	14.9
	沙量(亿 t)	0.78	1.09	0.20	0.42

统计 2005 年汛期 5 场洪水特征值见表 1-5，其中潼关站洪峰流量大于 2 500 m^3/s 的洪水 2 场，分别发生在 9 月 15 ~ 27 日和 9 月 29 日 ~ 10 月 11 日；洪峰流量在 1 500 ~ 2 500 m^3/s 的洪水 2 场，分别发生在 7 月 3 ~ 10 日和 8 月 13 ~ 24 日。最大洪水发生在 9 月 29 日 ~ 10 月 11 日，该次洪水潼关站水量为 27.3 亿 m^3，洪峰流量为 4 500 m^3/s，最大含沙量为 37 kg/m^3。该场洪水主要来源于渭河，华县站洪峰流量为 4 450 m^3/s，最大含沙量为 123 kg/m^3，洪量为 20.0 亿 m^3。7 月 20 ~ 24 日洪水为高含沙量小洪水，潼关站洪峰流量为 1 420 m^3/s，最大含沙量为 408 kg/m^3。该场洪水同时来源于黄河干流和渭河，龙门站洪峰流量为 1 050 m^3/s，最大含沙量为 409 kg/m^3，华县站洪峰流量为 1 130 m^3/s，最大含沙量为 524 kg/m^3。5 场洪水历时 51 d，共计来水量为 65.6 亿 m^3，占汛期水量的 57.9%，来沙量为 2.05 亿 t，占汛期沙量的 82%。

表 1-5　2005 年汛期场次洪水特征值

时段(月-日)	洪水来源	站名	水量(亿 m^3)	沙量(亿 t)	洪峰流量(m^3/s)	最大含沙量(kg/m^3)	平均流量(m^3/s)	平均含沙量(kg/m^3)
07-03 ~ 07-10	渭河	龙门	1.9	0.10	1 480	192	275	53
		华县	4.5	0.40	2 070	168	657	88
		潼关	6.1	0.43	1 840	176	889	70
07-20 ~ 07-24	黄河、渭河	龙门	2.1	0.22	1 050	409	487	103
		华县	1.6	0.33	1 130	524	376	203
		潼关	2.5	0.39	1 420	408	579	156
08-13 ~ 08-24	黄河、渭河	龙门	8.8	0.23	1 480	93	852	26
		华县	5.8	0.17	1 370	78	562	29
		潼关	13.8	0.42	2 130	59	1 335	31
09-15 ~ 09-27	黄河	龙门	13.1	0.07	1 600	25	1 168	5
		华县	3.4	0.09	1 480	72	298	28
		潼关	15.9	0.22	2 810	36	1 415	14
09-29 ~ 10-11	渭河	龙门	8.5	0.24	1 220	3	754	29
		华县	20.0	0.32	4 450	123	1 779	16
		潼关	27.3	0.59	4 500	37	2 433	22

第二章　水库运用情况

一、非汛期

2005 年三门峡水库非汛期平均蓄水位为 316.41 m，运用过程见图 2-1。其中库水位在 317 ~ 318 m 的天数为 152 d，占非汛期总天数的 62.8%；水位在 316 ~ 317 m 的天数为 31 d，占非汛期总天数的 12.8%；水位在 315 ~ 316 m 的天数为 30 d，占非汛期总天数的 12.4%；水位在 314 ~ 315 m 的天数为 23 d，占非汛期总天数的 9.5%；314 m 以下的天数为 6 d，占非汛期总天数的 2.5%。

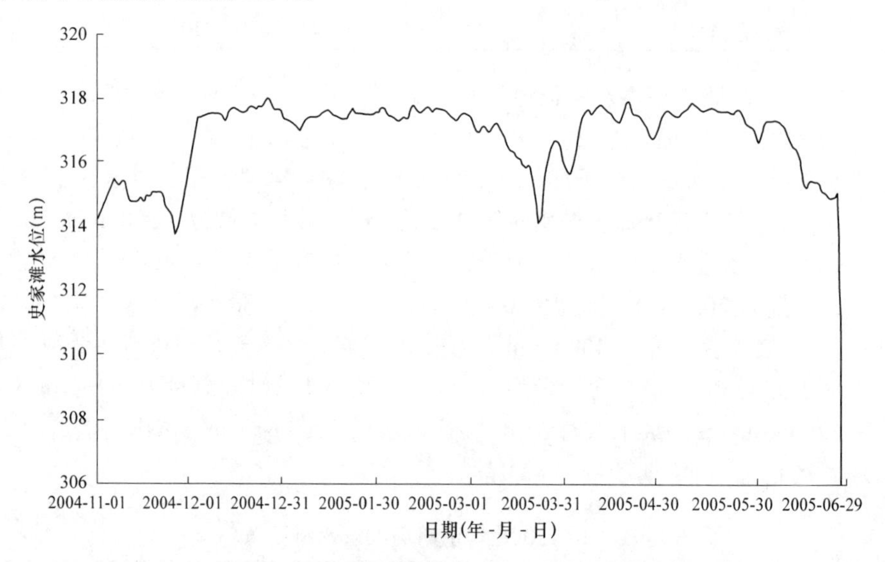

图 2-1　2005 年非汛期坝前日平均水位过程

从各月运用情况来看，2004 年 11 月和 2005 年 6 月，水库平均水位最低，分别为 314.81 m 和 313.17 m，见表 2-1。桃汛期间水库降低水位运用，起调水位为 314.07 m(3 月 23 日)，3 月平均水位为 316.33 m。其余各月平均水位多在 317 ~ 318 m。最高水位为 317.94 m(12 月 27 日)；最低水位为 286.03 m(6 月 29 日)，出现在水库敞泄运用期。

表 2-1　2005 年非汛期各月水位特征值　　(单位：m)

时间	2004 年		2005 年					
	11 月	12 月	1 月	2 月	3 月	4 月	5 月	6 月
最高水位	315.46	317.94	317.63	317.75	317.40	317.87	317.84	317.26
最低水位	313.71	315.82	316.95	317.25	314.07	315.60	316.86	286.03
平均水位	314.81	317.44	317.37	317.48	316.33	317.18	317.49	313.17

二、汛期

汛期水库运用基本按洪水期敞泄排沙、平水期控制水位不超过 305 m，平均运用水位为 303.36 m，其过程见图 2-2。

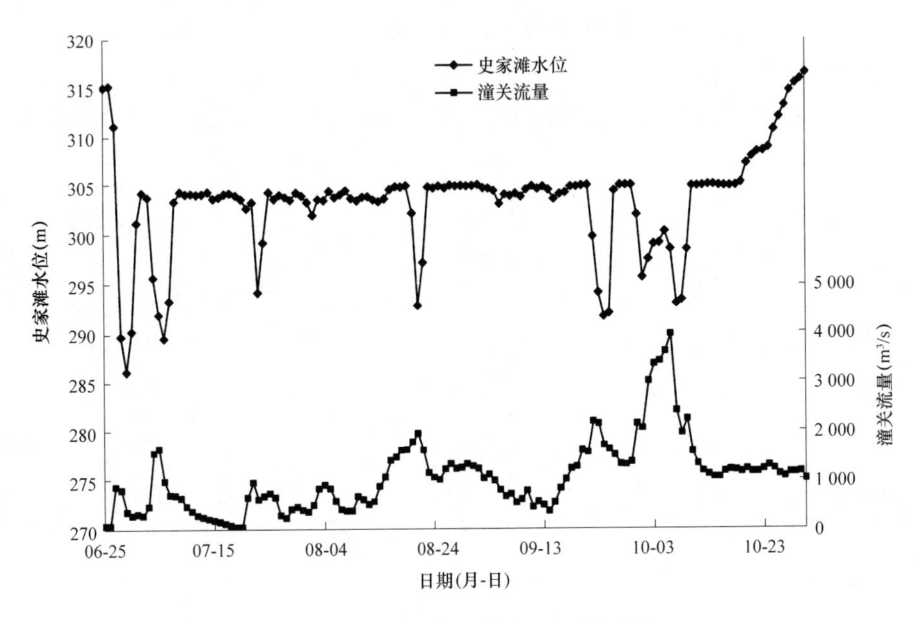

图 2-2　2005 年汛期水库运用过程

从 6 月 28 日至 10 月 9 日，水库进行了 6 次敞泄运用，历时 27 d。敞泄运用特征值统计见表 2-2。为了配合小浪底水库调水调沙，在 6 月 28 日～7 月 1 日进行了汛期首次敞泄运用。9 月底渭河发生洪水，流量大、持续时间长，从 9 月 30 日至 10 月 9 日水库进行了为期 10 d 的敞泄运用，是汛期敞泄运用时间最长的一次。平水期坝前水位基本都控制在 305 m 以下，10 月下旬水位逐步抬高向非汛期运用过渡。

表 2-2　敞泄运用水位统计

时段(月-日)	天数(d)	坝前水位(m)		潼关最大流量(m^3/s)
		平均	最低	
06-28～07-01	4	291.73	286.03	1 060
07-04～07-07	4	292.51	289.43	1 840
07-23～07-24	2	296.60	294.05	1 420
08-20～08-22	3	297.30	292.72	2 130
09-22～09-25	4	294.30	291.56	2 810
09-30～10-09	10	297.60	292.88	4 500

第三章　水库冲淤变化

一、冲淤量及分布

根据库区实测断面资料，2005 年潼关以下库区共冲刷泥沙 0.712 亿 m^3，其中非汛期淤积 0.865 亿 m^3，汛期冲刷 1.577 亿 m^3，见表 3-1。冲淤量沿程分布如图 3-1 所示，非汛期的淤积与汛期的冲刷在图形上呈对应关系，即非汛期淤积量大的河段，汛期冲刷量也大。

表 3-1　各河段淤积量　（单位：亿 m^3）

时段	大坝—黄淤 12	黄淤 12—黄淤 22	黄淤 22—黄淤 30	黄淤 30—黄淤 36	黄淤 36—黄淤 41	大坝—黄淤 41
2005 年非汛期	0.191	0.268	0.359	0.082	−0.035	0.865
2005 年汛期	−0.370	−0.485	−0.499	−0.178	−0.045	−1.577
2005 年全年	−0.178	−0.217	−0.140	−0.097	−0.080	−0.712
2004 年全年	0.066	0.241	0.054	0.045	0.035	0.441

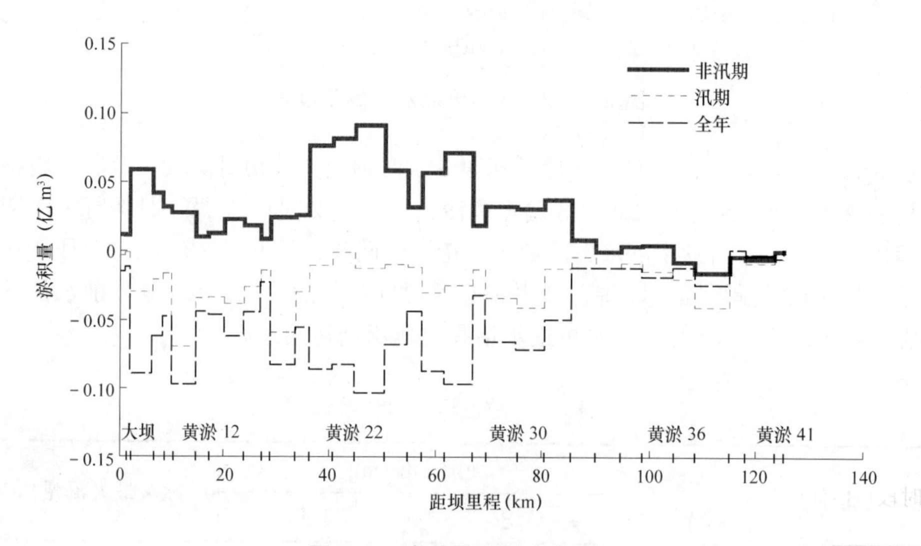

图 3-1　冲淤量沿程分布图

非汛期淤积以黄淤 22—黄淤 30 河段为最大，淤积量为 0.359 亿 m^3，占潼关以下总淤积量的 41.5%；淤积量较大的河段有黄淤 12—黄淤 22 和大坝—黄淤 12，淤积量分别为 0.268 亿 m^3 和 0.191 亿 m^3，分别占非汛期淤积量的 30.9%和 22.1%。黄淤 30—黄淤 36 河段微淤，黄淤 36—黄淤 41 河段略有冲刷。

汛期黄淤 22—黄淤 30 河段冲刷量也最大，与非汛期的淤积相对应，共冲刷泥沙 0.499 亿 m^3，占汛期总冲刷量的 31.6%。其次是黄淤 12—黄淤 22 和大坝—黄淤 12 河段，分别冲刷泥沙 0.485 亿 m³ 和 0.370 亿 m³，占总冲刷量的 30.8%和 23.5%。黄淤 36—黄淤 41 河段冲刷量最小。各段冲刷量均大于非汛期淤积量。

2004 年潼关以下库区未实现冲淤平衡，运用年内库区淤积 0.441 亿 m³，各河段均有不同程度的淤积(见表 3-1)。2005 年不仅将 2004 年的淤积物冲走，还多冲了 0.271 亿 m³。除黄淤 12—黄淤 22 河段外，其他各河段冲刷量均大于 2004 年的淤积量，黄淤 12—黄淤 22 河段尚有 0.024 亿 m³ 泥沙未冲走。

二、汛期排沙与冲刷特点

(一)汛期排沙特点

汛期水库共进行了 6 次敞泄运用，敞泄历时共计 27 d，前 5 次敞泄历时为 2～4 d，最后一次敞泄历时为 10 d。其中，6 月 28 日～7 月 1 日敞泄发生在非汛期，但断面法冲淤量计算中汛前大断面的测量在 4 月份，而 6 月 28 日～7 月 1 日敞泄对断面法冲淤量影响较大，因此在分析汛期排沙时将其记入。表 3-2 按敞泄时段和非敞泄时段统计了汛期水库排沙情况。可以看出，非敞泄时段排沙比都小于 1，敞泄时段水库排沙比都大于 1。非敞泄期进库沙量共 1.079 4 亿 t，出库沙量共 0.480 4 亿 t，淤积泥沙 0.599 0 亿 t，排沙比为 0.45。敞泄期进库沙量共 1.423 5 亿 t，出库沙量共 3.513 8 亿 t，冲刷泥沙 2.090 3 亿 t，排沙比为 2.47。

表 3-2　汛期排沙统计

时段(月-日)	敞泄天数(d)	史家滩水位(m)	潼关		三门峡沙量(亿 t)	冲淤量(亿 t)	单位水量冲淤量(kg/m³)	排沙比
			水量(亿 m³)	沙量(亿 t)				
06-28～07-01	4	291.73(敞泄)	1.50	0.005 0	0.407 0	－0.402 0	－268.0	81.40
07-02～07-03		303.98	0.64	0.003 4	0.002 7	0.000 7	1.1	0.79
07-04～07-07	4	292.51(敞泄)	4.20	0.384 7	0.789 4	－0.404 7	－96.4	2.05
07-08～07-22		303.80	4.39	0.283 4	0.068 9	0.214 5	48.9	0.24
07-23～07-24	2	296.6(敞泄)	1.09	0.152 0	0.280 0	－0.128 0	－117.4	1.84
07-25～08-19		303.82	15.94	0.397 5	0.283 0	0.114 5	7.2	0.71
08-20～08-22	3	297.30(敞泄)	4.59	0.172 0	0.510 5	－0.338 5	－73.7	2.97
08-23～09-21		304.48	24.98	0.222 6	0.072 8	0.149 8	6.0	0.33
09-22～09-25	4	294.30(敞泄)	6.58	0.140 8	0.593 9	－0.453 1	－68.9	4.22
09-26～09-29		304.77	4.71	0.037 0	0.025 0	0.012 0	2.5	0.68
09-30～10-09	10	297.60(敞泄)	23.92	0.569 0	0.933 0	－0.364 0	－15.2	1.64
10-10～10-31		308.47	22.00	0.135 5	0.028 0	0.107 5	4.9	0.21
非敞泄期		304.89	72.66	1.079 4	0.480 4	0.599 0	8.2	0.45
敞泄期	27	295.01	41.89	1.423 5	3.513 8	－2.090 3	－49.9	2.47

各敞泄时段冲刷量大都在0.4亿t左右，7月23~24日冲刷量最小，只有0.128 0亿t。7月23~24日敞泄历时2 d，入库水量1.09亿m^3，均为各次最小。冲刷量最大的为9月22日~25日敞泄，冲刷泥沙0.453 1亿t。

从冲刷效果来看，随着敞泄次数的增加冲刷效率(单位水量冲淤量)逐步减小。前3次敞泄入库水量较小，但冲刷效率却较大，尤其是6月28日~7月1日为首次敞泄，入库水量虽然只有1.50亿m^3，冲刷效率却达268.0 kg/m^3，为各次最大值。后3次敞泄虽然入库水量逐步增大，但冲刷效率逐渐减小。9月22日~25日敞泄虽然为冲刷量最大的一次，但冲刷效率只有68.9 kg/m^3，较前几次都小；9月30日~10月9日敞泄历时最长，入库水量最大，但其冲刷量并不大，仅为0.364 0亿t，冲刷效率只有15.2 kg/m^3。随着敞泄场次、历时的增加，河床粗化，淤积物密实度增加，水库冲刷效率明显下降。

(二)溯源冲刷和沿程冲刷特点

汛期库区冲刷以沿程冲刷和溯源冲刷两种方式进行。图3-2是4月19日~10月17日断面冲淤面积图。从图中可以看出，汛期溯源冲刷和沿程冲刷的衔接点大约在黄淤32断面。黄淤32断面以下基本表现为溯源冲刷，冲刷强度大，黄淤32断面以上表现为沿程冲刷，冲刷强度较溯源冲刷小。

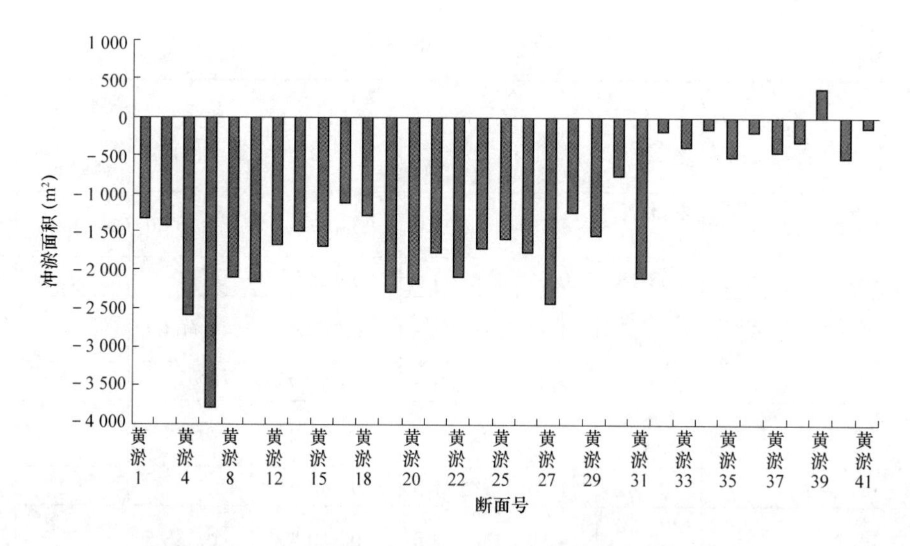

图3-2 2005年4月19日~10月17日断面冲淤面积

图3-3是4月19日~7月9日断面冲淤面积图。从图中可以看出，7月9日以前断面冲刷以溯源冲刷为主，溯源冲刷发展到黄淤31断面。黄淤19断面以下是冲刷的重点。溯源冲刷主要发生在6月28日~7月1日和7月4~7日两次敞泄运用期间。

图3-4是7月9日~10月17日断面冲淤面积图。从图中可以看出，这一时段溯源冲刷和沿程冲刷同时进行。溯源冲刷发展到黄淤32断面，与沿程冲刷相衔接。黄淤19断面以下由于前期冲刷较大，该时段冲刷幅度减小很多，坝前出现回淤。溯源冲刷的重点上移到黄淤19—黄淤32断面。

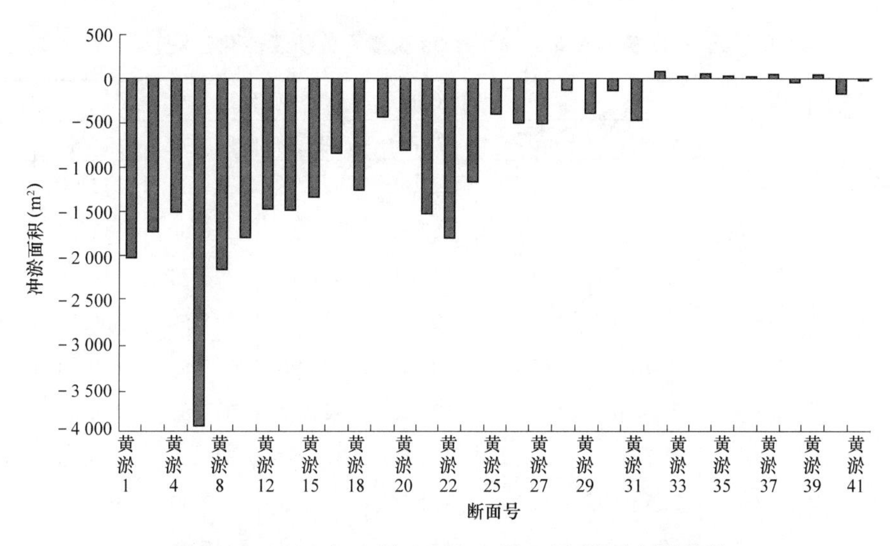

图 3-3　2005 年 4 月 19 日~7 月 9 日断面冲淤面积

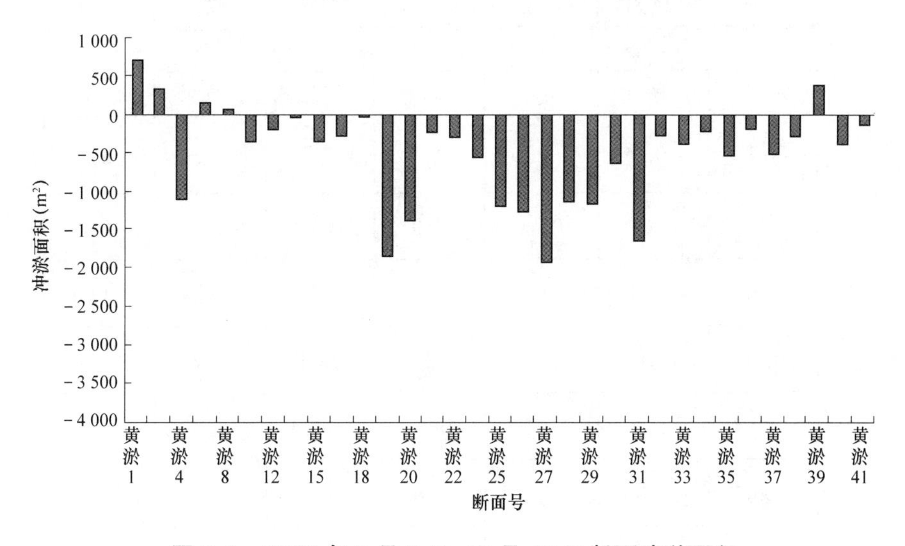

图 3-4　2005 年 7 月 9 日~10 月 17 日断面冲淤面积

表 3-3 是汛期各水位站 1 000 m^3/s 水位值及变化过程。该表可以反映汛期冲淤变化的大致过程。根据图 3-2 分析汛期沿程冲刷和溯源冲刷的衔接点在黄淤 32 断面，按水位站水位变化划分，大禹渡(黄淤 30 断面)以上以沿程冲刷为主，以下以溯源冲刷为主。

6 月 28 日 ~ 7 月 4 日，为配合调水调沙水库敞泄运用(6 月 28 ~ 7 月 1 日)，潼关入库最大流量为 1 060 m^3/s，最大含沙量为 8.66 kg/m^3。同流量水位普遍下降，潼关—礼教下降 0.15 ~ 0.45 m，主要是沿程冲刷的作用，大禹渡以下水位下降值明显增大，北村下降达 3.30 m，主要是溯源冲刷的作用。但是在紧接的第二次敞泄期，即 7 月 4 ~ 6 日，潼关入库含沙量较大，最大含沙量为 176 kg/m^3，洪峰流量只有 1 840 m^3/s，引起较长河段的沿程淤积，尤其是礼教同流量水位上升 0.46 m，超过其第一次敞泄期的下降值。大禹渡、北村同流量水位继续下降，北村下降值达 0.74 m，说明溯源冲刷继续发展。

表 3-3　汛期各水位站 1 000 m³/s 流量水位值及变化过程　　(单位：m)

日期(月-日)	1 000 m³/s 流量水位值							
	潼关	鸡子岭	坫埼	盘西	礼教	大禹渡	北村	史家滩
06-28	328.15	325.05	324.10	323.50	321.95	319.36	315.00	289.61
07-04	328.00	324.80	323.85	323.30	321.50	318.80	311.70	295.61
07-06	328.15	325.09	324.10	323.29	321.96	318.71	310.96	289.43
07-22	328.08	324.99	323.87	323.15	321.92	318.54	309.15	303.23
08-15	328.29	325.19	324.19	323.45	321.96	317.84	309.30	303.55
08-25	328.22	325.10	324.22	323.52	321.72	317.81	310.00	304.84
09-04	328.17	325.04	324.02	323.53	321.54	317.58	309.75	304.37
09-17	328.14	325.01	324.01	323.56	321.56	317.83	309.41	304.15
10-14	327.96	325.00	323.72	323.18	321.38	317.37	309.42	304.96
10-31	327.75	324.80	323.65	323.16	321.34	317.47	316.35	316.27

日期(月-日)	水位变化						
	潼关	鸡子岭	坫埼	盘西	礼教	大禹渡	北村
06-28							
	−0.15	−0.25	−0.25	−0.20	−0.45	−0.56	−3.30
07-04							
	0.15	0.29	0.25	−0.01	0.46	−0.09	−0.74
07-06							
	−0.07	−0.10	−0.23	−0.14	−0.04	−0.17	−1.81
07-22							
	0.21	0.20	0.32	0.30	0.04	−0.70	0.15
08-15							
	−0.07	−0.09	0.03	0.07	−0.24	−0.03	0.70
08-25							
	−0.05	−0.06	−0.20	0.01	−0.18	−0.23	−0.25
09-04							
	−0.03	−0.03	−0.01	0.03	0.02	0.25	−0.34
09-17							
	−0.18	−0.01	−0.29	−0.38	−0.18	−0.46	0.01
10-14							
	−0.21	−0.20	−0.07	−0.02	−0.04	0.10	—
10-31							
合计	−0.40	−0.25	−0.45	−0.34	−0.61	−1.89	−5.58

7 月 6 ~ 22 日为平水时段，其间有 7 月 22 日来自渭河的高含沙洪水入库，潼关最大流量为 1 420 m³/s，最大含沙量为 408 kg/m³。各站同流量水位普遍下降，潼关—大禹渡下降 0.04 ~ 0.23 m，北村继续下降，下降值达 1.81 m。

7 月 22 日 ~ 8 月 15 日，经历了 7 月 23 ~ 24 日的敞泄运用，之后按 305 m 控制运用，河道有所回淤。潼关—礼教同流量水位上升 0.04 ~ 0.32 m，大禹渡下降了 0.70 m，北村上升了 0.15 m。

8 月 15 ~ 25 日，经历了 8 月 20 ~ 22 日的敞泄运用和 8 月 13 ~ 24 日较大流量入库(潼关洪峰流量为 2 130 m^3/s，最大含沙量为 59 kg/m^3)，各站同流量水位有升有降，北村上升了 0.70 m。

8 月 25 日 ~ 9 月 4 日，该时段日平均流量较大，为 973 ~ 1 320 m^3/s，含沙量为 6.66 ~ 11.9 kg/m^3。除盘西外各站同流量水位下降 0.05 ~ 0.25 m。

9 月 4 ~ 17 日，潼关流量多在 1 000 m^3/s 以下，潼关—坫垮下降 0.01 ~ 0.03 m，盘西—大禹渡上升 0.02 ~ 0.25 m，北村下降 0.34 m。

9 月 17 日 ~ 10 月 14 日，期间经历两次洪水入库，其中 9 月 22 日洪峰流量为 2 810 m^3/s，10 月 5 日洪峰流量为 4 500 m^3/s，为此水库两次敞泄，历时 14 d。潼关—大禹渡下降 0.01 ~ 0.46 m，北村上升 0.01 m。

10 月 14 日 ~ 10 月 31 日，日平均流量为 984 ~ 1 310 m^3/s，含沙量为 2.99 ~ 7.37 kg/m^3，10 月 20 日之后水位逐步抬高，10 月 31 日达到 316.27 m。潼关—礼教下降 0.04 ~ 0.21 m，大禹渡上升 0.10 m，北村水位受水库蓄水影响上升。

从上面分析可见，沿程冲刷主要发生在 6 月 28 日 ~ 7 月 4 日、7 月 6 日 ~ 7 月 22 日和 9 月 17 日 ~ 10 月 14 日三个时段，溯源冲刷贯穿整个汛期。

第四章　潼关高程变化

一、潼关高程变化过程

2004 年汛后潼关高程为 327.98 m，2005 年桃汛前升至 328.31 m，受桃汛洪水冲刷作用，桃汛过后降至 328.25 m，下降 0.06 m。6 月份潼关高程逐步降低，汛前降至 328.15 m。进入汛期后潼关高程升降交替，8 月 15 日升至 328.29 m，为汛期最大值，此后潼关高程逐步降低，到汛末降至 327.75 m。非汛期潼关高程上升 0.17 m，汛期下降 0.40 m，全年下降 0.23 m。潼关高程变化过程见图 4-1。

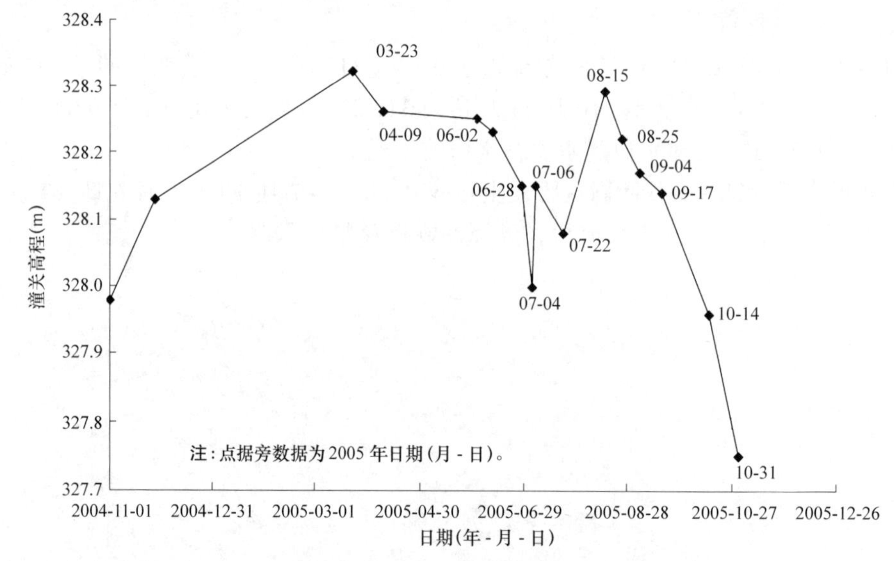

图 4-1　2005 年潼关高程变化过程

二、非汛期潼关高程变化分析

潼关高程的变化过程可分为两个阶段：2004 年汛后至 2005 年桃汛前为抬升阶段，桃汛前至汛前为稳步降低阶段。

桃汛洪水以前潼关高程的上升是上一个汛期冲刷下降之后的自然回淤，潼关高程上升 0.33 m。桃汛期第一次洪水过程潼关高程下降 0.13 m，两次洪峰间潼关高程有所回升，桃汛前后潼关高程共下降 0.06 m，水位流量关系见图 4-2。桃汛期潼关高程的下降幅度主要与桃汛洪峰流量、桃汛起调水位等因素有关(见图 4-3)，洪峰流量越大、起调水位越低，潼关高程下降值越大。但是同一流量下当起调水位降低到一定程度时，潼关高程的下降不再显著，如起调水位在 312 ~ 316 m 时的点据都在一条关系带上。1998 年万家寨水库蓄水后，桃汛洪峰削减，影响了潼关高程的冲刷下降。2005 年桃汛虽然来水量很大，但是其历时较长、洪峰流量小，对潼关高程的冲刷力度不够，潼关高程下降幅度有限。桃汛过后潼关高程较为稳定，维持在 328.25 m 左右，到汛前降至 328.15 m。

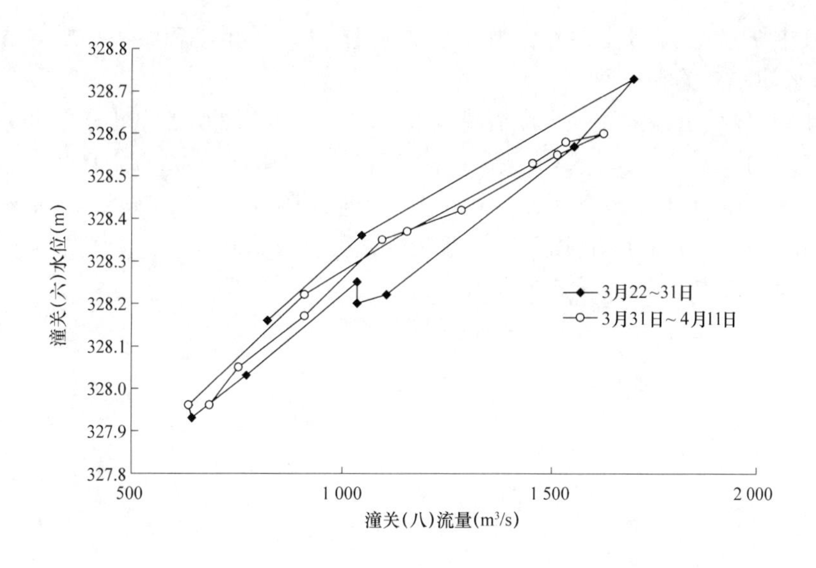

图 4-2　2005 年桃汛期潼关站水位流量关系

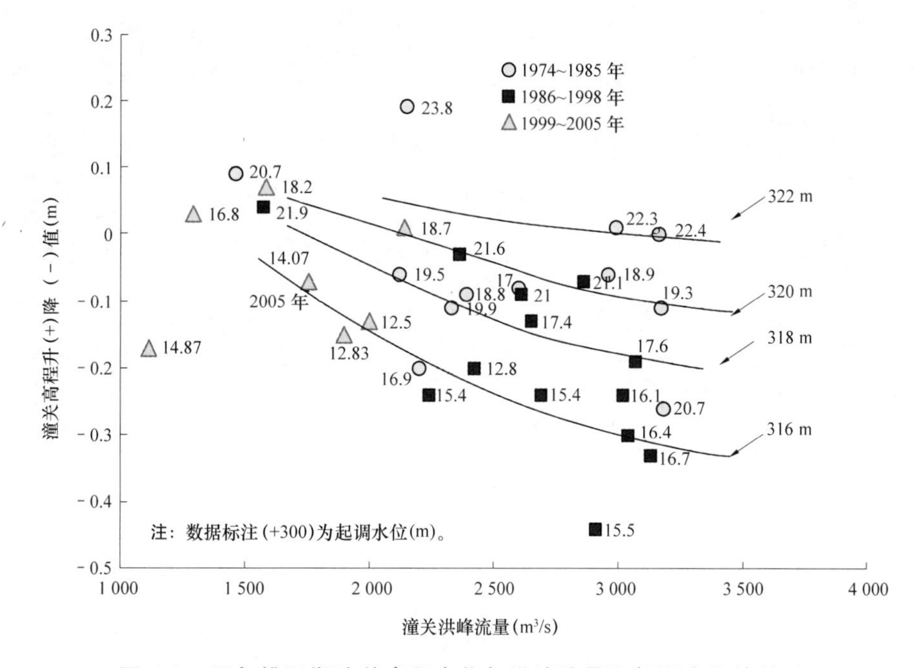

图 4-3　历年桃汛期潼关高程变化与洪峰流量和起调水位的关系

三、汛期潼关高程变化分析

从表 3-3 可以看出 8 月 15 日以前潼关高程升降交替，8 月 15 日以后则持续下降。8 月 15 日以前潼关高程总体表现为抬升，6 月 28 日潼关高程为 328.15 m，8 月 15 日升至 328.29 m，升高 0.14 m。其中，6 月 28 日～7 月 4 日为汛期首次冲刷，潼关高程下降值较大，为 0.15 m。7 月 4～6 日和 7 月 22 日～8 月 15 日两个时段，分别上升 0.15 m 和

0.21 m，其中 7 月 4 ~ 6 日主要是因为入库含沙量较大，发生沿程淤积，7 月 22 日 ~ 8 月 15 日为平水期，潼关高程回淤。

8 月 15 日以后至汛末潼关入库流量较大，除 9 月 4 ~ 16 日流量小于 1 000 m^3/s 外，其余时段都在 1 000 m^3/s 以上，潼关高程持续下降。其中 9 月 17 日 ~ 10 月 14 日，先后来自黄河干流和渭河的洪水入库，潼关站洪峰流量分别为 2 810 m^3/s 和 4 500 m^3/s，潼关高程下降 0.18 m。10 月 14 日以后潼关站含沙量在 10 kg/m^3 以下，潼关高程继续下降，10 月 31 日降至 327.75 m，下降 0.21 m。

第五章　2003～2005 年运用效果分析

一、冲淤量

按断面法计算，2003～2005 年潼关以下共冲刷泥沙 1.649 亿 m^3(表 5-1)，2003 年、2005 年分别冲刷 1.378 亿 m^3 和 0.712 亿 m^3，2004 年淤积 0.441 亿 m^3。自大坝向上游各河段冲刷量沿程递减。1974~2002 年潼关以下累积淤积泥沙 2.846 9 亿 m^3，2003～2005 年冲刷量占 1974～2002 年淤积量的 58%。

表 5-1　2003~2005 年潼关以下库区冲淤量分布　　(单位：亿 m^3)

年份	河段分布						时段分布	
	大坝—黄淤 12	黄淤 12—黄淤 22	黄淤 22—黄淤 30	黄淤 30—黄淤 36	黄淤 36—黄淤 41	大坝—黄淤 41	非汛期	汛期
2003	－0.374	－0.403	－0.218	－0.246	－0.137	－1.378	0.825	－2.203
2004	0.066	0.241	0.054	0.045	0.035	0.441	0.850	－0.409
2005	－0.178	－0.217	－0.140	－0.097	－0.080	－0.712	0.865	－1.577
合计	－0.486	－0.379	－0.304	－0.298	－0.182	－1.649	2.540	－4.189

二、非汛期 318 m 运用对淤积分布的改善作用

1974 年蓄清排浑运用以来非汛期高水位运用天数逐渐减少。表 5-2 显示，非汛期坝前水位超过 320 m 的天数从 1974～1979 年的 102 d 减少至 1993～2002 年的 40 d，315～320 m 的天数则由 1974～1979 年的 55 d 增加到 1993～2002 年的 105 d，310～315 m 天数 1980～1985 年以后变化不大，310 m 以下低水位运用的天数也逐步有所减少，由 1974～1979 年的 36 d 减到 1993～2002 年的 21 d。总的变化趋势是 320 m 以上高水位运用天数显著减少，310 m 以下低水位运用天数也略有减少，315～320 m 运用天数增加较多。

表 5-2　蓄清排浑运用以来非汛期坝前水位分级天数

时段	不同水位天数(d)						平均水位(m)	最高水位(m)
	＜310 m	310～315 m	315～318 m	318～320 m	320～324 m	＞324 m		
1974～1979	36	49	29	26	75	27	316.94	325.95
1980～1985	29	72	25	30	82	4	316.55	324.90
1986～1992	27	76	42	33	63	1	315.97	324.06
1993～2002	21	75	63	42	40	0	315.72	323.71
2003	8	55	179	0	0	0	315.59	317.92
2004	0	7	236	0	0	0	317.01	317.97
2005	3	26	213	0	0	0	316.41	317.94

2003～2005 年非汛期进行原型试验后，一方面库水位低于 318 m；另一方面 315 m 以下中、低运用水位的天数也减少较多，非汛期运用水位主要集中在 315～318 m，占非汛期的比例分别为 74%(2003 年)、98%(2004 年)和 88%(2005 年)。

运用水位的变化改变了库区的淤积分布，不同时段非汛期各河段淤积量见表 5-3。1974～1979 年和 1980～1985 年两个时段高水运用天数较多，淤积重心靠上，黄淤 30～黄淤 36 断面之间的淤积量占全河段淤积量的近 40%。黄淤 30 断面以下各河段淤积量递减。随着高水位运用天数的减少，1986 年以后淤积重心逐渐下移至黄淤 22—黄淤 30 断面，其淤积量占全河段淤积量比重由 20%～30%增加到 40%～50%。黄淤 30—黄淤 36 河段淤积比重减少到 20%～30%，同时黄淤 12—黄淤 22 断面淤积比重明显增加。

非汛期实施最高水位 318 m 控制运用以后，淤积部位进一步下移。2003 年和 2004 年淤积重心仍在黄淤 22—黄淤 30 断面之间，但淤积比重进一步增大，分别为 52%和 53%。黄淤 30 以上河段淤积比重进一步减小，其中黄淤 30—黄淤 36 断面淤积比重减小为 9%和 13%，黄淤 36—黄淤 41 断面两年发生少量冲刷。黄淤 12—黄淤 22 淤积比重均增加到 35%。2005 年非汛期大坝—黄淤 12 淤积比重增加至 22%，黄淤 12—黄淤 22 和黄淤 22—黄淤 30 河段淤积比重有所下降，淤积体进一步下移。

2003～2005 年非汛期黄淤 30 断面以下河段淤积量占潼关以下淤积量的比例均超过了 90%，在此之前各时段所占比重只有 50%～76%。

表 5-3　不同时段非汛期平均淤积量及百分数

时段	项目	坝址—黄淤 12	黄淤 12—黄淤 22	黄淤 22—黄淤 30	黄淤 30—黄淤 36	黄淤 36—黄淤 41	坝址—黄淤 41
1974～1979	淤积量(亿 m^3)	0.115	0.273	0.331	0.557	0.171	1.447
1980～1985		0.096	0.224	0.349	0.464	0.064	1.198
1986～1992		0.006	0.276	0.445	0.323	0.067	1.117
1993～2002		0.048	0.328	0.592	0.303	0.011	1.281
2003		0.034	0.287	0.432	0.075	－0.002	0.826
2004		0.022	0.294	0.452	0.113	－0.030	0.850
2005		0.191	0.268	0.359	0.082	－0.035	0.866
1974～1979	占潼关至大坝百分数	8	19	23	38	12	100
1980～1985		8	19	29	39	5	100
1986～1992		1	25	40	29	6	100
1993～2002		4	26	46	24	0.9	100
2003		4	35	52	9	－0.2	100
2004		3	35	53	13	－4	100
2005		22	31	41	9	－4	100

图 5-1 直观地反映了非汛期 318 m 运用以后淤积分布的变化。与 1986 ~ 1992 年和 1993 ~ 2002 年两个时段平均情况相比，318 m 运用后，非汛期淤积末端明显下移，淤积更加集中。1986 ~ 1992 年平均而言淤积末端大约在黄淤 41 断面，距大坝约 125 km。1993 ~ 2002 年由于高水位运用天数有所减少，淤积末端下移至黄淤 38 断面附近，距大坝约 115 km。2003 ~ 2005 年淤积末端下移到黄淤 32—黄淤 33 断面，距大坝 86 ~ 90 km，与 1986 ~ 1992 年相比下移 35 ~ 39 km。

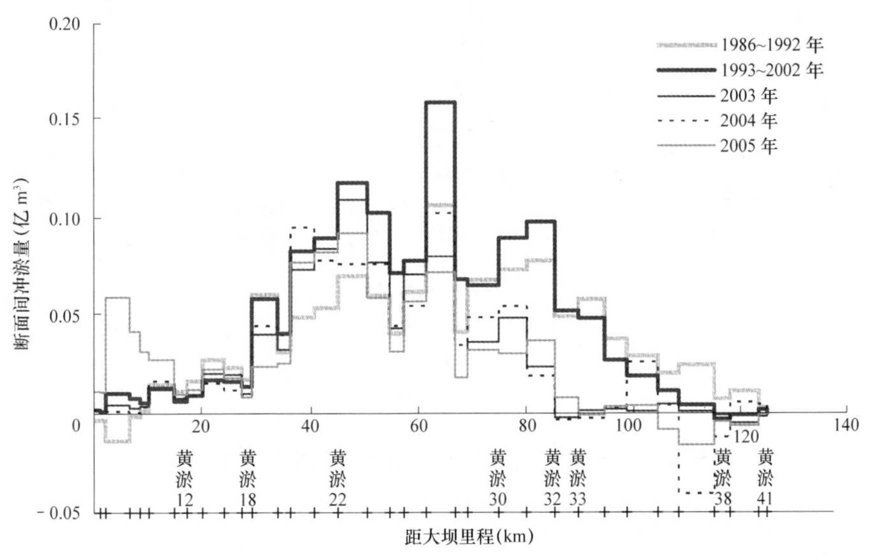

图 5-1 非汛期淤积分布图

非汛期 318 m 运用改变了库区淤积分布，使淤积体进一步下移至大禹渡以下，有利于汛期冲刷排沙，实现水库冲淤平衡。淤积末端远离潼关河段，在蓄清排浑运用方式下潼关高程变化基本脱离了水库运用的影响，有利于潼关高程的稳定和下降。

三、桃汛期水库运用对淤积分布的影响

桃汛期洪水的冲刷作用有利于改善非汛期淤积分布，将淤积物向坝前推移。桃汛期洪水的这一作用既受来水来沙条件的影响，又与水库运用水位有关，洪峰流量越大、起调水位越低，冲刷的强度和冲刷长度越大。2003 ~ 2005 年桃汛洪峰流量分别为 1 120 m^3/s、1 900 m^3/s、1 760 m^3/s，均小于 1974 ~ 2002 年的平均值 2 506 m^3/s；起调水位分别为 314.87 m、312.83 m、314.07 m，是 1974 年以来起调水位最低的 5 次中的 3 次。

2004 年桃汛期沿程冲刷发展至黄淤 24 断面，泥沙绝大部分淤积在黄淤 12—黄淤 22 河段，见图 5-2、表 5-3。与 2004 年桃汛期相比，2005 年桃汛期冲刷范围短、淤积分布靠上。2005 年桃汛期洪水只冲刷到黄淤 31 断面(见图 5-3)，黄淤 22—黄淤 30 河段仍淤积泥沙 0.062 亿 m^3，占总冲淤量的 33%，黄淤 30—黄淤 36 河段冲刷量也明显小于 2004 年。从水库运用来看，2005 年桃汛期起调水位较 2004 年高 1.2 m，这是限制 2005 年冲刷范围的重要原因。

一般来说，非汛期大禹渡—北村(黄淤 30—黄淤 22)淤积量较大，利用桃汛期洪水改

善淤积分布可重点考虑将这一段的泥沙向下搬移(见表 5-4)。根据以往研究成果，蓄水位影响大禹渡的临界水位约为 314 m，在不对水库综合效益造成较大影响的前提下，可适当将起调水位降至 314 m 以下。从 2004 年的实际效果来看，起调水位 312.83 m 已经有较明显的效果，因此可以考虑将起调水位定在 312.5 ~ 313 m。

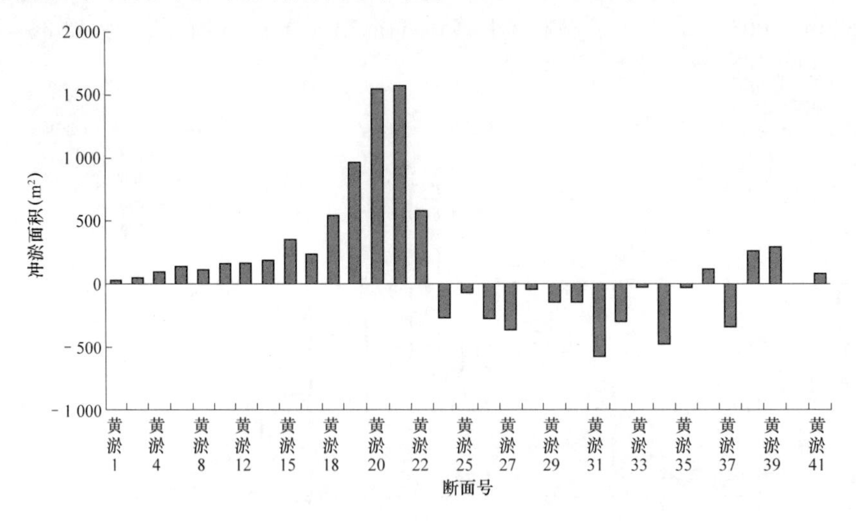

图 5-2　2004 年桃汛期各断面冲淤面积沿程分布图

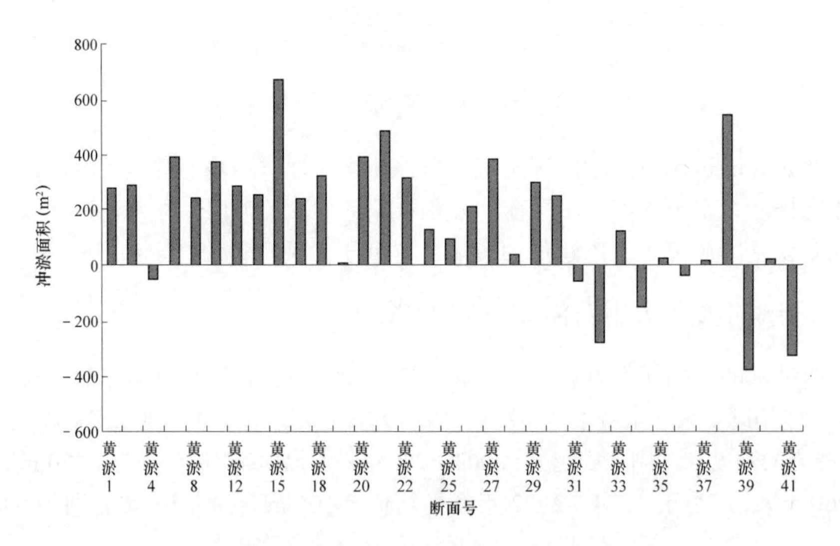

图 5-3　2005 年桃汛期各断面冲淤面积沿程分布图

表 5-4　桃汛期冲淤量　(单位：亿 m³)

年份	大坝—黄淤 12	黄淤 12—黄淤 22	黄淤 22—黄淤 30	黄淤 30—黄淤 36	黄淤 36—黄淤 41	大坝—黄淤 41
2004	0.015	0.209	– 0.039	– 0.062	0.009	0.133
2005	0.039	0.090	0.062	– 0.009	0.008	0.188

四、汛期敞泄运用和冲淤特点

(一)汛期排沙量

按输沙率法计算，2003 ~ 2005 年汛期冲刷泥沙分别为 2.38 亿 t、0.31 亿 t 和 1.49 亿 t，共计 4.18 亿 t，见表 5-5。其中敞泄期分别冲刷了 3.07 亿 t、0.86 亿 t 和 2.09 亿 t，均大于同期汛期的冲刷量，说明汛期水库冲刷排沙主要发生在敞泄期，水库淤积发生在平水控制运用期。

表 5-5　2003~2005 年汛期输沙率法冲淤量

年份	时段	天数(d)	坝前平均水位(m)	潼关水量(亿 m^3)	潼关沙量(亿 t)	三门峡沙量(亿 t)	冲刷量(亿 t)
2003	汛期	123	304.06	157	5.38	7.76	–2.38
	敞泄期	32	296.47	70	3.30	6.37	–3.07
2004	汛期	123	304.78	75	2.33	2.64	–0.31
	敞泄期	12	295.69	11	1.14	2.00	–0.86
2005	汛期	123	303.36	115	2.50	3.99	–1.49
	敞泄期	27	295.01	42	1.42	3.51	–2.09

(二)洪水期敞泄运用排沙特点

(1)汛初首次排沙冲刷效率(单位水量冲刷量)最大，但因来水量小，排沙量并不一定很大。如表 5-6 中，2003 年 7 月 17 ~ 19 日单位水量冲刷量达 219 kg/m^3，2005 年 6 月 28 日 ~ 7 月 1 日单位水量冲刷量达 268 m^3，均为各场次最大，但冲刷量分别为 0.42 亿 t 和 0.40 亿 t，并非各次最大。

(2)随着敞泄次数的增加，冲刷效率逐渐减弱，但若来水量大、敞泄时间长，总的冲刷量会很大。如 2003 年 10 月 3~13 日敞泄，单位水量冲刷量只有 30 kg/m^3，为各次最小，但潼关站入库水量有 30.1 亿 m^3，库区冲刷量为 0.89 亿 t，比前两次敞泄都大。

表 5-6　洪水期敞泄运用排沙情况

年份	日期(月-日)	天数(d)	坝前平均水位(m)	潼关		三门峡沙量(亿 t)	冲刷量(亿 t)	单位水量冲刷量(kg/m^3)
				水量(亿 m^3)	沙量(亿 t)			
2003	07-17 ~ 07-19	3	300.17	1.9	0.07	0.48	–0.42	–219
	08-01 ~ 08-03	3	295.98	3.2	0.19	0.65	–0.46	–144
	08-27 ~ 09-10	15	294.82	35.1	2.18	3.47	–1.29	–37
	10-03 ~ 10-13	11	297.86	30.1	0.87	1.76	–0.89	–30
2004	07-07 ~ 07-12	6	295.07	3.34	0.03	0.38	–0.34	–102
	08-21 ~ 08-26	6	296.30	7.46	1.11	1.63	–0.52	–70
2005	06-28 ~ 07-01	4	291.73	1.5	0.01	0.41	–0.40	–268
	07-04 ~ 07-07	4	292.51	4.2	0.39	0.79	–0.41	–96
	07-23 ~ 07-24	2	296.60	1.09	0.15	0.28	–0.13	–117
	08-20 ~ 08-22	3	297.30	4.59	0.17	0.51	–0.34	–74
	09-22 ~ 09-25	4	294.30	6.58	0.14	0.59	–0.45	–69
	09-30 ~ 10-09	10	297.60	23.92	0.57	0.82	–0.25	–10

(三)溯源冲刷范围

图 5-4 是 2003~2005 年汛期各断面冲刷面积，可以判定 2003 年汛期溯源冲刷发展到黄淤 34 断面，2004 年和 2005 年溯源冲刷均发展到黄淤 32 断面。也就是说，经过 3 年的累积冲刷，溯源冲刷尚未发展到坫垮(黄淤 36)断面，潼关河段的冲刷是洪水期沿程冲刷的结果。

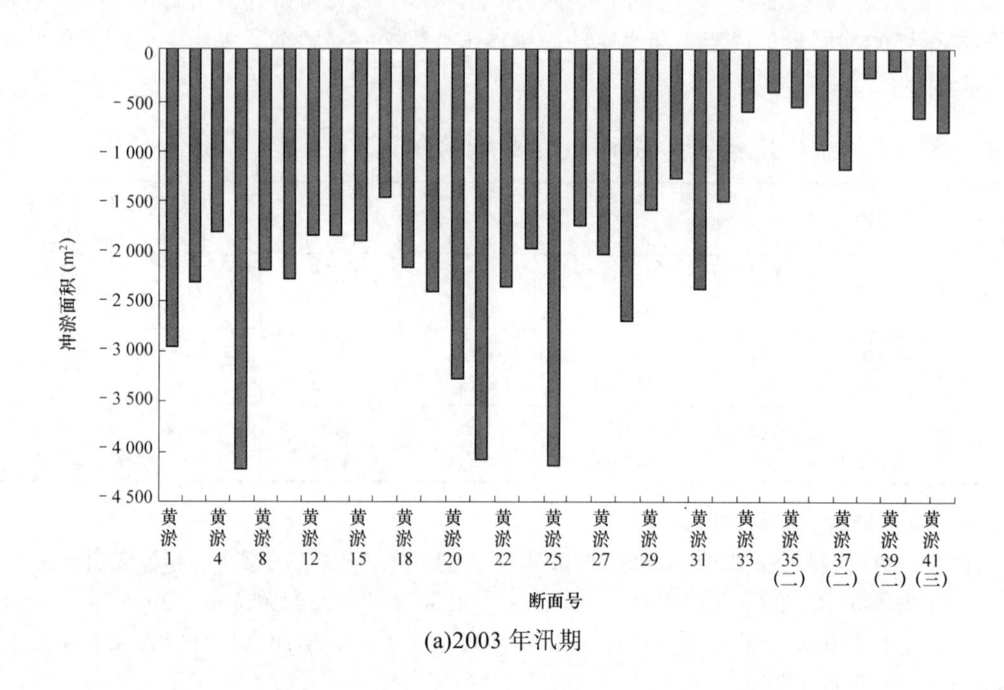

(a)2003 年汛期

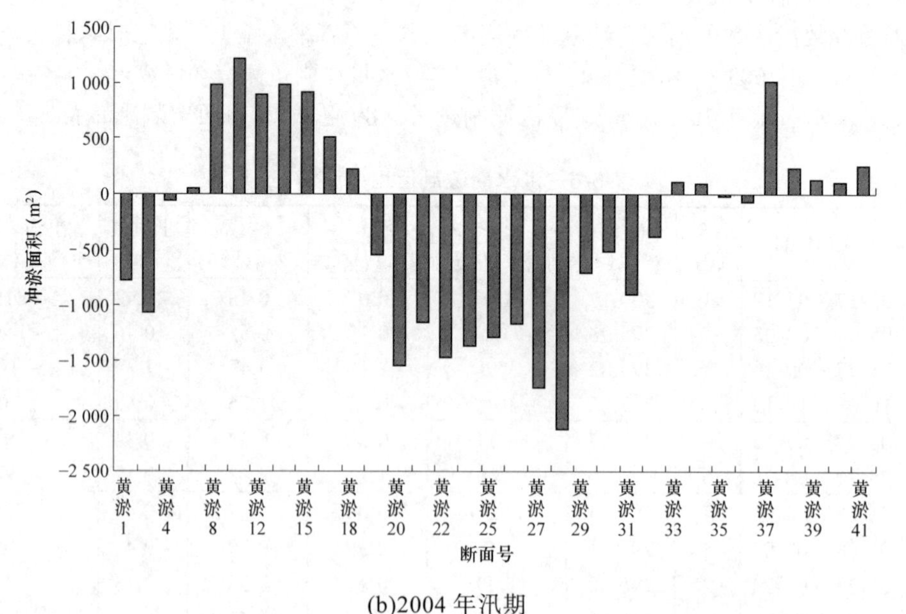

(b)2004 年汛期

图 5-4 2003~2005 年汛期各断面冲淤面积变化

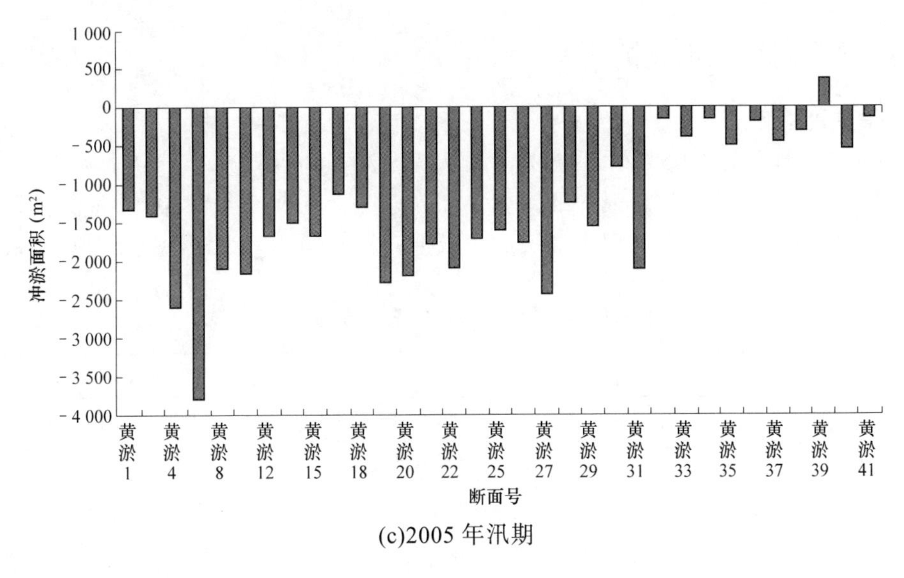

(c)2005 年汛期

续图 5-4

(四)汛期冲刷与来水量的关系

图 5-5 为汛期冲刷量与来水量的关系。点据旁数据为敞泄天数和年份。为便于统计，以坝前水位小于 300 m 的天数作为敞泄天数。图中数据分为虚线左右两个趋势带。两个趋势带都表明冲刷量与来水量呈正相关关系。虚线右方点据水量大，但敞泄时间短或不敞泄。虚线左方点据虽然水量小，但敞泄时间长，弥补了水量小的不足。相比而言，同一冲刷量的用水量，右方趋势带的用水量要比左方趋势带的用水量多很多。2004 年和 2005 年敞泄时间相当，但 2005 年来水量大，其冲刷量也较大。2003 年在敞泄时间和水量都大于后两年，其冲刷量最大。

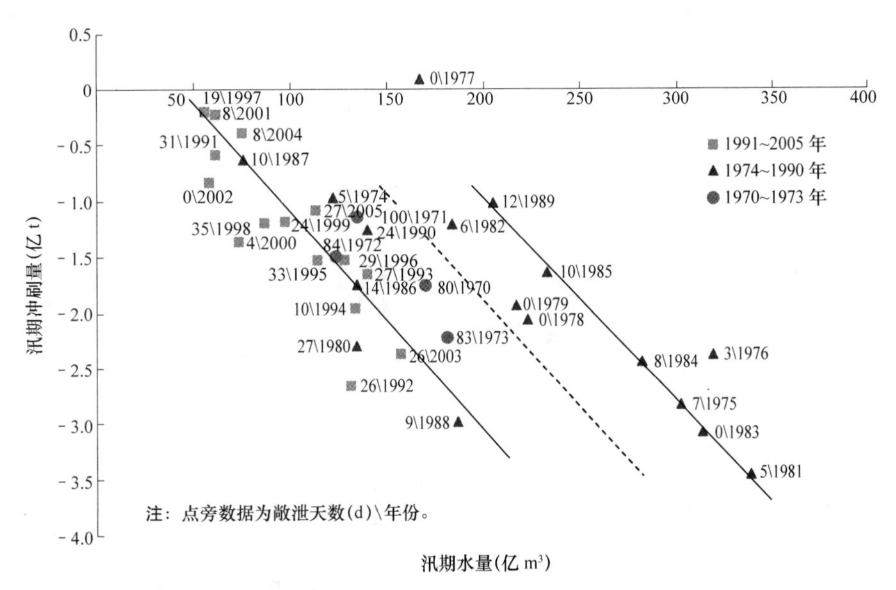

图 5-5　汛期冲刷量与来水量关系

五、潼关高程变化分析

(一)潼关高程变化

自2002年汛后至2005年汛后潼关高程从328.78 m降至327.75 m，下降了1.03 m，2003年至2005年汛后潼关高程均维持在328 m以下，见表5-7。2003年潼关高程下降值最大，下降0.84 m，该年非汛期潼关高程只上升了0.04 m，汛期冲刷下降达0.88 m。

表5-7　2003～2005年潼关高程变化　(单位：m)

年份	潼关高程		潼关高程变化值		
	汛前	汛后	非汛期	汛期	运用年
2002		328.78			
2003	328.82	327.94	0.04	－0.88	－0.84
2004	328.24	327.98	0.30	－0.26	0.04
2005	328.15	327.75	0.17	－0.40	－0.23
2003～2005年合计			0.51	－1.54	－1.03

(二)潼关高程变化成因分析

影响潼关高程变化的主要因素包括水沙条件和水库运用，前期的河床条件也有一定影响。2003～2005年在非汛期控制水位不超过318 m的条件下，潼关河段不受水库回水影响，处于自然河道演变状态。主要表现在两点：一是非汛期淤积末端在黄淤32—黄淤33河段，潼关以下较长河段不受水库淤积影响；二是2003～2005年非汛期与潼关高程密切相关的黄淤36—黄淤41河段均表现为冲刷，冲刷量分别为0.002亿 m^3、0.030亿 m^3 和0.035亿 m^3，并且不同断面的冲或淤具有一定的随机性(见图5-6)。

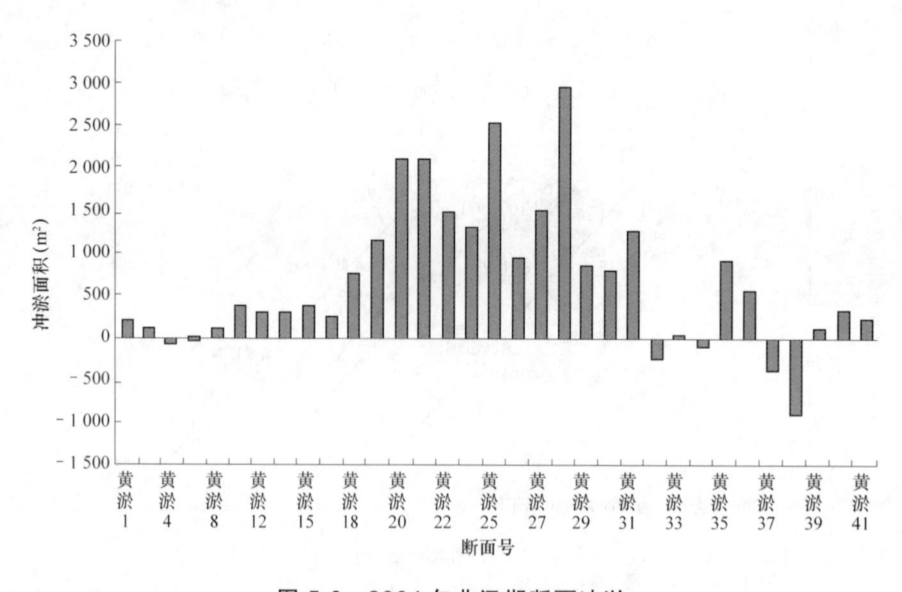

图5-6　2004年非汛期断面冲淤

1974～1985 年和 1986～2002 年非汛期运用水位大于 320 m 的天数分别有 95 d 和 50 d(见表 5-8)，潼关—坫垮河段受水库回水影响。与之相比，2003～2005 年非汛期除了有利的水库运用条件，来水来沙量减少，尤其沙量减少较多，比 1986～2002 年分别减少 63%、54%和 55%，在此基础上 3 年非汛期潼关高程抬升值要比 1974～1985 年和 1986～2002 年两个时段平均值都小。但 3 年相比非汛期潼关高程上升值差别较大，2003 年仅上升 0.04 m；2004 年上升 0.30 m，为 3 年中最大值；2005 年上升 0.17 m。从非汛期来沙量看 3 年相差并不大，但是 2002 年汛后潼关高程已达 328.78 m，为历年汛后最大值，而潼关断面是长河段中的一个点，其变化与河段的冲淤调整基本一致，在潼关高程较高的基础上，累计上升将受到限制，其后的非汛期上升值就小。2003 年汛期下降幅度大，达 0.88 m，大冲之后必然回淤较大，使得 2004 年非汛期上升值较大。2005 年不具备 2003 年和 2004 年的前期河床条件，其上升值为 0.17 m，介于上两年之间。

表 5-8　非汛期入库水沙与运用水位特征值

时段	坝前平均水位(m)	坝前最高水位(m)	大于 320 m 天数(d)	非汛期入库		潼关高程变化(m)
				水量(亿 m^3)	沙量(亿 t)	
1974～1985	316.75	325.95	95	165	1.61	0.55
1986～2002	315.82	324.06	50	138	1.83	0.34
2003	315.59	317.92	0	81	0.67	0.04
2004	317.01	317.97	0	134	0.84	0.30
2005	316.41	317.94	0	116	0.83	0.17

2003～2005 年汛期在水库运用、水沙条件以及前期河床条件方面存在差异。2003 年汛期来水较大，1 500 m^3/s 以上流量的天数和水量均较大，运用水位低于 300 m 的天数较长，另外 2003 年汛前潼关高程达 328.82 m，为历年汛前最大，潼关高程下降达 0.88 m(见表 5-9)。2004 年来水偏枯，汛期水量不足 2003 年的 50%，1 500 m^3/s 以上天数仅有 3 d，潼关高程仅下降 0.26 m。2005 年汛期来水量较 2004 年增加，但流量 1 500 m^3/s 以上天数小于 2003 年，潼关高程下降 0.40 m，介于上两年之间。

表 5-9　汛期入库水沙与运用水位特征值

年份	坝前水位低于 300 m 天数(d)	汛期		$Q>1\ 500\ m^3/s$		潼关高程变化(m)
		水量(亿 m^3)	沙量(亿 t)	天数(d)	水量(亿 m^3)	
1974～1985	6	236	8.88	81	200	－0.55
1986～2002	15	111	5.24	25	49	－0.21
2003	26	157	5.38	51	112	－0.88
2004	8	75	2.33	3	5	－0.26
2005	27	113	2.50	23	43	－0.40

第六章　主要认识

(1)2005 年潼关站来水量为 228.8 亿 m^3，来沙量为 3.33 亿 t，与 1984 ~ 2004 年枯水时段相比水量减少 16.8 亿 m^3，减幅为 7%，沙量减少 3.5 亿 t，减幅为 51%。水量减少主要在非汛期，沙量减少在汛期。非汛期最高蓄水位为 317.94 m，平均水位为 316.41 m，汛期水库进行了 6 次敞泄运用，敞泄历时 27 d。

(2)2005 年非汛期潼关以下库区淤积 0.865 亿 m^3，汛期冲刷 1.577 亿 m^3，年内冲刷 0.712 亿 m^3。非汛期潼关高程上升 0.17 m，汛期下降 0.40 m，全年下降 0.23 m，汛末为 327.75 m。

(3)2003~2005 年非汛期实施最高水位不超过 318 m 运用后，淤积重心逐渐下移，非汛期 90%以上的淤积量集中在黄淤 30 断面以下，淤积末端在黄淤 32—黄淤 33 断面。潼关河段处于自然河道演变状态，不受水库运用影响。

(4)2003 ~ 2005 年潼关以下库区共冲刷泥沙 1.649 亿 m^3，主要发生在 2003 年和 2005 年汛期，且主要发生在水库敞泄运用期。

(5)从 2004 年和 2005 年的对比来看桃汛期较低的起调水位(312.5 ~ 313 m)有利于改善非汛期淤积分布，将淤积物向坝前推移。

(6)汛期溯源冲刷最远发展到黄淤 34 断面，潼关河段的冲刷主要是洪水沿程冲刷的结果。汛期不同场次敞泄排沙具有如下特点：①汛初首次排沙冲刷效率(单位水量冲刷量)最大，但一般来水量小，排沙量不一定很大。②随着敞泄次数的增加，冲刷效率逐渐减弱，但若来水量大、敞泄时间长，总的冲刷量会增大。因此，在洪水期适当延长敞泄时间，将会增加库区的冲刷。

(7)2003 ~ 2005 年潼关高程下降 1.03 m，主要是 2003 年汛期有利水沙条件的作用，同时非汛期 318 m 运用也起到一定的作用。

第五专题　2005年小浪底水库运用及库区水沙运动特性分析

2005年是小浪底水库运用的第6年。运用6年来，进行了4次调水调沙，对下游河道减淤起到了很大作用。因此，本专题除对2005年小浪底水库的运用特点、库区冲淤和水沙运用特性进行跟踪分析外，还对6年来小浪底水库的调节运用情况、库区历年淤积状况进行了总结分析，同时与设计结果进行了对比，评价了水库运用效果，提出了建议。

第一章 入库与出库水沙条件

一、入库水沙条件

相对干流而言，2005年小浪底库区支流入汇水沙量较少，可略而不计，本章仅以干流三门峡站水沙量代表小浪底水库入库值。2005年(水库运用年，2004年11月至2005年10月，下同)入库水沙量分别为208.53亿 m^3、4.08亿 t，从三门峡水文站1987~2005年实测的水沙量来看(见表1-1)，该年度入库水沙量为这一枯水少沙时段年均水量(229.83亿 m^3)的90.73%和年均沙量(6.72亿 t)的60.71%。

表1-1 三门峡水文站近年水沙量统计结果

年份	水量(亿 m^3)			沙量(亿 t)		
	汛期	非汛期	全年	汛期	非汛期	全年
1987	80.81	124.55	205.36	2.71	0.17	2.88
1988	187.67	129.45	317.12	15.45	0.08	15.53
1989	201.55	173.85	375.40	7.62	0.50	8.12
1990	135.75	211.53	347.28	6.76	0.57	7.33
1991	58.08	184.77	242.85	2.49	2.41	4.90
1992	127.81	116.82	244.63	10.59	0.47	11.06
1993	137.66	157.17	294.83	5.63	0.45	6.08
1994	131.60	145.44	277.04	12.13	0.16	12.29
1995	113.15	134.21	247.36	8.22	0.00	8.22
1996	116.86	120.67	237.53	11.01	0.14	11.15
1997	50.54	95.54	146.08	4.25	0.03	4.28
1998	79.57	94.47	174.04	5.46	0.26	5.72
1999	87.27	104.58	191.85	4.91	0.07	4.98
2000	67.23	99.37	166.60	3.34	0.23	3.57
2001	53.82	81.14	134.96	2.83	0.00	2.83
2002	50.87	108.39	159.26	3.40	0.97	4.37
2003	146.91	70.70	217.61	7.55	0.01	7.56
2004	65.89	112.50	178.39	2.64	0.00	2.64
2005	104.73	103.80	208.53	3.62	0.46	4.08
平均	105.15	124.68	229.83	6.35	0.37	6.72

2005年汛期小浪底水库入库共有5场洪水，最大入库日均流量达3 930 m^3/s(10月5日)。日平均流量大于3 000 m^3/s流量级出现5 d，大于2 000 m^3/s流量级出现天数为9 d。最大洪峰流量为4 430 m^3/s(6月27日13时6分)，入库最大含沙量为591 kg/m^3(7月23日13时)。除调水调沙期间的6月27~28日日均入库流量大于2 000 m^3/s外，非汛期日均入库流量大部分均在1 000 m^3/s以下。图1-1为日平均入库流量及含沙量过程。入库日平均各级流量及含沙量持续情况及出现天数分别见表1-2及表1-3。

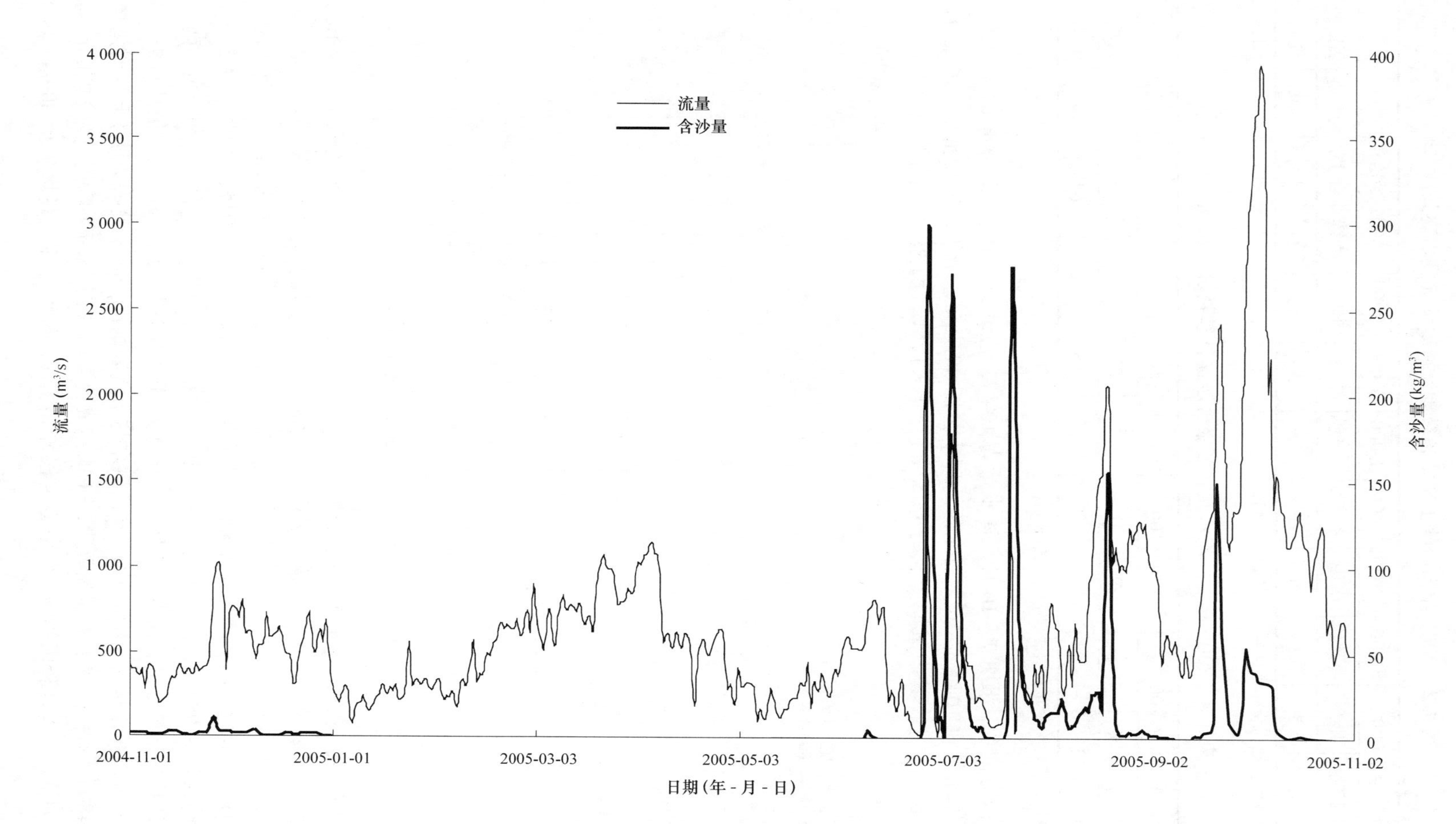

图 1-1　三门峡水文站日均流量、含沙量过程

表 1-2　2005 年三门峡水文站各级流量持续情况及出现天数

流量级 (m^3/s)	≥3 000		3 000～2 000		2 000～1 000		1 000～800		800～500		＜500	
	持续	出现	持续	出现	持续	出现	持续	出现	持续	出现	持续	出现
天数(d)	5	5	2	9	11	53	3	22	21	107	49	169

注：表中持续天数为全年该级流量连续最长时间。

表 1-3　2005 年三门峡水文站各级含沙量持续情况及出现天数

含沙量级 (kg/m^3)	≥200		200～100		100～50		50～0		0	
	持续	出现	持续	出现	持续	出现	持续	出现	持续	出现
天数(d)	1	3	2	9	1	5	61	164	159	184

注：表中持续天数为全年该级含沙量连续最长时间。

从年内分配看，汛期 7～10 月入库水量为 104.73 亿 m^3，占全年入库水量的 50.22%，非汛期入库水量为 103.8 亿 m^3，占全年入库水量的 49.78%；全年入库沙量为 4.08 亿 t，全部来自 6～10 月，其中汛期为 3.62 亿 t，占全年入库沙量的 88.73%(见图 1-2)。

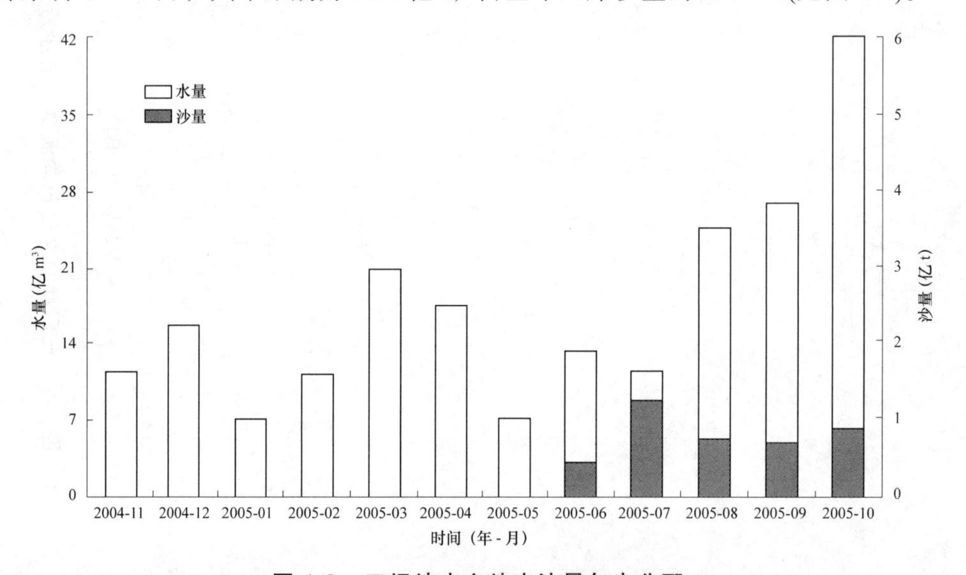

图 1-2　三门峡水文站水沙量年内分配

6 月 17～30 日，进行了黄河调水调沙生产运行，其中 6 月 26 日始为调水调沙第二阶段，为此三门峡水库加大下泄流量，形成了 2005 年进入小浪底水库的第一场洪水，入库最大流量为 4 430 m^3/s(6 月 27 日 13 时 6 分)，最大含沙量为 352 kg/m^3(6 月 28 日 1 时)。

受 7 月 2 日暴雨影响，泾、渭河同时发生入汛以来首次洪水。泾河张家山站 7 月 3 日 9 时 6 分洪峰流量为 987 m^3/s，渭河咸阳站 7 月 3 日 16 时 54 分洪峰流量为 1 830 m^3/s，两支流洪水遭遇后向下游推进。临潼站 7 月 4 日 0 时 24 分洪峰流量为 2 600 m^3/s，华县站 7 月 4 日 15 时 36 分洪峰流量为 2 070 m^3/s。本次洪水与干流来水汇合后潼关站 7 月 4 日 4 时洪峰流量为 1 480 m^3/s，三门峡水库实施敞泄，三门峡站 7 月 4 日 11 时 18 分洪峰流量为 2 970 m^3/s。

受 8 月 11～12 日降雨影响，内蒙古河段停止引水，黄河干流流量增大至 800～1 000

m^3/s，形成了黄河吴堡站 8 月 12 日 9 时 18 分洪峰流量为 1 290 m^3/s，最大含沙量为 100 kg/m^3；龙门站 8 月 13 日 7 时洪峰流量为 1 280 m^3/s，最大含沙量为 87 kg/m^3；潼关站 8 月 16 日 16 时洪峰流量为 1 500 m^3/s，最大含沙量为 33 kg/m^3；三门峡站 8 月 20 日 18 时 48 分洪峰流量为 3 470 m^3/s，最大含沙量为 319 kg/m^3。利用本次水沙过程，13 日在小北干流进行了 2005 年汛期首次放淤试验。受 9 月 24 日～10 月 2 日降雨影响，渭河先后发生两次洪水过程，其中第二次洪水峰高量大、含沙量小、渭河下游漫滩严重。临潼站最高水位达 358.58 m，超过 2003 年历史最高水位 0.24 m，为该站设站以来的最高水位。华县站最高水位达 342.32 m，为历史第二最高洪水位，比 2003 年最高水位低 0.44 m。渭河洪水汇入黄河，加上小北干流来水，潼关站 10 月 5 日 12 时 36 分洪峰流量达到 4 500 m^3/s，为此三门峡水库实施敞泄运用提前泄洪拉沙，9 月 30 日 15 时 18 分洪峰流量为 4 420 m^3/s，最大含沙量为 111 kg/m^3。三门峡水文站洪水期水沙特征值见表 1-4。

表 1-4　2005 年三门峡水文站洪水期水沙特征值统计

时段(月-日)	水量(亿 m^3)	沙量(亿 t)	流量(m^3/s)		含沙量(kg/m^3)	
			洪峰	最大日均	沙峰	最大日均
06-26～06-30	3.90	0.450	4 430	2 490	352	296.0
07-03～07-07	4.32	0.803	2 970	1 790	301	271.0
08-14～08-22	10.23	0.649	3 470	2 060	319	155.0
09-17～09-25	11.34	0.618	4 000	2 420	319	147.0
09-26～10-09	29.26	0.958	4 420	3 930	111	53.7

二、出库水沙条件

2005 年出库最大流量为 3 820 m^3/s(6 月 20 日 21 时 12 分，6 月 23 日 18 时)，最大含沙量为 152 kg/m^3(7 月 6 日 10 时)。

全年出库水量为 206.25 亿 m^3，其中 7～10 月水量为 67.05 亿 m^3，占全年的 32.51%。除 9～10 月洪水期出库流量较大外，其他时间出库流量较小且过程均匀，全年有 320 d 出库流量小于 800 m^3/s。年内分配及出库水沙过程分别见图 1-3 及图 1-4。

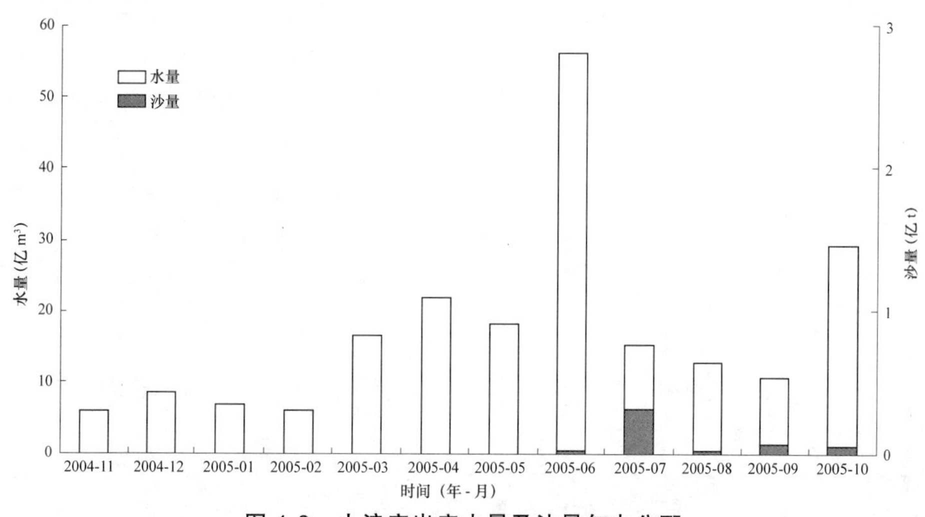

图 1-3　小浪底出库水量及沙量年内分配

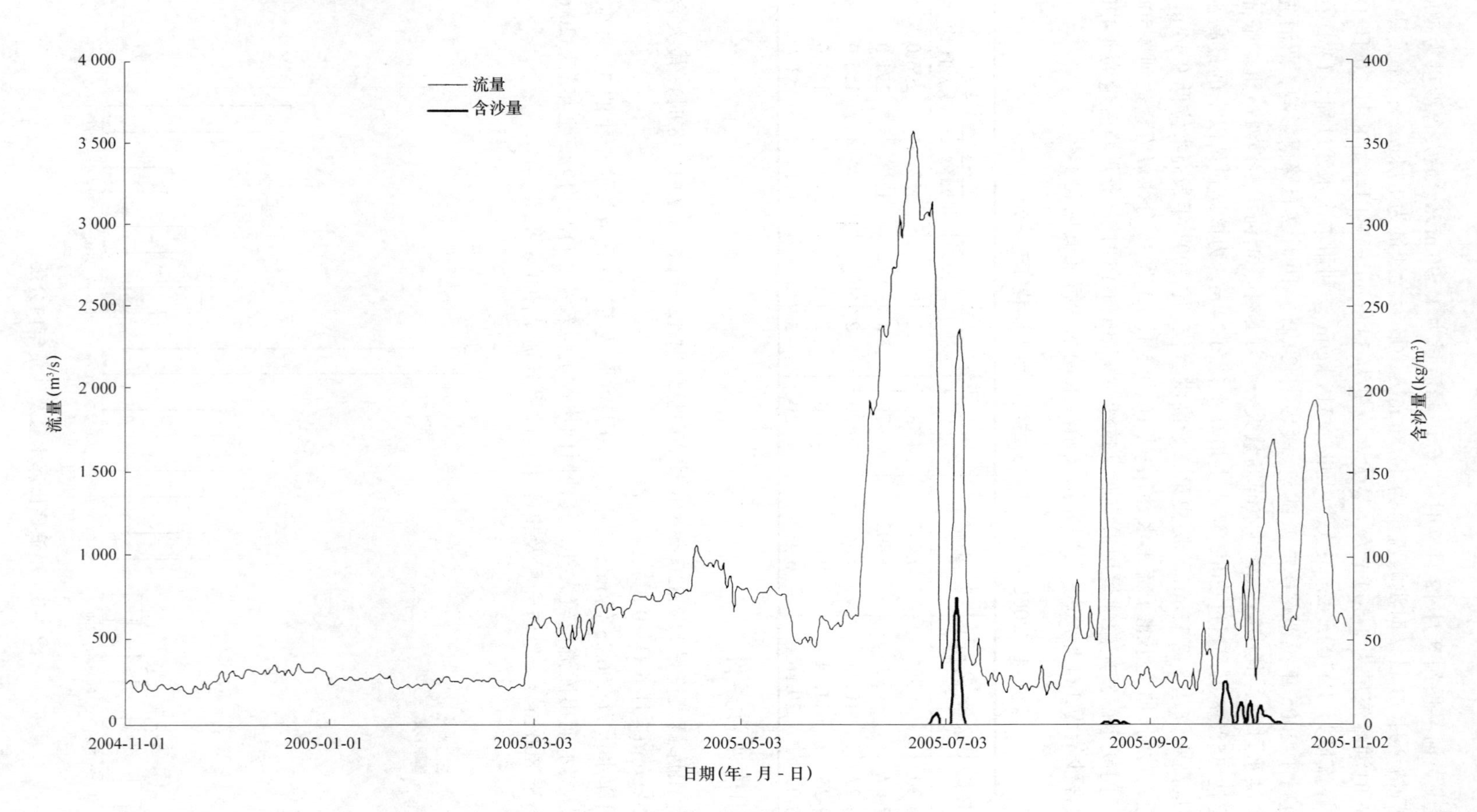

图 1-4　小浪底水文站日均流量、含沙量过程

全年出库沙量为 0.449 亿 t，主要集中在排沙期 7 月 5 ~ 8 日，期间排沙量为 0.314 亿 t，占全年排沙量的 69.93%。各时段排沙量见表 1-5。

表 1-5　2005 年小浪底水库各时段出库水沙量

时段(月-日)	水量(亿 m^3)	沙量(亿 t)	平均含沙量(kg/m^3)
06-29 ~ 07-01	5.52	0.020	3.6
07-05 ~ 07-08	6.68	0.314	47.0
08-18 ~ 08-27	5.27	0.006	1.1
09-24 ~ 10-11	14.87	0.109	7.3

出库日平均各级流量及含沙量持续情况及出现天数见表 1-6 及表 1-7。

表 1-6　小浪底水文站各级流量持续情况及出现天数

流量级(m^3/s)	≥3 000		3 000 ~ 2 000		2 000 ~ 1 000		1 000 ~ 800		800 ~ 500		＜500	
	持续	出现	持续	出现	持续	出现	持续	出现	持续	出现	持续	出现
天数(d)	9	10	6	11	10	24	10	28	28	99	120	193

注：表中持续天数为全年该级流量连续最长时间。

表 1-7　小浪底水文站各级含沙量持续情况及出现天数

含沙量级(kg/m^3)	≥200		200 ~ 100		100 ~ 50		50 ~ 0		0	
	持续	出现	持续	出现	持续	出现	持续	出现	持续	出现
天数(d)	0	0	0	0	2	2	10	31	240	332

注：表中持续天数为全年该级含沙量连续最长时间。

第二章　水库调度方式及过程

2005 年小浪底水库以满足黄河下游防洪、减淤、防凌、防断流以及供水等为主要目标，进行了防洪和春灌蓄水、调水调沙及供水等一系列调度。

2005 年水库日均最高水位达到 259.61 m(4 月 10 日)，相应蓄水量为 76.36 亿 m^3，库水位及蓄水量变化过程见图 2-1。

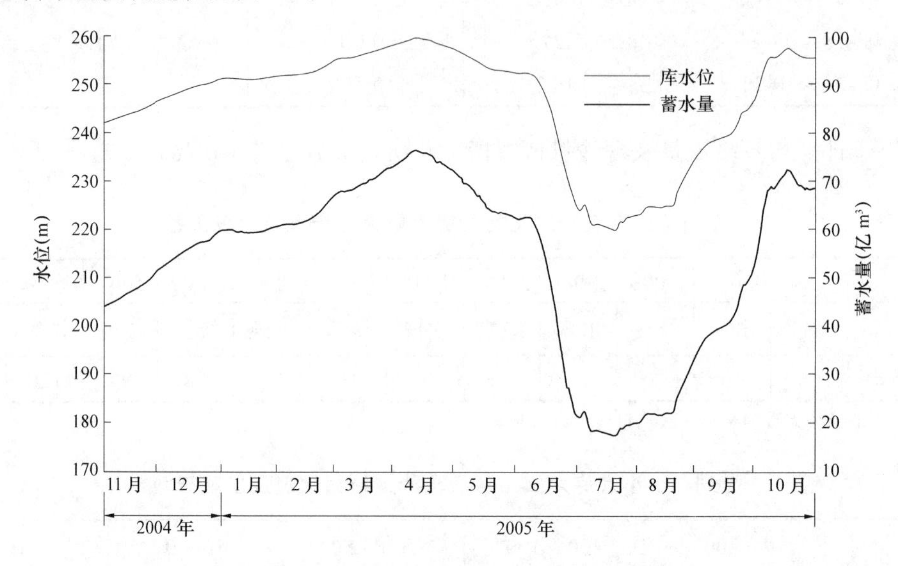

图 2-1　小浪底水库库水位及蓄水量变化过程

根据库水位变化可将水库运用分为四个阶段。

第一阶段：2004 年 11 月 1 日～2005 年 4 月 10 日，为防凌和春灌蓄水期。水库水位逐步抬高，从 242.01 m 上升至 259.61 m(4 月 10 日)，蓄水量由 44.08 亿 m^3 增至 76.36 亿 m^3。

第二阶段：4 月 10 日～6 月 16 日。其中，4 月 10 日至 6 月 9 日为保证黄河下游工农业生产、城市生活及生态用水，水库向下游补水。库水位下降至 252.2 m，库水位下降幅度约 7.4 m。水库向下游补水 14.26 亿 m^3，相应蓄水量减至 62.1 亿 m^3。在来水严重偏枯的情况下保证了下游用水及河道不断流。为使下游河道有一个逐步调整的过程，避免河势突变，减小工程出险几率和漫滩风险，于 6 月 9～16 日为黄河调水调沙预泄期，在此期间首先利用小浪底水库泄水塑造一个下泄流量由 1 500 m^3/s 逐步加大至 2 430 m^3/s 的涨水过程，至调水调沙前期库水位下降至 247.86 m，库水位下降幅度为 4.34 m，相应水库蓄水量为 54.21 亿 m^3。

第三阶段：6 月 16 日～7 月 1 日，为调水调沙生产运行期。根据 2005 年汛前小浪底水库蓄水情况和下游河道的现状，该时段调水调沙生产运行分为两个阶段：第一阶段从 6 月 16～26 日为调水期，是在中游不发生洪水的情况下，利用小浪底水库下泄一定流量的清水，冲刷下游河槽。同时，本着尽快扩大主槽行洪输沙能力的要求，逐步加大小浪底水库的泄流量，以此逐步检验调水调沙期间下游河道水流是否出槽，以确保调水调沙生产运行的安全。第二阶段从 6 月 26 日 ~ 7 月 1 日为水库排沙期，小浪底水库水位 6 月 26 日降至 230 m 时，通过万家寨、三门峡、小浪底三水库联合调度，在小浪底塑造有利于形成异重流排沙的水沙过程。小浪底水库异重流于 6 月 29 日 16 时塑造成功并排沙出库。7 月 1 日 5 时调水调沙结束，库水位下降至 224.81 m，相应水库蓄水量减至 21.9 亿 m^3。

第四阶段：7 月 1 日 ~ 10 月 31 日。8 月 20 日之前，库水位一直维持在汛限水位 225 m 以下。8 月 20 日之后，水库运用以蓄水为主，库水位持续抬升，最高库水位一度上升至 257.38 m(10 月 18 日 8 时)，相应水库蓄水量为 72.19 亿 m^3。至 10 月 31 日，库水位为 255.55 m，相应水库蓄水量为 68.54 亿 m^3。

经过小浪底水库调节，进出库流量及含沙量过程发生了较大的改变。图 2-2、图 2-3 分别为进出库流量、含沙量过程。

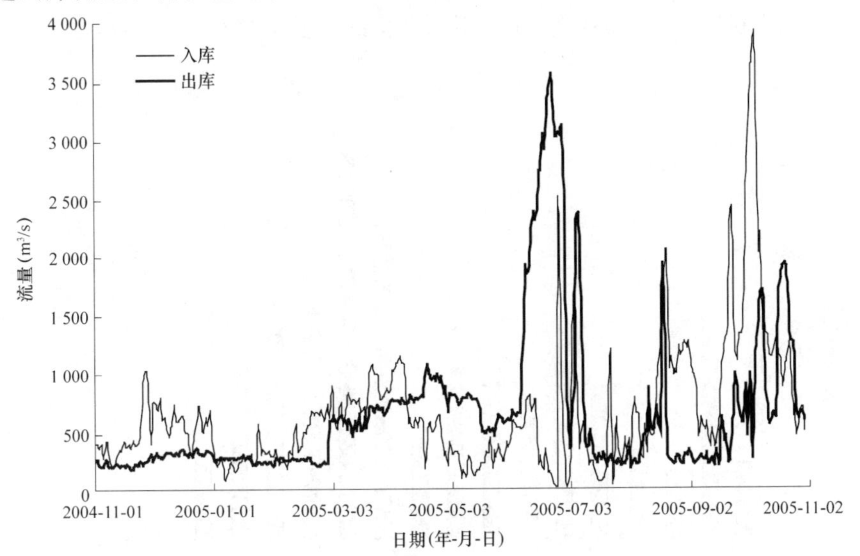

图 2-2　小浪底进出库日均流量过程

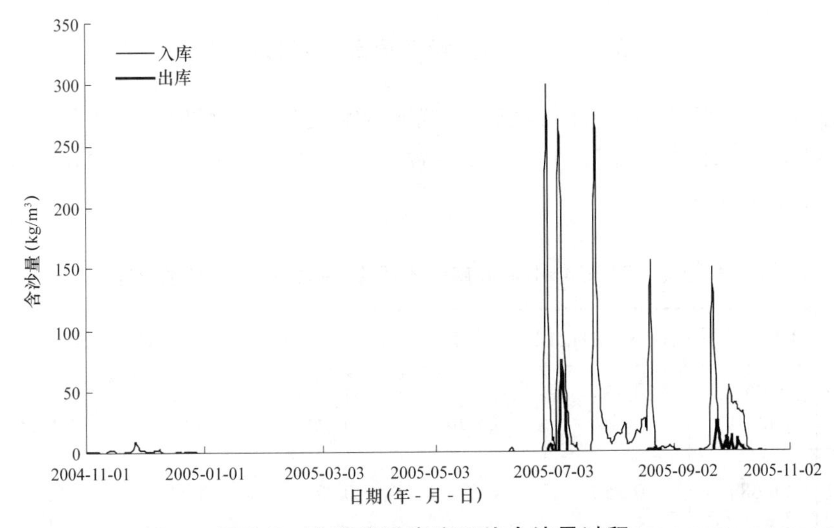

图 2-3　小浪底进出库日均含沙量过程

第三章　库区冲淤特性及库容变化

一、库区冲淤特性

由库区断面测验资料统计，2005 年小浪底全库区淤积量为 2.911 亿 m^3。利用沙量平衡法计算库区淤积量为 3.626 亿 t。泥沙的淤积分布有以下特点：

(1)泥沙主要淤积在干流库区，淤积量为 2.60 亿 m^3，占全库区淤积总量的 89.3%，支流淤积量为 0.31 亿 m^3，占全库区淤积总量的 10.7%。

(2)淤积主要分布在 175～255 m 高程，淤积量为 2.949 亿 m^3；冲刷则发生在高程 255～275 m 高程，冲刷量仅为 0.038 亿 m^3。不同高程的冲淤量分布见图 3-1。

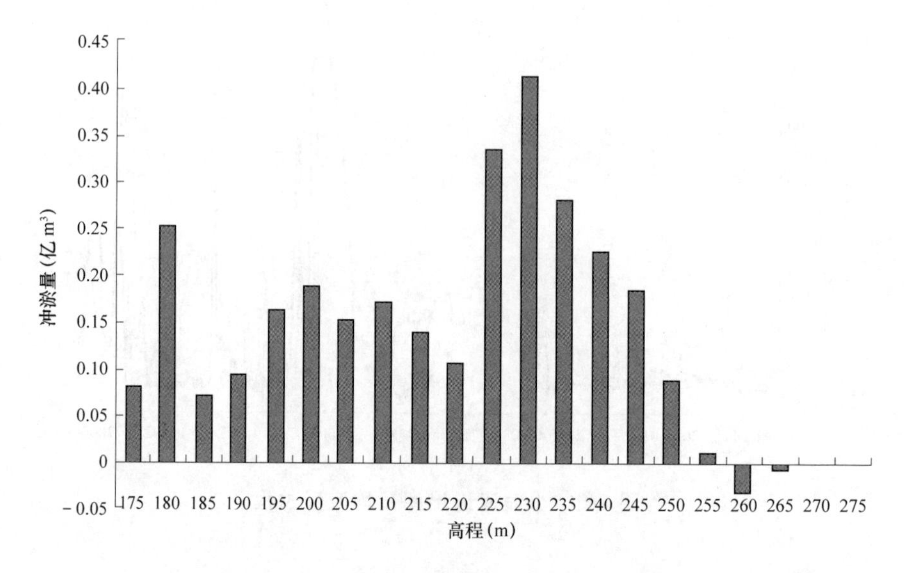

图 3-1　小浪底库区不同高程冲淤量分布

(3)泥沙主要淤积在坝前—HH54 断面之间库段(含支流)，淤积量为 2.91 亿 m^3，与 175～255 m 高程相当；HH54 断面以上冲淤幅度较小。不同库段冲淤量见表 3-1，图 3-2 为断面间干流冲淤量分布。

表 3-1　2005 年小浪底库区不同库段(含支流)冲淤量分布

库段	HH15 以下	HH15—HH24	HH24—HH37	HH37—HH48	HH48—HH54	HH54—HH56	合计
距坝里程(km)	0.00～24.43	24.43～39.49	39.49～62.49	62.49～91.51	91.51～115.13	115.13～123.41	
冲淤量(亿 m^3)	0.684	0.555	0.673	0.777	0.221	0.001	2.911

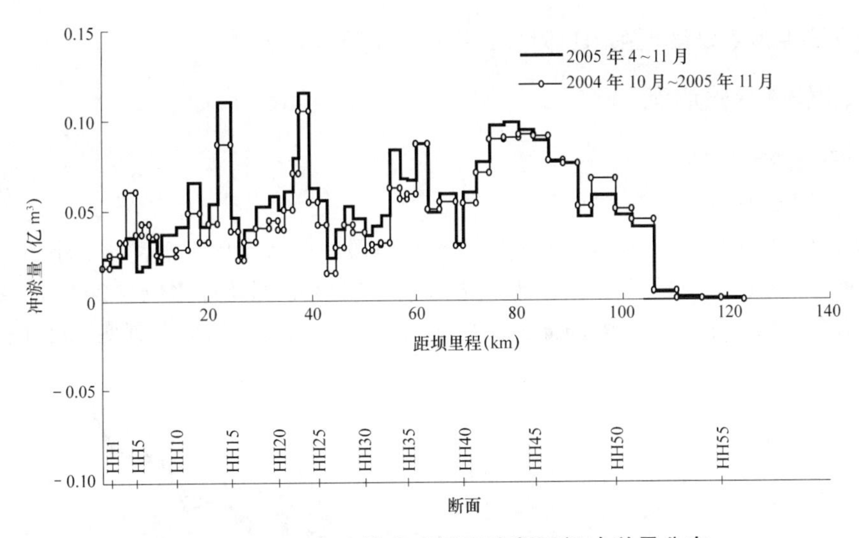

图 3-2　2005 年小浪底库区干流断面间冲淤量分布

(4)淤积主要集中于汛期。2005 年 4～11 月小浪底库区淤积总量为 3.332 亿 m^3，为全年库区淤积总量的 114.46%。其中干流淤积量 2.81 亿 m^3，占库区淤积总量的 84.38%(见图 3-2)。支流淤积主要分布在畛水、石井河、大峪河等较大的支流，其他支流的淤积量均较小。干、支流的详细淤积情况见图 3-3。表 3-2 为 2005 年各时段库区冲淤量。

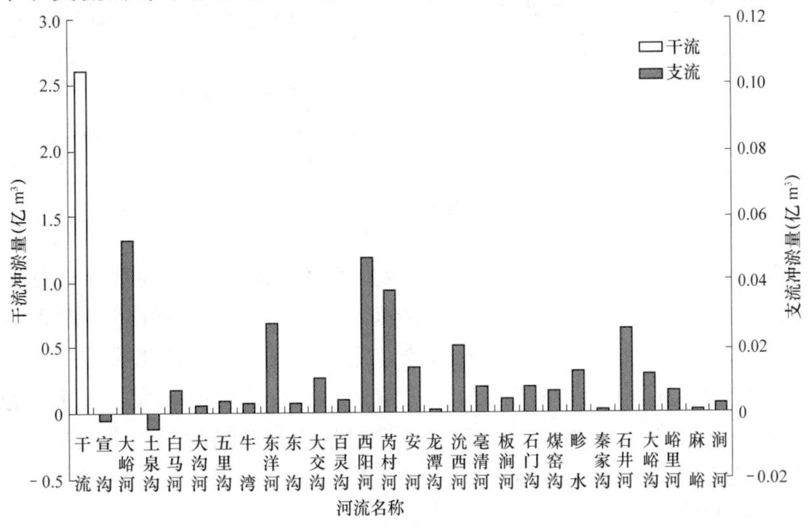

图 3-3　小浪底库区汛期干、支流淤积量分布

表 3-2　2005 年各时段库区冲淤量

时段		2004 年 10 月～2005 年 4 月	2005 年 4 月～2005 年 11 月	2004 年 10 月～2005 年 11 月
淤积量(亿 m^3)	干流	- 0.209	2.812	2.603
	支流	- 0.212	0.520	0.308
	合计	- 0.421	3.332	2.911
占全年的百分比(%)		- 14.460	114.460	100

(5)支流泥沙主要淤积在沟口附近，沟口向上沿程减少。

二、库区淤积形态

(一)干流淤积形态

1.纵向淤积形态

2004 年 11 月至 2005 年 4 月下旬，大部分时段三门峡水库下泄清水，小浪底水库进出库沙量基本为 0；库水位基本上经历了先升后降的过程，日均库水位在 242.01 ~ 259.61 m 变化，均高于水库淤积三角洲洲面，因此干流纵向淤积形态几乎没有变化(见图 3-4)。

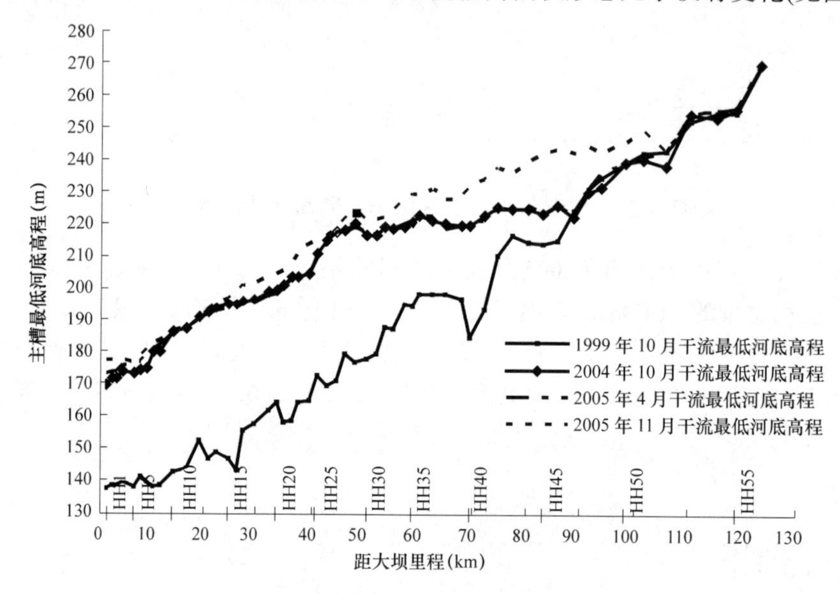

图 3-4　干流纵剖面套绘(深泓点)

6 月下旬之后，受中游洪水及三门峡水库泄水的影响，小浪底水库出现了 5 次小洪水过程，实测入库沙量为 4.08 亿 t，出库沙量为 0.45 亿 t，绝大部分泥沙淤积在距坝 20 ~ 105 km 的库段内。8 月下旬库水位逐步抬升，此后的入库泥沙亦随回水末端上移，表现为自下而上的淤积，至汛后，与汛前相比三角洲洲面抬升幅度较大，其形态已不具备典型的三角洲形态，见图 3-4。由于 2005 年汛期大部分入库泥沙淤积在三角洲洲面，因此淤积三角洲顶坡段比降较汛前明显增大，约为 4.7‱，三角洲顶点高程抬升至 223.56 m。

2.横断面淤积形态

图 3-5 为 2004 年 10 月 ~ 2005 年 11 月 3 次库区横断面套绘图。可以看出，不同库段的冲淤形态及过程有较大的差异。

2004 年 10 月 ~ 2005 年 11 月的两次观测表明，坝前 HH1—HH13 断面主要是异重流及浑水水库淤积，库底高程基本上为平行抬升，如 HH1 断面；HH14—HH29 断面全年的变化为先降低后抬升，该库段大多经历了固结—淤积的过程，如 HH21 断面；HH30—HH48 断面全年的变化为汛前基本无变化，汛期抬升较大，如 HH36，其中也有个别断面如 HH44 断面变化比较复杂；HH49—HH56 断面处于回水末端，河道形态窄深，坡度陡，断面形态变化不大，例如 HH55 断面。

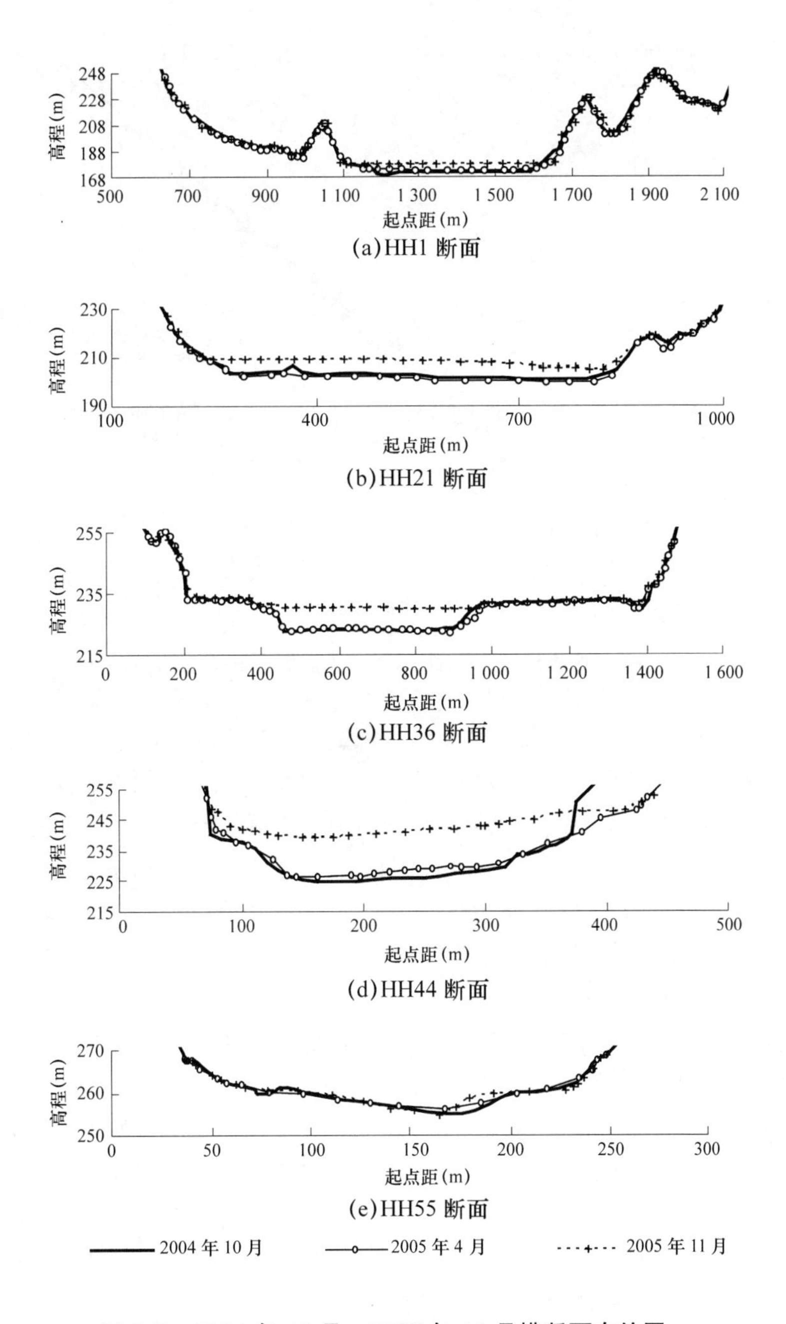

图 3-5　2004 年 10 月～2005 年 11 月横断面套绘图

(二)支流淤积形态

小浪底库区支流自身来沙量可略而不计，所以支流的淤积主要为干流来沙倒灌所致。洪水期间，水库运用水位较高，库区较大的支流均位于干流异重流潜入点下游，干流异重流沿河底倒灌支流，并沿程落淤，支流沟口淤积面与干流同步抬升(见图 3-6)。

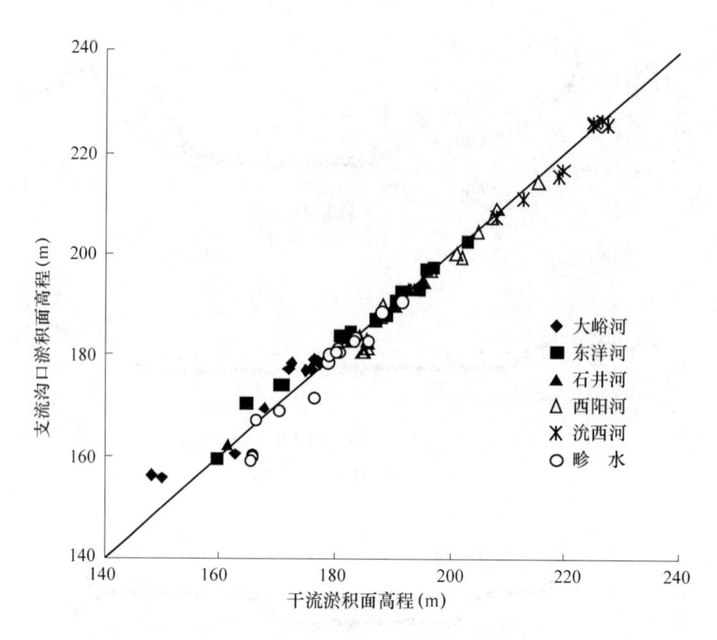

图 3-6　支流沟口淤积面高程与干流淤积面高程相关关系

自截流至 2005 年 11 月，断面法支流淤积量为 2.3 亿 m^3。随着淤积的发展，支流的纵剖面形态不断发生变化，总的趋势是由正坡至水平而后出现倒坡，见图 3-7。

初步分析后认为，支流淤积比降与前期地形、支流水流流态、异重流倒灌历时及强度、支流平面形态等因素相关。下面以沇西河及畛水为例进行初步分析。

沇西河(YX)距坝约 54 km，原始库容约为 4.1 亿 m^3，原始河床比降较大，约为 10‰，沟口河谷较窄，254 m 高程河谷宽度为 1 718 m，沟口以上河谷宽度逐渐变宽，至 YX1+2 断面达到最宽 2 739 m(见图 3-8)。

沇西河历年的纵剖面及沟口附近淤积面高程随时间变化分别见图 3-9、图 3-10。由图可知，2002 年 7 月之前，支流各河段的原始纵向比降均为正值；2002 年 10 月 ~ 2004 年 5 月，在距沟口 1.1 km 的范围内，受干流异重流倒灌的影响，淤积面较为平整，纵向比降接近于 0，距沟口 1.1 km 以上纵向比降仍为正值；2004 年 7 月，距沟口约 2 km 的范围内，沟口断面 YX1 与 YX1+2 断面(距沟口约 2 km)之间出现倒坡，断面平均高程相差 4 m，距沟口 2 km 以上纵向比降仍为正值；之后沇西河的纵向淤积形态变化不大，至 2005 年 11 月，沟口断面 YX1 的平均高程较 YX1+2 断面高 3 m。

近年来小浪底水库汛期回水末端在距坝 50 ~ 120 km 变动。沇西河位于回水变动区范围内，该支流的淤积形式有两种：一是水库运用水位较高，回水末端位于沇西河沟口以上，支流位于干流异重流潜入点下游，干流异重流沿河底倒灌支流，并沿程落淤；二是水库运用水位较低，回水末端位于沇西河沟口附近或沟口以下，沟口处干流河床发生大幅度调整，支流沟口淤积面随着干流淤积面的调整而产生较大的变化，而支流内部的调整幅度小于沟口处。

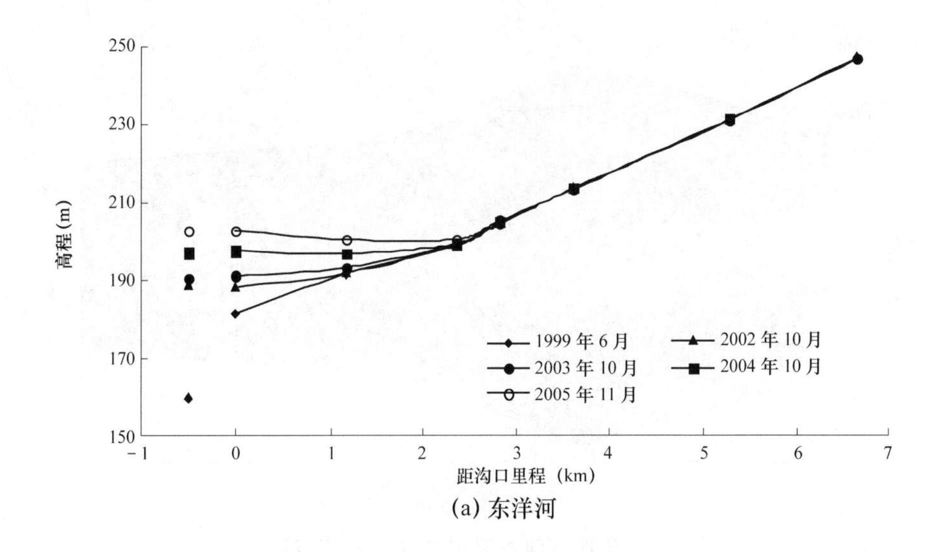

(a) 东洋河

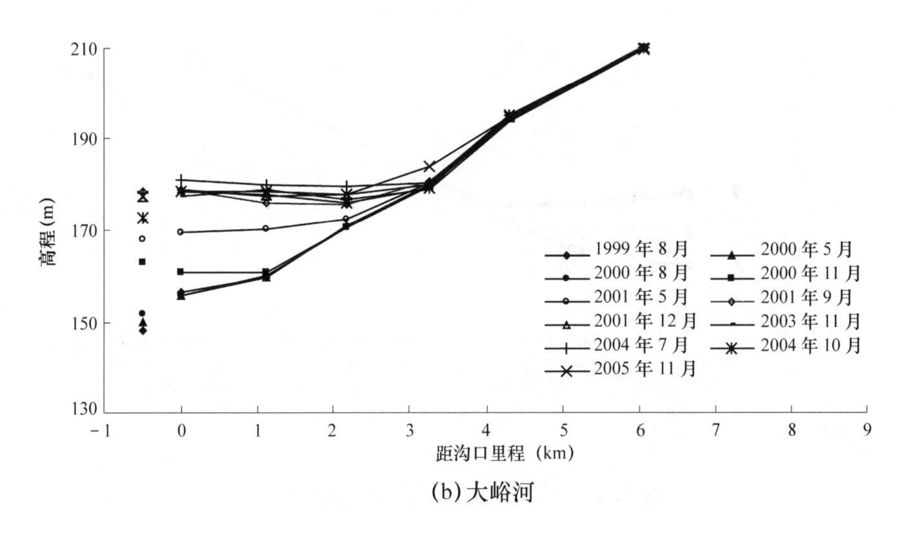

(b) 大峪河

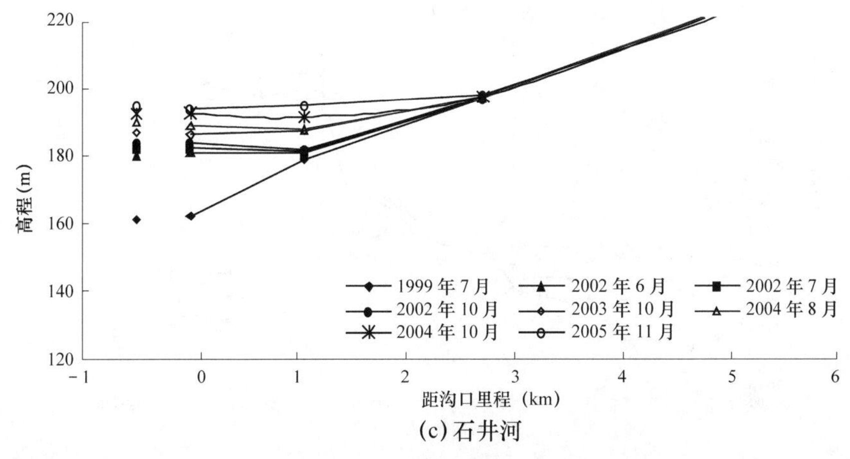

(c) 石井河

图 3-7　支流纵剖面图(平均高程)

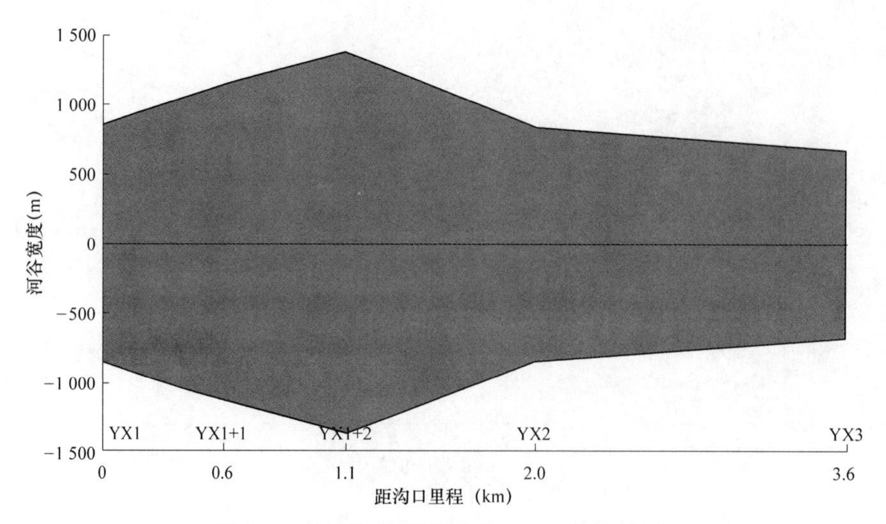

图 3-8　沇西河河谷形态(254 m 高程以下)

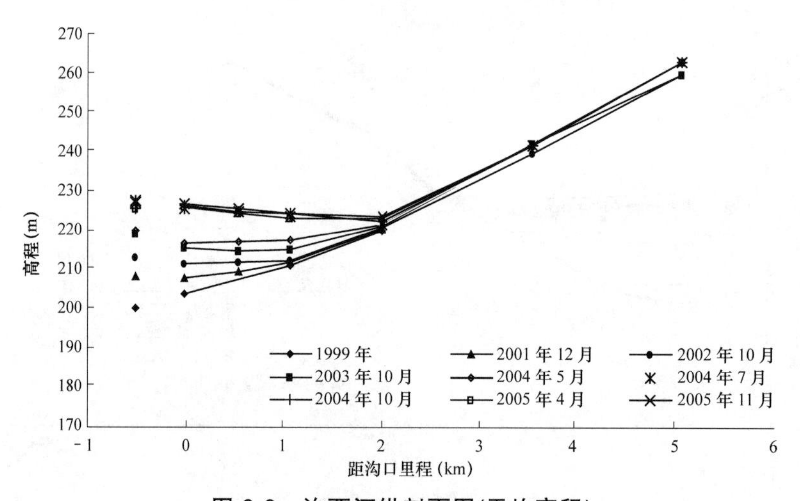

图 3-9　沇西河纵剖面图(平均高程)

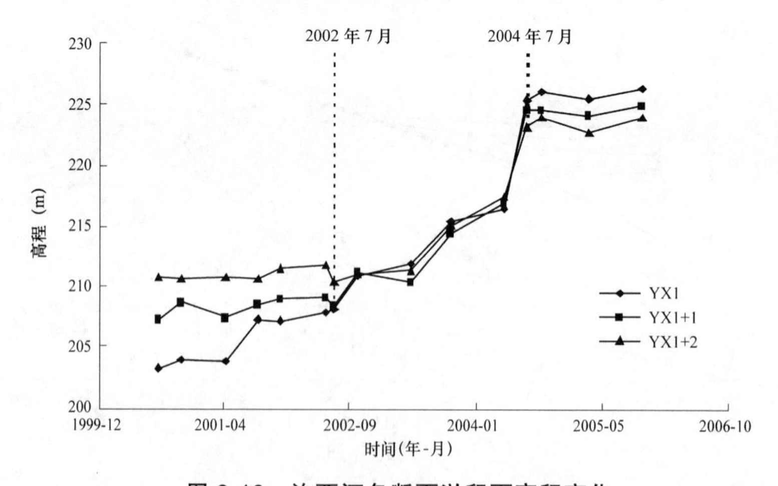

图 3-10　沇西河各断面淤积面高程变化

在发生第二种淤积形式时，由于干流三角洲洲面冲刷下来的泥沙大部分是粗泥沙，并且沇西河沟口河谷宽度较大，在向支流倒灌的过程中迅速在沟口落淤。例如，2004 年 6～7 月黄河第三次调水调沙试验期间，小浪底库水位迅速降低，加上三门峡水库加大下泄流量，干流三角洲顶坡段 HH40—HH53 断面之间(距坝 69.39～110.27 km)发生了剧烈冲刷，冲刷量 1.38 亿 m^3，河底高程平均降低 20 m 左右，三角洲顶点下移至 HH29 断面(距坝 48 km)，HH17—HH40 断面之间(距坝 27.19～69.39 km)共淤积泥沙 1.57 亿 m^3，其中 HH32—HH33 断面之间(距坝 53.44～55.02 km)干流淤积 0.165 亿 m^3，沇西河淤积 0.13 亿 m^3，沟口断面 YX1 随干流淤积面的抬升迅速抬高，YX1 河底平均高程抬高 8.8 m，沟口以上河段淤积厚度逐渐减小，并形成倒坡。

畛水(ZS)是小浪底库区最大的支流，距坝约 18 km，原始库容约为 17.8 亿 m^3，原始河床比降约为 6‰，河谷形状呈中间宽两头窄，沟口河谷较窄，254 m 高程河谷宽度仅 678 m，沟口以上河谷宽度逐渐变宽，至 ZS5 断面(距沟口约 4.5 km)达到最宽 3 454 m(见图 3-11)。

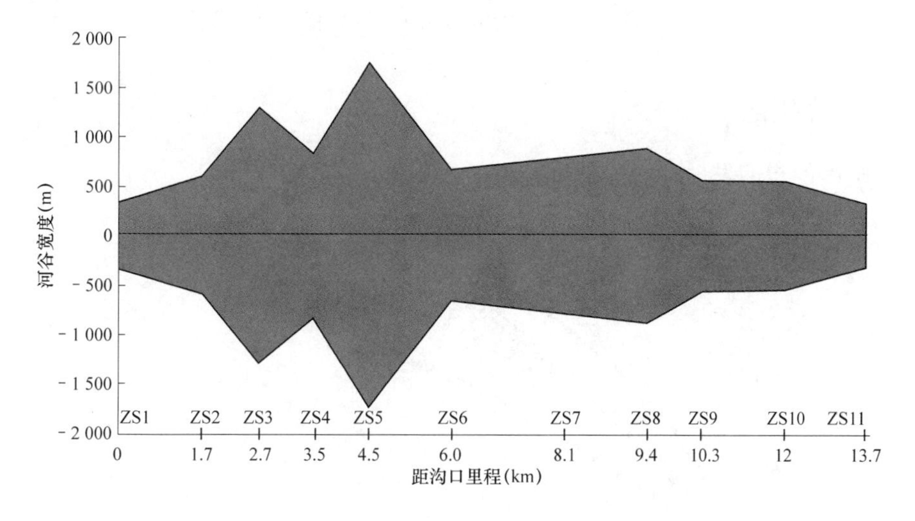

图 3-11　畛水河谷形态(254 m 高程以下)

近年来畛水沟口一直处于干流异重流潜入点下游，畛水的淤积全部为干流异重流倒灌支流所致。与沇西河相比，由于比降较缓，异重流倒灌距离较长，倒灌容积较大。2003 年 10 月在距沟口 1.7～3.5 km 出现倒坡，2004 年 ZS3 断面(距坝约 2.7 km)的淤积面有较大幅度的抬高，至 2005 年 11 月，在距沟口 3.5 km 之间纵向比降仍为负值，沟口断面 ZS1 的平均高程比 ZS3 断面高 3.07 m(见图 3-12)。

从目前支流纵剖面形态看，各支流均未形成明显的拦门沙坎。随着库区淤积量的不断增加及运用方式的调整，拦门沙坝将逐渐显现。支流拦门沙坝的形成及发展非常复杂。鉴于此，建议今后加强对支流纵剖面、异重流倒灌资料和水库冲刷资料的观测，对支流拦门沙坝的形成及发展演变机理进行专题研究。

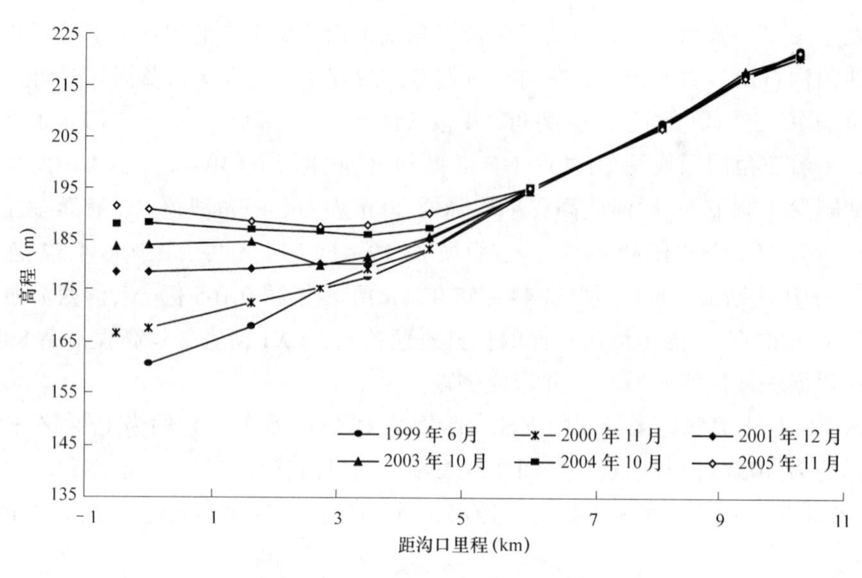

图 3-12 畛水纵剖面(平均高程)

三、库容变化

随着水库淤积的发展，水库的库容也随之变化，见图 3-13。

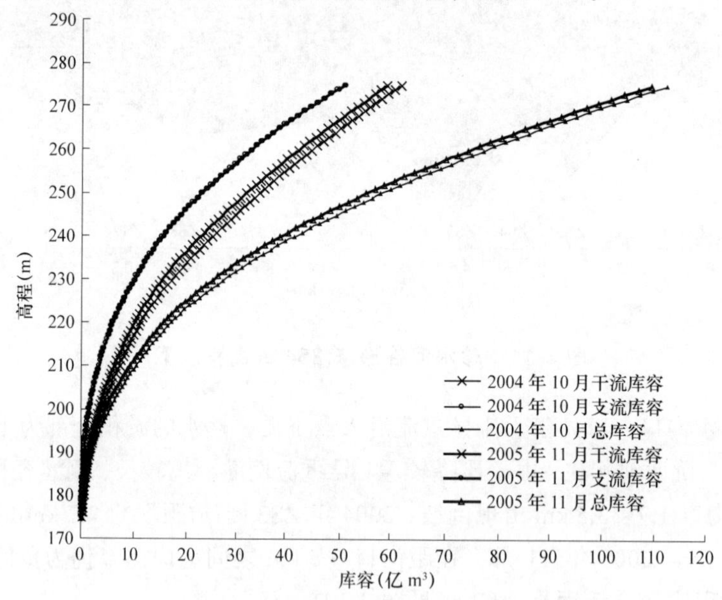

图 3-13 小浪底水库不同时期库容曲线

从图中可以看出，由于库区的冲淤变化主要发生在干流。1997 年 10 月～2005 年 11 月，小浪底全库区断面法淤积量为 18.19 亿 m^3。其中，干流淤积量为 15.89 亿 m^3，支流淤积量为 2.3 亿 m^3，分别占总淤积量的 87.36%和 12.64%。水库 275 m 高程干流库容 58.93 亿 m^3，支流库容 50.4 亿 m^3，全库总库容 109.33 亿 m^3。

第四章　异重流运动特点

2005 年小浪底水库出现了 4 次明显的异重流输沙过程(见表 4-1)，第一次为汛前调水调沙期间利用万家寨、三门峡水库蓄水及三门峡库区非汛期拦截的泥沙，通过水库联合调度，在小浪底库区产生了异重流；第二次为调水调沙之后，受 7 月 2 日暴雨影响，泾、渭河同时发生入汛首场洪水，在库区产生了异重流。两次异重流期间小浪底水库进出库水沙过程及异重流特征值分别见图 4-1 及表 4-1(三门峡站和小浪底站级配资料采用光电法，库区其他级配资料均采用激光粒度仪分析，下同)。

2005 年汛前调水调沙期间，6 月 27 日 7 时三门峡水库下泄流量为 3 000 m^3/s，12 时下泄流量加大至 4 000 m^3/s，三门峡水文站 6 月 27 日 23 时测得流量 3 860 m^3/s，含沙量 17.3 kg/m^3。至 6 月 28 日 0 时流量 2 890 m^3/s，含沙量增加到 255 kg/m^3，并在小浪底库区形成异重流，于 29 日 10 时 40 分潜入点下移至 HH32 断面。由于小浪底水库下泄流量一直维持在 3 000 m^3/s 左右，出库总水量小于进库总水量，库水位迅速下降，潜入点缓慢下移，潜入点详细测验情况见表 4-2，异重流最大运行距离 53.44 km，异重流最大点流速 1.36 m/s(6 月 29 日 HH23 断面)，最大浑水厚度 9.7 m(HH25 断面)。

7 月 5 日～7 月 10 日异重流期间，于 7 月 5 日在 HH09 断面(距坝 11.42 km)观测到异重流，异重流最大点流速 1.56 m/s(7 月 6 日 HH09 断面站)，最大浑水厚度 16.2 m(桐树岭站)。

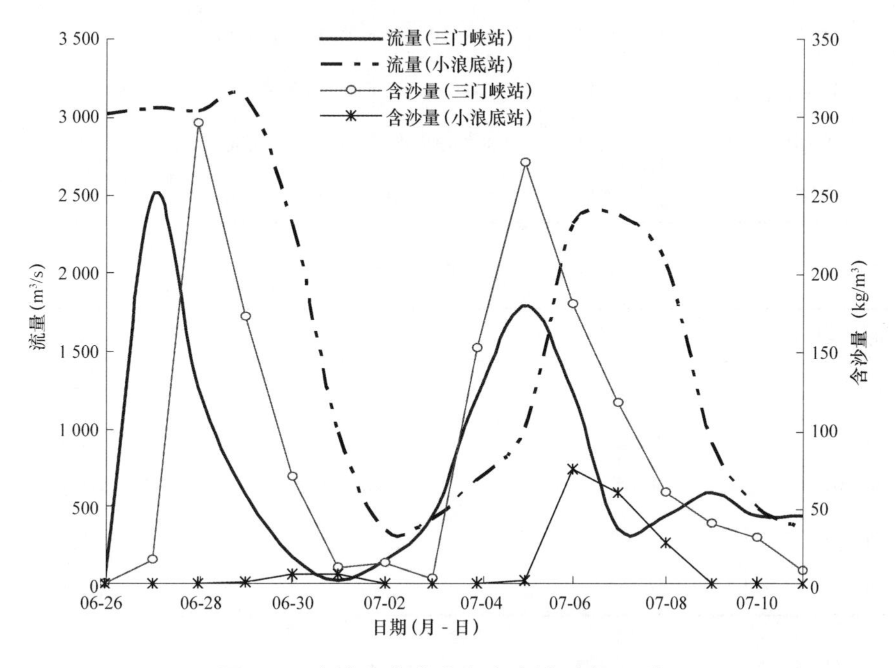

图 4-1　小浪底水库进出库水沙过程(日均)

表 4-1　异重流特征值统计

时间	断面	距坝里程(km)	最大点流速(m/s)	垂线平均流速(m/s)	垂线平均含沙量(kg/m^3)	浑水厚度(m)	d_{50}(mm)
6月27日~7月2日	HH32	53.44	1.10	0.700	46.70	2.89	0.012
	HH31	51.78	0.78	0.570	51.90	4.99	0.012
	HH29	48.00	1.28	0.320 ~ 0.780	12.80 ~ 63.60	1.07 ~ 3.21	0.006 ~ 0.012
	HH28	46.20	0.80	0.310 ~ 0.590	19.50 ~ 41.70	1.09 ~ 2.31	0.006 ~ 0.007
	HH25	41.10	0.52	0.260 ~ 0.290	7.35 ~ 11.20	8.70 ~ 9.70	0.008
	HH23	37.55	1.36	0.110 ~ 0.980	3.93 ~ 47.60	0.48 ~ 4.90	0.006 ~ 0.011
	HH17	27.19	1.18	0.130 ~ 0.820	8.14 ~ 51.30	1.28 ~ 6.90	0.005 ~ 0.010
	HH13	20.39	0.59	0.097 ~ 0.400	3.00 ~ 89.50	0.49 ~ 6.30	0.005 ~ 0.010
	HH09	11.42	0.60	0.035 ~ 0.430	8.91 ~ 114.00	0.49 ~ 5.10	0.005 ~ 0.008
	HH05	6.54	0.63	0.037 ~ 0.440	51.80 ~ 99.90	0.79 ~ 2.38	0.005 ~ 0.007
	桐树岭	1.51	0.76	0.048 ~ 0.470	3.00 ~ 176.00	0.99 ~ 3.67	0.006 ~ 0.007
	坝前	0.41	0.67	0.028 ~ 0.440	3.00 ~ 60.80	0.79 ~ 3.00	0.005 ~ 0.006
7月5日~7月10日	HH09	11.42	1.56	0.032 ~ 0.910	3.00 ~ 80.10	0.19 ~ 14.2	0.005 ~ 0.021
	HH05	6.54	0.75	0.078 ~ 0.430	38.50 ~ 144.00	0.3 ~ 11.7	0.005 ~ 0.012
	HH03	3.34	0.15	0.088	56.10	1.58	0.005
	桐树岭	1.51	0.61	0.000 ~ 0.340	3.00 ~ 625.00	0.06 ~ 16.2	0.005 ~ 0.009
	坝前	0.41	0.68	0.110 ~ 0.440	30.90 ~ 55.30	7.00 ~ 15.3	0.005 ~ 0.007

表 4-2　调水调沙期间异重流测验统计

日期(月-日)	时间(时: 分)	水深(m)	潜入位置
06-29	10: 04	3.60	HH32
06-29	9: 23	5.10	HH31
06-30	9: 03	5.80	HH28
06-30	13: 41	5.50	HH28
06-30	19: 05	4.80	HH28

一、传播过程

2005 年调水调沙期间，6 月 16 日开始至 27 日，三门峡水库按正常运用下泄水量，

27日7时三门峡水库开始加大流量泄水，一个小时内下泄流量由34.1 m³/s增加到3 610 m³/s，13 时 6 分流量加大到 4 430 m³/s，为本次洪水过程最大洪峰流量。随着三门峡水库加大泄量，史家滩水位处于逐步下降的过程(图 4-2 及表 4-3)，27 日 23 时水位降至 299.60 m 时，三门峡水库开始排沙。

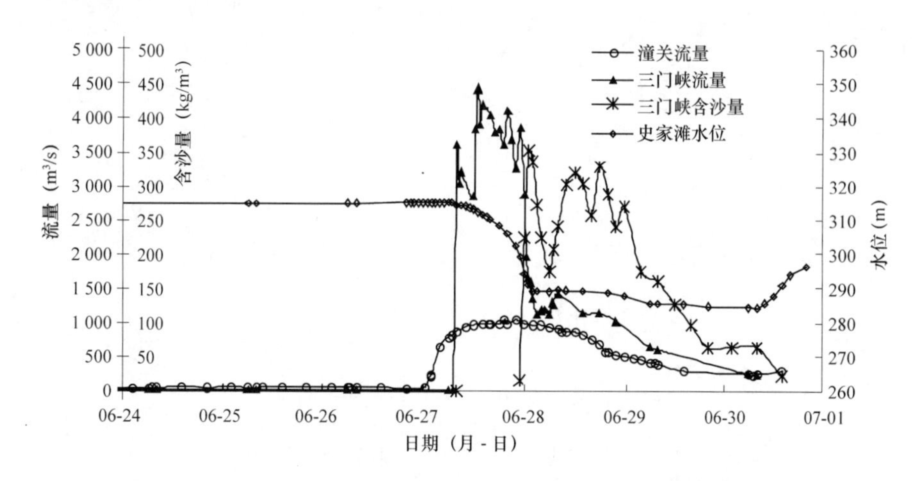

图 4-2　三门峡水库进出口流量、含沙量及水位过程

表 4-3　三门峡水库排沙时流量、含沙量、水位

时间 (月-日 T时:分)	三门峡站		史家滩水位(m)
	流量(m³/s)	含沙量(kg/m³)	
06-27T22:00	3 280	—	302.69
06-27T23:00	3 860	17.30	299.60
06-28T00:00	2 890	255.00	294.50

6 月 29 日 15 时 48 分在小浪底库区坝前 410 m 处观测到异重流，因此从三门峡水库排沙进入小浪底水库，经明流输沙、壅水排沙及异重流运行至坝前排沙，历时约 40 h。

二、流速及含沙量分布

(一)横向分布

2005 年调水调沙期间分别在 HH29、桐树岭断面布置 5 条垂线进行观测(见图 4-3)；7 月 5 ~ 10 日异重流期间在 HH9、桐树岭及坝前 410 m 断面也同样布置 5 条垂线进行观测(见图 4-4)。表 4-4 及表 4-5 为异重流各断面水沙因子垂线平均值变化范围。

可以看出，在每一条垂线上，含沙量呈现上小下大的分布特点，在接近潜入点的断面(如 HH29 断面)，垂线最大点流速靠上，越接近坝前最大点流速越接近库底，这种分布特点随入库流量、含沙量和库水位的变化而变化。在微弯河段(如 HH9 断面)，异重流主流往往位于凹岸，在同一高程上流速及含沙量均较大。

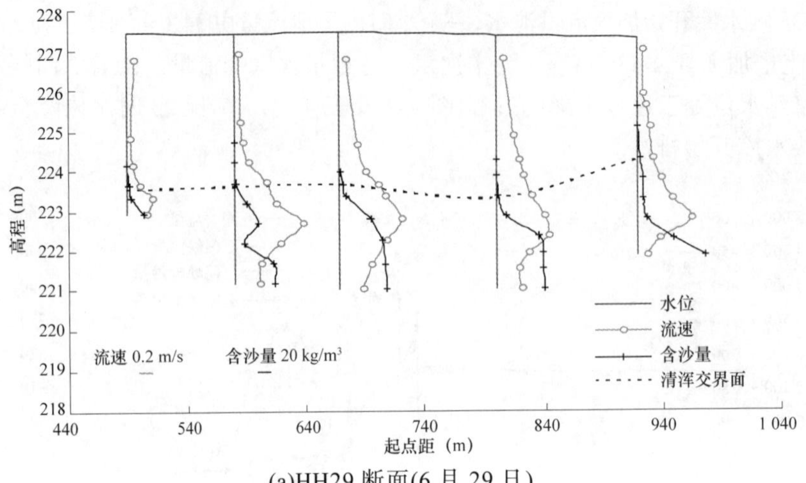

(a)HH29 断面(6 月 29 日)

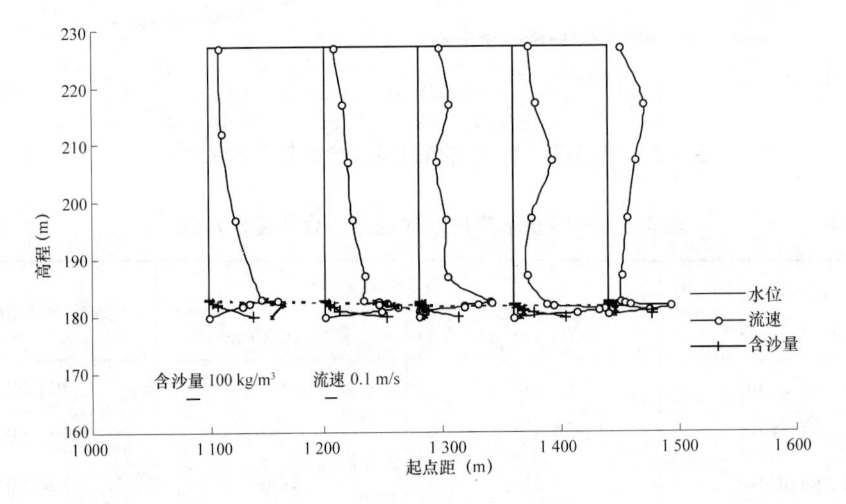

(b)桐树岭断面(6 月 29 日)

图 4-3　调水调沙期间异重流流速及含沙量分布

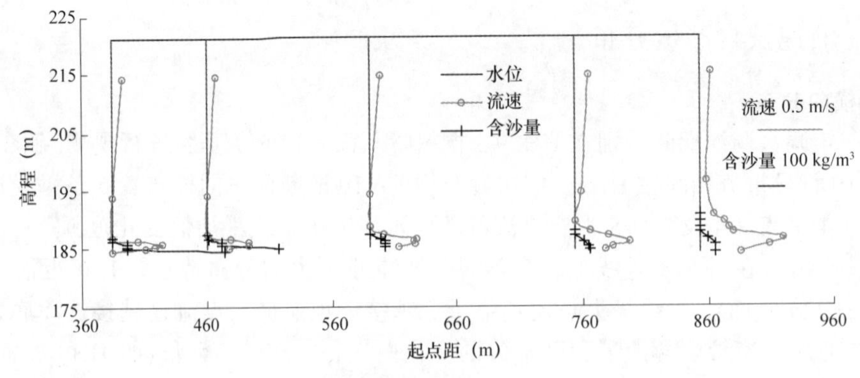

(a)HH9 断面(7 月 8 日)

图 4-4　7 月 5 ~ 10 日异重流流速及含沙量分布

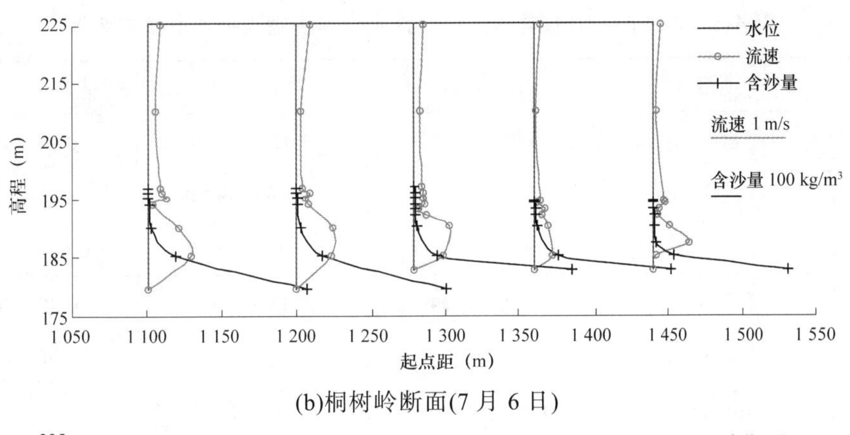

(b)桐树岭断面(7 月 6 日)

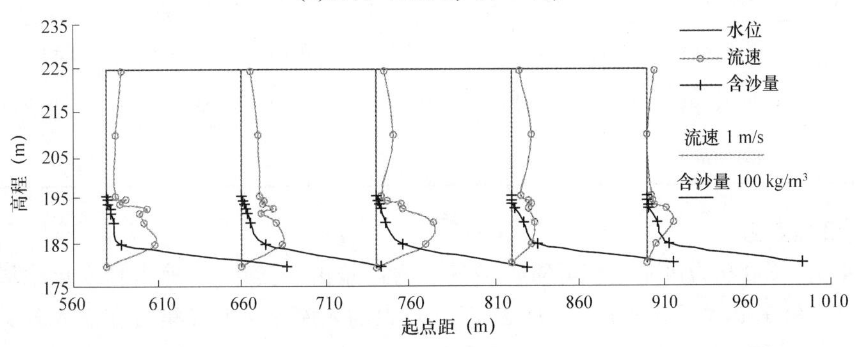

(c)坝前 410 m 断面(7 月 6 日)

续图 4-4

表 4-4 调水调沙期间异重流各断面水沙因子垂线平均值变化范围

断面	项目	6 月 29 日	6 月 30 日	7 月 1 日
HH29	流速(m/s)	0.32 ~ 0.78		
	含沙量(kg/m^3)	12.80 ~ 63.60		
	d_{50}(mm)	0.006 ~ 0.012		
HH13	流速(m/s)	0.23 ~ 0.39	0.18 ~ 0.40	
	含沙量(kg/m^3)	26.60 ~ 89.50	52.00 ~ 82.90	
	d_{50}(mm)	0.006 ~ 0.008	0.005 ~ 0.010	
HH9	流速(m/s)	0.28 ~ 0.43	0.09 ~ 0.29	0.14 ~ 0.16
	含沙量(kg/m^3)	49.80 ~ 69.10	39.50 ~ 83.70	60.60 ~ 114.00
	d_{50}(mm)	0.006 ~ 0.008	0.006	0.005 ~ 0.007
HH1	流速(m/s)	0.048 ~ 0.47	0.18 ~ 0.26	0.082 ~ 0.21
	含沙量(kg/m^3)	3.00 ~ 176.00	34.70 ~ 59.60	24.90 ~ 69.60
	d_{50}(mm)	0.006 ~ 0.007	0.006	
坝前 410 m	流速(m/s)	0.44	0.13 ~ 0.26	0.54
	含沙量(kg/m^3)	56.70	41.30 ~ 60.80	3.00 ~ 46.60
	d_{50}(mm)	0.005	0.006	

表 4-5　7 月 5 ~ 10 日异重流各断面水沙因子垂线平均值横向变化

断面	项目	7 月 6 日	7 月 7 日	7 月 8 日
HH9	流速(m/s)	0.71 ~ 0.91	0.072 ~ 0.59	0.28 ~ 0.49
	含沙量(kg/m^3)	35.20 ~ 73.40	11.00 ~ 39.80	38.80 ~ 80.10
	d_{50}(mm)	0.01 ~ 0.021	0.006 ~ 0.007	0.005 ~ 0.008
HH1	流速(m/s)	0.16 ~ 0.34	0.18 ~ 0.32	0.32 ~ 0.40
	含沙量(kg/m^3)	11.70 ~ 58.80	50.20 ~ 56.00	58.90 ~ 64.00
	d_{50}(mm)	0.007 ~ 0.009	0.006	
坝前 410 m	流速(m/s)	0.20 ~ 0.44	0.15 ~ 0.39	0.11 ~ 0.33
	含沙量(kg/m^3)	33.20 ~ 47.30	42.10 ~ 54.50	55.10 ~ 55.30
	d_{50}(mm)			0.005 ~ 0.006

(二)沿程变化

图 4-5 ~ 图 4-9 为洪水过程异重流流速及含沙量沿程变化。流速沿程变化除局部库段外，总的趋势是沿程逐渐递减。6 月 29 日，较大的入库流量使异重流在潜入时具备较大的能量，进而使沿程流速相对较大，八里胡同(HH17 断面)狭窄地形使其流速进一步增大，出狭窄库段后又有较大幅度削减。7 月 5 日，受前期异重流形成的浑水水库等因素影响，各断面异重流流速较小，较之前相差不大。受水库泄流的影响，近坝段受泄流洞的影响出现清水层流动。

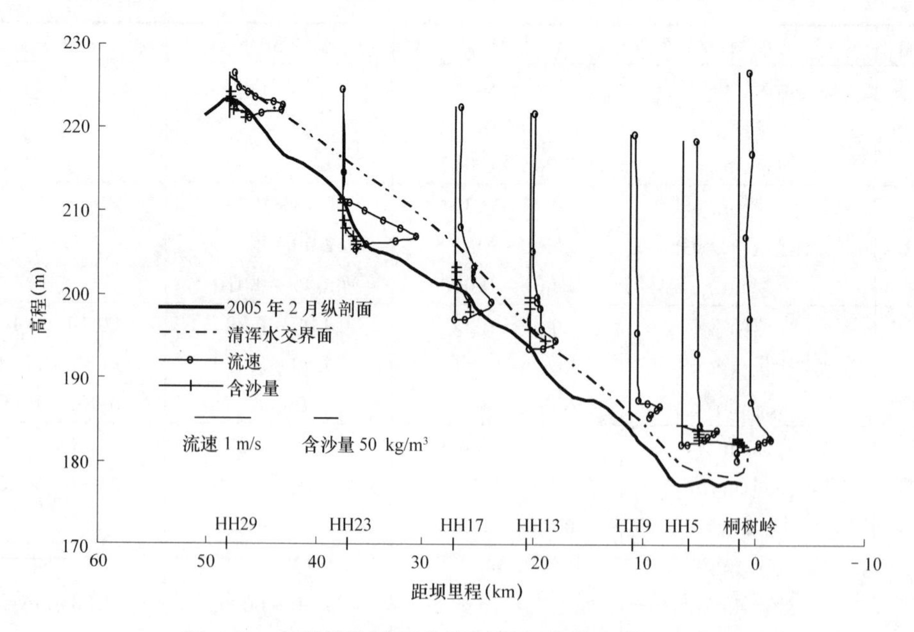

图 4-5　主流线流速及含沙量沿程变化(6 月 29 日)

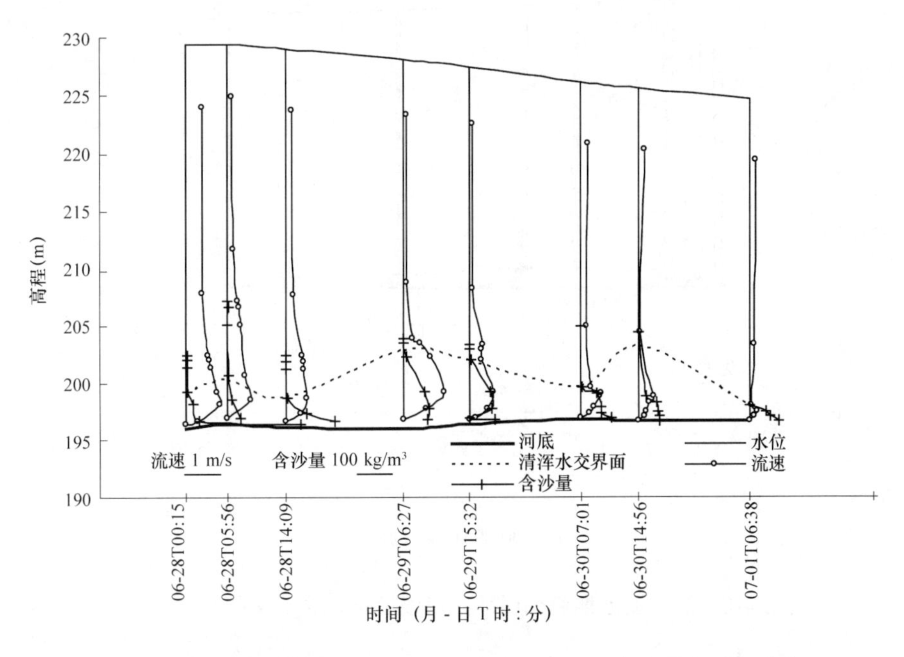

图 4-6　调水调沙期间 HH17 断面主流线流速、含沙量随时间变化

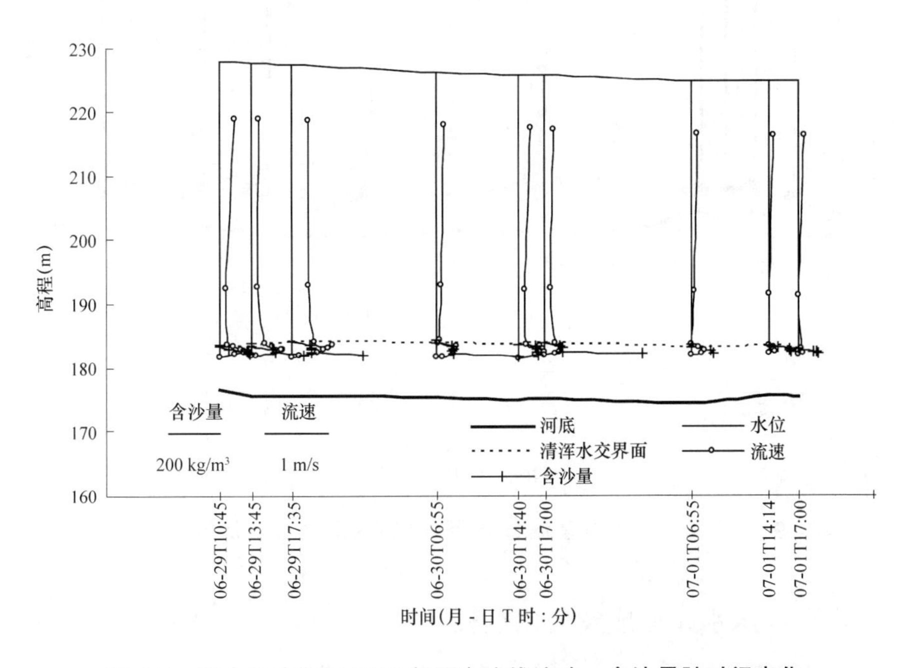

图 4-7　调水调沙期间 HH5 断面主流线流速、含沙量随时间变化

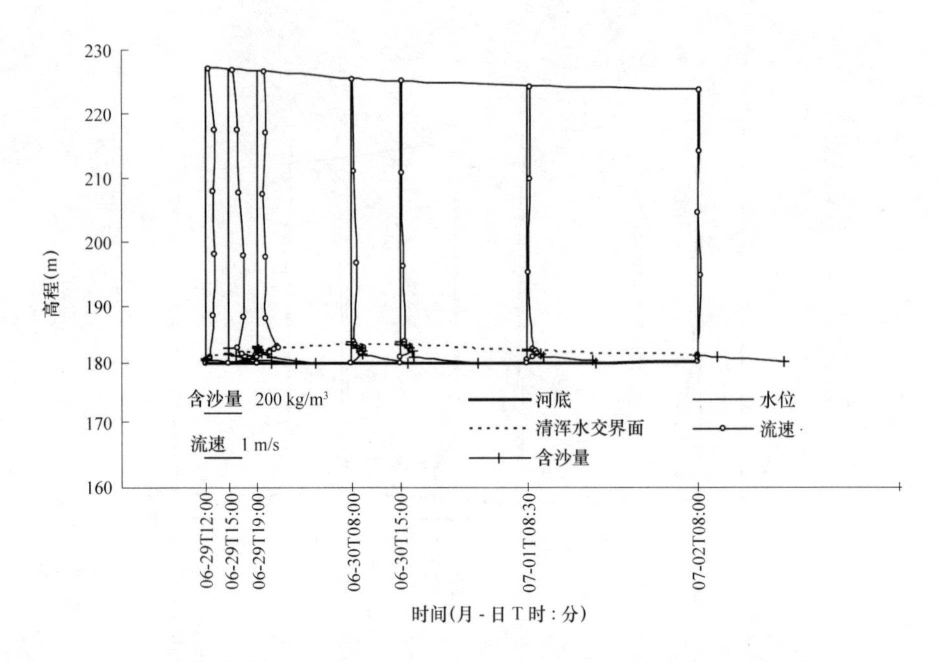

图 4-8　调水调沙期间桐树岭主流线流速、含沙量随时间变化

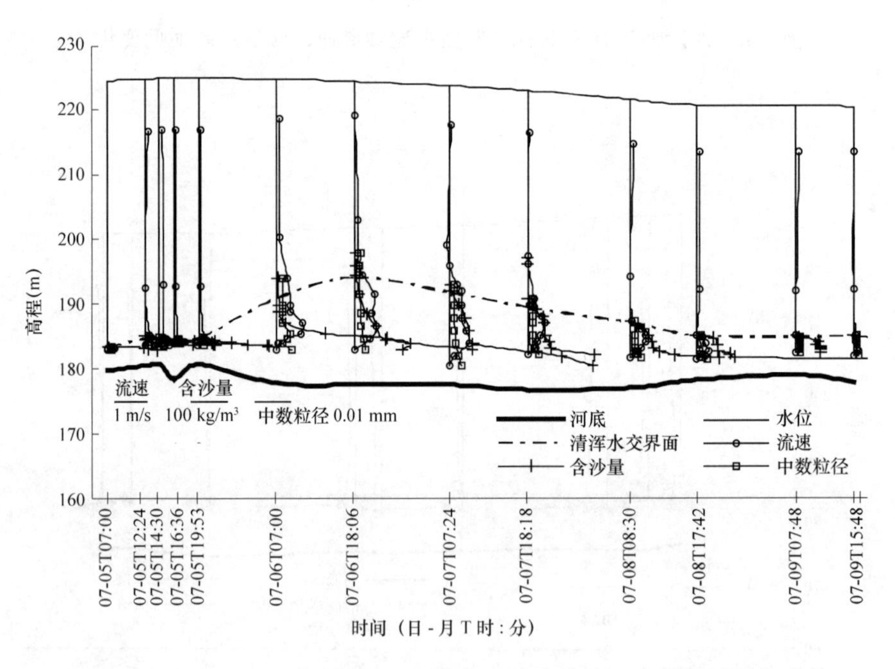

图 4-9　7 月 5～10 日异重流 HH5 断面主流线流速、含沙量随时间变化

三、坝前浑水水库形成及变化过程

2005 年小浪底库区分别于 6 月下旬和 7 月上旬形成了两次较为明显的异重流输沙过程。

入库水流以异重流的形式运行至坝前后，由于控制下泄流量，闸门开启度较小或者关闭，排沙洞排出的浑水流量远小于异重流流量，仅小部分浑水被排泄出库，大部分被拦蓄在库内，在坝前段形成浑水水库，并随异重流不断向大坝推移，清浑水交界面不断升高，且逐渐向上游延伸。

6 月 27 日 7 时三门峡水库加大泄量，并于 6 月 29 日 ~ 7 月 1 日在小浪底库区形成一次异重流输沙过程，坝前浑水水库于 6 月 29 日形成，浑水体积和厚度均有所增加，6 月 30 日坝前清浑水交界面升高至 182.90 m(桐树岭站，下同)，日最大升幅 1.90 m，至 7 月 2 日，浑水水库基本消失。至 7 月 5 日，坝前再次形成浑水水库，异重流到达坝前之后，坝前清浑水交界面迅速抬升，7 月 6 日达到最高 192.01 m。坝前库水位及清浑水交界面变化过程见图 4-10。

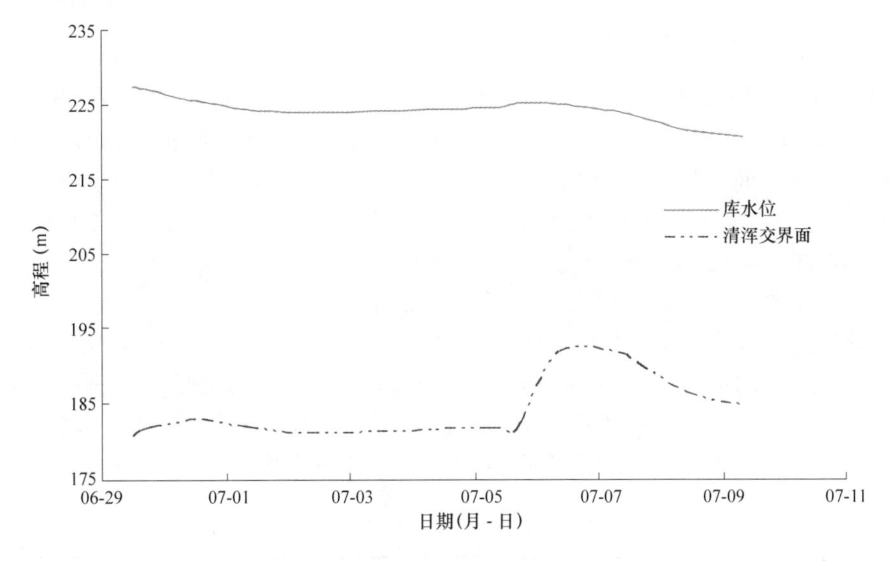

图 4-10 坝前浑水水库变化过程

第五章　小浪底水库运用6年总结

小浪底水库1997年10月截流，1999年10月25日开始下闸蓄水，至2005年汛后，已经蓄水运用6年，库区淤积量为18.19亿 m^3。6年来，黄河流域枯水少沙，洪水较少，仅2003年秋汛期水量较为丰沛。水库为满足黄河下游防洪、减淤、防凌、防断流以及供水(包括城市、工农业、生态用水，以及引黄济津等)需要，进行了一系列调度。水库运用以蓄水拦沙为主，70%左右的细泥沙和95%以上的中粗泥沙被拦在库里，进入黄河下游的泥沙明显减少。一般情况下，小浪底水库下泄清水，洪水期库水位较高，库区泥沙主要以异重流形式输移并排细泥沙出库，从而使得下游河道发生了持续的冲刷。

一、水库运用调节情况

小浪底水库蓄水以来，水库最高、最低运用水位分别为265.58 m(2003年10月15日)及180.34 m(1999年11月1日)，见表5-1。从图5-1看出，非汛期2004年运用水位最高，前7个月时间水位均在255 m以上，最高水位达264.3 m(2003年11月1日)；2000年运用水位最低，基本上不超过210 m。汛期运用水位变化复杂，2000～2002年主汛期平均水位在207.14～214.25 m变化，2003～2005年主汛期平均水位在225.98～233.86 m变化，其中2003年主汛期平均水位最高达233.86 m。

水库运用调节了水量在年内的分配。由2000～2005年来进出库水量情况(见表5-2)可以看出，6年汛期入库的水量占年水量的44.47%，经过水库调节后，汛期出库水量占年水量的比例减小到了35.35%，即进出库水量不仅总量发生变化，而且年内分配也发生了较大变化。除2002年汛期外，其余年份出库水量汛期占年水量百分比均较入库水量的百分比小10%左右。

表5-1　2000～2005年小浪底水库运用情况

项目		2000年	2001年	2002年	2003年	2004年	2005年
汛限水位(m)		215	220	225	225	225	225
汛期	最高水位(m)	234.3	225.42	236.61	265.58	242.26	257.47
	日期(月-日)	10-30	10-09	07-03	10-15	10-24	10-17
	最低水位(m)	193.42	191.72	207.98	217.98	218.63	219.78
	日期(月-日)	07-06	07-28	09-16	07-15	08-30	07-22
	平均水位(m)	214.88	211.25	215.65	249.51	228.93	233.84
汛期开始蓄水的日期(月-日)		08-26	09-14	—	08-07	09-07	08-21
主汛期平均水位(m)		211.66	207.14	214.25	233.86	225.98	230.17
非汛期	最高水位(m)	210.49	234.81	240.78	230.69	264.3	259.61
	日期(月-日)	04-25	11-25	02-28	04-08	11-01	04-10
	最低水位(m)	180.34	204.65	224.81	209.60	235.65	226.17
	日期(月-日)	11-01	06-30	11-01	11-02	06-30	06-30
	平均水位(m)	202.87	227.77	233.97	223.42	258.44	250.58
年平均运用水位(m)		208.88	219.51	224.81	236.46	243.68	242.21

注：1. 主汛期为7月11日～9月30日。

2. 汛期开始蓄水的日期是指汛期库水位开始超过当年汛限水位之日。

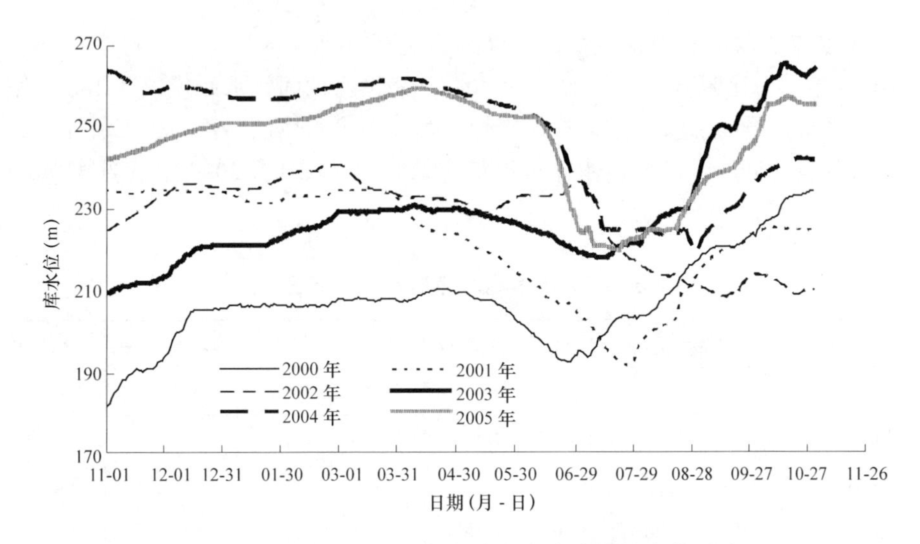

图 5-1　2000～2005 年小浪底水库库水位变化对比

表 5-2　历年实测进出库水量变化

年份	年水量(亿 m^3)		汛期水量(亿 m^3)		汛期占年(%)	
	入库	出库	入库	出库	入库	出库
2000	166.60	141.15	67.23	39.05	40.35	27.67
2001	134.96	164.92	53.82	41.58	39.88	25.21
2002	159.26	194.27	50.87	86.29	31.94	44.42
2003	217.61	160.70	146.91	88.01	67.51	54.77
2004	178.39	251.59	65.89	69.19	36.94	27.50
2005	208.53	206.25	104.73	67.05	50.22	32.51
6 年平均	177.56	186.48	81.58	65.20	44.47	35.35

水库运用调节了洪水过程。2000～2005 年，入库日均最大流量大于 1 500 m^3/s 的洪水共 17 场，其中，对 4 场洪水进行了调水调沙(2002 年 7 月、2003 年 9 月初、2004 年 7 月初、2005 年 6 月)，只有 2004 年 8 月份的洪水相机排沙，其余洪水均被水库拦蓄和削峰，削峰率最大达 65%。此外，为满足下游春灌要求，2001 年 4 月和 2002 年 3 月，分别向下游河道泄放了日均最大流量 1 500 m^3/s 左右的洪水过程。

小浪底入库沙量主要集中在汛期，占全年沙量 93.3%；出库沙量也集中在汛期，汛期排沙占全年沙量的 92.2%；汛期平均排沙比 18.9%。水库运用以来，库区泥沙主要以异重流形式输移并排细泥沙出库。由于各年小浪底运用条件不同，不同时期排沙比差别较大，历年进出库不同粒径组的沙量、库区淤积量及淤积物组成、排沙情况见表 5-3。

由表 5-3 可以看出，出库细泥沙占总出库沙量的比例在 77.3%～89.2%，库区淤积物中细泥沙的比例均在 45%以下。水库运用前两年(2000 年和 2001 年)排沙比较小，不到 10%。2000 年异重流运行到了坝前，但坝前淤积面高程低于 150 m，浑水面离水库最低泄流高程 175 m 相差太远，虽然开启了排沙洞，大部分泥沙也不能排泄出库。2001 年主要是为了在坝前形成铺盖，减少坝体渗漏，对运行到坝前的异重流进行了控制。之后2002～2005 年排沙比明显增加，尤其是“04·8”洪水期间，水库投入运用以来第一次对到达坝前的天然异重流实行敞泄排沙，加之前期浑水水库已存蓄的异重流泥沙，促使出库最大含沙量达到 346 kg/m^3，水库排沙量达 1.42 亿 t。因此，2004 年汛期排沙比较大，为 56.4%。

表 5-3　小浪底水库历年排沙情况

项目		入库沙量(亿 t)		出库沙量(亿 t)		淤积量(亿 t)		全年淤积物组成(%)	排沙比(%)	
时段及级配		汛期	全年	汛期	全年	汛期	全年		汛期	全年
2000	细泥沙	1.152	1.230	0.037	0.037	1.116	1.195	33.9	3.2	3.0
	中泥沙	1.100	1.170	0.004	0.004	1.095	1.170	33.2	0.4	0.4
	粗泥沙	1.089	1.160	0.001	0.001	1.088	1.160	32.9	0.1	0.1
	全沙	3.340	3.570	0.042	0.042	3.298	3.528	100.0	1.3	1.2
2001	细泥沙	1.318	1.318	0.194	0.194	1.125	1.125	43.1	14.7	14.7
	中泥沙	0.704	0.704	0.019	0.019	0.685	0.685	26.2	2.7	2.7
	粗泥沙	0.808	0.808	0.008	0.008	0.800	0.800	30.7	1.0	1.0
	全沙	2.831	2.831	0.221	0.221	2.610	2.610	100.0	7.8	7.8
2002	细泥沙	1.529	1.905	0.610	0.610	0.919	1.295	35.3	39.9	32.0
	中泥沙	0.981	1.358	0.058	0.058	0.924	1.301	35.4	5.9	4.2
	粗泥沙	0.894	1.111	0.033	0.033	0.861	1.078	29.3	3.7	3.0
	全沙	3.404	4.375	0.701	0.701	2.704	3.674	100.0	20.6	16.0
2003	细泥沙	3.471	3.475	1.049	1.074	2.422	2.401	37.8	30.2	30.9
	中泥沙	2.334	2.334	0.069	0.072	2.265	2.262	35.6	3.0	3.1
	粗泥沙	1.755	1.755	0.058	0.060	1.696	1.695	26.6	3.3	3.4
	全沙	7.559	7.564	1.176	1.206	6.383	6.358	100.0	15.6	15.9
2004	细泥沙	1.199	1.199	1.149	1.149	0.050	0.050	4.3	95.8	95.8
	中泥沙	0.799	0.799	0.239	0.239	0.560	0.560	48.7	29.9	29.9
	粗泥沙	0.640	0.640	0.099	0.099	0.541	0.541	47.0	15.5	15.5
	全沙	2.638	2.638	1.487	1.487	1.151	1.151	100.0	56.4	56.4
2005	细泥沙	1.639	1.815	0.368	0.381	1.271	1.434	39.5	22.5	21.0
	中泥沙	0.876	1.007	0.041	0.042	0.835	0.965	26.6	4.7	4.2
	粗泥沙	1.104	1.254	0.025	0.026	1.079	1.228	33.9	2.3	2.1
	全沙	3.619	4.076	0.434	0.449	3.185	3.626	100.0	12.0	11.0
平均	全沙	3.899	4.176	0.677	0.684	3.222	3.491	100.0	18.9	18.0

注：细泥沙粒径 d<0.025 mm，0.025 mm≤中泥沙粒径 d<0.05 mm，粗泥沙粒径 d≥0.05 mm。

二、库区历年淤积状况

自截流至2005年11月，小浪底全库区断面法淤积量为18.19亿 m^3。其中，干流淤积量为15.89亿 m^3，支流淤积量为2.3亿 m^3。不同时期库区淤积量见表5-4。

表5-4 不同时期库区断面法淤积量

时段(年-月)	1997-10～1998-10	1998-10～1999-09	1999-09～2000-11	2000-11～2001-12	2001-12～2002-10	2002-10～2003-10	2003-10～2004-10	2004-10～2005-11	1997-10～2005-11
淤积量(亿 m^3)	0.08	0.41	3.66	2.97	2.11	4.88	1.17	2.91	18.19

施工导流期1997年10月至1999年9月库区共淤积0.49亿 m^3；下闸蓄水后，1999年9月至2005年11月，库区共淤积17.7亿 m^3，年均淤积量2.95亿 m^3。

1997年截流至1999年9月施工导流期，泥沙主要淤积在距坝15 km以内。水库开始蓄水后库水位升高，至2000年11月，干流淤积呈三角洲形态，三角洲顶点距坝70 km左右，此后，三角洲形态及顶点位置随着库水位的运用状况而变化及移动，总的趋势是逐步向下游推进。历年干流淤积形态见图5-2。

距坝60 km以下回水区范围内河床持续淤积抬高，距坝60～110 km为水库的回水变动区，库段冲淤与库水位的升降关系密切。例如2003年5～10月，由于运用水位较高，库水位上升35.06 m，入库沙量7.56亿 t，三角洲洲面发生大幅度淤积抬高，10月与5月中旬相比原三角洲洲面淤积抬高幅度最大的HH41断面，深泓点抬高41.51 m，河底平均高程抬高17.7 m，三角洲顶点高程升高36.64 m，顶点位置上移25.8 km。然而随着2004年的调水调沙试验及“04·8”洪水期间运用水位降低，距坝90～110 km库段发生强烈冲刷，距坝约88.5 km以上库段，河底高程基本恢复到了1999年水平。

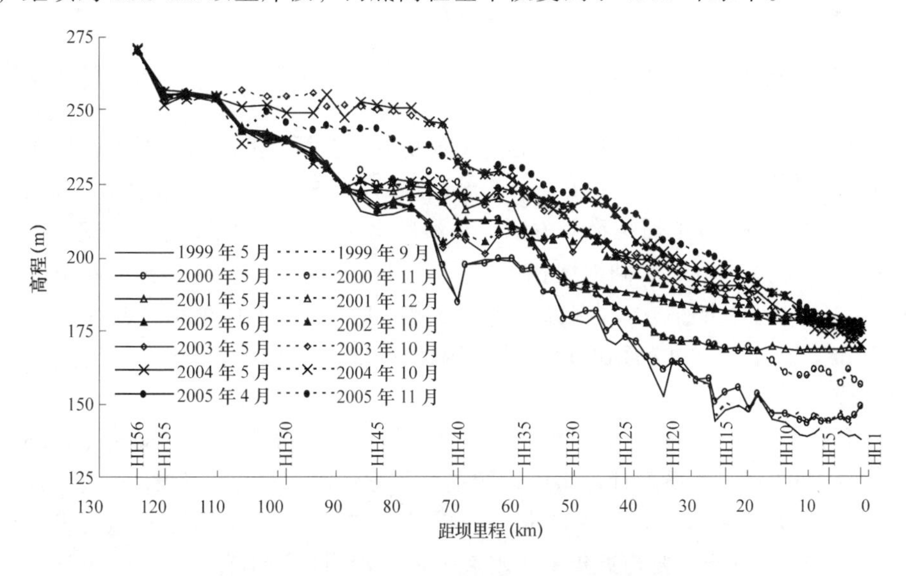

图5-2 历次干流纵剖面套绘(深泓点)

从淤积部位来看，泥沙主要淤积在汛限水位 225 m 高程以下，225 m 高程以下的淤积量达到了 16.63 亿 m³，占总量的 91.4%。不同高程下的累计淤积量见图 5-3。

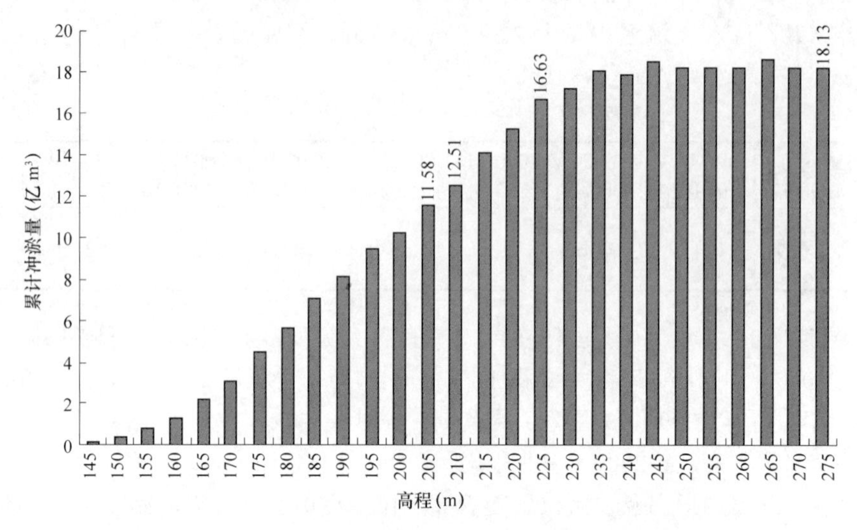

图 5-3　小浪底库区不同高程下的累计冲淤量分布

(1997 年 10 月 ~ 2005 年 11 月)

通过对历年库区冲淤特性分析，泥沙的淤积时空分布有以下特点：①泥沙主要淤积在干流；②库区淤积物沿程细化，异重流淤积段淤积物细化幅度较小；③支流主要为干流异重流倒灌淤积，随干流淤积面的抬高，支流沟口淤积面同步发展，支流淤积形态取决于沟口处干流的淤积面高程；④支流泥沙主要淤积在沟口附近，沟口向上沿程减少；⑤随着淤积的发展，支流的纵剖面形态不断发生变化，总的趋势是由正坡至水平而后出现倒坡。

三、运用结果与设计对比

施工期开展的小浪底水库初期运用方式研究中，推荐小浪底水库拦沙初期调水调沙下泄流量采用调控上限流量为 2 600 m³/s，调控库容为 8 亿 m³，起始运用水位 210 m，2000 年采用 205 m，以下简称推荐方案；小浪底水库泥沙淤积量达到 21 亿 ~ 22 亿 m³ 之前为拦沙初期(《小浪底水利枢纽拦沙初期运用调度规程》)，在一般水沙条件下水库拦沙初期的历时为 3 年左右。自截流至 2005 年 11 月，小浪底全库区断面法淤积量为 18.19 亿 m³，仍小于拦沙初期的设计值。因此，水库自投入运用至今，均处于拦沙初期运用阶段。

《小浪底水库初期运用方式研究报告》中推荐方案采用 1978 ~ 1980 年、1985 ~ 1987 年及 1991 ~ 1993 年三个系列计算水库运用前 3 年累计淤积量分别为 18.36 亿、12.09 亿、14.25 亿 m³，年均淤积量分别为 6.12 亿、4.03 亿、4.75 亿 m³。实际淤积量比设计计算值偏小 17% ~ 52%，可能主要与近年来小浪底入库水沙明显偏小有关。表 5-5 列出了小浪底水库初期运用方式研究设计代表系列小浪底入库水沙情况，2000 ~ 2005 年小浪底水库实际年均入库水、沙量分别为 177.56 亿 m^3、4.176 亿 t；实际入库水量与设计系列相比偏小 32%～46%，沙量偏小 24%～53%，入库水沙量偏小的比例与年均淤积量偏小的比例接近。扣除入库水沙偏小的影响，库区近年来的年均淤积量与小浪底施工期提出的小浪底水库初期运用方式研究中分析的结果基本一致。

表 5-5　设计代表系列小浪底入库水沙情况

设计系列		1978～1982	1985～1989	1991～1995
前 3 年平均	水量(亿 m^3)	326.0	287.6	262.9
	沙量(亿 t)	8.8	5.5	7.1
前 5 年平均	水量(亿 m^3)	343.2	312.5	261.7
	沙量(亿 t)	9.0	8.2	8.3

除前文提到 2000 年和 2001 年排沙比略小外，2002~2005 年均比《小浪底水库初期运用方式研究报告》推荐方案采用 1978～1980 年、1985～1987 年及 1991～1993 年三个系列计算水库运用前 3 年汛期细泥沙排沙比 17.6%～26.4%、汛期全沙排沙比 10.7%～17.0%为大。2001～2005 年全年排沙比分别为 7.8%、16.0%、15.9%、56.4%、11.0%，与运用初期小浪底水库模型试验中前 3 年排沙比 11.7%～16.9%结果相近，2004 年由于“04 ·8”洪水期间小浪底水库排沙洞全部打开排泄异重流，故 2004 年细泥沙 $d<0.025$ mm 的排沙比高达 95.8%，全沙排沙比也达 56.4%。

实测资料表明，水库运用以来库区排沙几乎全部属异重流排沙或异重流形成的浑水水库排沙。据 2004 年初步估算，小浪底水库异重流排沙比一般在 25%～33%。“04・8”洪水期间，小浪底水库投入运用以来第一次对到达坝前的异重流实行敞泄，排沙结果说明小浪底水库利用异重流排沙具有较好的效果。由沙量平衡法计算，异重流排沙比约 36%；利用韩其为不平衡输沙含沙量及级配沿程变化公式计算洪水排沙比约为 37.7%。分析计算结果与 2004 年初步估算结果基本一致。

截至 2005 年 11 月，205 m 高程以下实测淤积量为 11.58 亿 m^3。205 m 高程以下仍有 6.664 亿 m^3 的蓄水库容，干流库容为 4.517 亿 m^3，主要分布在距坝 34 km 以下；支流库容为 2.147 亿 m^3，主要分布在畛水和大峪河，畛水(距坝约 18 km)和大峪河(距坝约 4 km)库容分别为 0.904 亿 m^3、0.626 亿 m^3；汛限水位 225 m 高程以下总库容为 20.034 亿 m^3，干支流库容分别为 12.450 亿 m^3 及 7.584 亿 m^3。与设计淤积形态相比，总体来看淤积部位偏向上游。这主要是由于近年入库水量持续偏枯，为了保证黄河下游水资源的安全、不断流和减少下游滩区的淹没损失，水库在主汛期提前蓄水运用。小浪底水库初期运用方式研究中推荐方案的主汛期运用水位特征值见表 5-6。

对比表 5-1 和表 5-6 可知，2000~2002 年主汛期平均水位与初期运用方式研究中推荐方案的主汛期运用水位接近，2003~2005 年明显偏高。除了 2002 年主汛期(7 月 11 日～9 月 30 日)运用水位低于汛限水位，其余年份水库均在主汛期结束之前开始蓄水；其中，2003 年 8 月 7 日蓄水位超过汛限水位 225 m。

表 5-6　推荐方案主汛期运用水位特征值　(单位：m)

项目	1978～1980 年系列			1991～1993 年系列		
	平均	最大	最小	平均	最大	最小
第一年	212.98	216.96	207.51	207.99	216.68	205.00
第二年	213.93	219.73	206.52	212.12	226.00	205.01
第三年	215.62	223.83	208.19	213.28	219.62	208.68

综上所述，小浪底水库自投入运用以来，水库排沙比与施工期开展的小浪底水库初期运用方式研究中的计算结果基本一致；扣除入库水沙偏小的影响，库区近年来的年均淤积量与小浪底施工期提出的小浪底水库初期运用方式研究中分析的结果基本一致；由于水库在主汛期提前蓄水运用，淤积形态与设计相比，总体来看淤积部位偏向上游。

第六章　主要认识及建议

一、主要认识

(1)2005 年小浪底入库水沙量分别为 208.53 亿 m^3、4.08 亿 t，相当于三门峡水文站枯水少沙时段(1987～2005 年)多年平均水量的 90.73%和多年平均沙量的 60.71%。2005 年小浪底入库最大洪峰流量为 4 430 m^3/s(6 月 27 日 13 时 6 分)，入库最大含沙量为 591 kg/m^3(7 月 23 日 13 时)。2005 年汛期共发生 5 场洪水，最大入库日均流量达 3 930 m^3/s(10 月 5 日)。

(2)2005 年全年出库水量为 206.25 亿 m^3，其中 7～10 月出库水量为 67.05 亿 m^3，占全年的 32.51%。全年除 9～10 月洪水期出库流量较大外，其他时间出库流量较小且过程均匀，全年 320 d 出库流量小于 800 m^3/s。全年出库沙量为 0.449 亿 t，主要集中在排沙期 7 月 5～8 日，期间排沙量 0.314 亿 t，占全年排沙量的 69.93%。

(3)2005 年小浪底全库区淤积量为 2.911 亿 m^3，淤积主要集中于汛期。干流淤积量为 2.6 亿 m^3，占全库区年淤积总量的 89.3%；175～250 m 高程之间淤积量为 2.949 亿 m^3；高程 255 m 附近冲刷量为 0.45 亿 m^3；大坝—HH54 断面之间库段淤积量为 2.91 亿 m^3。

(4)2005 年汛期入库泥沙大部分淤积在三角洲洲面，致使淤积三角洲顶坡段比降较汛前明显增大，约为 4.7‱，顶点位于距坝 48 km 的 HH29 断面，顶点高程约为 223.56 m。

(5)截至 2005 年 11 月上旬小浪底全库区淤积量为 18.19 亿 m^3，剩余总库容为 109.33 亿 m^3，其中干流库容为 58.93 亿 m^3，支流库容为 50.4 亿 m^3。库区淤积总量仍小于设计的拦沙初期与拦沙后期界定值。因此，小浪底水库自投入运用至今，均处于拦沙初期运用阶段。

(6)从淤积部位来看，小浪底水库运用以来泥沙主要淤积在汛限水位 225 m 高程以下，225 m 高程以下的淤积量 16.63 亿 m^3，占总量的 91.4%。205 m 高程以下仍有库容约 6.664 亿 m^3，其中干流库容为 4.517 亿 m^3，支流库容为 2.147 亿 m^3。与设计淤积形态相比，总体来看淤积部位偏向上游。这主要是由于近年来小浪底入库水量持续偏枯，为了保证黄河下游水资源的安全、不断流和减少下游滩区的淹没损失，水库在主汛期提前蓄水运用。

(7)水库运用以来，库区泥沙主要以异重流形式输移并排细泥沙出库。小浪底入库沙量主要集中在汛期，出库沙量也集中在汛期，汛期排沙占年的 92.2%；汛期平均排沙比 18.9%，年平均排沙比 18%，与施工期开展的小浪底水库初期运用方式研究中的计算结果基本一致。由于各年小浪底运用条件不同，不同时期排沙比差别比较大，出库细泥沙占总出库沙量的比例在 77.3%～89.2%，库区淤积物中细泥沙的比例均在 45%以下。

二、建议

(1)2006 年汛前调水调沙期间，汛限水位 225 m 高程以上的 1.5 亿 m^3 淤积物中的大部分向下推移，少量被排泄出库；若主要来沙期控制水位不高于 225 m，则至汛后库区仍可呈较为典型的三角洲淤积形态，只是与 2004 年相比，三角洲洲面有所抬升，向坝前有明显地推进。至 2006 年汛后，库区淤积量有可能接近或超过拦沙初期的界定值 21 亿～

22 亿 m^3。实际上，由于水库淤积部位偏向上游，虽然淤积量达到界定值，但淤积形态仍未达到设计值。处于这种条件下水库是否转入拦沙后期，且如何运用需进行研究。

(2)自截流至 2005 年 11 月，支流断面法淤积量为 2.3 亿 m^3。随着淤积的发展，支流的纵剖面形态不断发生变化，总的趋势是由正坡至水平而后出现倒坡。

小浪底库区支流众多，其原始库容 52.7 亿 m^3，占总库容的比例达 41.3%，充分发挥其作用是历来被关注的问题。此外，库区 75 亿 m^3 的拦沙库容中支流亦占 38%，约为 29 亿 m^3，所以支流的纵向淤积形态能否达到设计要求将影响水库对黄河下游的拦沙减淤效果。

从目前支流纵剖面形态看，各支流均未形成明显的拦门沙坎。随着库区淤积量的不断增加及运用方式的调整，拦门沙坎将逐渐显现。支流拦门沙坎的形成有阻挡干流浑水倒灌支流的作用，导致支流内部分库容成为“死库容”。支流拦门沙坎的形成及发展非常复杂，建议今后加强对支流纵剖面、异重流倒灌资料和水库冲刷资料的观测，对支流拦门沙坎的形成及发展演变机理进行专题研究。

第六专题　2005年黄河下游水沙变化及河床演变特性

2005年黄河下游仍属于枯水少沙年，进入下游的水量不足多年(1951～2000年)均值的60%，沙量不足多年均值的4%，仅约0.5亿t。本专题重点分析了在此枯水少沙背景下的河道冲淤特点、河槽断面形态变化。同时，还对汛期河道排沙比与来水来沙关系、洪水期分组泥沙冲淤规律、输沙用水量等内容进行了专题研究。

第一章　下游水沙概况

一、来水来沙及特点

2005 运用年(2004 年 11 月～2005 年 10 月)为枯水少沙年。全年进入下游(小浪底、黑石关、武陟三站之和，下同)的水量 236.03 亿 m^3，仅为多年平均值(1951～2000 年平均，下同)的 58.7%，其中非汛期来水 149.69 亿 m^3，汛期来水 86.34 亿 m^3，分别为多年平均值的 83.7%和 38.7%。

2005 年非汛期、汛期和全年进入下游的水量均高于小浪底水库运用 6 年来的平均值，其中非汛期水量比 6 年非汛期平均水量多 19.6 亿 m^3，汛期水量比 6 年汛期平均水量多 4.30 亿 m^3，全年水量比 6 年全年平均水量多 23.90 亿 m^3。进入下游的日均水沙过程(小浪底站)见图 1-1。2005 年进入下游的水量是小浪底水库运用以来较多的一年。

利津站全年水量为 184.25 亿 m^3，占多年平均值的 54.8%。其中非汛期水量 70.77 亿 m^3，汛期水量 113.48 亿 m^3。下游其他各站的水量详见表 1-1。可以看出，汛期利津站水量比进入下游的水量增加 27.14 亿 m^3，增加幅度为 31.4%，进入下游的水量仅为多年平均的 38.7%，利津站水量为多年平均的 55.1%。汛期水量发生明显增大的是小浪底—花园口以及孙口—艾山两个河段，分别增加了 8.42 亿 m^3 和 18.42 亿 m^3。汛前水量沿程增加，主要是由于汛期下游降雨偏丰，伊洛河、沁河、大汶河等支流加水较多引起的。

从小浪底水库的蓄水量变化来看，2004 年汛末小浪底水库蓄水量为 43.9 亿 m^3，2005 年汛初蓄水量为 3.72 亿 m^3，非汛期水库补水 40.18 亿 m^3；2005 年汛末水库蓄水量为 68.5 亿 m^3，汛期水库蓄水 64.78 亿 m^3。

2005 年进入下游的沙量为 0.468 亿 t，为多年平均来沙量的 3.9%，其中非汛期来沙 0.015 亿t，仅为多年平均的 1%，全部泥沙来自 2005 年 6 月小浪底水库调水调沙后期水库异重流排沙；汛期来沙 0.453 亿 t，为多年平均值的 4.4%，其他各站的沙量详见表 1-2。

从表中可以看出，2005 全年沙量除在艾山—泺口河段减小 0.139 亿 t 外，其他各河段都沿程增大，增大最为显著的是小浪底—花园口和花园口—夹河滩河段，分别增大了 0.558 亿 t 和 0.495 亿 t。非汛期沙量在艾山以上河段沿程增大，增大显著的也是夹河滩以上河段，艾山以下河段沙量则沿程减小，减少较多的为艾山—泺口河段。汛期沙量沿程一直增大，利津沙量最大，为 1.251 亿 t。

2005 年小浪底水库出库最大流量为 4 010 m^3/s，发生在 6 月 22 日 20 时 42 分；最大瞬时含沙量为 152 kg/m^3，发生在 7 月 6 日 10 时；最大日均流量为 6 月 23 日的 3 570 m^3/s，最大日均含沙量为 7 月 6 日的 73.2 kg/m^3。2005 年 10 月初伊洛河发生一场洪水，最大流量为 1 870 m^3/s，相应最大含沙量为 9.94 kg/m^3。花园口站的最大流量为 3 530 m^3/s，利津站出现的最大流量为 2 950 m^3/s，下游其他各站的最大流量和最大含沙量见表 1-3。可以看出除利津站以外，其他各水文站出现的洪峰流量和最大日均流量都在 3 000 m^3/s 以上。沙峰的衰减主要发生在小浪底—花园口河段，最大含沙量从 152 kg/m^3 衰减到 88 kg/m^3。

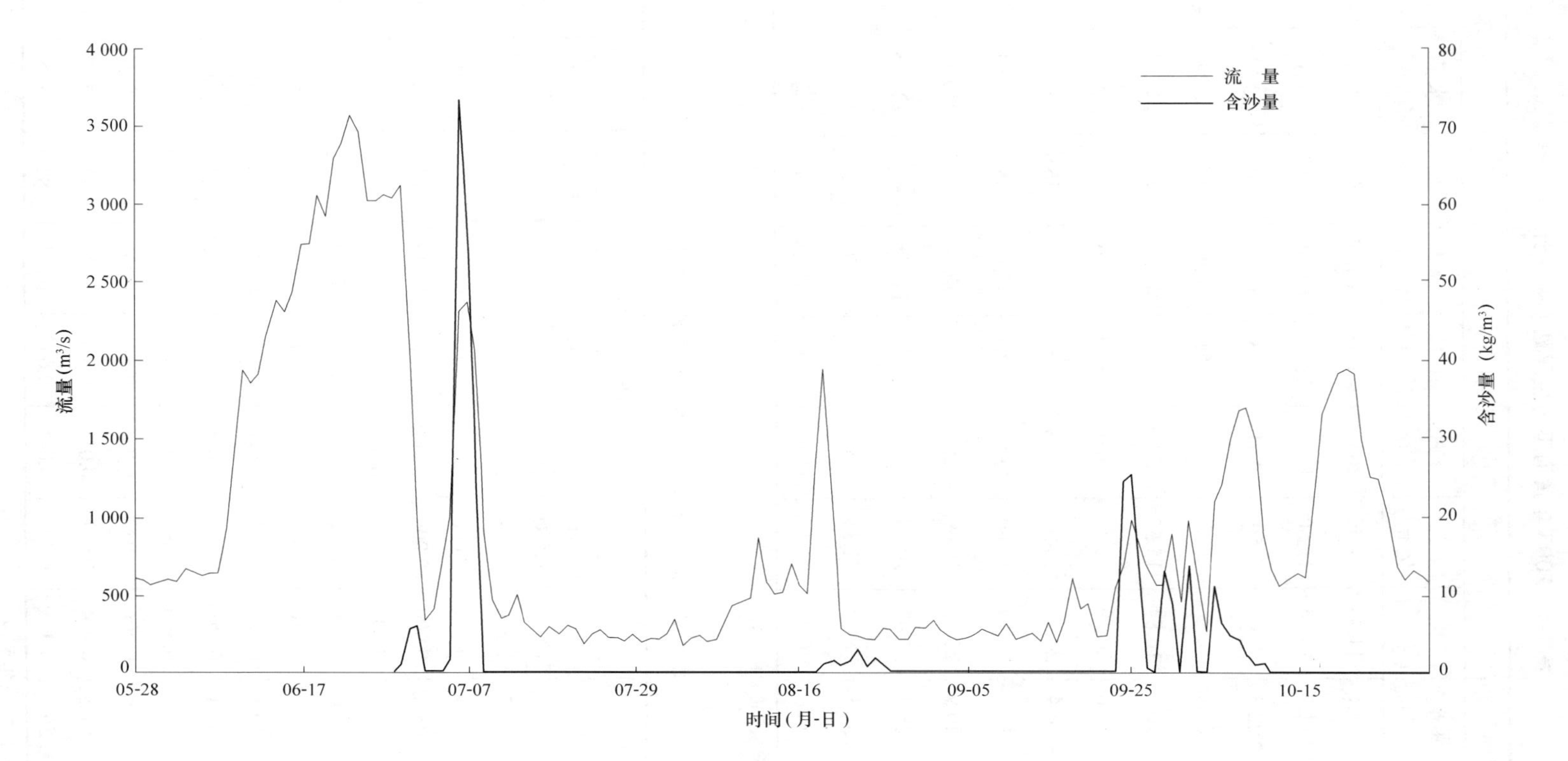

图 1-1　2005 年小浪底水文站日水沙过程线

表 1-1　2005 年黄河下游主要站水量统计

站名	非汛期		汛期						全年	
	水量(亿 m^3)	距平(%)	7 月(亿 m^3)	8 月(亿 m^3)	9 月(亿 m^3)	10 月(亿 m^3)	合计(亿 m^3)	距平(%)	水量(亿 m^3)	距平(%)
三门峡	102.70	－37.1	11.42	24.49	26.90	41.93	104.74	－48.1	207.44	－43.2
小浪底	139.11	－11.7	14.94	12.60	10.54	28.96	67.04	－61.7	206.15	－38.1
黑石关	8.93	－22.3	1.37	2.50	2.31	8.53	14.71	－10.7	23.64	－15.5
武陟	1.65	－61.8	0.53	0.45	1.10	2.51	4.59	－26.4	6.24	－40.9
进入下游	149.69	－16.3	16.84	15.55	13.95	40.00	86.34	－61.3	236.03	－41.3
花园口	145.36	－16.6	20.39	16.77	13.86	43.74	94.76	－58.3	240.12	－40.2
夹河滩	137.64	－14.4	21.66	15.94	13.19	44.82	95.61	－56.9	233.25	－39.0
高村	130.80	－19.0	22.39	16.60	13.04	45.08	97.11	－55.2	227.91	－39.8
孙口	122.52	－20.9	23.16	16.69	12.75	44.34	96.94	－54.3	219.46	－40.2
艾山	108.32	－28.4	27.62	20.63	15.89	51.22	115.36	－47.0	223.68	－39.4
泺口	88.50	－37.3	28.74	21.33	14.12	51.65	115.84	－45.4	204.34	－42.2
利津	70.77	－45.6	29.87	20.58	11.84	51.19	113.48	－44.9	184.25	－45.2

注：多年平均为 1951～2000 年平均。

表 1-2　2005 年黄河下游主要站沙量统计

站名	非汛期		汛期						全年	
	沙量(亿 t)	距平(%)	7 月(亿 t)	8 月(亿 t)	9 月(亿 t)	10 月(亿 t)	合计(亿 t)	距平(%)	沙量(亿 t)	距平(%)
三门峡	0.456	－68.7	1.239	0.759	0.717	0.902	3.618	－64.7	4.074	－65.2
小浪底	0.015	－98.9	0.319	0.006	0.061	0.048	0.434	－95.7	0.449	－96.1
黑石关	0.000	－100.0	0.000	0.000	0.000	0.012	0.013	－89.3	0.013	－90.6
武陟	0.000	－100.0	0.000	0.000	0.002	0.004	0.006	－87.5	0.006	－88.7
进入下游	0.015	－99.0	0.319	0.006	0.063	0.064	0.453	－95.6	0.468	－96.1
花园口	0.389	－77.5	0.330	0.032	0.069	0.207	0.637	－92.7	1.026	－90.2
夹河滩	0.687	－59.5	0.361	0.055	0.084	0.334	0.834	－89.6	1.521	－84.4
高村	0.671	－63.3	0.378	0.063	0.075	0.398	0.913	－87.9	1.584	－83.1
孙口	0.723	－58.4	0.396	0.090	0.067	0.431	0.984	－86.4	1.707	－81.0
艾山	0.740	－57.9	0.406	0.082	0.066	0.551	1.106	－84.7	1.846	－79.4
泺口	0.568	－61.8	0.434	0.091	0.055	0.558	1.139	－83.6	1.707	－79.8
利津	0.564	－56.2	0.423	0.091	0.045	0.692	1.251	－82.6	1.815	－78.6

注：多年平均为 1951～2000 年平均。

表 1-3　2005 年实测最大流量和最大含沙量统计

站名	最大流量(m^3/s)		最大含沙量(kg/m^3)	
	瞬时	日均	瞬时	日均
小浪底	4 010	3 570	152	73.2
黑石关	1 870	1 500	9.94	5.68
武陟	270			
花园口	3 530	3 460	88.00	52.82
夹河滩	3 490	3 420	81.1	68.22
高村	3 490	3 350	71.5	62.61
孙口	3 400	3 330	67.8	61.84
艾山	3 310	3 150	60.1	56.97
泺口	3 120	3 000	59.2	52.79
利津	2 950	2 860	58.3	48.17

根据 2005 年黄河下游各控制站的日均水沙过程，统计出各流量级下的水沙情况(见表 1-4)可以看出，各站日平均流量主要在 1 000 m^3/s 以下，日均流量小于 1 000 m^3/s 的天数为 299～320 d，占到全年的 81.9%～87.7%，但相应水量为 78.45 亿～134.96 亿 m^3，占全年水量的 42.6%～60.1%。其中日均流量小于 500 m^3/s 的天数为 177～250 d，占全年的 48.5%～68.5%，日均流量在 500～1 000 m^3/s 的天数为 53～130 d，占全年的 14.5%～35.6%。下游各站日均流量大于 3 000 m^3/s 的天数很少，小浪底有 10 d，花园口有 6 d，夹河滩有 7 d，高村、孙口和艾山分别有 2 d、3 d 和 2 d，泺口和利津站的日均流量没有大于 3 000 m^3/s 的。可见 2005 年黄河下游的日均流量过程仍以小流量为主。

表 1-4　2005 运用年黄河下游各流量级天数和水沙量统计

量级(m^3/s)		0～500	500～1 000	1 000～1 500	1 500～2 000	2 000～2 500	2 500～3 000	3 000～3 500	3 500～4 000
小浪底	天数	193	127	13	11	8	3	9	1
	水量	46.03	77.85	14.05	17.47	15.85	7.25	24.58	3.08
	沙量	0.002 2	0.080 6	0.027 3	0.011 5	0.324 1	0.000 0	0.003 7	0.000 0
花园口	天数	177	130	16	10	17	9	6	
	水量	55.66	79.30	17.11	15.72	33.82	21.87	16.63	
	沙量	0.046 4	0.169 9	0.087 6	0.136 9	0.289 2	0.216 0	0.080 5	
夹河滩	天数	190	119	12	11	16	10	7	
	水量	57.88	71.15	12.54	17.04	32.09	23.45	19.11	
	沙量	0.205 2	0.307 3	0.151 7	0.115 0	0.346 4	0.288 7	0.107 1	
高村	天数	199	109	15	10	17	13	2	
	水量	62.71	63.08	16.28	15.66	33.56	30.89	5.72	
	沙量	0.122 0	0.246 8	0.162 8	0.183 2	0.448 8	0.368 0	0.052 1	

续表 1-4

量级(m^3/s)		0 ~ 500	500 ~ 1 000	1 000 ~ 1 500	1 500 ~ 2 000	2 000 ~ 2 500	2 500 ~ 3 000	3 000 ~ 3 500	3 500 ~ 4 000
孙口	天数	219	90	12	11	21	9	3	
	水量	70.36	49.97	12.46	16.14	40.91	21.30	8.32	
	沙量	0.141 9	0.215 6	0.160 9	0.174 6	0.587 8	0.330 1	0.096 0	
艾山	天数	222	77	15	18	15	16	2	
	水量	64.75	43.43	15.63	27.07	29.72	37.64	5.43	
	沙量	0.149 4	0.161 5	0.137 3	0.317 8	0.466 6	0.544 6	0.068 7	
泺口	天数	240	62	17	14	15	17		
	水量	56.77	37.52	18.97	21.71	28.98	40.39		
	沙量	0.108 5	0.145 4	0.183 8	0.300 1	0.349 2	0.619 6		
利津	天数	250	53	15	18	14	15		
	水量	45.48	32.97	16.17	27.14	27.02	35.48		
	沙量	0.055 9	0.162 2	0.180 2	0.432 4	0.438 3	0.546 0		

注：天数单位为 d，水量单位为亿 m^3，沙量单位为亿 t。

从 2005 年汛期各流量级天数和水沙量统计表(见表 1-5)可以看出，汛期小浪底日均流量小于 1 000 m^3/s 的天数占汛期的 82.1%，水量和沙量分别占 54.9%和 19.1%；流量大于 2 000 m^3/s 的天数占汛期的 2.4%，水量和沙量分别占 8.7%和 72.0%。可见，汛期小浪底流量以小于 1 000 m^3/s 的为主，历时很长；沙量主要是通过 2 000 m^3/s 以上流量级进入下游河道的，该流量级是下游河道输沙的主要流量级。

表 1-5　2005 年汛期黄河下游各流量级天数和水沙量统计

量级(m^3/s)		0 ~ 500	500 ~ 1 000	1 000 ~ 1 500	1 500 ~ 2 000	2 000 ~ 2 500	2 500 ~ 3 000
小浪底	天数	67	34	11	8	3	
	水量	16.50	20.34	11.85	12.55	5.81	
	沙量	0.002 2	0.080 6	0.027 3	0.011 5	0.312 7	
花园口	天数	49	41	11	7	13	2
	水量	16.20	25.24	12.17	10.91	25.64	4.60
	沙量	0.010 6	0.072 2	0.071 3	0.111 1	0.241 4	0.130 7
夹河滩	天数	52	36	11	7	13	4
	水量	16.79	21.50	11.64	10.63	25.89	9.18
	沙量	0.017 8	0.080 8	0.145 6	0.075 9	0.308 1	0.206 2
高村	天数	52	34	14	7	12	4
	水量	17.56	20.64	15.09	10.89	23.75	9.18
	沙量	0.029 9	0.090 9	0.149 2	0.137 6	0.351 9	0.153 7

续表 1-5

量级(m^3/s)		0～500	500～1 000	1 000～1 500	1 500～2 000	2 000～2 500	2 500～3 000
孙口	天数	50	36	11	8	16	2
	水量	17.01	21.50	11.21	11.50	31.06	4.67
	沙量	0.033 2	0.101 3	0.143 0	0.115 6	0.461 6	0.129 3
艾山	天数	28	48	14	15	7	11
	水量	9.76	29.29	14.57	22.42	13.75	25.56
	沙量	0.012 5	0.090 7	0.123 0	0.251 0	0.246 8	0.381 8
泺口	天数	20	58	16	10	8	11
	水量	5.42	35.54	17.75	15.45	15.55	26.13
	沙量	0.008 0	0.136 5	0.168 0	0.215 3	0.175 1	0.435 8
利津	天数	29	49	14	12	8	11
	水量	8.02	30.84	14.90	17.60	16.03	26.09
	沙量	0.011 4	0.152 9	0.160 6	0.246 1	0.262 6	0.417 1

注：天数单位为 d，水量单位为亿 m^3，沙量单位为亿 t。

二、引水引沙

根据 2005 年黄河下游引水引沙资料计算，2005 运用年小浪底—利津引水量为 66.39 亿 m^3，引沙量为 0.285 亿 t，平均引水含沙量 4.29 kg/m^3，与多年平均引水含沙量 17.45 kg/m^3 相比明显偏小。

从年内分布看，引水和引沙量均主要集中于非汛期。非汛期全下游引水 58.77 亿 m^3，引沙 0.238 亿 t，分别占年引水、引沙量的 88.5%和 83.5%；汛期引水 7.61 亿 m^3，引沙 0.047 亿 t，分别占年引水、引沙量的 11.5%和 16.5%。

从引水、引沙量的沿程分布来看，自上而下引水量和引沙量基本上是逐步增加的，夹河滩以上两个河段引水较少，分别为 4.333 亿 m^3 和 4.425 亿 m^3；夹河滩—高村和高村—孙口两个河段的引水量居中，分别为 7.296 亿 m^3 和 8.445 亿 m^3；孙口—利津的三个河段的引水量较多，分别为 12.853 亿、14.619 亿 m^3 和 14.415 亿 m^3，各河段的详细引水和引沙量见表 1-6。

从 2005 运用年全年来看，考虑下游引水和大汶河加水(大汶河汛期约加水 18.6 亿 m^3，下游其他支流加水因无资料未计算)，不考虑沿程水量损失，全年下游水量基本平衡(见表 1-7)。但是，年内水量不平衡比较明显，且特点不同，非汛期水量减少了 20.15 亿 m^3，汛期水量增多了 16.16 亿 m^3。分析认为，非汛期水量减少主要由于区间耗水等因素造成，汛期水量增多则主要是因为 2005 年汛期下游降雨较多，对未控区产流及一些小支流入汇没有进行统计。

表 1-6　2005 年黄河下游引水引沙量统计

河段	引水量(亿 m^3)			引沙量(亿 t)			引水含沙量(kg/m^3)		
	非汛期	汛期	全年	非汛期	汛期	全年	非汛期	汛期	全年
花园口以上	3.440	0.893	4.333	0.003 6	0.005 5	0.009 1	1.05	6.16	2.10
花园口—夹河滩	3.731	0.694	4.425	0.014 4	0.006 3	0.020 7	3.86	9.08	4.70
夹河滩—高村	6.233	1.063	7.296	0.023 1	0.008 8	0.031 9	3.71	8.28	4.37
高村—孙口	7.229	1.215	8.445	0.028 3	0.008 7	0.037 0	3.91	7.16	4.38
孙口—艾山	12.787	0.066	12.853	0.049 6	0.000 2	0.049 8	3.88	3.03	3.87
艾山—泺口	12.524	2.095	14.619	0.056 3	0.007 8	0.064 1	4.50	3.72	4.38
泺口—利津	12.827	1.587	14.415	0.062 6	0.009 7	0.072 3	4.88	6.11	5.02
小浪底—利津	58.771	7.614	66.385	0.237 9	0.047 0	0.284 9	4.05	6.17	4.29
利津以下	2.347	0.343	2.690	0.011 0	0.005 2	0.016 1	4.69	15.16	5.99
全下游	61.118	7.957	69.075	0.248 9	0.052 2	0.301 0	4.07	6.56	4.36

注：本表数据来自 2005 年黄河下游上报引水引沙资料。

表 1-7　2005 年黄河下游利津以上河段水量平衡计算　　(单位：亿 m^3)

站名	小黑武水量	利津水量	水量差	区间引水量	大汶河加水量	区间不平衡水量
非汛期	149.69	70.77	78.92	58.77	0	20.15
汛期	86.34	113.48	– 27.14	7.62	18.6	– 16.16
全年	236.03	184.25	51.78	66.39	18.6	3.99

第二章　下游洪水及冲淤特点分析

2005 年黄河下游共发生 5 场洪水，分别是 6 月实施的调水调沙生产运行、“05·7”洪水和其他三场洪水。由于调水调沙生产运行历时较长，在该场洪水的冲淤量计算时，考虑了引水引沙对洪水冲淤的影响；其他四场洪水因历时较短，引水引沙对其冲淤的影响很小，因此在冲淤分析时没有考虑引水引沙量的影响。

一、2005 年调水调沙分析

受黄河小浪底水库汛前限制水位的影响，水库自 2005 年 6 月 8 日 8 时起开始进入调水调沙预泄运用，至 7 月 1 日 8 时结束。小浪底站最大流量为 6 月 22 日 20 时 42 分的 4 010 m^3/s，最大含沙量为 7 月 1 日 0 时的 9.72 kg/m^3。本次的调水调沙运用分为前后两个阶段，6 月 8～15 日为防洪预泄，主要为小浪底水库下泄清水，黄河下游配合人工扰动泥沙，改善局部过流能力。第二阶段从 6 月 16 日 8 时正式开始，配合万家寨和三门峡水库的大流量下泄，在小浪底水库形成人工异重流进行排沙，改善库尾的淤积形态。在此次生产运用过程中，小花区间支流来水很少。

(一)水沙特征

2005 年调水调沙期间小浪底站在 6 月 22 日 20 时 42 分出现最大流量为 4 010 m^3/s，同时出现最高水位为 136.86 m，最大含沙量 9.72 kg/m^3 出现在 7 月 1 日 0 时。花园口站在 6 月 24 日 16 时出现最大流量为 3 530 m^3/s，相应水位 92.85 m 为最高水位，最大含沙量出现在 7 月 1 日 10 时 18 分为 9.2 kg/m^3。高村站在 6 月 26 日 7 时出现最大流量为 3 490 m^3/s，相应水位 62.95 m 为最高水位，最大含沙量出现在 6 月 12 日 8 时为 12.6 kg/m^3。利津站在 6 月 28 日 5 时出现最大流量为 2 950 m^3/s，最高水位出现在 7 月 3 日 5 时 30 分为 13.33 m，最大含沙量出现在 6 月 20 日 8 时为 24.6 kg/m^3。调水调沙期间下游主要站洪水特征值见表 2-1。

表 2-1　2005 年调水调沙期下游主要站洪水特征值

站名	最大流量 (m^3/s)	出现时间 (月-日 T 时:分)	最大含沙量 (kg/m^3)	出现时间 (月-日 T 时:分)	最高水位 (m)	出现时间 (月-日 T 时:分)
小浪底	4 010	06-22T20:42	9.72	07-01T0:00	136.86	06-22T20:42
花园口	3 530	06-24T16:00	9.2	07-01T10:18	92.85	06-24T16:00
夹河滩	3 490	06-25T14:00	9.92	06-11T17:20	76.92	06-25T14:00
高村	3 490	06-26T07:00	12.6	06-12T8:00	62.95	06-26T07:00
孙口	3 400	06-26T16:00	15.8	06-12T9:30	48.89	06-26T16:00
艾山	3 310	06-26T21:00	16.3	06-13T8:00	41.43	06-26T21:00
泺口	3 120	06-27T15:36	15.5	06-28T7:50	30.5	06-27T15:36
利津	2 950	06-28T05:00	24.6	06-20T8:00	13.33	07-03T05:30

2005 年的调水调沙生产运行小浪底泄水历时 23 d，下游其他各站历时为 23.0～23.3 d。小浪底水库控泄水量 52.31 亿 m^3，排沙 0.018 亿 t，平均流量 2 632 m^3/s，平均含沙量 0.344 kg/m^3；伊洛河来水 0.293 亿 m^3，沁河来水 0.019 亿 m^3；利津水量 41.20 亿 m^3，沙量 0.617 亿 t，平均流量 2 044 m^3/s，平均含沙量 14.98 kg/m^3。

根据洪水要素资料统计的调水调沙生产运用阶段下游主要站水沙特征值见表 2-2，流量和含沙量过程线分别见图 2-1 和图 2-2。

表 2-2 2005 年调水调沙期下游各站时段水沙量统计

站名	开始时间 (月-日 T 时:分)	结束时间 (月-日 T 时:分)	历时 (d)	水量 (亿 m^3)	沙量 (亿 t)	平均流量 (m^3/s)	平均含沙量 (kg/m^3)	冲淤量 (亿 t)
小浪底	06-08T8:00	07-01T8:00	23.0	52.31	0.018	2 632	0.344	－0.249
花园口	06-09T12:00	07-02T12:00	23.0	51.02	0.266	2 567	5.214	－0.036
夹河滩	06-10T2:00	07-03T04:00	23.1	50.91	0.296	2 553	5.814	－0.176
高村	06-10T20:00	07-03T22:00	23.1	48.33	0.467	2 423	9.663	－0.110
孙口	06-11T07:12	07-04T10:00	23.1	47.35	0.568	2 371	11.996	－0.048
艾山	06-11T16:00	07-04T20:00	23.2	46.45	0.608	2 321	13.089	+0.039
泺口	06-12T02:00	07-05T8:00	23.3	43.52	0.556	2 166	12.776	－0.077
利津	06-12T16:00	07-06T0:00	23.3	41.20	0.617	2 044	14.976	

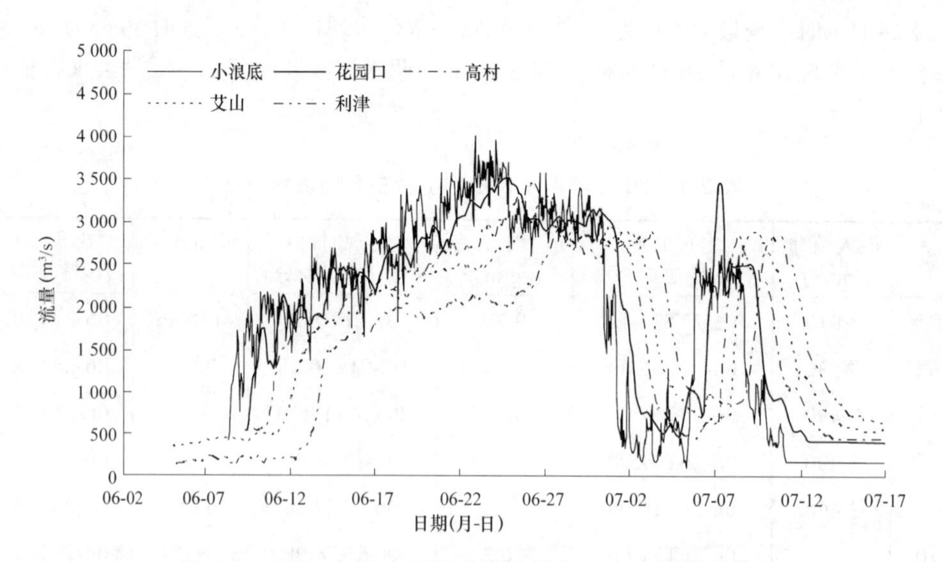

图 2-1 2005 年调水调沙黄河下游各水文站流量过程

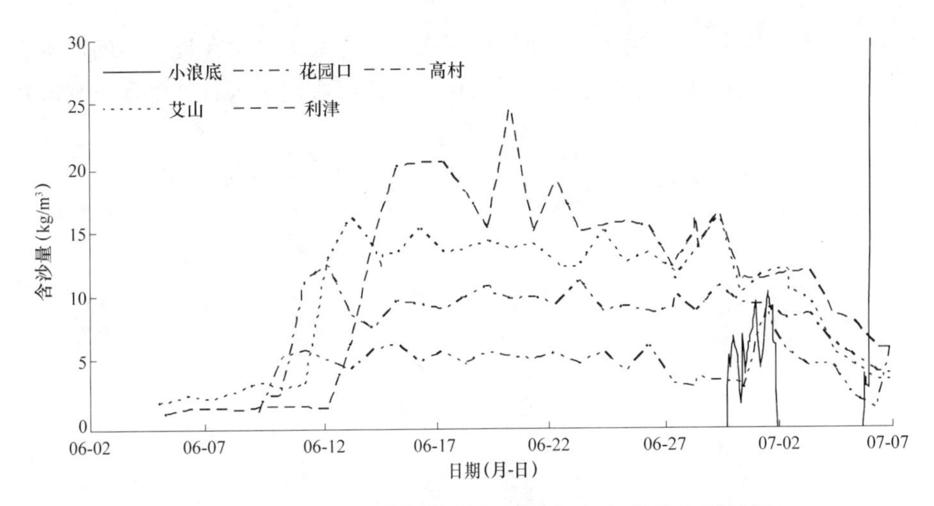

图 2-2　2005 年调水调沙黄河下游各水文站含沙量过程

(二)冲淤分布

根据沙量平衡法计算，此次调水调沙下游共冲刷了 0.657 亿 t，冲刷主要发生在小浪底—花园口河段和夹河滩—高村河段，分别冲刷了 0.249 亿 t 和 0.176 亿 t，这两个河段的冲刷量占全下游冲刷量的 67%。高村—孙口和泺口—利津两河段的冲刷量次之，分别为 0.110 亿 t 和 0.077 亿 t，花园口—夹河滩和孙口—艾山两河段的冲刷量较小，分别为 0.036 亿 t 和 0.048 亿 t，只有艾山—泺口河段发生了淤积，淤积量为 0.039 亿 t，冲淤量分布见图 2-3。

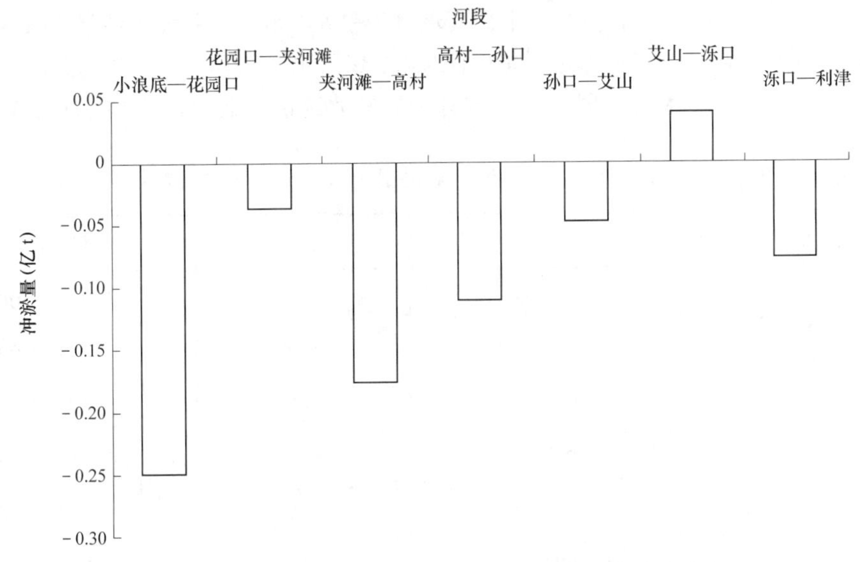

图 2-3　2005 年黄河调水调沙过程下游河道冲淤分布

从图中可以看出，艾山以上河段均发生冲刷，冲淤量沿程具有减少的特点，艾山—泺口河段发生淤积，泺口以下河段又发生冲刷。与 2004 年调水调沙相比(见图 2-4)，冲刷最薄弱的河段都是艾山—泺口河段，2004 年调水调沙过程中该河段冲刷量只有 10 万 t，冲刷甚微，2005 年调水调沙期间该河段发生了淤积，可见该河段在近两年的调水调沙过程中都没有实现冲刷的效果，累计发生了淤积，对该河段的行洪排沙带来不利的影响。

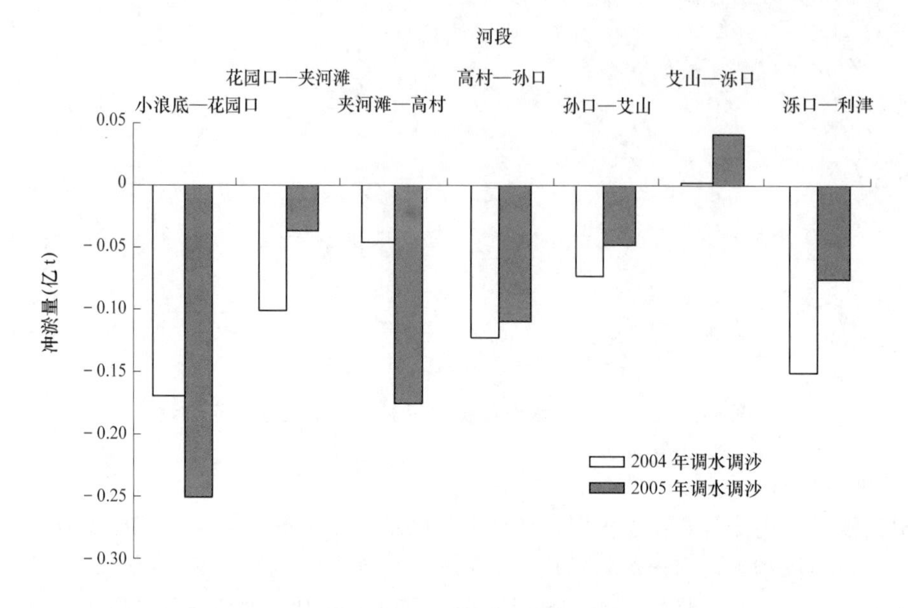

图 2-4　2004 年和 2005 年调水调沙冲淤分布对比

二、“05 · 7”洪水分析

2005 年 7 月上旬，小浪底有一次最大流量为 2 630 m^3/s，最大含沙量为 139 kg/m^3 的出库水沙过程，在下游河道形成 2005 年的第二场洪水，简称“05 · 7”洪水。该场洪水流量中等，但含沙量大，历时短。下游各站的最大流量和最大含沙量见表 2-3。

表 2-3　“05 · 7”洪水下游各站的最大流量和最大含沙量统计

站名	最大流量(m^3/s)	相应时间(月-日 T 时:分)	最大含沙量(kg/m^3)	相应时间(月-日 T 时:分)
小浪底	2 630	07-07T08:36	139	07-06T10:00
黑石关	175	07-07T16:00	0.95	07-07T11:00
花园口	3 510	07-07T06:00	88	07-07T13:42
夹河滩	3 180	07-07T22:00	81.1	07-08T08:00
高村	2 860	07-08T07:36	71.5	07-09T00:00
孙口	2 850	07-09T03:30	67.8	07-09T20:00
艾山	2 900	07-09T08:00	60.1	07-10T02:45
泺口	2 920	07-09T21:00	59.2	07-10T16:00
利津	2 850	07-10T20:00	58.3	07-12T09:40

从表中可以看出，花园口站的最大流量为 3 510 m³/s，比小浪底、黑石关和武陟三站最大流量之和 2 814 m³/s 大 696 m³/s，在小浪底—花园口河段出现洪峰流量沿程增大的现象。花园口以下河段洪水正常演进，到高村时洪峰流量为 2 860 m³/s，艾山站的洪峰流量为 2 900 m³/s，利津站的洪峰流量为 2 850 m³/s，各站的流量过程和含沙量过程见图 2-5 和图 2-6。

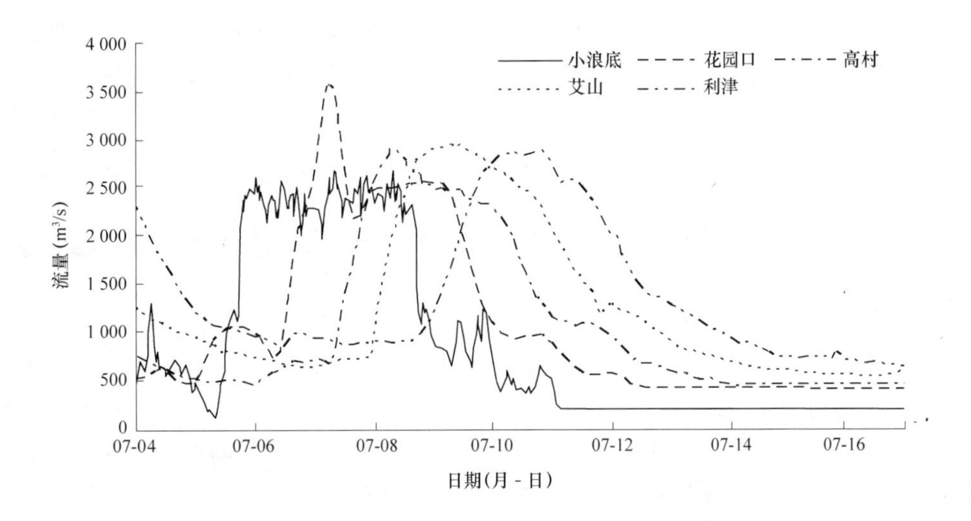

图 2-5　2005 年黄河下游第二场洪水各水文站流量过程

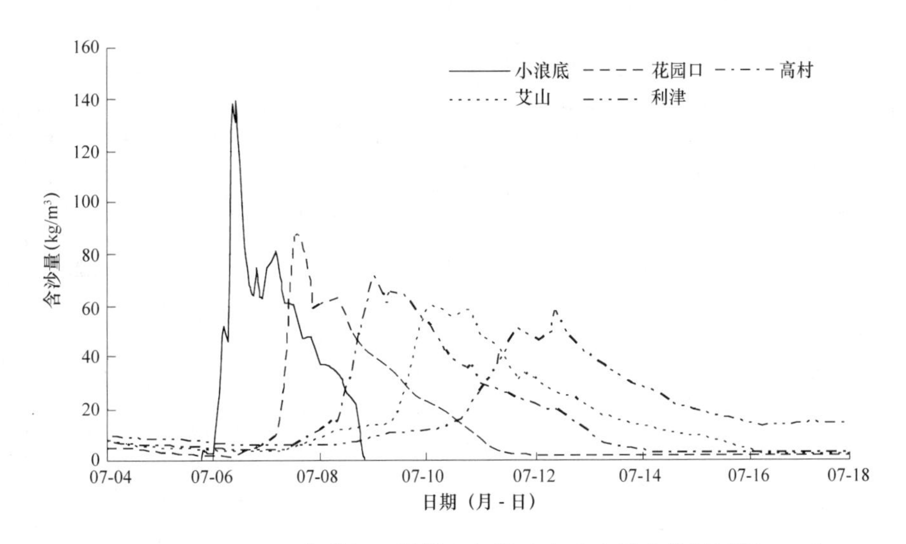

图 2-6　2005 年黄河下游第二场洪水各水文站含沙量过程

从图 2-5 和表 2-3 可以看出，花园口—利津各站的洪峰流量均大于小浪底站的最大流量，其中花园口—高村河段洪峰流量沿程略有减小，高村以下洪峰未发生坦化，洪峰流量基本相等，这也是来沙以细沙为主的较高含沙量洪水在下游河道演进的特点之一。

从图 2-6 和表 2-3 可以看出，沙峰沿程发生明显坦化，最大含沙量沿程减小。由小浪底站的尖瘦型演变到利津站的矮胖型，小浪底站的最大含沙量为 139 kg/m^3，花园口站的最大含沙量为 88 kg/m^3，高村站的最大含沙量为 71.5 kg/m^3，艾山站的最大含沙量为 60.1 kg/m^3，利津站的最大含沙量为 58.3 kg/m^3。可见，最大含沙量沿程衰减主要发生在花园口以上河段。

本次小浪底水库防洪运用历时较短，小浪底泄水历时只有 6 d，排沙只有 4 d，由于洪水在下游河道演进过程中沙峰出现了坦化现象，到利津站沙峰过程为 8 d，为了使洪水过程更加完整，根据日均水沙资料划分洪水时把洪水历时定为 8 d。小浪底站的水量为 8.41 亿 m^3，输沙量为 0.314 亿 t，平均流量为 1 217 m^3/s，平均含沙量为 37.36 kg/m^3，洪水的来沙系数为 0.031。本次洪水过程中伊洛河相应有一场小洪水，黑石关站的最大流量为 175 m^3/s，平均流量为 56 m^3/s，来水量为 0.384 亿 m^3；沁河来水很少，该过程中武陟站的最大流量只有 9.2 m^3/s，来水量为 0.014 亿 m^3。根据日均资料统计的下游其他各站的水沙特征值见表 2-4。

从表中可以看出，小浪底出库沙量为 0.314 亿 t，利津站的输沙量为 0.260 亿 t，本次洪水在下游河道的排沙比为 83%，下游河道发生微淤，淤积量为 0.054 亿 t。本次洪水虽然在下游河道中发生淤积，但是由于下泄泥沙较细，淤积量较小，且淤积的泥沙为细沙，淤积的泥沙容易被后面的洪水冲走，因此这种以细沙为主的高含沙洪水，在下游河道中不会产生严重的不利影响。本场洪水的淤积，主要发生在花园口以上和泺口以下两个河段，分别淤积了 0.021 亿 t 和 0.037 亿 t，花园口—夹河滩河段发生了冲刷，冲刷量为 0.028 亿 t，冲淤分布图见图 2-7。

表 2-4　2005 年第二场洪水水沙量统计

站名	开始时间(月-日)	结束时间(月-日)	历时(d)	水量(亿 m^3)	沙量(亿 t)	平均流量(m^3/s)	平均含沙量(kg/m^3)	冲淤量(亿 t)
小浪底	07-03	07-10	8	8.41	0.314	1 217	37.36	
黑石关	07-03	07-10	8	0.384	0.000 1	56	0.22	0.021
武陟	07-03	07-10	8	0.014	0.000	4	0.00	
花园口	07-03	07-10	8	9.24	0.294	1 337	31.79	
夹河滩	07-05	07-12	8	9.19	0.322	1 330	34.99	−0.028
高村	07-06	07-13	8	8.99	0.312	1 301	34.65	0.010
孙口	07-07	07-14	8	8.72	0.308	1 261	35.27	0.004
艾山	07-08	07-15	8	9.20	0.293	1 331	31.87	0.015
泺口	07-08	07-15	8	9.67	0.297	1 400	30.72	−0.004
利津	07-09	07-16	8	9.22	0.260	1 334	28.25	0.037

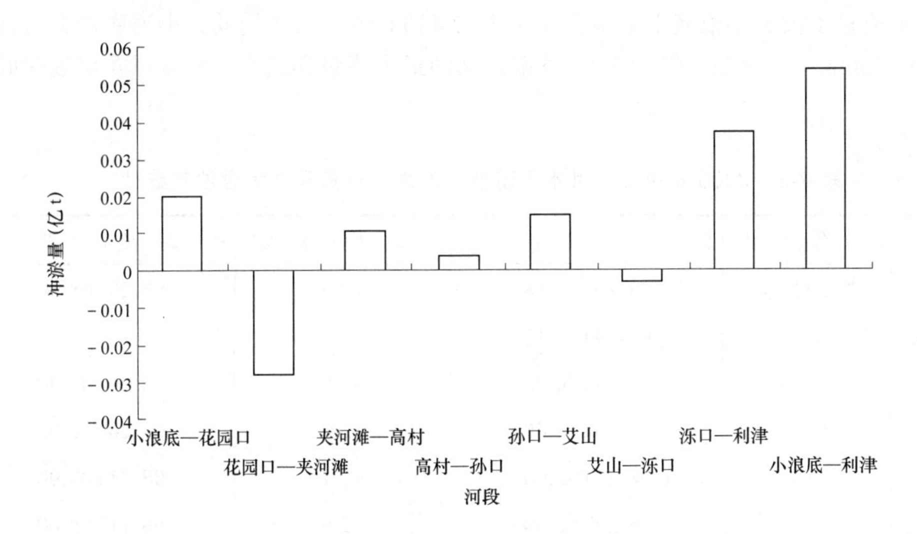

图 2-7 黄河下游“05 · 7”洪水冲淤分布

与“04 · 8”洪水相比，“05 · 7”洪水全下游的淤积量略小于“04 · 8”洪水的 0.066 亿 t，但排沙比却低于“04 · 8”洪水的 95%。从空间分布来看，两次洪水的冲淤分布基本不同(见图 2-8)，“04 · 8”洪水发生较大冲刷的小浪底—花园口、孙口—艾山河段，“05 · 7”洪水期均发生了微量淤积；“04 · 8”洪水发生较大淤积的花园口—夹河滩和艾山—泺口河段，“05 · 7”洪水期均发生了微量冲刷。其他河段的冲淤情况基本相似。

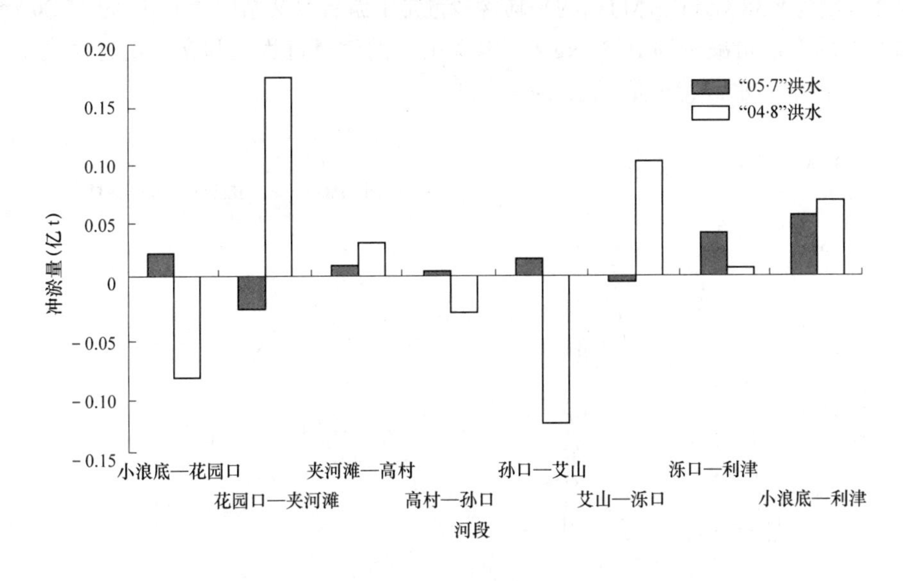

图 2-8 黄河下游“05 · 7”洪水和“04 · 8”洪水冲淤分布对比

三、第三场洪水分析

2005 年黄河下游第三场洪水为 8 月 18 ~ 20 日小浪底水库实施的第二次防洪运用。

该场洪水流量不大，小浪底下泄最大流量为 2 430 m³/s，含沙量低，小浪底最大含沙量只有 1.95 kg/m³，历时短，仅为 3 d。下游各站的最大流量和最大含沙量以及出现时间详见表 2-5。

表 2-5 2005 年第三场洪水下游各站的最大流量和最大含沙量统计

站名	最大流量(m³/s)	相应时间(月-日 T 时:分)	最大含沙量(kg/m³)	相应时间(月-日 T 时:分)
小浪底	2 430	08-19T23:18	1.95	08-20T08:00
黑石关	189	08-19T15:12		
花园口	2 300	08-19T20:00	6.0	08-20T08:00
夹河滩	2 150	08-20T13:00	13.3	08-20T08:00
高村	2 130	08-21T06:00	11.1	08-21T08:00
孙口	1 950	08-22T02:00	22.9	08-21T08:00
艾山	2 060	08-21T20:00	15.5	08-22T09:43
泺口	2 270	08-22T15:12	17.3	08-23T08:00
利津	2 170	08-23T09:30	13.5	08-24T08:00

2005 年第三场洪水的来沙量只有 0.003 亿 t，平均含沙量为 0.94 kg/m³，含沙量沿程逐步增大，花园口站平均含沙量增加到 4.58 kg/m³，夹河滩站平均含沙量为 8.41 kg/m³，高村站的含沙量为 8.38 kg/m³，孙口站的平均含沙量是下游各水文站中最大的，为 15.20 kg/m³，到利津站平均含沙量减少到 10.33 kg/m³。本次洪水的流量过程线和含沙量过程线见图 2-9 和图 2-10，各站的水沙特征值见表 2-6。

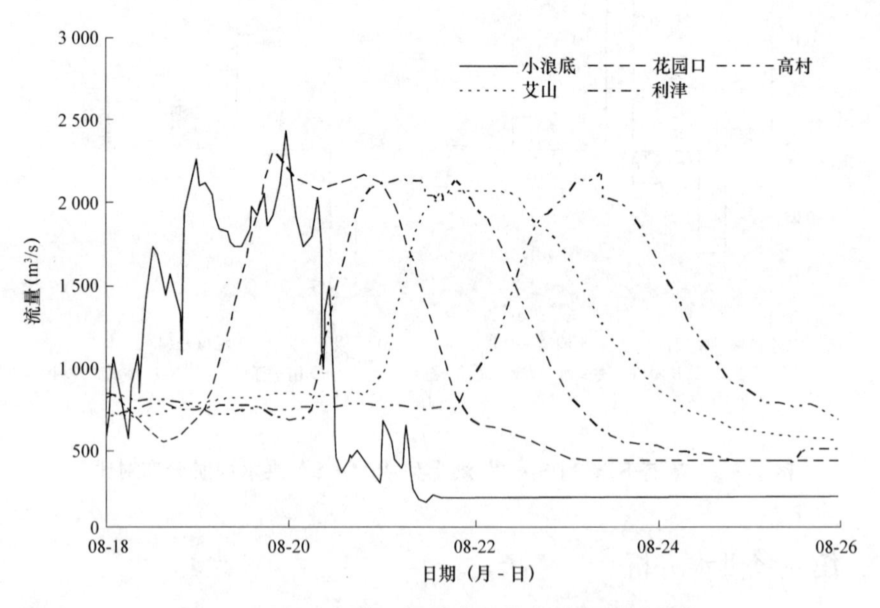

图 2-9 2005 年第三场洪水下游各站流量过程线

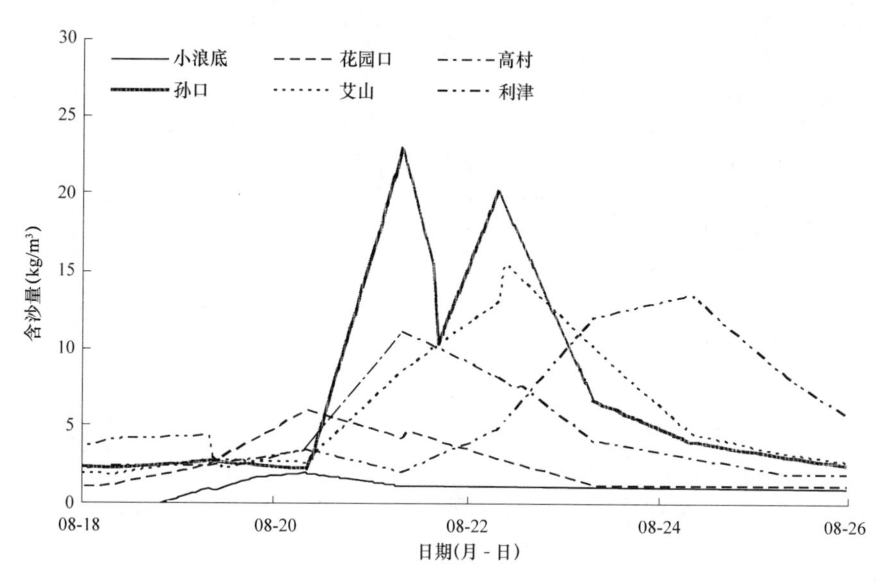

图 2-10　2005 年第三场洪水下游各站含沙量过程线

表 2-6　2005 年第三场洪水下游各水文站水沙特征值统计

站名	开始时间(月-日 T 时:分)	结束时间(月-日 T 时:分)	历时(d)	水量(亿 m^3)	沙量(亿 t)	平均流量(m^3/s)	平均含沙量(kg/m^3)	冲淤量(亿 t)
小浪底	08-18T00:00	08-20T14:00	2.6	3.58	0.003	1 603	0.94	
黑石关	08-18T00:00	08-20T14:00	2.6	0.28	0	126	0.00	−0.016
武陟	08-19T02:00	08-21T20:00	2.8	0.04	0	15	0.00	
花园口	08-19T02:00	08-21T20:00	2.8	4.20	0.019	1 766	4.58	−0.014
夹河滩	08-19T22:00	08-22T14:00	2.7	3.97	0.033	1 721	8.41	−0.001
高村	08-20T07:48	08-23T02:00	2.8	4.08	0.034	1 714	8.38	−0.023
孙口	08-20T22:00	08-23T18:00	2.8	3.78	0.057	1 546	15.20	0.010
艾山	08-21T00:00	08-24T00:00	3.0	4.23	0.047	1 633	11.00	−0.005
泺口	08-21T08:00	08-24T08:00	3.0	4.27	0.052	1 646	12.13	0.009
利津	08-22T00:00	08-25T04:00	3.2	4.12	0.043	1 505	10.33	

从表 2-6 和图 2-10 可以看出，河段的冲淤与该河段含沙量的调整关系相对应，含沙量增大的河段发生冲刷，含沙量减小的河段则发生淤积。本次洪水过程中下游河道共冲刷了 0.040 亿 t，冲刷主要发生在夹河滩以上河段及高村—孙口河段，共冲刷了 0.053 亿 t，夹河滩—高村和艾山—泺口两个河段发生微冲，孙口—艾山和泺口—利津两河段发生了淤积，分别淤积了 0.010 亿 t 和 0.009 亿 t，冲淤量分布见图 2-11。

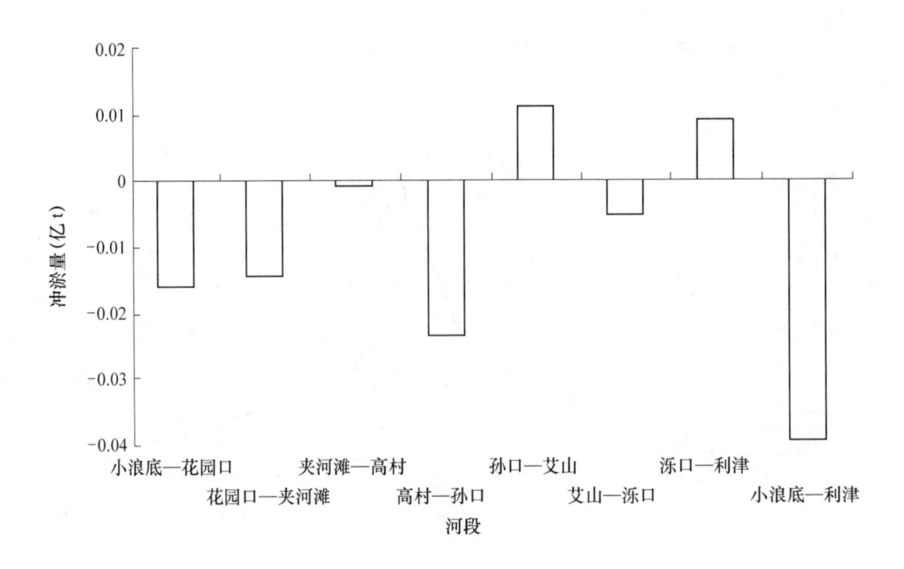

图 2-11　黄河下游第三场洪水冲淤分布

四、第四场洪水分析

2005 年 9 月 18 日～10 月 24 日三门峡水库有两次泄水排沙过程，第一过程的最大日均流量出现在 9 月 23 日为 2 420 m^3/s，最大日均含沙量出现在 9 月 22 日为 147 kg/m^3；第二过程的最大日均流量出现在 10 月 5 日为 3 930 m^3/s，最大日均含沙量出现在 10 月 1 日为 53.7 kg/m^3。

由于小浪底水库有这次入库水沙过程，于 10 月 5～26 日实施了第三次防洪运用。10 月 5～12 日为该次防洪运用的第一阶段，与 10 月上旬伊洛河的一场洪水和沁河的一场小洪水相遇，形成 2005 年黄河下游第四场洪水。

2005 年 9 月 24 日 6 时～10 月 3 日 8 时小浪底水库出现一系列小水排沙，共 4 次，最大含沙量分别为 62.8、54.0、54.7 kg/m^3 和 50.8 kg/m^3，共排沙 0.073 亿 t，相应下泄水量为 5.99 亿 m^3，平均流量为 762 m^3/s，平均含沙量为 12.2 kg/m^3，水沙搭配系数为 0.016。其后 10 月 5～12 日小浪底水库有一次连续的泄水过程，9 月 28 日～10 月 10 日伊洛河来了一场洪峰流量为 1 870 m^3/s 的洪水、沁河来了一场最大流量为 270 m^3/s 的洪水，这三个阶段相遭遇在黄河下游演进为一场连续的洪水，花园口洪水历时为 9 月 24 日～10 月 13 日，洪水的流量过程线和含沙量过程线见图 2-12 和图 2-13。下游各水文站的最大流量和最大含沙量见表 2-7。

本次洪水小浪底站的平均流量只有 891 m^3/s，黑石关站和武陟站的平均流量分别为 404 m^3/s 和 123 m^3/s，花园口站的平均流量为 1 553 m^3/s，孙口站的平均流量为 1 592 m^3/s，由于该时段内大汶河等支流加水，艾山站的平均流量达到 1 958 m^3/s。从水量变化来看，小浪底下泄水量为 15.39 亿 m^3，到利津站的水量为 33.45 亿 m^3，比小浪底站多 18.06 亿 m^3，水量多出 117.3%。这主要由于下游一些支流加水较多，其中伊洛河和沁河共加水 9.104 亿 m^3，大汶河加水 4.87 亿 m^3。下游各站的水沙特征值详见表 2-8。

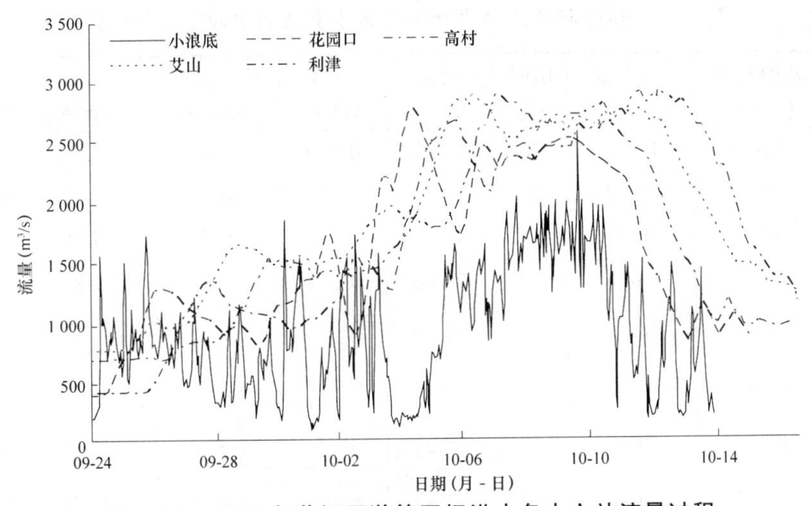

图 2-12　2005 年黄河下游第四场洪水各水文站流量过程

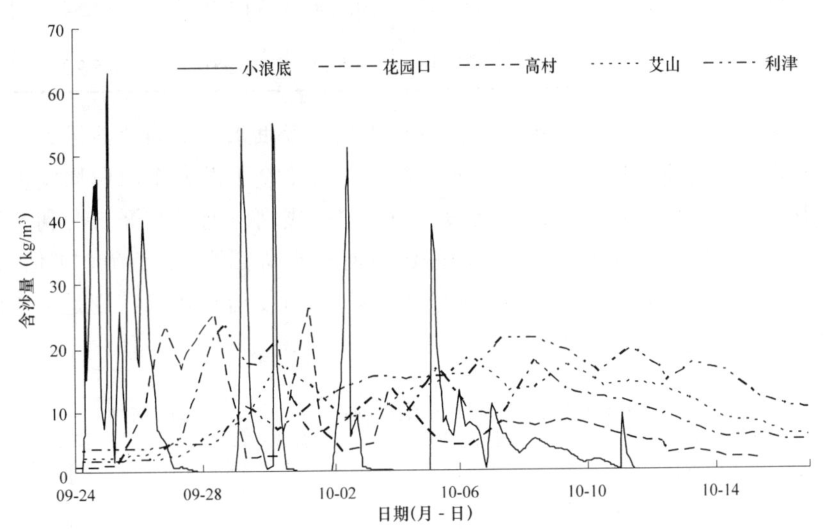

图 2-13　2005 年黄河下游第四场洪水各水文站含沙量过程线

表 2-7　2005 年第四场洪水下游各站的最大流量和最大含沙量统计

站名	最大流量(m^3/s)	相应时间(月-日 T时:分)	最大含沙量(kg/m^3)	相应时间(月-日 T时:分)
小浪底	2 570	10-09T18:48	62.8	09-25T02:00
黑石关	1 870	10-04T01:06	9.94	10-03T17:30
武陟	270	09-30T15:24		
花园口	2 780	10-04T10:00	25.8	10-01T08:00
夹河滩	2 690	10-05T04:00	25.0	09-29T08:00
高村	2 670	10-05T20:00	22.9	09-28T16:00
孙口	2 570	10-06T04:42	23.3	09-29T17:18
艾山	2 880	10-06T08:41	17.8	10-06T08:00
泺口	2 980	10-06T11:10	18.5	10-07T08:00
利津	2 930	10-12T10:00	20.8	10-07T08:00

表 2-8　2005 年第四场洪水下游各水文站的水沙特征值统计

站名	开始时间 (月-日)	结束时间 (月-日)	历时 (d)	水量 (亿 m^3)	沙量 (亿 t)	平均流量 (m^3/s)	平均含沙量 (kg/m^3)	冲淤量 (亿 t)
小浪底	09-23	10-12	20	15.39	0.109	891	7.08	
黑石关	09-23	10-12	20	6.973	0.012	404	1.72	－0.09
武陟	09-24	10-13	20	2.131	0	123	0.00	
花园口	09-24	10-13	20	26.83	0.211	1 553	7.86	
夹河滩	09-25	10-14	20	27.79	0.297	1 608	10.69	－0.086
高村	09-26	10-15	20	28.31	0.317	1 638	11.20	－0.020
孙口	09-26	10-15	20	27.51	0.35	1 592	12.72	－0.033
艾山	09-27	10-16	20	33.84	0.413	1 958	12.20	－0.063
泺口	09-28	10-17	20	33.80	0.424	1 956	12.54	－0.011
利津	09-28	10-17	20	33.45	0.509	1 936	15.22	－0.085

与前一场洪水相比，本场洪水平均流量小于前一场洪水，平均含沙量大于前一场洪水，而冲刷效果却比前一场洪水还好。本次洪水过程中全下游各个河段均发生了冲刷，共冲刷了 0.387 亿 t,其中花园口以上河段、花园口—夹河滩河段和泺口—利津河段的冲刷量较大，在 0.085 亿～0.090 亿 t，艾山—泺口河段冲刷量最少，为 0.011 亿 t，本场洪水在黄河下游的冲淤量分布见图 2-14。可见，由于沿程支流加水，特别是大汶河加水，对黄河全下游冲刷起到很大的作用。

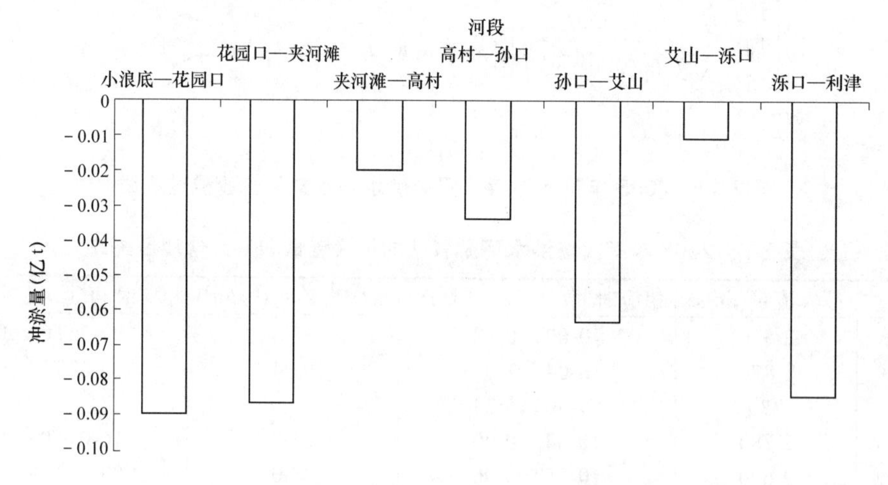

图 2-14　2005 年黄河下游第四场洪水冲淤分布

五、第五场洪水分析

2005 年 10 月 17～26 日为小浪底水库第三次防洪运用的第二个阶段，该运用在下游河道形成一次洪水过程，为黄河下游第五场洪水。

该阶段小浪底水库下泄的是清水，最大日均流量为 1 940 m³/s，花园口站的最大日均流量为 2 290 m³/s，最大日均含沙量为 3.74 kg/m³，由于沿程有支流汇入，到利津站的最大日均流量为 2 480 m³/s，最大日均含沙量增加到 11.85 kg/m³。根据日均水沙资料统计的该场洪水过程中下游各站的最大日均流量和最大日均含沙量见表 2-9。

表 2-9　2005 年第五场洪水各站的最大日均流量和最大日均含沙量统计

站名	最大日均流量(m³/s)	相应时间(月-日)	最大日均含沙量(kg/m³)	相应时间(月-日)
小浪底	1 940	10-21		
黑石关	183	10-17	0.01	10-17
花园口	2 290	10-21	3.74	10-23
夹河滩	2 370	10-22	7.65	10-19
高村	2 290	10-23	10.05	10-20
孙口	2 290	10-24	10.37	10-22
艾山	2 380	10-24	11.7	10-23
泺口	2 410	10-24	11.13	10-23
利津	2 480	10-25	11.85	10-25

本阶段小浪底泄水 12.29 亿 m³，平均流量为 1 422 m³/s，下泄水流为清水。该时段内伊洛河加水 1.18 亿 m³，沁河加水较少。花园口的水量为 14.72 亿 m³，平均流量为 1 704 m³/s，由于大汶河加水 1.37 亿 m³，到利津站的水量为 15.35 亿 m³，平均流量为 1 777 m³/s，平均含沙量增加到 10.75 kg/m³。根据日均水沙资料统计的其他各站的水沙特征值见表 2-10。

表 2-10　2005 年第五场洪水下游各水文站的水沙特征值统计

站名	开始时间(月-日)	结束时间(月-日)	历时(d)	水量(亿 m³)	沙量(亿 t)	平均流量(m³/s)	平均含沙量(kg/m³)	冲淤量(亿 t)
小浪底	10-17	10-26	10	12.29	0	1 422	0	
黑石关	10-17	10-26	10	1.18	0	136	0	−0.047
武陟	10-18	10-27	10	0.381	0	44	0	
花园口	10-18	10-27	10	14.72	0.047	1 704	3.21	−0.034
夹河滩	10-19	10-28	10	15.12	0.081	1 750	5.39	−0.035
高村	10-19	10-28	10	14.74	0.116	1 706	7.84	0.007
孙口	10-19	10-28	10	14.73	0.109	1 705	7.40	−0.039
艾山	10-20	10-29	10	15.39	0.148	1 781	9.63	0.014
泺口	10-20	10-29	10	15.57	0.134	1 802	8.63	−0.031
利津	10-21	10-30	10	15.35	0.165	1 777	10.75	

2005 年第五场洪水在全下游共计冲刷了 0.165 亿 t，本次洪水在下游河道的冲淤分布见图 2-15。高村—孙口和艾山—泺口两个河段略有淤积，共淤积 0.021 亿 t，花园口以上河段冲刷较多，为 0.047 亿 t，其他 4 个河段冲刷量基本相当，冲刷量均在 0.031 亿 ~ 0.047 亿 t。

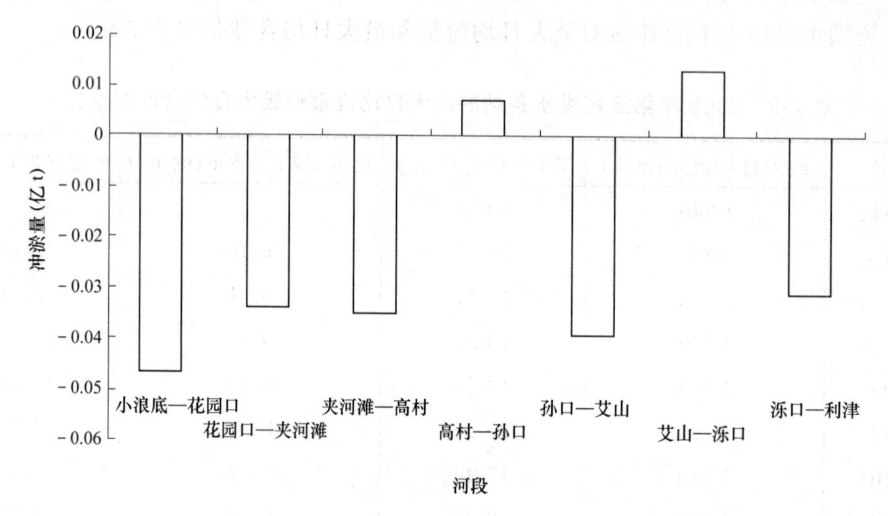

图 2-15　2005 年黄河下游第五场洪水的冲淤分布

第三章　黄河下游冲淤演变分析

2005 年小浪底水库仍是蓄水运用，在 6 月份进行了调水调沙生产运行，在汛期进行了 3 次防洪运用，因此 2005 年黄河下游河道的冲淤演变与前几年相比具有不同的特点。

一、冲淤量计算

黄河下游冲淤量计算一般采用断面法和沙量平衡法(又称为输沙率法)两种方法，并用水位变化进行验证。

(一)断面法冲淤量

2005 年断面法冲淤量是利用 2004 年 10 月、2005 年 4 月和 2005 年 10 月的三个测次大断面资料进行计算。前两个测次没有测量滩地，第三个测次对全断面进行了测量，虽然套绘后滩地有变化，但由于 2005 年的洪水均未漫滩，水流作用的冲淤变化在主槽内，因此计算冲淤量时只计算主槽范围。利用断面法计算冲淤量时把下游共分为 8 个河段，包括了利津—汊 3 河段。

2005 年黄河下游河道共冲刷了 1.564 亿 m^3，利津以上河段冲刷了 1.449 亿 m^3，利津—汊 3 河段冲刷了 0.115 亿 m^3(见表 3-1)。从时间分布来看，非汛期利津以上河段冲刷了 0.261 亿 m^3，汛期冲刷了 1.188 亿 m^3，分别占全年的 18.0%和 82.0%。与 2004 年下游冲刷量相比，2005 年非汛期的冲刷量小于 2004 年非汛期的 0.329 亿 m^3，汛期冲刷量则大于 2004 汛期的 0.842 亿 m^3，2005 年全下游断面法冲刷量大于 2004 年主要是由于汛期冲刷量较大引起的。

表 3-1　2005 年黄河下游分河段冲淤量及单位河长冲淤量

河段	断面法冲淤量(亿 m^3)			单位河长冲淤量(万 m^3/km)		
	非汛期	汛期	全年	非汛期	汛期	全年
小浪底—花园口	－0.083	－0.077	－0.160	－6.4	－5.9	－12.3
花园口—夹河滩	－0.028	－0.280	－0.307	－2.7	－27.8	－30.5
夹河滩—高村	－0.116	－0.188	－0.303	－15.0	－24.3	－39.3
高村—孙口	－0.070	－0.135	－0.205	－5.9	－11.4	－17.3
孙口—艾山	0.000	－0.117	－0.116	0.0	－18.3	－18.2
艾山—泺口	－0.006	－0.178	－0.184	－0.6	－17.4	－18.0
泺口—利津	0.041	－0.215	－0.174	2.4	－12.8	－10.4
利津—汊 3	0.034	－0.149	－0.115	3.6	－15.8	－12.2
小浪底—利津	－0.261	－1.188	－1.449	－3.1	－13.9	－17.0

2004 年小浪底站汛期平均流量为 651 m^3/s，平均含沙量为 21.5 kg/m^3；2005 年小浪底站汛期的平均流量为 631 m^3/s，平均含沙量为 6.5 kg/m^3。两年的汛期平均流量基本相当，而 2005 年汛期平均含沙量比 2004 年低很多，只有 2004 年汛期平均含沙量的 1/3。另外，2005 年汛前和汛后两个测次之间共发生 5 场洪水，而 2004 年只有 2 场洪水，洪水场次较多也是 2005 年汛期冲刷量大于 2004 年的重要因素之一。

从空间分布看，全年下游各个河段均发生冲刷，冲刷量最大的分别为花园口—夹河滩和夹河滩—高村两个河段，分别冲刷了 0.307 亿 m^3 和 0.303 亿 m^3，其他 5 个河段的冲刷量基本相当，都在 0.115 亿～0.205 亿 m^3。非汛期则是孙口以上河段均发生冲刷，孙口—艾山河段基本处于冲淤平衡，艾山以下河段则发生了淤积。这主要是因为汛期沿程引水，平均流量由进入下游时的 716 m^3/s 到利津减小为 338 m^3/s，平均含沙量从进入下游的 0.1 kg/m^3 增加到利津的 8.0 kg/m^3，出现了微量的上冲下淤现象。汛期下游各个河段均发生冲刷，各个河段的冲刷量呈现出波动式分布，即河段冲淤量沿程具有先增大后减小，再增大又减小的现象。汛期冲淤量最大的是花园口—夹河滩河段，冲刷了 0.280 亿 m^3，其次为泺口—利津河段，冲刷了 0.215 亿 m^3；冲刷量最小的为小浪底—花园口河段，冲刷量为 0.077 亿 m^3，其次为孙口—艾山河段，冲刷量为 0.117 亿 m^3。2005 年断面法冲淤量的分布见图 3-1。

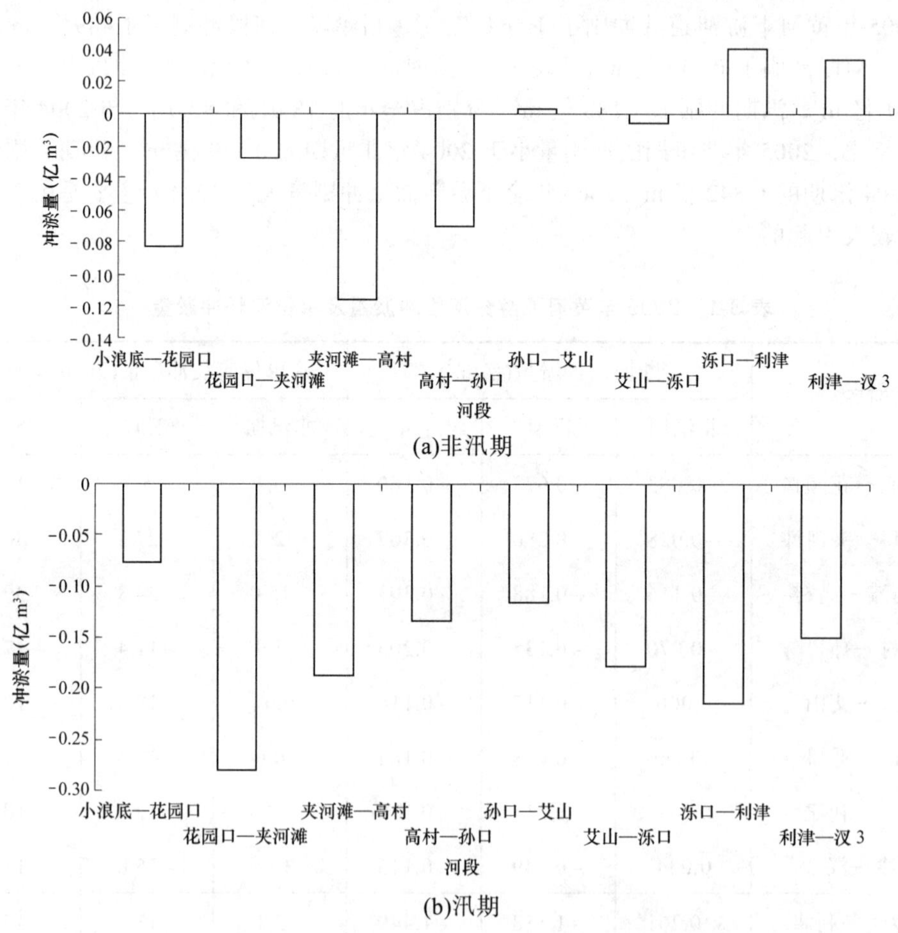

图 3-1　2005 年黄河下游河道断面法冲淤量分布

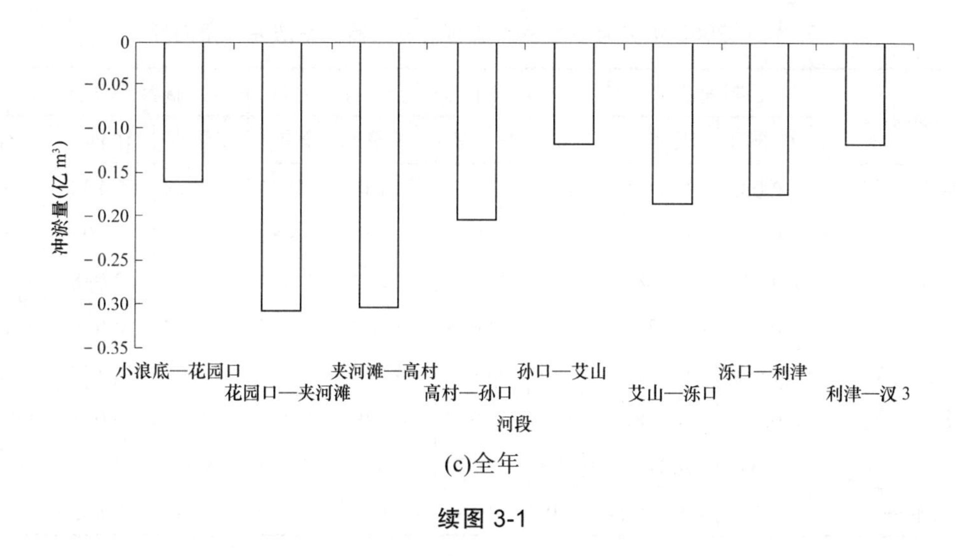

(c)全年

续图 3-1

通过计算各个河段的单位河长冲淤量(见表 3-1)可以看出，2005 年非汛期单位河长冲刷量最大的是夹河滩—高村河段，为 15.0 万 m^3/km，汛期单位河长冲刷量最大的是花园口—夹河滩和夹河滩—高村两个河段，分别为 27.8 万 m^3/km 和 24.3 万 m^3/km，全年单位河长冲刷量最大也是花园口—夹河滩和夹河滩—高村两个河段，分别为 30.5 万 m^3/km 和 39.3 万 m^3/km，其他各河段的单位河长冲淤量见表 3-1。

(二)沙量平衡法冲淤量

输沙率法冲淤量是根据沙量平衡原理通过计算上下水文站的输沙量，用上站的输沙量减去下站的输沙量，同时扣除该河段的引沙量，得到的即为该河段的输沙率法冲淤量。用输沙率法计算冲淤量时把小浪底—利津共分为 7 个河段。

根据输沙率法计算，2005 年黄河下游共冲刷 1.639 亿 t，其中非汛期冲刷了 0.787 亿 t，汛期冲刷 0.852 亿 t。

从空间分布来看 2005 年下游河道并非每个河段都发生冲刷，艾山—泺口河段淤积了 0.075 亿 t，其他河段均发生冲刷，冲刷主要集中在小浪底—花园口和花园口—夹河滩河段，分别冲刷了 0.574 亿 t 和 0.516 亿 t，其余 4 个河段的冲刷量均在 0.094 亿～0.189 亿 t 之间(见表 3-2)。非汛期下游河道的冲刷主要集中在夹河滩以上 2 个河段，分别冲刷了 0.378 亿 t 和 0.313 亿 t；艾山—泺口河段的淤积量最大，为 0.116 亿 t，其他 4 个河段均处于微冲状态。汛期下游各个河段均发生冲刷，冲刷量较大的为夹河滩以上 2 个河段，分别冲刷了 0.196 亿 t 和 0.203 亿 t，其次为孙口—艾山和泺口—利津两个河段，冲刷量均为 0.122 亿 t，其他 3 个河段的冲刷量都在 0.1 亿 t 以下。输沙率法冲淤量分布见图 3-2。

表 3-2　2005 年黄河下游断面法冲淤量与输沙率法冲淤量对照

站名	断面法(亿 m³)			断面法(亿 t，$\gamma=1.4$)			输沙率法(亿 t)		
	非汛期	汛期	全年	非汛期	汛期	全年	非汛期	汛期	全年
小浪底—花园口	-0.083	-0.077	-0.160	-0.116	-0.108	-0.223	-0.378	-0.196	-0.574
花园口—夹河滩	-0.028	-0.280	-0.307	-0.039	-0.392	-0.430	-0.313	-0.203	-0.516
夹河滩—高村	-0.116	-0.188	-0.303	-0.162	-0.263	-0.424	-0.006	-0.088	-0.094
高村—孙口	-0.070	-0.135	-0.205	-0.098	-0.189	-0.287	-0.080	-0.080	-0.160
孙口—艾山	0.000	-0.117	-0.116	0.000	-0.163	-0.163	-0.067	-0.122	-0.189
艾山—泺口	-0.006	-0.178	-0.184	-0.008	-0.249	-0.257	0.116	-0.041	0.075
泺口—利津	0.041	-0.215	-0.174	0.057	-0.301	-0.244	-0.059	-0.122	-0.181
小浪底—利津	-0.261	-1.188	-1.449	-0.366	-1.663	-2.029	-0.787	-0.852	-1.639

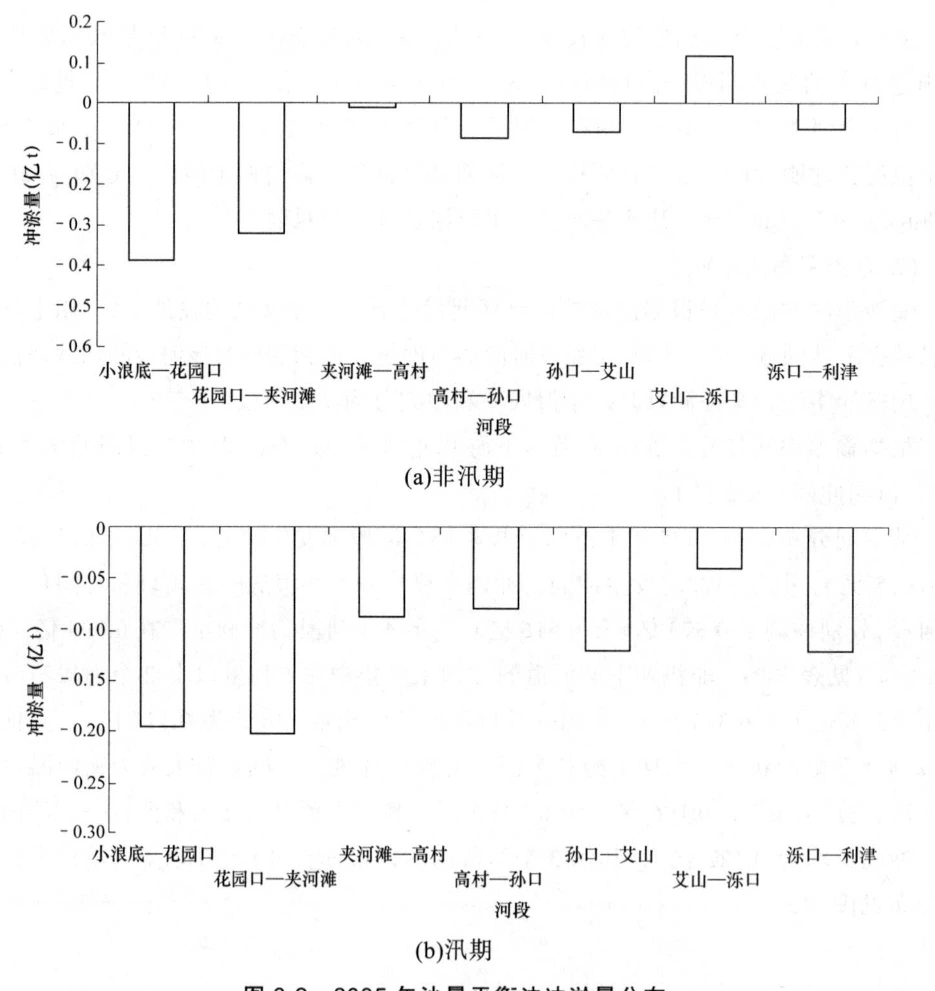

图 3-2　2005 年沙量平衡法冲淤量分布

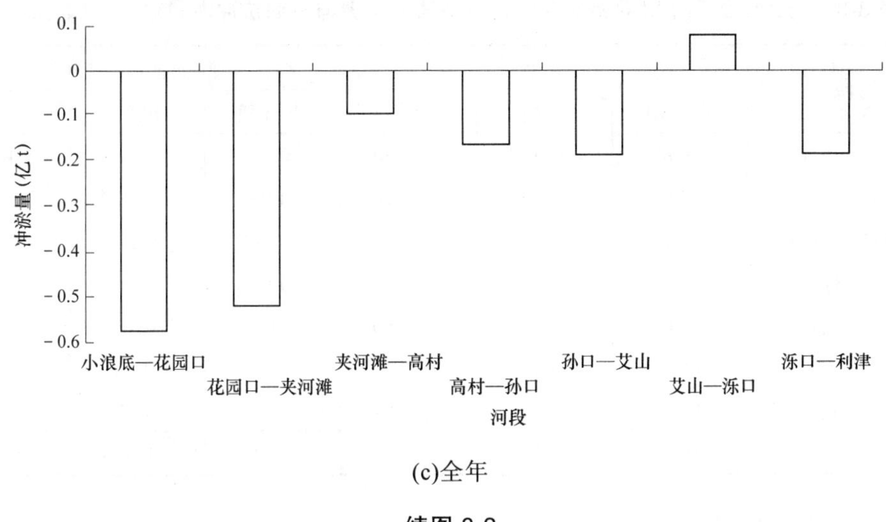

(c)全年

续图 3-2

(三)断面法与输沙率法对比分析

2005 年断面法冲淤量与输沙率法冲淤量有一定的差异。首先从全年冲淤量的沿程分布来看，断面法在下游各个河段都发生冲刷，而输沙率法在艾山—泺口河段发生了淤积，其他河段均发生冲刷。断面法冲刷量是花园口—夹河滩和夹河滩—高村两个河段最大，输沙率法是小浪底—花园口和花园口—夹河滩河段两个河段最大，可以看出，两种方法在花园口—夹河滩河段计算的结果基本一致。差别较大的一个是小浪底—花园口河段，输沙率法冲刷量比断面法大 0.351 亿 t(断面法冲刷量单位换算为亿 t，取 γ=1.4)，另一个是夹河滩—高村河段，断面法冲刷量比输沙率法大 0.330 亿 t。差别较大的还有艾山—泺口河段，断面法冲刷了 0.257 亿 t，输沙率法却淤积了 0.075 亿 t。

其次，从时间分布来看，年内分配不同，断面法冲刷量主要发生在汛期，输沙率法冲刷量则非汛期和汛期相当。非汛期断面法冲刷量比输沙率法小 0.421 亿 t(单位转换为亿 t， γ=1.4)，汛期断面法冲刷量比输沙率法大 0.811 亿 t，全年来看差别较小，断面法冲刷量大 0.390 亿 t。这种冲刷量在时间上的分布不同，主要因为非汛期断面法冲淤量采用的是 2004 年 10 月和 2005 年 4 月两个测次进行计算的，2005 年汛前测量的时间离汛期还有两个多月，特别是由于 6 月进行了为期 23 d 调水调沙生产运行，故计算 2005 年非汛期冲淤量时断面法成果偏小。同理，汛期断面法成果由于汛前测次较早，比实际汛期多了两个多月，加之调水调沙的冲刷结果，因而汛期断面法冲淤量偏大。

为了使断面法冲淤量和输沙率法冲淤量对比更合理，按照大断面测量的时间重新用输沙率法计算了冲淤量。计算成果见表 3-3。

从表 3-3 中可以看出，输沙率法的计算结果和断面法计算结果仍有一些差别，主要表现在非汛期，汛期冲淤量两种方法的计算成果基本一致。非汛期断面法的计算结果比输沙率法多冲刷了 0.238 亿 t，是非汛期输沙率法冲刷量的 185.9%；汛期断面法的计算结果比输沙率法多冲刷了 0.152 亿 t，是汛期输沙率法冲刷量的 10.1%；全年断面法的计算结果比输沙率法多冲刷了 0.390 亿 t，是汛期输沙率法冲刷量的 23.8%。

表 3-3　与大断面测量时间相对应的输沙率法冲淤量与断面法冲淤量对比　(单位：亿 t)

河段	输沙率法			断面法(γ=1.4)		
	非汛期	汛期	全年	非汛期	汛期	全年
小浪底—花园口	－0.080	－0.494	－0.574	－0.116	－0.108	－0.223
花园口—夹河滩	－0.241	－0.275	－0.516	－0.039	－0.392	－0.430
夹河滩—高村	0.161	－0.255	－0.094	－0.162	－0.263	－0.424
高村—孙口	0.015	－0.175	－0.160	－0.098	－0.189	－0.287
孙口—艾山	－0.017	－0.172	－0.189	0.000	－0.163	－0.163
艾山—泺口	0.024	0.051	0.075	－0.008	－0.249	－0.257
泺口—利津	0.010	－0.191	－0.181	0.057	－0.301	－0.244
小浪底—利津	－0.128	－1.511	－1.639	－0.366	－1.663	－2.029

二、冲淤演变特点

2005 运用年 95%的泥沙是通过 5 场洪水进入黄河下游河道的，利津站输出的泥沙则有 88%是通过这 5 场洪水输出的，5 场洪水共冲刷泥沙 1.135 亿 t，占下游河道全年冲淤量 1.639 亿 t 的 69.2%。可见 2005 年的洪水是来沙的主体、输沙的主体，也是冲刷的主体。

《2004 黄河河情咨询报告》分析认为，在水库蓄水拦沙期，洪水过程中下游河道的冲刷效率与洪水的平均流量有较好的关系。把 2005 年的 5 场洪水点绘到冲刷效率与平均流量关系图中(见图 3-3)，可以看出，2005 年的洪水同样符合这样的规律。在 2005 年的 5 场洪水中并非都发生冲刷，其中第二场洪水发生了淤积，主要是由于该场洪水小浪底水库通过异重流排沙，出库最大含沙量为 139 kg/m^3，洪量小、历时短，平均流量只有 1 266 m^3/s，平均含沙量为 36.0 kg/m^3。

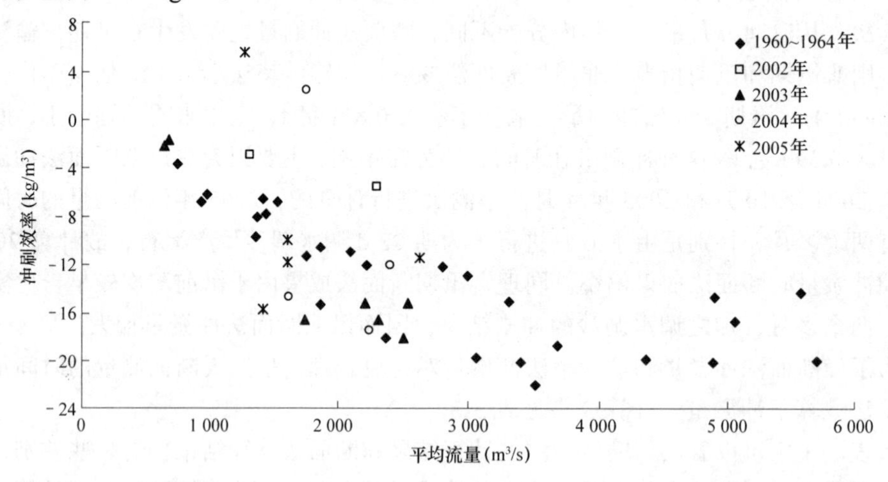

图 3-3　三门峡水库和小浪底水库运用初期黄河下游冲刷效率与平均流量关系

在水库运用初期，进入下游的洪水为清水或是来沙以极细颗粒泥沙的洪水，其冲淤量与进入下游水量之间有密切关系。图 3-4 为三门峡水库和小浪底水库运用初期黄河下游冲淤量与来水量关系图。通过回归分析，洪水过程中下游河道的冲淤量与场次洪水的水量具有以下关系：

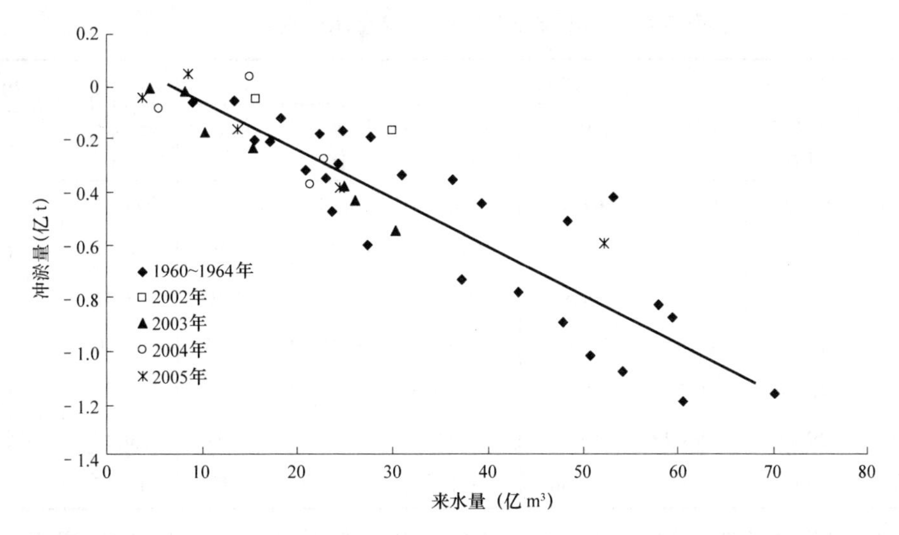

图 3-4　三门峡水库和小浪底水库运用初期黄河下游冲淤量与来水量关系

$$\Delta W_S = -0.018W + 0.135$$

式中：ΔW_S 为全下游冲淤量；W 为场次洪水的水量。

所选洪水的平均含沙量，除了 2004 年 8 月一场为 93.6 kg/m³，其余均在 36 kg/m³ 以下，其中平均含沙量小于 10 kg/m³ 的有 34 场。从图 3-4 中可以看出，水量越大冲刷量越大，水量小了也有可能淤积，这主要是因为在水库运用初期并非所有的洪水均为清水，也有通过异重流排沙形成的含沙量相对较高、来沙组成较细的洪水，当出现水量小于 8 亿 m³ 的高含沙小洪水时，一般会发生淤积。分析认为，在水库拦沙期下游洪水的冲刷量与水量的关系非常密切。

三、水位表现

1999 年小浪底水库投入运用以来，下游河道发生的洪水量级比较小，一般用 2 000 m³/s 的水位变化来反映下游河道的冲淤变化。

2005 年黄河下游 2 000 m³/s 的水位变化见表 3-4。从表中可以看出，2004 年汛后至 2005 年汛后，除了夹河滩站水位略有升高，下游各站同流量水位均发生降低，高村—泺口 4 个站的同流量水位降低幅度较大，为 0.40 ~ 0.51 m；花园口和利津的水位变化很小。其中，非汛期花园口和夹河滩站同流量水位略有上升，高村—泺口各站的同流量水位都降低，降低幅度为 0.16 ~ 0.23 m，利津站同流量水位基本没有变化。汛期夹河滩和利津站的水位变化幅度很小，分别抬升 0.02 m 和降低 0.01 m，其他各站的水位都发生降低，分别为 0.13 ~ 0.35 m。

2005 年，夹河滩以上河段冲刷比较显著，而花园口和夹河滩的水位变化不明显，与夹河滩以上河段的冲刷方式为塌滩展宽为主相关。高村—泺口 4 个水文站的水位发生了明显降低，主要是因为该河段的冲刷以下切为主。从水位表现还可以看出，2005 年冲刷已经发展到泺口，泺口以下河段冲刷不明显。

表 3-4　2005 年 2 000 m^3/s 流量水位统计　(单位：m)

站 名	2005 运用年						1999 年汛期④	与 2005 年汛后水位差③－④
	2004 年汛后①	2005 年汛前②	2005 年汛后③	非汛期变化	汛期变化	全年变化		
花园口	92.02	92.10	91.97	0.08	－0.13	－0.05	93.27	－1.30
夹河滩	75.95	76.02	76.04	0.07	0.02	0.09	76.77	－0.73
高村	62.25	62.02	61.85	－0.23	－0.17	－0.40	63.04	－1.19
孙口	48.09	47.91	47.66	－0.18	－0.25	－0.43	48.10	－0.44
艾山	40.39	40.23	39.99	－0.16	－0.24	－0.40	40.64	－0.65
泺口	29.78	29.62	29.27	－0.16	－0.35	－0.51	30.22	－0.95
利津	12.63	12.61	12.60	－0.02	－0.01	－0.03	13.25	－0.65

2005 年黄河下游共发生 5 场量级不大的洪水，其中第一、二两场洪水的洪峰流量超过 3 500 m^3/s，其他 3 场洪水的洪峰流量均未超过 3 000 m^3/s，因此用 2 500 m^3/s 流量的水位变化来分析 2005 年的冲淤情况。通过点绘 2005 年下游各个水文站的 5 场洪水的水位流量关系图(见图 3-5～图 3-11)可以看出，同流量水位(2 500 m^3/s 对应的水位，下同)降低比较明显的是高村、孙口、艾山和利津 4 站，降低幅度为 0.18～0.23 m，花园口站和泺口站的同流量水位降低相对小些，分别降低 0.11 m 和 0.08 m，夹河滩的同流量水位则略有升高，升高幅度为 0.06 m。可以看出，同流量水位的变化与冲淤量的沿程分布基本一致，但是夹河滩站的水位不降反升，与该河段的冲淤变化不太相符，分析认为这主要是受河势影响所致。

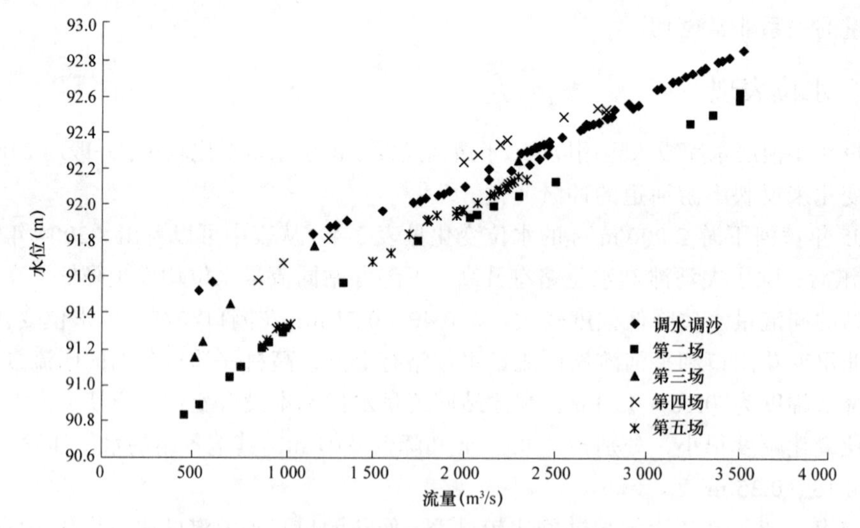

图 3-5　2005 年黄河下游花园口站水位流量关系

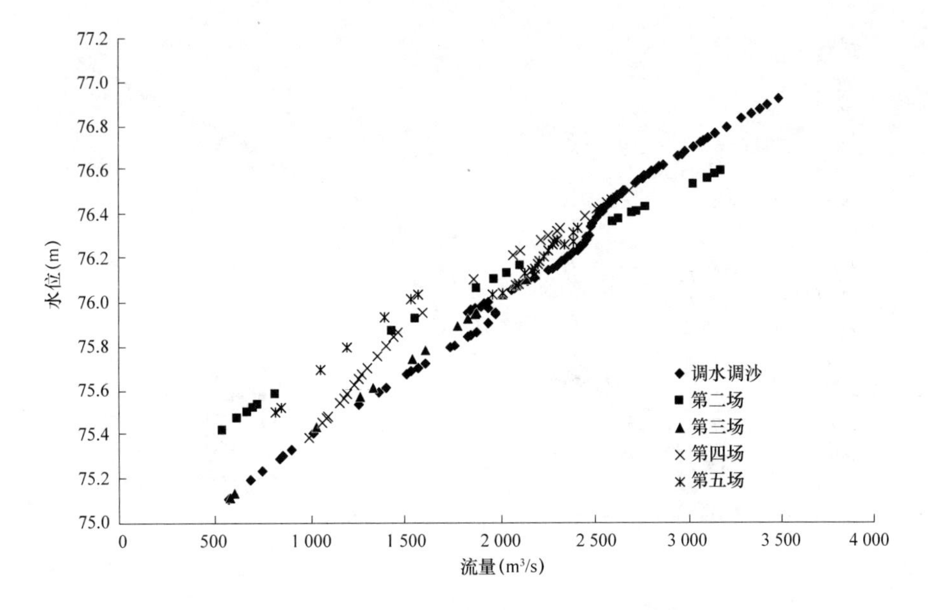

图 3-6　2005 年黄河下游夹河滩站水位流量关系

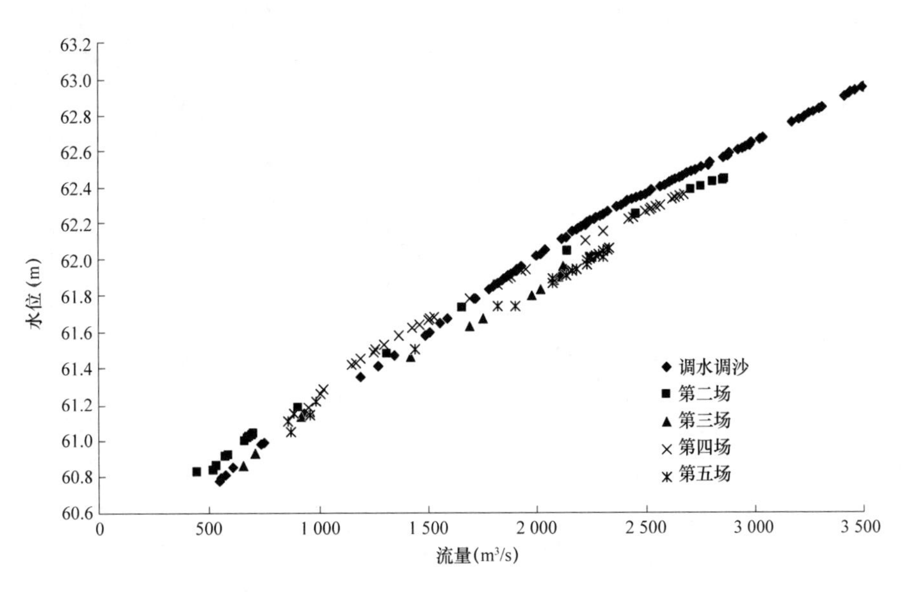

图 3-7　2005 年黄河下游高村站水位流量关系

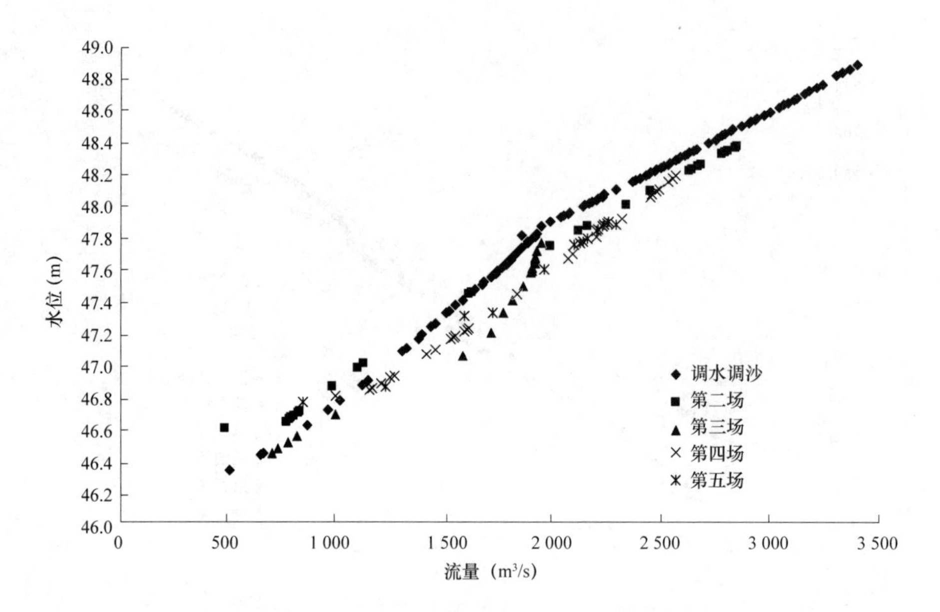

图 3-8　2005 年黄河下游孙口站水位流量关系

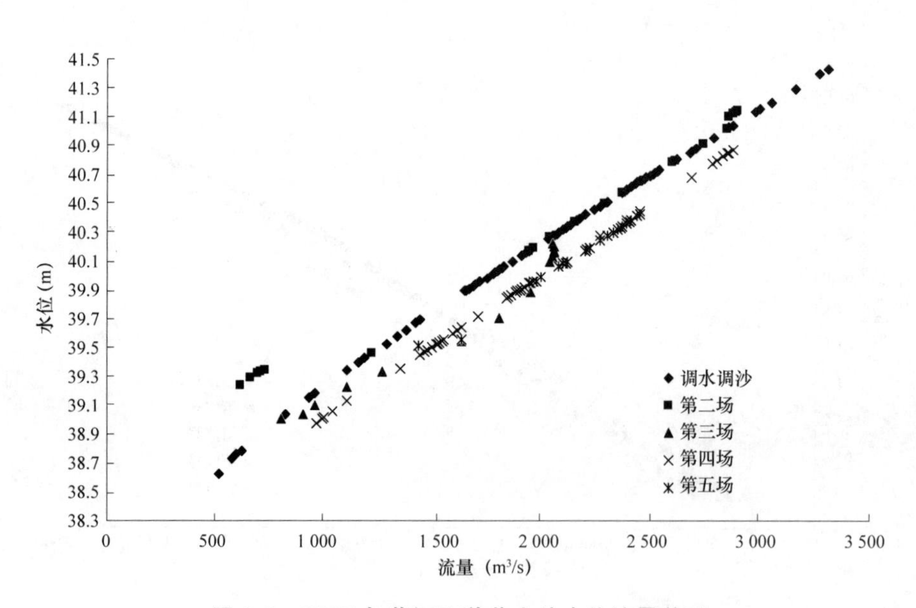

图 3-9　2005 年黄河下游艾山站水位流量关系

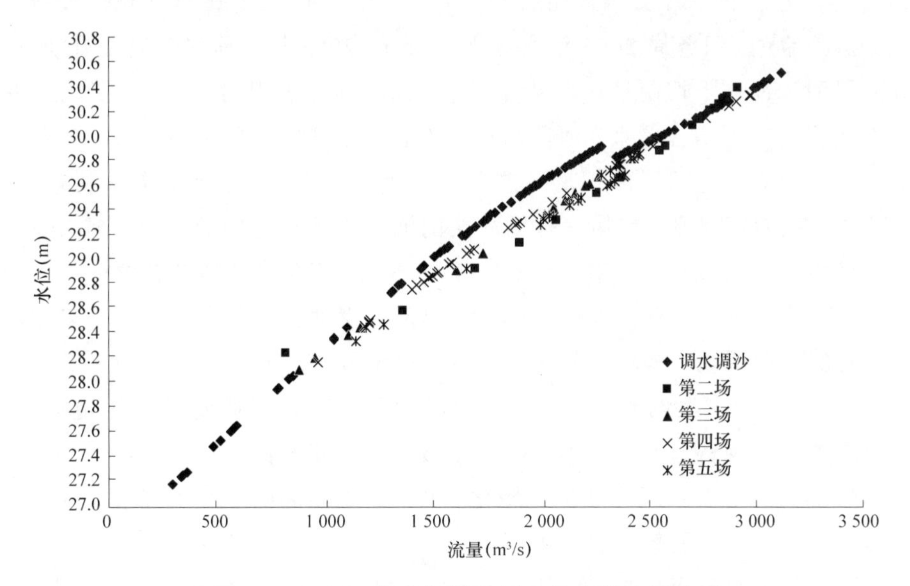

图 3-10　2005 年黄河下游泺口站水位流量关系

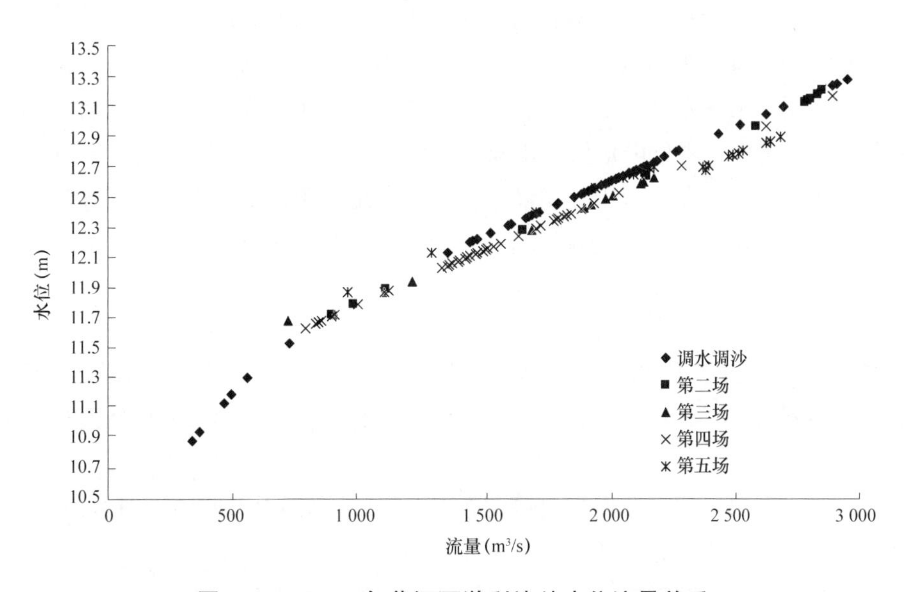

图 3-11　2005 年黄河下游利津站水位流量关系

四、河势演变特点

2005 年是小浪底水库蓄水运用后的第 6 年，汛前河势较 2004 年汛后没有太大的变化。根据河南黄河河务局 2005 年河势查勘情况，2005 年汛前河势演变有如下特点：①部分河段河床冲刷下切明显。花园镇—神堤河段河床表现出明显下切现象，其他河段也有不同程度的下切。②部分河段河槽相对稳定。花园镇—裴峪河段、双井—马渡下延河段、大留寺以下河段多年来河槽变化不大。③部分河段河势向不利趋势演变、发展。逯村—花园镇河段、裴峪—神堤河段的河势出现小范围的摆动；赵沟—神堤河段出现几处大的心滩或边滩，对河势有一定的影响，但仍在工程控制之内。④河势游荡、散乱、摆动的河段没有得到有效改善，局部畸形河势仍然存在，由于工程没有配套完善，有的出现恶化。神堤—驾部、枣树沟—桃花峪、赵口—黑岗口、顺河街—古城、曹岗—东坝头等河段的河势仍然游荡摆动，没能有效控制；张王庄弯道Ω形河势、沁河口河段的散乱河势、王庵—古城的 n 形或 s 形流路倒回行河及Ω形河势、常堤与贯台间的畸形河湾等都不同程度出现恶化。此外，主溜淘刷王庵工程上首滩地，顶冲王庵工程背河连坝，对河势影响极为不利。

2005 年汛后河势演变有如下特点：①部分河段河槽相对稳定。花园镇—裴峪河段、双井—马渡下延河段、大留寺以下河段多年来河槽变化不大。②部分河段河势向不利趋势演变、发展。逯村—花园镇河段、裴峪—神堤河段的河势出现小范围的摆动；赵沟—神堤河段出现几处大的心滩或边滩，对河势有一定的影响。③河势游荡、散乱、摆动的河段没有得到改善，局部畸形河势仍然存在，由于工程没有配套完善，部分河段河势出现恶化。神堤—驾部、枣树沟—桃花峪、赵口—黑岗口、顺河街—古城、曹岗—东坝头等河段的河势仍然游荡摆动，控导工程不能有效控制；张王庄弯道Ω形河势、沁河口河段的散乱河势、王庵—古城畸形河势汛前已造成极大危害，汛前所修–25 ~ –30 垛对河势的控制作用不明显，王庵工程上首主溜继续淘刷滩地，顶冲王庵工程背河连坝，对河势影响极为不利。常堤与贯台间的畸形河湾也有一定程度的恶化。

五、河道横断面变化

2005 年黄河下游河道横断面调整较大的主要在伊洛河口—东坝头河段，该河段横断面冲淤调整强烈。伊洛河口—花园口河段的部分断面发生淤积抬高，典型断面见图 3-12 ~ 图 3-15。

黑石—三义寨河段的大断面横向展宽较多，展宽冲刷的典型断面见图 3-16 ~ 图 3-19。初步分析认为，展宽主要是由于主流顶冲造成的。

受 2005 年对王庵畸形河湾进行人工裁弯的影响，其上下河段的河势变化较大，深泓点发生显著摆动，典型断面套绘见图 3-20 ~ 图 3-24。

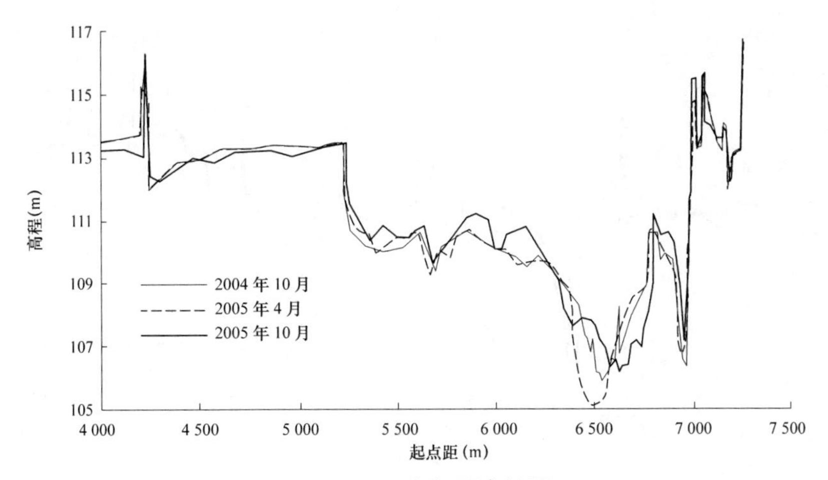

图 3-12　两沟断面套绘图

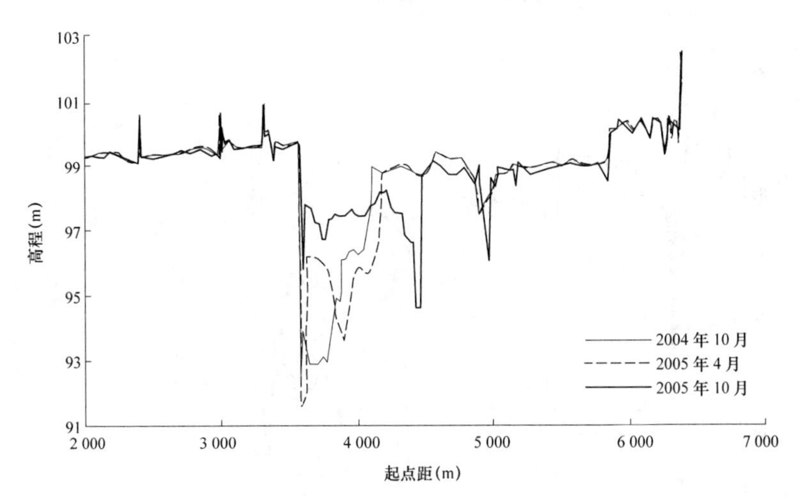

图 3-13　解村断面套绘图

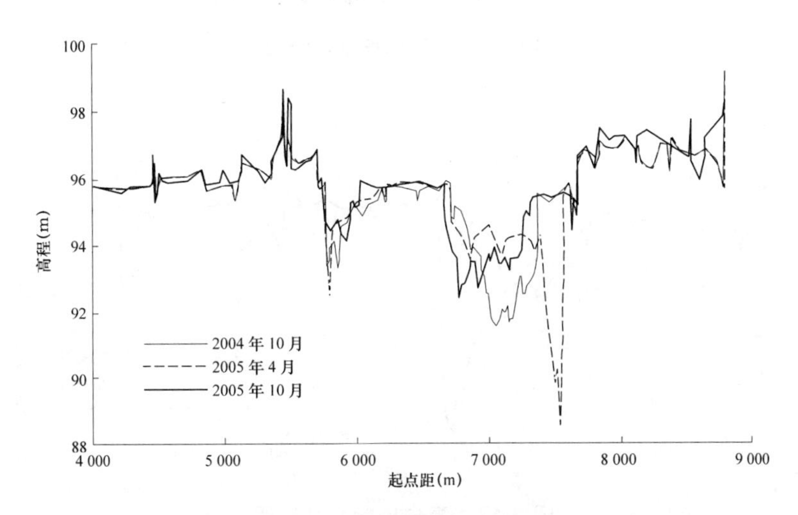

图 3-14　老田庵断面套绘图

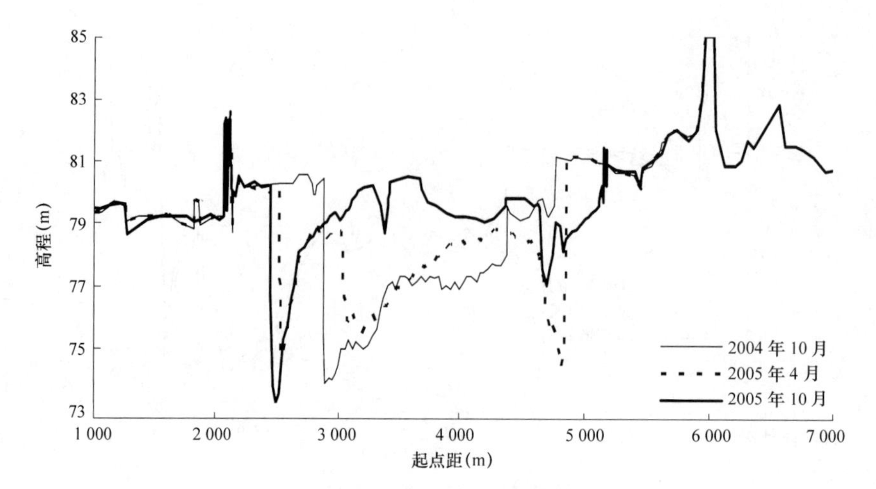

图 3-15　丁庄断面套绘图

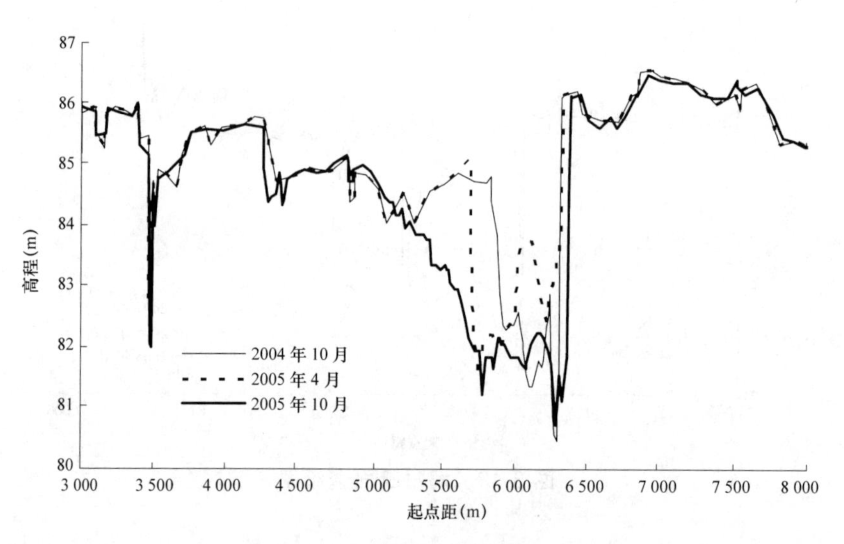

图 3-16　黑石断面套绘图

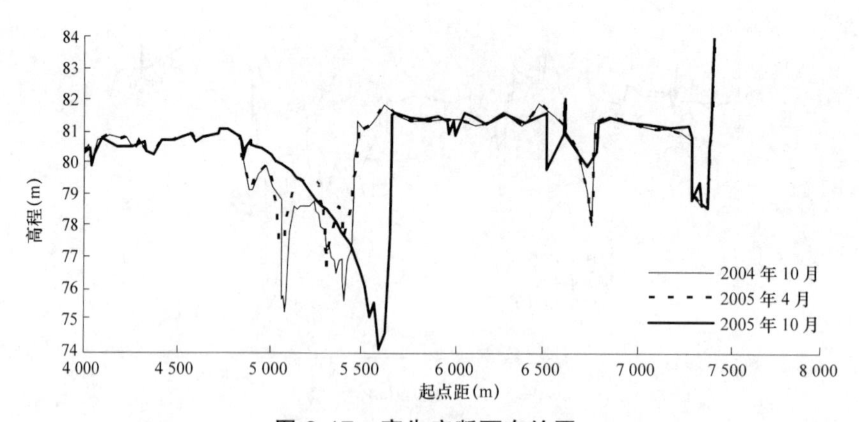

图 3-17　高朱庄断面套绘图

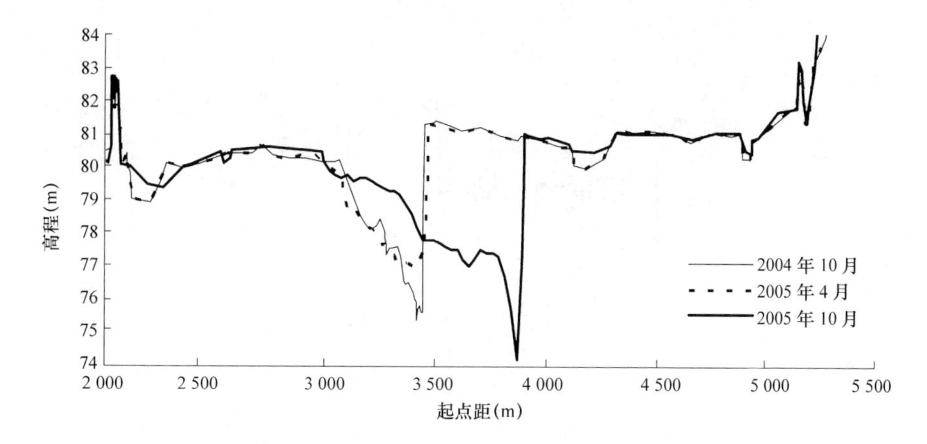

图 3-18　柳园口断面套绘图

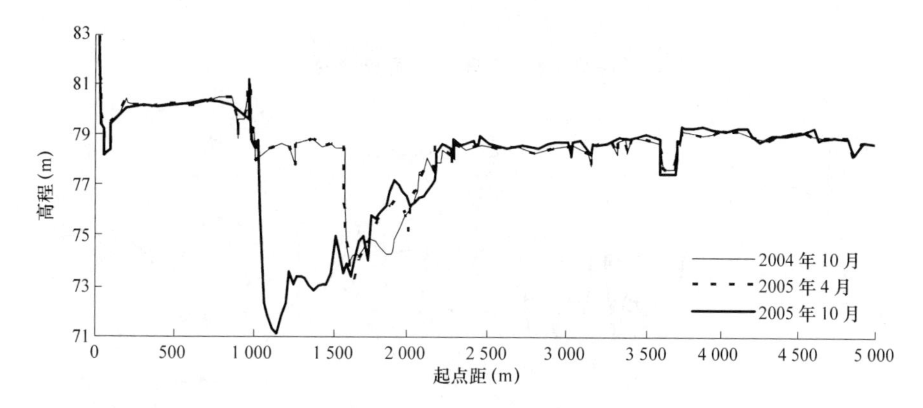

图 3-19　古城断面套绘图

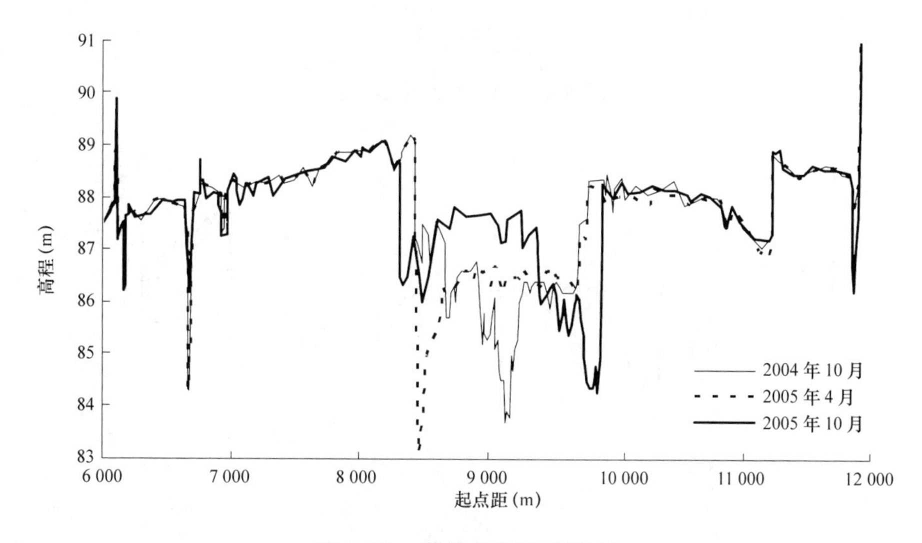

图 3-20　黄练集断面套绘图

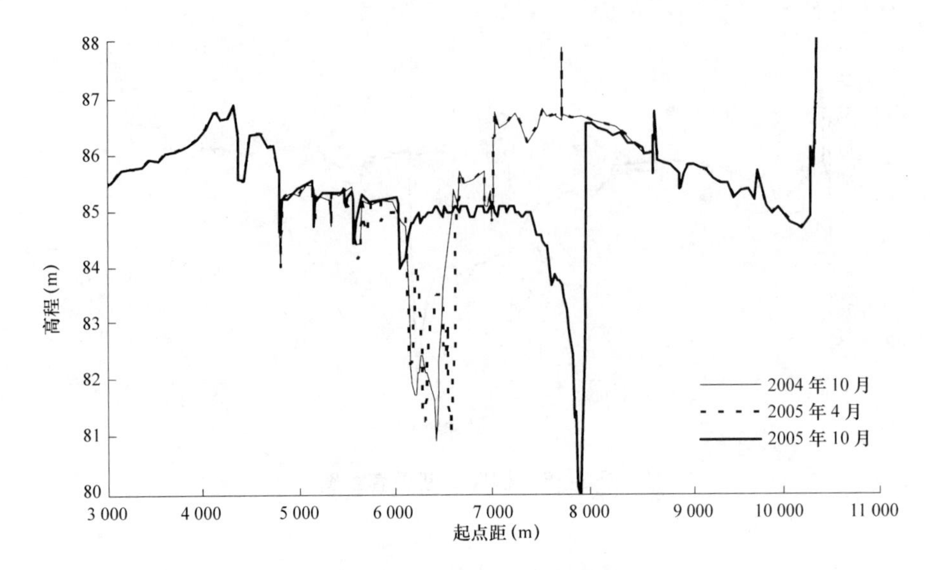

图 3-21　三官庙断面套绘图

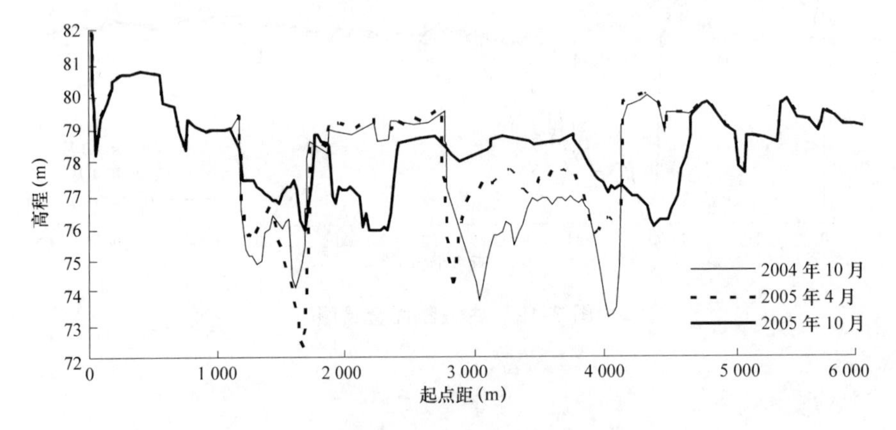

图 3-22　裴楼断面套绘图

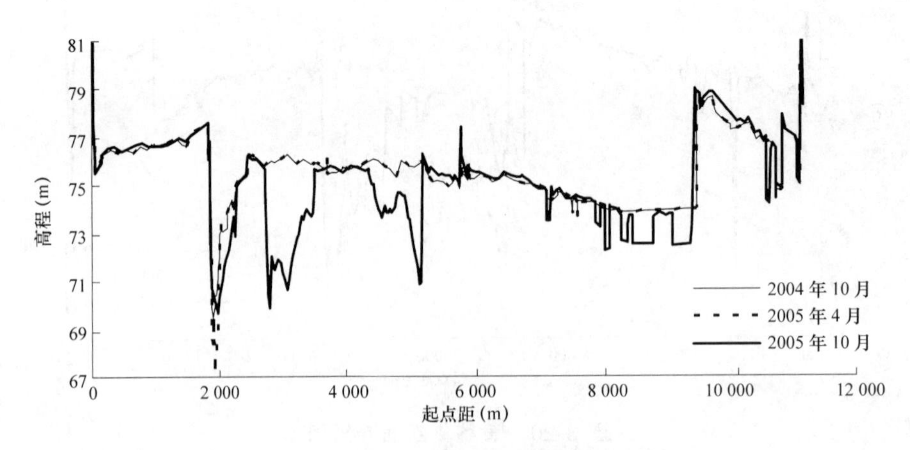

图 3-23　苦庄断面套绘图

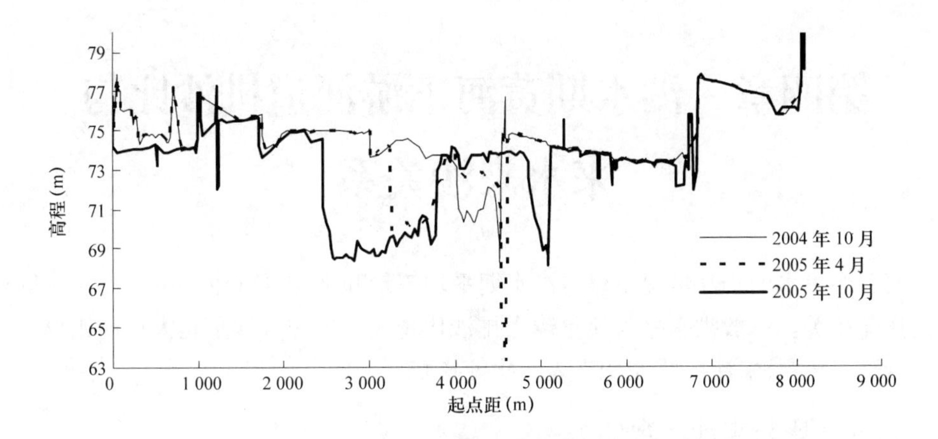

图 3-24　夹河滩断面套绘图

第四章　洪水期黄河下游河道排沙比与来水来沙关系

黄河下游洪水的排沙情况不仅与洪水期平均流量和平均含沙量有关，更与流量和含沙量的搭配相关。一般洪水平均流量越大排沙比越大，平均含沙量越大排沙比越小，常用含沙量除以流量(来沙系数 S/Q)来表示水沙搭配。

一、排沙比与来沙系数的关系

由于平均流量小于 1 000 m^3/s 的水流的输沙能力较弱且不稳定，而含沙量小于 2 kg/m^3 的洪水在下游河道发生冲刷，因此在分析黄河下游洪水的排沙比与来沙系数的关系时，挑选了黄河下游 1950 ~ 2005 年发生在汛期的平均流量大于 1 000 m^3/s、含沙量大于 2 kg/m^3 的 300 场洪水，统计出各场洪水进入下游河道的平均流量、平均含沙量、下游各水文站的水沙量、河道冲淤量、淤积比等洪水特征要素。

图 4-1(a)和图 4-1(b)分别为不同流量级和不同含沙量级洪水的排沙比与来沙系数关系，可以看出，排沙比随着来沙系数增大而减小。当洪水的来沙系数小于 0.011 kg·s/m^6 时排沙比大于 100%，来沙系数越小排沙比越大，下游河道发生显著冲刷；当来沙系数大于 0.011 kg·s/m^6 时，排沙比基本都小于 100%。流量在 1 000 ~ 2 000 m^3/s 的洪水排沙比较散乱，这主要由于流量级在 1 000 ~ 2 000 m^3/s 的小洪水受洪水历时和沿程引水影响较大，因而排沙比变幅较大。

从图 4-1(a)可以看出来沙系数较大的主要是流量小于 3 000 m^3/s 的洪水，从图 4-1(b)可以看出来沙系数较大的主要是含沙量大于 60 kg/m^3 的洪水，属于多沙来源区洪水。可见，黄河下游排沙比较小的洪水主要是流量小于 3 000 m^3/s 或者含沙量大于 60 kg/m^3 的洪水。

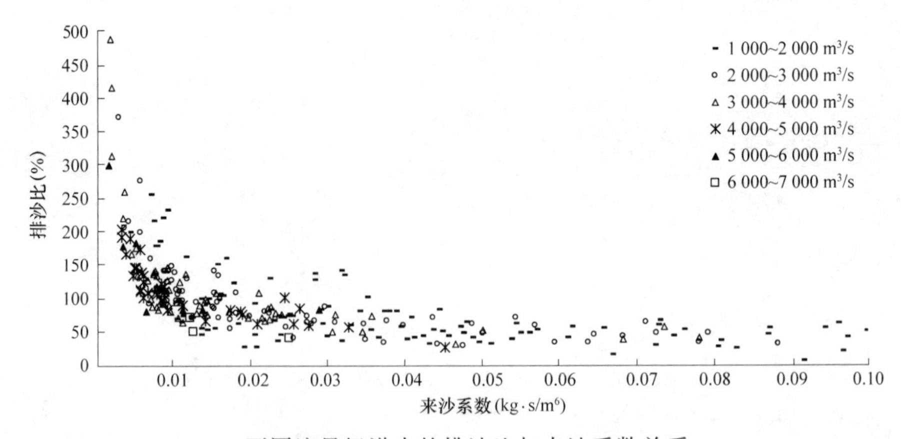

(a)不同流量级洪水的排沙比与来沙系数关系

图 4-1　不同流量级和不同含沙量级洪水的排沙比与来沙系数关系

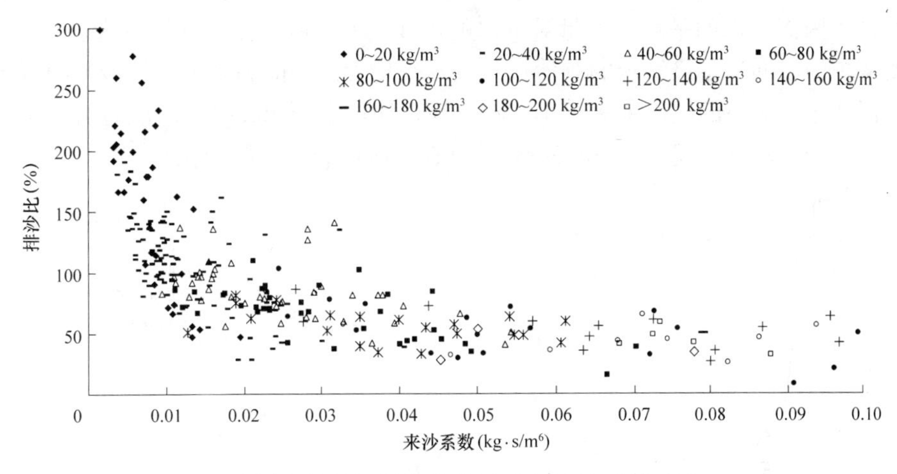

(b)不同含沙量级洪水的排沙比与来沙系数关系

续图 4-1

二、排沙比与平均流量关系

进一步点绘不同含沙量洪水的排沙比与平均流量的关系图(见图 4-2)，可以看出，对于相同流量级的洪水，含沙量越大排沙比越小；对于相同含沙量级的洪水，随着平均流量的增大排沙比有增大的趋势，但不显著。

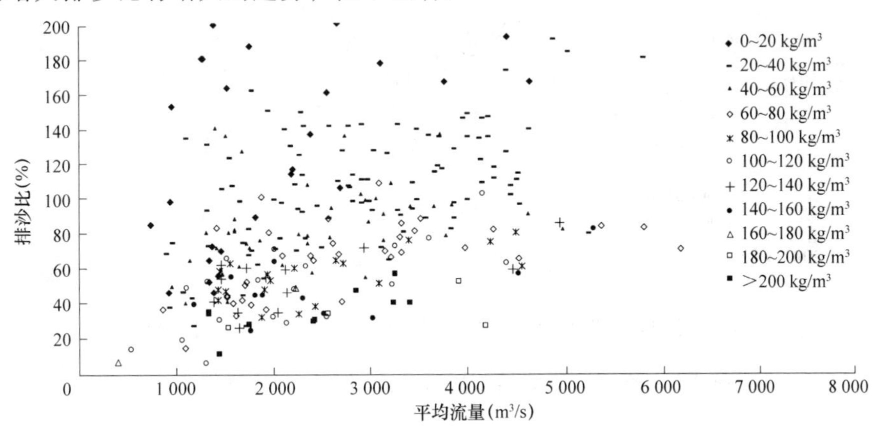

图 4-2　不同含沙量洪水的排沙比与平均流量关系

初步分析认为，由于洪水的平均流量一般在 1 000 ~ 6 000 m^3/s，变幅只有 6 倍左右，而洪水的平均含沙量一般在 1 ~ 300 kg/m^3，变幅可以达到几十倍，甚至上百倍。可见，由于洪水平均含沙量的变化幅度远大于平均流量的变化幅度，洪水排沙比随着洪水平均含沙量变化而表现出的变化比随着平均流量的变化更为敏感。

三、排沙比与平均含沙量关系

根据上述分析，洪水排沙比与来沙系数关系较好，一般洪水流量变幅比含沙量的变幅小得多，因而洪水的平均含沙量对洪水的排沙比的影响比流量的影响大。

图 4-3 为不同流量级洪水的排沙比与洪水平均含沙量的关系图。排沙比随着含沙量的增大而减小，减小的幅度由大变小，在平均含沙量小于 30 kg/m^3 时随着含沙量的增大显著降低，当平均含沙量大于 30 kg/m^3 后随着含沙量的增大缓慢减小。

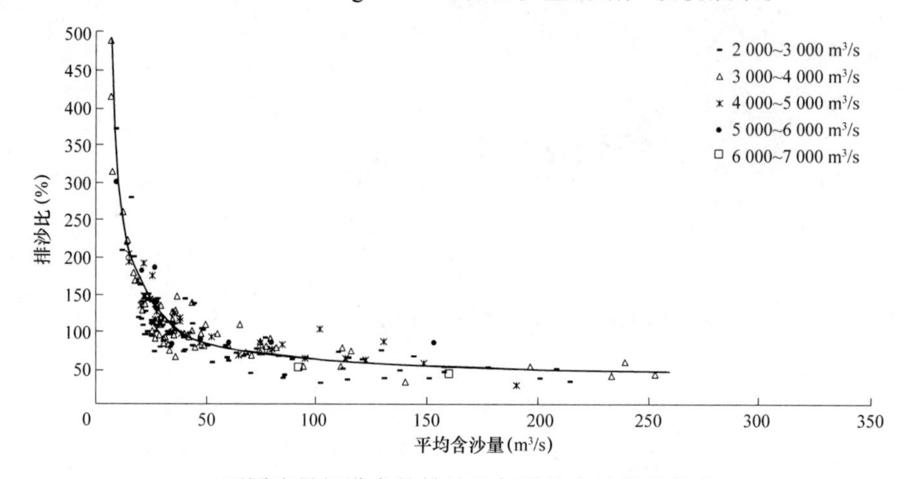

(a)不同流量级洪水的排沙比与平均含沙量的关系

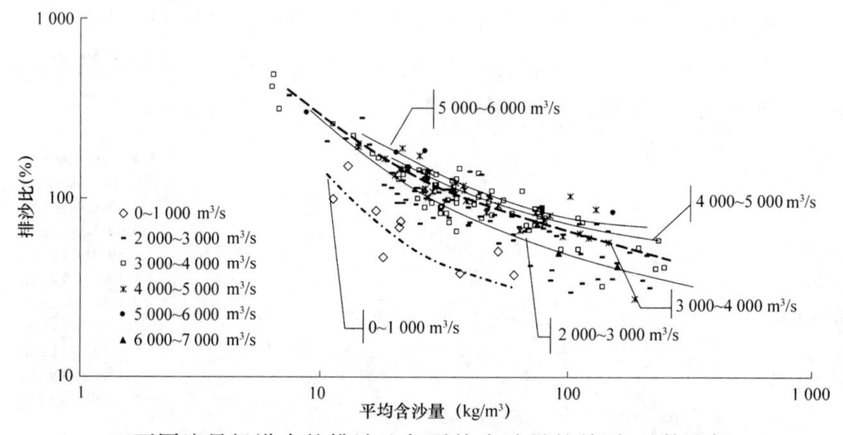

(b)不同流量级洪水的排沙比与平均含沙量的关系(对数坐标)

图 4-3　不同流量级洪水的排沙比与平均含沙量的关系

从图 4-3(b)中可以看出，洪水的排沙比随着洪水平均流量的增大而增大。对于平均流量小于 1 000 m^3/s 的洪水，当洪水平均含沙量在 11 kg/m^3 左右时洪水排沙比接近 100%，河道处于冲淤平衡状态，含沙量大于 11 kg/m^3 后洪水排沙比小于 100%，洪水发生淤积，且含沙量越大排沙比越小，淤积越严重。同理可以看出，平均流量在 2 000 ~ 3 000、3 000 ~ 4 000、4 000 ~ 5 000 m^3/s 和 5 000 ~ 6 000 m^3/s 的洪水的不淤积含沙量分别为 28、36、45 kg/m^3 和 50 kg/m^3。

第五章　黄河下游洪水期分组泥沙冲淤演变分析

黄河下游洪水的冲淤演变不仅与来水来沙相关，还与来沙组成相关。因此，分析研究不同来沙组成对冲淤演变的影响是非常有意义的。

一、分组泥沙的淤积比与来水来沙关系

选择历年发生在汛期、利津平均流量与进入下游平均流量(三黑武 3 站之和)的比值在 0.9 ~ 1.1 的 91 场洪水进行分析。由于流量沿程的衰减程度对洪水的冲淤规律有较大的影响，因此选择利津平均流量与进入下游平均流量的比值在 0.9 ~ 1.1 的洪水。洪水的排沙比随着来沙系数的增大而减小，淤积比则随来沙系数的增大而增大。图 5-1 为分组泥沙的淤积比与分组泥沙来沙系数的关系。

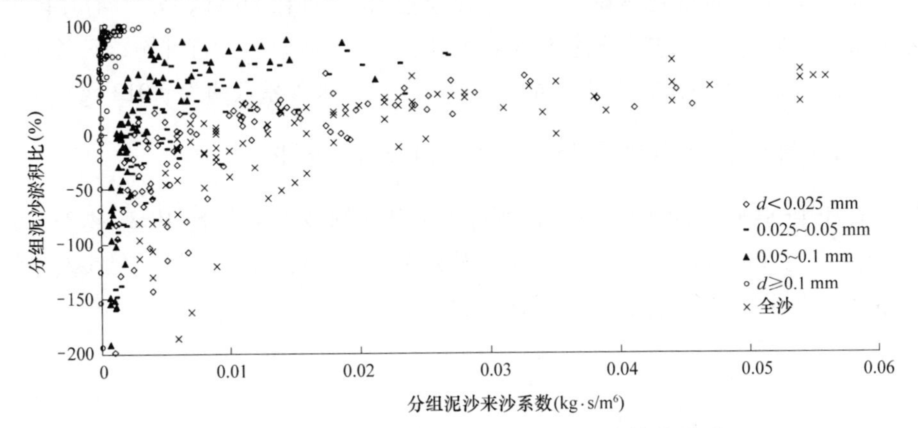

(a)分组泥沙的淤积比与分组泥沙来沙系数的关系

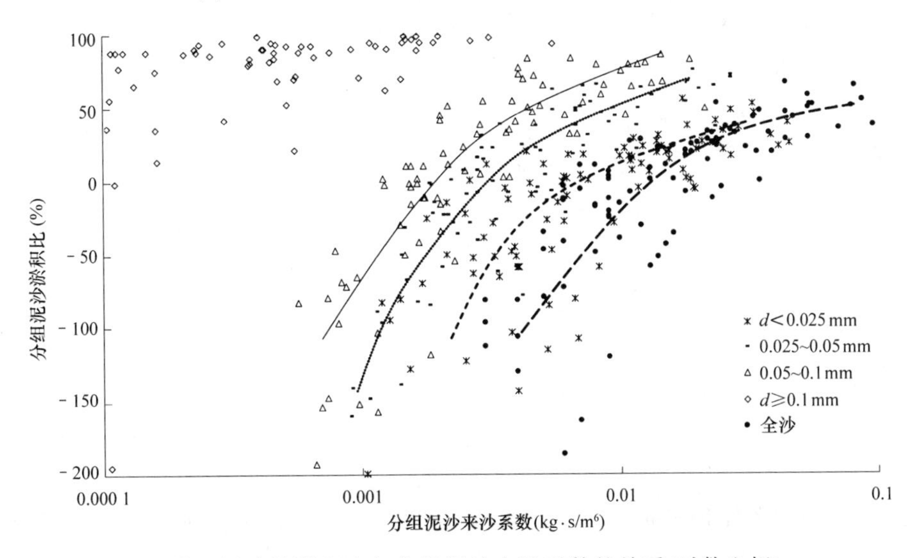

(b)分组泥沙的淤积比与分组泥沙来沙系数的关系(对数坐标)

图 5-1　分组泥沙的淤积比与分组泥沙来沙系数的关系

分组泥沙的来沙系数为进入下游洪水的分组泥沙平均含沙量与平均流量的比值，各分组泥沙的来沙系数之和等于全沙的来沙系数。分组泥沙淤积比是指分组泥沙的淤积量占分组泥沙来沙量的百分比。由于进入下游河道的泥沙是不均匀的，每种粒径组泥沙几乎都有，只是组成不同而已，无法区分出洪水平均流量用于挟带各粒径组泥沙的流量分别是多少，因此只能用分组泥沙的含沙量与全部流量的比值来作为分组泥沙的来沙系数。可见，这里的分组泥沙来沙系数与淤积比的关系并不能代表只有该组泥沙时的淤积比与来沙系数的关系，而是指在天然来沙组成条件下，各组泥沙的淤积比与各自来沙系数的关系。

分析表明，泥沙越粗不淤积来沙系数越小，粒径小于 0.025 mm 的细颗粒泥沙的不淤积来沙系数为 0.007 kg·s/m^6；粒径在 0.025～0.05 mm 的中颗粒泥沙的不淤积来沙系数为 0.003 kg·s/m^6；粒径在 0.05～0.1 mm 的较粗颗粒泥沙的不淤积来沙系数为 0.002 kg·s/m^6；粒径大于等于 0.1 mm 的特粗颗粒泥沙的淤积比绝大部分都在 80%以上，只有在该组泥沙的来沙量非常小时，由于河道的调整作用，可以认为该组泥沙有少许冲刷，依据现有资料还无法找出特粗泥沙的不淤积来沙系数。全沙的不淤积来沙系数约为 0.012 kg·s/m^6。

二、不同细沙含量条件下全沙不淤积的水沙条件分析

按照来沙中细颗粒泥沙的百分比把所有洪水分为细沙含量小于 40%、40%～60%、60%～80%和大于等于 80%四组，洪水场次分别为 18、84、31、11 场。图 5-2 为不同细沙含量条件下全沙的淤积比与来沙系数的关系图。

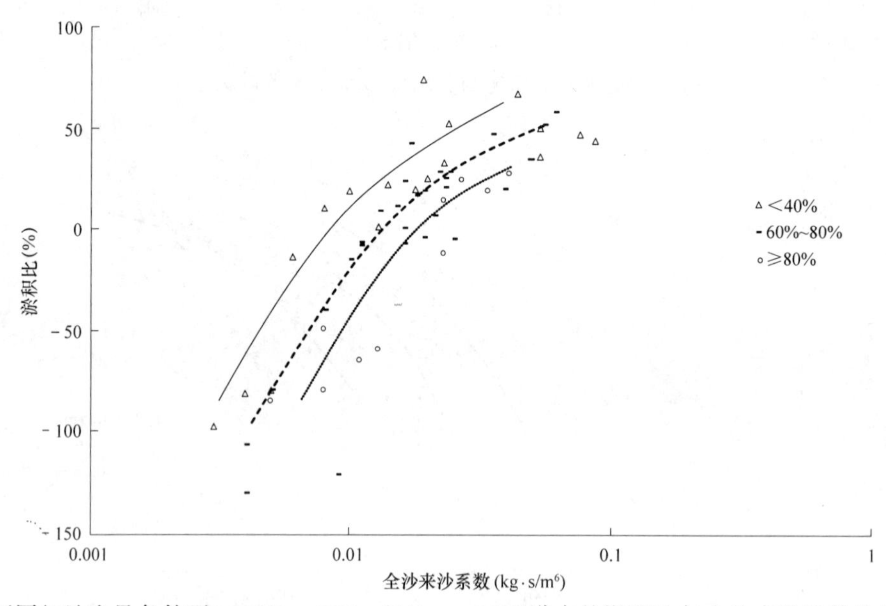

(a)不同细沙含量条件下(＜40%，60%～80%，≥80%)洪水的淤积比与全沙来沙系数的关系

图 5-2　不同细沙含量条件下洪水的淤积比与全沙来沙系数的关系

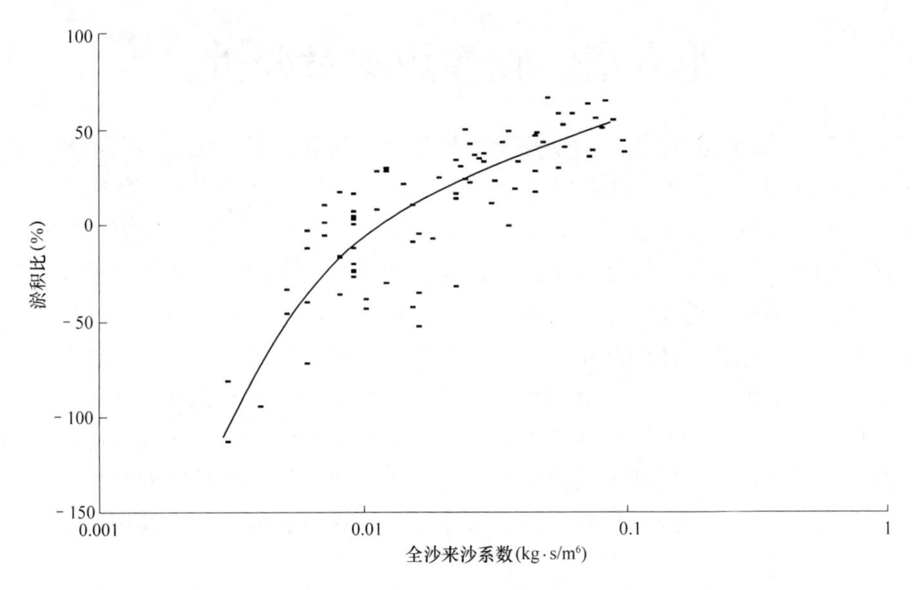

(b)细沙含量为 40%～60%的洪水的淤积比与全沙来沙系数的关系

续图 5-2

由于细颗粒泥沙含量在 40%～60%的洪水场次较多，在图中分布带比较宽，因此把该组洪水的淤积比与来沙系数关系单独绘出，见图 5-2(b)。从图 5-2 可以看出，细沙含量越高的洪水不淤积来沙系数越大，细沙含量为小于 40%、40%～60%、60%～80%和大于等于 80%的洪水的不淤积来沙系数分别为 0.008、0.01、0.012、0.016 kg·s/m^6。可见，来沙组成越细不淤积来沙系数越大，同流量级洪水能输送的泥沙含沙量越大，输沙效果越好。

第六章　输沙用水量分析

赵业安等在 20 世纪 90 年代初期提出并计算了黄河下游若干代表站在汛期、非汛期和凌汛期的输沙用水量，并对洪峰期输沙用水量做了计算统计,给出了高效输沙洪水的流量范围和含沙量范围；王贵香等对黄河下游凌汛期输沙用水量进行了研究；岳德军等分析了黄河下游汛期与非汛期输沙用水量。此外，如何利用高含沙水流提高输沙效率也有人作了讨论。这些研究对输沙用水量本身已取得初步进展。但是，所谓输沙用水量应该是真正用来输沙并能够输沙的水量，在低含沙冲刷或高含沙淤积条件下计算的输沙用水量并不是真正的输沙用水量，它在某种意义上削弱或扩大了水流的输沙能力。

输沙用水量应该是冲淤平衡状态下输送 1 t 泥沙所需要的水量。在次饱和输沙和超饱和输沙条件下输送 1 t 泥沙所需的水量不能称为输沙水量，因为这两种条件下水流以冲刷耗散多余能量和淤积减小能量耗散，水流的能量并没有全部用来输沙或不能够输送挟带的泥沙。

以往有学者研究输沙用水量时，用下游河道出口控制站利津站的含沙量倒数作为输沙用水量，这种计算方法人为减小了输沙用水量，因为水流在下游河道演进过程中会发生下渗、蒸发等损耗，因此在计算输沙用水量时要考虑这些损耗。因而，我们用下游河道出口站利津站的输沙量与来水量的比值作为输沙用水量。

一般把一场洪水的冲淤幅度在来沙量的 10%以内看做是微冲微淤，接近冲淤平衡状态。因此，统计了淤积比在–10%～10%的发生在汛期的 24 场洪水的特征值(表 6-1 和表 6-2)。

从表 6-1 中可以看出，该组洪水的总来水量 745.07 亿 m^3，总来沙量为 25.165 亿 t，总输沙量为 22.069 亿 t，沿程总引沙量为 3.014 亿 t，总冲淤量为 0.082 亿 t，总淤积比仅为 0.326%，这些洪水总冲淤平衡。从表 6-2 可以看出，黄河下游平均来沙组成如下：细、中、粗和特粗泥沙的来沙比例分别为 53%、27%、17%和 3%，出口利津站输送的泥沙组成如下：细、中、粗和特粗泥沙的来沙比例分别为 54%、28%、17%和 1%，黄河下游进出口泥沙的平均组成变化不大。从冲淤角度看，细、中、粗颗粒泥沙均发生微量冲刷，而粒径大于等于 0.1 mm 的特粗颗粒泥沙的 80%淤积在下游河道中。通过上述洪水的特征值，用下游河道的输沙量(利津站沙量)除以下游来水量(三黑武水量)计算出黄河下游河道的输沙用水量为 30 m^3/t。

表 6-1　冲淤幅度在 10%以内的洪水特征值统计

项目	历时 (d)	来水量 (亿 m^3)	来沙量 (亿 t)	平均流量 (m^3/s)	平均含沙量 (kg/m^3)	来沙系数 (kg·s/m^6)	输沙量 (亿 t)	淤积量 (亿 t)
最小	5	5.60	0.149	1 203	19.8	0.006	0.118	–0.237
最大	26	82.32	3.172	4 973	52	0.010	2.858	0.082
总量	316	745.07	25.165	3 026	33.8	0.011	22.069	0.082

表 6-2　冲淤幅度在 10%以内的洪水分组沙特征值统计

粒径(mm)		<0.025	0.025 ~ 0.05	0.05 ~ 0.1	≥0.1	全沙
分组来沙量	最小(亿 t)	0.064	0.019	0.013	0	0.149
	最大(亿 t)	1.721	0.798	0.534	0.157	2.928
	总量(亿 t)	12.991	6.609	4.075	0.693	24.367
	占全沙比例(%)	53	27	17	3	100
分组输沙量	最小(亿 t)	0.086	0.017	0.01	0	0.118
	最大(亿 t)	1.558	0.78	0.52	0.023	2.858
	总量(亿 t)	11.884	6.141	3.926	0.118	22.069
	占全沙比例(%)	54	28	17	1	100
分组冲淤量	最小(亿 t)	–0.187	–0.181	–0.17	–0.017	–0.237
	最大(亿 t)	0.218	0.074	0.158	0.155	0.082
	总量(亿 t)	–0.208	–0.094	–0.168	0.553	0.082
总量淤积比(%)		–1.6	–1.4	–4.1	79.8	0.34

第七章　主要结论

(1)2005 运用年黄河下游枯水少沙。全年进入下游的水量为 236.03 亿 m^3，为多年平均值的 58.7%；进入下游的沙量为 0.468 亿t，为多年平均来沙量的 3.9%。2005 年进入下游的水量是小浪底水库运用以来较多的一年。

(2)根据断面法计算，2005 年黄河下游河道共冲刷了 1.564 亿 m^3，利津以上河段冲刷了 1.449 亿 m^3，非汛期冲刷了 0.261 亿 m^3，汛期冲刷了 1.188 亿 m^3。根据输沙率法计算，2005 年黄河下游共冲刷 1.639 亿 t，其中非汛期冲刷了 0.787 亿 t，汛期冲刷 0.852 亿 t。

(3)2005 年黄河下游共发生了 5 场洪水，花园口最大洪峰流量发生在调水调沙期间，为 3 530 m^3/s，其他 4 场洪水的洪峰分别为 3 510、2 630、2 430 m^3/s 和 2 570 m^3/s。最大含沙量发生在“05 · 7”洪水过程中，为 139 kg/m^3。5 场洪水中，只有第二场“05 · 7”洪水发生了微淤，5 场洪水的总冲淤量为 1.135 亿 t，为全年总冲淤量的 69.2%。

(4)由于下游洪水平均含沙量的变化幅度远大于平均流量的变化幅度，洪水排沙比随着洪水平均含沙量变化而表现出的变化比随着平均流量的变化更为敏感。

(5)泥沙越粗不淤积来沙系数越小，粒径小于 0.025 mm 的细颗粒泥沙的不淤积来沙系数为 0.007 $kg·s/m^6$；粒径在 0.025 ~ 0.05 mm 的中颗粒泥沙的不淤积来沙系数为 0.003 $kg·s/m^6$；粒径在 0.05 ~ 0.1 mm 的较粗颗粒泥沙的不淤积来沙系数为 0.002 $kg·s/m^6$；粒径大于等于 0.1 mm 的特粗颗粒泥沙的淤积比绝大部分都在 80%以上，只有在该组泥沙的来沙量非常小时，由于河道的调整作用，可以认为该组泥沙有少许冲刷，依据现有资料还无法找出特粗泥沙的不淤积来沙系数。全沙的不淤积来沙系数约为 0.012 $kg·s/m^6$。

(6)输沙用水量是在洪水期下游河道冲淤基本平衡状态下，通过利津站输送 1 t 泥沙入海所需要的进入下游的水量。在次饱和输沙和超饱和输沙条件下输送 1 t 泥沙所需的水量不能称为输沙水量，因为这两种条件下水流以冲刷耗散多余能量和淤积减小能量耗散，水流的能量并没有全部用来输沙或不能够输送挟带的泥沙。通过计算得到黄河下游河道的输沙用水量为 30 m^3/t。

参 考 文 献

[1] 钱宁，张仁，周志德. 河床演变学[M]. 北京：科学出版社, 1987.
[2] 赵文林. 黄河泥沙[M]. 郑州：黄河水利出版社，1996.
[3] 赵业安，周文浩，等. 黄河下游河道演变若干基本规律[M]. 郑州：黄河水利出版社，1998.
[4] 麦乔威. 麦乔威论文集[C]. 郑州：黄河水利出版社，1995.
[5] 张瑞瑾. 河流泥沙动力学[M]. 2 版. 北京：中国水利水电出版社，1998.
[6] 许炯心. 黄河下游洪水的泥沙输移特征[J]. 水科学进展, 2002,13(5).
[7] 韩其为. 黄河下游输沙及冲淤的若干规律[J]. 泥沙研究，2004(3).
[8] 赵华侠，陈建国，等. 黄河下游洪水期输沙用水量与河道泥沙冲淤分析[J]. 泥沙研究. 1997(3).
[9] 林秀芝，姜乃迁，梁志勇，等. 渭河下游输沙用水量研究[M]. 郑州：黄河水利出版社，2005.
[10] 陕西省三门峡库区管理局. 黄河防办汛后查勘陕西库区防汛工作汇报材料[R]. 2005.
[11] 黄河水利科学研究院. 2003 年渭河下游洪水特性与河道冲淤演变[R]. 黄科技 ZX-2004-13-19(N06). 2004.
[12] 黄河水利科学研究院. 小江调水济渭对渭河下游减淤作用分析[R]. 黄科技 ZX-2005-04-05. 2004.
[13] 林秀芝，苏运启，伊晓燕，等. 渭河下游输沙用水量初步分析[J]. 灌溉排水学报，2005(1B).
[14] 黄河水利科学研究院. 2002～2003 年三门峡水库非汛期运用控制水位原型试验及效果分析[R].黄科技 ZX-2004-04-09(N02). 2004.
[15] 黄河水利科学研究院. 2004 年三门峡水库运用原型试验效果分析[R]. 黄科技 ZX-2005-40-51(N30). 2005.
[16] 冉大川，柳林旺，赵力仪，等. 黄河中游河口镇至龙门区间水土保持与水沙变化[M]. 郑州：黄河水利出版社，2000.
[17] 张胜利，赵业安. 黄河河口镇至龙门区间水沙变化近期趋势及治理对策探讨[R]. 黄河水利科学研究院，2005.
[18] 韩鹏，倪晋仁. 水土保持对黄河中游泥沙粒径影响的统计分析[J]. 水利学报，2001(8)：69～74.
[19] 徐建华，吕光圻，张胜利，等. 黄河中游多沙粗沙区区域界定及产沙输沙规律研究[M]. 郑州：黄河水利出版社，2000.

参考文献